国家社会科学基金项目

传教士中文报刊史

赵晓兰 吴 潮 ◎ 著

THE HISTORY OF THE MISSIONARY
CHINESE NEWSPAPERS

復旦大學出版社

目 录

序 言

绪 论

一、传教士中文报刊的基本描绘 …………………………… 1
   1. 传教士中文报刊的基本概念 ………………………… 1
   2. 传教士中文报刊发展概述 …………………………… 3

二、传教士中文报刊的学术史回顾 ………………………… 8
   1. 传教士中文报刊的研究状况 ………………………… 8
   2. 传教士中文报刊研究状况的基本评价 …………… 15

三、本书的研究说明 …………………………………………… 19
   1. 本书所依据的研究资料 …………………………… 19
   2. 对本书中有关20世纪传教士中文报刊研究的说明 … 22
   3. 本书体例与章节结构 ……………………………… 22

第一章 《察世俗每月统记传》

一、《察世俗每月统记传》创刊背景 ……………………… 25
   1. 传教士希望到中国传教 …………………………… 25
   2. 清政府对传教的态度 ……………………………… 32
   3. 为什么选择马六甲 ………………………………… 34

二、《察世俗每月统记传》的诞生 ………………………… 37

1.《察世俗每月统记传》创刊 ………………………………… 37
　　　2. 编撰人员及其停刊时间 …………………………………… 38
　三、主要内容与特征 …………………………………………………… 43
　　　1."让中国哲学家们出来讲话" ……………………………… 43
　　　2."以阐发基督教义为根本要务" …………………………… 45
　　　3. 宗教的婢女——知识和科学 ……………………………… 48
　　　4. 与新闻勉强沾边的一些报道 ……………………………… 50
　　　5. 发行及其意义 ……………………………………………… 51

第二章　《东西洋考每月统记传》

一、《东西洋考每月统记传》创刊背景 ………………………………… 54
　　　1. 中西交往形势的变化 ……………………………………… 54
　　　2. 郭实腊的活动 ……………………………………………… 57
二、《东西洋考每月统记传》的宗旨 …………………………………… 58
　　　1.《东西洋考每月统记传》的诞生与版本情况 …………… 58
　　　2. 以改变中国人的"西洋观"为宗旨 ……………………… 62
三、《东西洋考每月统记传》主要内容 ………………………………… 65
　　　1. 从传播西教到传播西学的转变 …………………………… 65
　　　2. 新闻栏目的产生 …………………………………………… 70
　　　3. 评论的出现 ………………………………………………… 73
　　　4. 开始重视商业信息 ………………………………………… 74
　　　5. 对报刊发行的自我宣传 …………………………………… 76
　　　6. 对《东西洋考每月统记传》的评价 ……………………… 76

第三章　鸦片战争前的其他传教士中文报刊

一、《特选撮要每月纪传》 ……………………………………………… 80
　　　1. 为了继承《察世俗每月统记传》 ………………………… 80
　　　2. 为了让中国人能够接受 …………………………………… 82
　　　3. 以"神理"为中心 ………………………………………… 84

  4. 推广一般知识 …………………………………………… 85
二、《天下新闻》 ………………………………………………… 87
  1. 吉德与《天下新闻》的创办 …………………………… 87
  2. 主要内容与特征 ………………………………………… 88
三、《各国消息》 ………………………………………………… 88
  1.《各国消息》的创刊及其办刊宗旨 …………………… 88
  2. 以各国国情和商业信息为主要内容 …………………… 90

第四章 《遐迩贯珍》

一、《遐迩贯珍》创刊背景 ……………………………………… 92
  1. 鸦片战争后传教形势的变化 …………………………… 92
  2. 香港取代马六甲成为传教中心与报业中心 …………… 93
二、《遐迩贯珍》概述 …………………………………………… 96
  1.《遐迩贯珍》的创刊 …………………………………… 96
  2. 版面及其编撰人员 ……………………………………… 98
  3.《遐迩贯珍》的刊名与发行 …………………………… 101
三、《遐迩贯珍》的内容与特征 ………………………………… 103
  1. 以传播西学为宗旨 ……………………………………… 103
  2. 对新闻的重大改革 ……………………………………… 107
  3. 对报刊近代化进程的推进 ……………………………… 112
  4. 对《遐迩贯珍》的评价 ………………………………… 115

第五章 《中外新报》

一、报史学界关于《中外新报》的各种说法 …………………… 118
  1.《中外新报》创刊背景 ………………………………… 118
  2. 对《中外新报》的不同论述 …………………………… 119
二、关于《中外新报》的一系列问题 …………………………… 122
  1. 关于创刊时间 …………………………………………… 122
  2. 关于主办者 ……………………………………………… 124

  3. 关于刊期 ………………………………………………… 126
  4. 关于停刊时间 …………………………………………… 126
三、《中外新报》主要内容及其报刊特色 ………………………… 127
  1. 退居次要地位的宗教宣传 ……………………………… 127
  2. 以报道新闻为主的时事性报刊 ………………………… 129
  3. 兼及西学知识传播 ……………………………………… 131
  4.《中外新报》的影响 ……………………………………… 132

第六章 《六合丛谈》

一、《六合丛谈》概述 ………………………………………………… 133
  1. 上海取代香港成为新的报业中心 ……………………… 133
  2.《六合丛谈》的创刊与编撰人员 ………………………… 137
二、《六合丛谈》的宗旨与内容 …………………………………… 142
  1. "通中外之情" …………………………………………… 142
  2. 积极传播西学与西方文明 ……………………………… 143
三、停刊及其影响 …………………………………………………… 150
  1.《六合丛谈》的停刊以及停刊原因的讨论 ……………… 150
  2. 与《东西洋考每月统记传》《遐迩贯珍》相比较 ……… 153
  3.《六合丛谈》的发行及其历史作用 ……………………… 155

第七章 《万国公报》

一、从《中国教会新报》到《万国公报》 …………………………… 158
  1. 传教士中文报刊在上海的扩展 ………………………… 158
  2.《中国教会新报》的创刊与主编林乐知 ………………… 159
  3. 创刊宗旨及其主要内容 ………………………………… 161
  4. 从《中国教会新报》到《万国公报》的更名 …………… 164
  5.《万国公报》的主要内容 ………………………………… 166
  6.《万国公报》的发行与第一次停刊 ……………………… 171
二、广学会与《万国公报》复刊 …………………………………… 173

1. 广学会的成立及其性质 ·············173
　　2. 广学会宗旨 ···175
　　3.《万国公报》复刊 ···································178
三、复刊后的《万国公报》··························181
　　1. 新的宗旨 ···181
　　2. 以介绍西学、发表政论和鼓吹变法为主要内容 ······182
　　3. 为《万国公报》工作的中国人 ···············191
　　4.《万国公报》的发行 ·······························195
　　5.《万国公报》的停刊 ·······························197
　　6.《万国公报》的影响 ·······························200

第八章 《中西闻见录》与《格致汇编》

一、19世纪下半叶传教士中文报刊的特点 ·············206
二、《中西闻见录》··208
　　1.《中西闻见录》创刊背景 ··························208
　　2. 创刊宗旨 ··210
　　3. 偏重科学的综合性报刊 ·····························211
　　4. 停刊及其影响 ···214
三、《格致汇编》··215
　　1.《格致汇编》的创刊与两度复刊 ··················215
　　2.《格致汇编》与《中西闻见录》之关系 ········217
　　3. 创刊宗旨 ··219
　　4. 汇编格致之学 ···220
　　5.《格致汇编》的发行与影响 ·······················222

第九章 《郇山使者》/《闽省会报》/《华美报》与
《教保》/《华美教保》/《兴华报》

一、从《郇山使者》到《兴华报》的演变历程 ············224
二、福州办刊时期 ·······································226

1.《郇山使者》 …………………………………………… 226
2.《闽省会报》 …………………………………………… 228
3.《华美报》 ……………………………………………… 231
三、上海办刊时期 ……………………………………………… 233
1.《教保》 ………………………………………………… 233
2.《华美教保》 …………………………………………… 236
3.《兴华报》 ……………………………………………… 239

第十章　以儿童与青年为主要对象的传教士中文报刊

一、《小孩月报》 ……………………………………………… 242
1. 范约翰其人及其主要活动 …………………………… 242
2. "榕版""穗版""沪版"《小孩月报》关系辨析 …… 244
3. 内容与报刊风格 ……………………………………… 248
4. 传播西学与传播西教 ………………………………… 249
5. 对《小孩月报》的评价 ……………………………… 251
二、《学塾月报》/《青年会报》/《青年》与《进步》/《青年进步》 … 252
1. 从《学塾月报》到《青年进步》的历史沿革 ……… 252
2. 从《青年》到《青年进步》的华人编辑群体 ……… 255
3.《青年会报》/《青年》 ……………………………… 257
4.《进步》 ………………………………………………… 261
5.《青年进步》 …………………………………………… 263

第十一章　天主教报刊

一、《益闻录》/《格致益闻汇报》/《汇报》 ……………… 266
1.《益闻录》的创办 …………………………………… 266
2.《益闻录》/《格致益闻汇报》/《汇报》刊名与刊期的演变 … 267
3.《益闻录》系列刊性质与内容的演变 ……………… 271
4.《益闻录》系列刊的报刊特点 ……………………… 274
二、《圣心报》 ………………………………………………… 275

1.《圣心报》概述 …………………………………………… 275
　　2.《圣心报》的内容与特色 ………………………………… 277
三、《圣教杂志》………………………………………………… 279
　　1.《圣教杂志》概述 ………………………………………… 279
　　2.《圣教杂志》的特色与主要内容 ………………………… 281

第十二章　19世纪下半叶的其他传教士中文报刊

一、《中外新闻七日录》………………………………………… 284
　　1.《中外新闻七日录》概述 ………………………………… 284
　　2.《中外新闻七日录》办刊宗旨 …………………………… 287
　　3.《中外新闻七日录》内容阐释 …………………………… 288
二、《画图新报》/《新民报》…………………………………… 292
　　1. 从《画图新报》到《新民报》的沿革 …………………… 292
　　2. 创刊宗旨与主要内容 ……………………………………… 294
三、《甬报》……………………………………………………… 296
　　1.《甬报》概述 ……………………………………………… 296
　　2.《甬报》主要内容 ………………………………………… 297
四、《中西教会报》/《教会公报》……………………………… 300
　　1.《中西教会报》/《教会公报》概述 …………………… 300
　　2.《中西教会报》/《教会公报》是以宗教宣传为主要内容的
　　　 报刊 ………………………………………………………… 302
　　3.《中西教会报》/《教会公报》留下了中国近代历史发展的
　　　 雪泥鸿爪 …………………………………………………… 304
五、《尚贤堂月报》/《新学月报》……………………………… 306
　　1.《尚贤堂月报》的创刊与《新学月报》的更名 ………… 306
　　2. 主要内容与评价 …………………………………………… 308

第十三章　20世纪上半叶的广学会报刊

一、20世纪上半叶传教士中文报刊的特点 …………………… 311

二、《大同报》 ………………………………………… 315
 1.《大同报》概述 ………………………………… 315
 2.《大同报》的内容与特色 ……………………… 317

三、《女铎》 …………………………………………… 322
 1.《女铎》的创刊与它的几任主编 ……………… 322
 2.《女铎》演变轨迹 ……………………………… 325
 3.《女铎》的内容与报刊风格 …………………… 326
 4.《女铎》的发行和影响 ………………………… 330

四、《福幼报》 ………………………………………… 331
 1.《福幼报》概述 ………………………………… 331
 2.《福幼报》的报刊内容及其演变 ……………… 334
 3. 关于《福幼报》的评价 ………………………… 336

五、《明灯》 …………………………………………… 337
 1.《明灯》的创刊与演变 ………………………… 337
 2. 内容与报刊风格 ………………………………… 338

六、《道声》 …………………………………………… 340
 1.《道声》的创刊与演变 ………………………… 340
 2. 宗旨与内容 ……………………………………… 342

七、《女星》与《平民月刊》/《民星》 …………… 343
 1.《女星》与《平民月刊》/《民星》概述 …… 343
 2.《女星》与《平民月刊》/《民星》的刊物特色 … 349

第十四章　20世纪上半叶的其他传教士中文报刊

一、《真光杂志》 ……………………………………… 355
 1.《真光杂志》概述 ……………………………… 355
 2.《真光杂志》的刊物特色与主要内容 ………… 359
 3.《真光杂志》与"非基运动"的抗衡 ………… 361

二、《通问报》 ………………………………………… 362
 1.《通问报》概述 ………………………………… 362
 2.《通问报》的内容与影响 ……………………… 364

三、《时兆月报》 ………………………………………… 366
  1.《时兆月报》沿革 ………………………………… 366
  2.《时兆月报》的内容与报刊风格 ………………… 369
  3.《时兆月报》的发行与评价 ……………………… 371

四、《益世报》 …………………………………………… 372
  1.《益世报》创办人雷鸣远其人其事 ……………… 372
  2.《益世报》与《益世主日报》关系梳理 ………… 375
  3.《益世报》的创刊原因及其历史沿革 …………… 379
  4.《益世报》在传教士中文报刊中地位之厘定 …… 382

第十五章　关于传教士中文报刊的评价

一、传教士中文报刊评价的历史演变以及本书的基本评价指向
  ………………………………………………………… 385

二、传教士中文报刊发展的特点 ……………………… 392
  1. 从传播西教转向传播西学，最后回到起点——传播西教
  ………………………………………………………… 392
  2. 对新闻报道的改进 ………………………………… 396
  3. 报刊评论的发展 …………………………………… 400
  4. 传教士中文报刊中的广告 ………………………… 403
  5. 提出报与刊区分的思想 …………………………… 405

三、传教士中文报刊的影响 …………………………… 406
  1. 第一次广泛的西学知识的传播与推广活动 ……… 406
  2. 对中国人具有深刻的启蒙作用 …………………… 408
  3. 推动了中国民族报业的产生与发展 ……………… 410

参 考 文 献

致　　谢

序 言

熊月之

中国虽然早有邸报、京报,但那不是面向大众的报刊,其信息来源、产生流程、传递路径、阅读对象与管理方式,都与近代报刊很不相同。中国之有近代报刊,始于传教士。

传教士所办中文报刊,起步早,数量多,影响大。中文世界最早的一批中文报刊,《察世俗每月统记传》《东西洋考每月统记传》《遐迩贯珍》《六合丛谈》等都是传教士办的。据研究,从1815年到1948年,单基督教新教传教士所办的中文报刊,就有878种[①]。如果加上天主教系统,则传教士所办中文报刊总数,肯定超过千种。这些报刊,分属不同差会、团体,散处不同区域,有的宗教色彩强烈,有的世俗气息浓厚;有的刊名不同但属同一系统且前后相续,有的分处异处但声气呼应;有的规制宏大,行销广远,有的器局狭窄,偏处一隅;有的历时长久,有的旋起旋灭。它们共同汇成传教士报刊长河,对近代中国文化、社会、经济、政治产生广泛、持久而深刻的影响。

传教士中文报刊介绍了相当丰富的西学知识,举凡数、理、化、天、地、生、医、农、文、史、哲、经、法、政治学、教育学、军事学,从自然科学、人文科学、社会科学到工程技术,无所不涉。其中,相当多的知识为中国人此前所不知,或较中国已有之知识先进。笔者曾细细翻过《察世俗每月统记传》《东西洋考每月统记传》《遐迩贯珍》《六合丛谈》《万国公报》《格致新报》与《汇报》等多种传教士中文报刊,深感其内容极其丰富,无论是治新闻史、思想史、学术史,还是广义的文化史,都应高度重

---

① 此为汤因的统计数据,见本书第7页。

视这一资源。从八大行星、万有引力、化学元素,到火车、轮船等许多新的科学技术知识,首先是在这些报刊上披露的;从亚里士多德、柏拉图到马克思,从恺撒、华盛顿到拿破仑,许多世界级名人,许多西方思想家、政治家、探险家的事迹,首先是在这些报刊上介绍的;引性(引力)、静星(恒星)、侍星(卫星)这些新的学科名词首先出现在这些报刊上;英吉利、法兰西、美利坚这些国名是在这些报刊上定型的;"、"、","、"。"和地名、人名专用号"——"这些标点符号,也首先是这些报刊使用的。

这些报刊,传递了政治、经济、社会、文化等多方面的信息,在当时,为拓展人们的视野起了重要作用;在事后,为研究历史提供了宝贵的资料。笔者在香港出版的《遐迩贯珍》上,就查到小刀会起义时期有关上海社会的资料,为其他地方所未见,吉光片羽,弥足珍贵。

研究传教士与中文报刊,有一个无法回避的问题,即宗教与科学的关系。笼统地说,宗教关注的是神我关系,科学关注的是物我关系,两者属于不同的领域,但是,对于传教士来说,对于传教士所办刊物来说,这两个领域都会涉及。由于马克思有过"宗教是人民的鸦片"的论述,所以,涉此问题,学术界传统的做法,或是回避,或是将宗教与科学分离,所谓传教士传播科学是假,宣传宗教是真,或是断言传教士故意传播一些粗劣、过时的西学,隐匿西学中的精华部分。这些问题的核心,是传教士对待科学的态度。这些年,学术界对此已经有了很多很好的论述。笔者在《西学东渐与晚清社会》书中,亦曾有所述及。

说到宗教与科学的关系,人们自然会想起宗教对科学的排斥,教廷对科学家的迫害,日心说遭排斥,伽利略受审判,布鲁诺被烧死,进化论遭攻击。在人们的印象中,宗教与科学,水火不容,互相对立。

其实,宗教与科学的关系,远比人们传统的印象要复杂得多。一个显而易见的诘难是,如果两者关系确为水火,在近代科学出现以前,在宗教统治长达千年之久的中世纪里,西方应该毫无科学可言,那么,近代科学由何而来?西方许多大科学家,开普勒、波义耳、牛顿,为何同时也是虔诚的宗教徒?

对这个问题,宗教社会学、科学社会学的研究者已有深入的研究。一种意见认为,基督教对科学不但不是完全、绝对排斥的,相反,还有一些适应或促进科学发展的因素。不同历史时期的情况有所不同。古希腊科学留下两种传统,即数学唯理主义自然观和机械主义自然观,前者以毕达哥拉斯和柏拉图为代表,认为自然界是按照数学原则构造起来的,因而可被人的理性从数学的角度加以认识;后者以阿基米德、托勒密等人为代表。中世纪基督教将这两种观点灌输给整个社会。在中世纪神学教育中,数学被置于重要位置。这是因为,基督教为了使人们信服上帝,需要用自然秩序去论证上帝的伟大,认识自然秩序是认识上帝的必要途径。宗教改革以后,新教伦理从以下三个方面促进了科学的发展:第一,鼓励人们去赞颂上帝,颂扬上帝的伟大。第二,赞颂上帝的最好途径有二:一是研究和认识自然,因为上帝的智慧完全体现在它所创造的自然秩序中;二是为社会谋福利,最好的途径是运用科学技术为社会创造更多的物质财富。第三,提倡以辛勤的劳作颂扬上帝,以过简朴的生活感谢上帝①。

宗教与科学的关系不是一成不变的。在一段时间里,当科学结论与宗教教义相抵触时,宗教会排斥、压制科学。哥白尼的日心说与基督教信奉的地心说相抵触,达尔文的人猿同祖论与上帝造人说相违背,教会便对这些学说横加压制、排斥,伽利略受审判,进化论被冷落。但是,当科学结论以其严密的逻辑、屡试不爽的实验,为社会普遍接受以后,宗教也会调整教义,适应科学。日心说终于被接受,伽利略毕竟被平反,就是明证。基督教并不是绝对封闭的信仰系统,否则,在科学日益昌明的西方,基督教仍然是影响最广的第一大教,许多科学家同时也是信徒,甚至有些诺贝尔奖获得者最后又皈依上帝,就是不可思议的了。

从传教士出版的中文期刊可以看出,第一,对于一般科学知识,诸如数学、物理、化学、地理、地质、生物、医学等,传教士是乐于介绍、宣传的。第二,对于某些与基督教教义相抵触的科学知识,传教士的处理方式与西方教会同步。进化论传播进来以后,上海天主教徒就曾专门撰写《天演论驳议》进行反驳。第三,所谓传教士对西方科学精华部分秘而不宣、只介绍低浅粗劣部分的说法,是戴着有色眼镜的臆测之言。传教士中,科学素养不高者有之;所传西学中,低浅粗劣者亦不少见,但谓其故秘其宝、生怕以利器授人的说法并无根据。

对于宗教与科学,晚清来华传教士曾有自己的说法。他们认为,科

---

① 罗伯特·默顿:《十七世纪英国的科学技术与社会》,四川人民出版社,1986年版,第四至六章。

学与宗教是可以相辅相成、并行不悖的：

> 科学没有宗教会导致人的自私和道德败坏；而宗教没有科学也常常会导致人的心胸狭窄和迷信。真正的科学和真正的宗教是互不排斥的,他们像一对孪生子——从天堂来的两个天使,充满光明、生命和欢乐来祝福人类。我会就是宗教和科学这两者的代表,用我们的出版物来向中国人宣扬,两者互不排斥,而是相辅相成的。①

传教士编辑、出版的中文报刊,早已受到学术界的广泛重视,以往研究传教士的都会涉及报刊史,研究报刊史的也都会涉及传教士。但是,单以"传教士与中文报刊"为题进行研究,赵晓兰、吴潮二位合作的《传教士中文报刊史》是第一部。

披览全书,我觉得此书界说清晰,搜罗丰富,结构完整,逻辑严密,学术史梳理系统而有分析,既有对传教士与中文报刊的宏观论述,也有对重点报刊的个案介绍。全书既吸收了学术界的已有成果,也有作者自己的心得,堪称关于传教士与中文报刊的集大成之作。

读完全书,受益良多。书中所述不少报刊,我此前是知其名而未见其实,或知其表而不知其里,知其一而不知其二。印象最深,也是我最为赞赏的地方有两点,一是作者撰写此书秉持的宗旨,即尽可能使用第一手资料,或纸质原件,或缩微胶卷,或影印件,或数字化图像文档,见多少说多少,没见到也交代资料线索。这样做,全书就立在相当坚实的资料基础之上,廓清了不少以讹传讹的迷雾。二是书中对于报刊资料的收藏地点,尽可能地顺笔指明,这对于有兴趣深入研究的读者来说,不啻渡河津梁,索骥图册。

可以相信,这部力作的出版,对于推动传教士与近代报刊史的研究,对于近代文化史的研究,都会起到一定的推动作用,也一定会受到宗教史、新闻史学者的欢迎,会受到近代史学者的欢迎。我有幸先睹为快,特作此读后感,以为推荐。

---

① 《广学会年报》第十次,1897年。见《出版史料》1991年第2期。

绪 论

一、传教士中文报刊的基本描绘

1. 传教士中文报刊的基本概念

传教士中文报刊始创于1815年(清嘉庆二十年),至1951年在中国内地停办,前后共136年的历史。在这期间,外国传教士和教会用中文创办了数量众多的报刊。

本书所指的"传教士中文报刊",其范围主要包括:

第一,由传教士个人或传教士宗教团体创办的中文报刊,传教士直接承担编辑编务工作,或聘请华人共同参与编辑编务。19世纪时期的传教士中文报刊基本属于这种类型。

第二,由传教士个人或传教士宗教团体创办的中文报刊,传教士并不承担具体的编辑编务工作而是聘请华人担任,有的传教士中文报刊的整套编辑班子都由华人组成,例如广学会系统和基督教青年会系统创办的某些报刊。但是这些报刊仍然在由传教士或其教会控制的出版机构领导之下,办刊经费一般也是由教会提供或传教士募集。这类报刊多数创办于20世纪。纯粹由中国人主持的教会、宗教团体或中国的基督教徒个人所创办的报刊,则不属于本书的研究范围。

第三,报社刊社的所在地一般在中国境内。但是在下述情况下,传教士中文报刊的所在地虽然不在中国境内,仍然可纳入本书的研究范围。其一,鸦片战争前创办于南洋地区的传教士中文报刊。由于当时中国处于闭关锁国状态,对基督教采取禁教政策,传教士在中国境内创办报刊遇到了很大的困难,因此传教士中文报刊的滥觞实际上始于南洋地区。这一时期由传教士创办于中国境外的《察世俗每月统记传》《特选撮要每月纪传》《天下新闻》,报史学界普遍将它们包括在传教士中文报刊范畴之内。其二,鸦片战争后创办于港澳地区的传教士中文报刊。虽然中国曾经失去对港澳地区的主权管辖,但从历史与文化的传承上,人们依旧将港澳地区的文化事业视同为中国文化的组成部分,因此这一时期创办于这些地区的传教士中文报刊如香港的《遐迩贯珍》,亦属于本书的研究范围。

本书的研究范围还有两点需要说明:

第一,关于"报刊"。今天,"报"与"刊"通常指的是报纸与杂志,其区别已是泾渭分明。但在19世纪初,中国人根本不知道近代报纸杂志为何物。近代报刊的出现,并非社会发展所需要,也非当时中国物质条件所能办到的,纯粹是由外国传教士因传教需要引入中国,报纸与杂志的区别在当时也无从谈起。19世纪下半叶,日报开始出现,但并不意味着报纸与杂志分工的开始。"由于历史环境,我们不能以今日的眼光,依据刊期的条件,来分别十九世纪时代的报纸与杂志。例如,林乐知因为得到李鸿章的优容,他在万国公报上所刊载关于日俄战争的消息,许多日报都瞠乎其后,故我们只能用'报刊'一词,用以包括日报、三日刊、周刊甚至月刊。"[①]报史学界的研究意见认为:"精确地阐明报纸的特性及其和杂志的区别,那是在新闻学在中国认真开展研究以后的事了。"[②]我们以"传教士中文报刊史"命名,意味着本书的研究范畴是传教士所办的中文报纸与杂志,统称"报刊"。

第二,关于"中文报刊"。在晚清与民国的一百多年时间里,传教士在中国创办的大量报刊中,既有中文报刊,也有外文报刊。但是,真正对中国社会产生广泛影响的是中文报刊。传教士创办的外文报刊,其读者主要是在华外侨,它们是在华外侨传递信息、交换观点的重要渠道。而中国读者因语言障碍很少会有人去看外文报刊,因而传教士创办的外文报刊与当时的中国社会、中国民众没有多少联系,进而对当时的中国社会没有多少影响。本书的研究对象限定为与中国社会发生紧

[①] 潘贤模:《近代中国报史初篇》,载中国社会科学院新闻研究所编:《新闻研究资料》(总第七辑),新华出版社,1981年版,第302页。
[②] 方汉奇主编:《中国新闻事业通史》(第一卷),中国人民大学出版社,1992年版,第394页。

密联系的中文报刊,即"传教士中文报刊"。

2. 传教士中文报刊发展概述

1815 年至鸦片战争之前,传教士中文报刊的初创时期

1815 年,伦敦传教会传教士米怜与马礼逊在马六甲创办了《察世俗每月统记传》,这份报刊虽然办在中国境外,却是传教士用中文出版的中国近代第一份定期报刊,被视为我国近代化报刊的肇始。由于清朝实行的闭关与禁教政策,传教士很难进入中国境内,"每一个进展他们都会遇到困难。第一,外国人和中国人的接触受到限制,只能在澳门和广州有接触。第二,中国人对于所有的陌生人都充满了不信任。第三,中国人自己的文化在数世纪前已经发展到高峰。"① 因此,这一时期传教士的传教和办刊活动主要以南洋和中国的澳门与广州为基地展开。这期间传教士共创办了 5 种中文报刊:《察世俗每月统记传》《特选撮要每月纪传》《东西洋考每月统记传》《天下新闻》《各国消息》②。这 5 种报刊的出版地点集中在南洋与广州,其中南洋 3 种,广州 2 种。虽然出版地点受到极大限制,但毫无疑问,这些报刊揭开了中国近代报刊的序幕,这些报刊的创办人米怜、马礼逊、郭实腊、麦都思等人成为传教士中文报刊早期事业的开创者。

传教士创办中文报刊的动因是为了更好的宣传宗教、传播教义。但根据当时的中国国情,传教士很快就改变了其办刊宗旨,由宣传西教为主转变为传播西学为主。

19 世纪 40—60 年代,传教士中文报刊的中心逐渐由南向北转移,最终落足于上海

1840 年鸦片战争后,中国的国门被强行打开,传教士们得以在中国境内公开传教和办报,原本以南洋和澳门为活动基地的传教士,纷纷转移至中国本土发展,而香港的割让,使之一度成为中国早期的传教中

---

① Ku T'ing Ch'ang, *The Protestant Periodical Press In China*.《真理与生命》第十卷第五期,1936 年 10 月 15 日,第 2 页。
② 有些研究资料将这一时期创刊于澳门中英文合刊的《依泾杂说》(又名《依湿杂说》)也列为传教士中文报刊,但有关该刊的资料非常缺乏,报史学界对该刊的刊名、刊期、性质的说法很不一致,如叶再生《中国近代现代出版通史》一书将其列为"外国人(不包括传教士)在中国创办的中文报刊"。笔者认为《依泾杂说》属于传教士中文报刊的依据,目前尚嫌不足,故未将其列入。

心和报业中心,"成为外国人在华办报的第一个重要基地。"①1853年创刊于香港的《遐迩贯珍》,成为鸦片战争后由传教士创办的第一份中文报刊。

随着传教士的传教区域不断地向中国沿海和内地延伸,传教士通过对华南和江浙沪两个地区人文环境亲身体验的比较,他们更属意于人文底蕴深湛淳厚、民众性情温良通达的江浙沪地区。传教士的图书和报刊出版活动开始向北迁移,开埠之后的上海逐渐呈现出取香港而代之成为新的传教中心与出版中心的趋势。"1861年后,……无论从报纸的数量还是其实际影响考察,香港都已不及上海而退居第二了。"②

1843年伦敦传教会的墨海书馆、1854年监理会的华美书坊(后来发展为华美书馆)和1860年由宁波迁至上海的长老会美华书馆,先后在上海创设,形成了基督教(新教)在上海的三个早期印刷出版机构③。1864年,天主教的耶稣会在上海徐家汇开办了土山湾印书馆。上海19世纪"70年代以前的6家出版机构,全部为传教士所办"④。

1857年,英国传教士伟烈亚力创办的《六合丛谈》在上海创刊,这是上海历史上第一份中文近代报刊,《六合丛谈》还远销日本,将其影响力辐射到东瀛。1868年,美国传教士林乐知在上海创办了《万国公报》的前身《中国教会新报》。英国传教士傅兰雅、慕维廉、韦廉臣、艾约瑟,美国传教士范约翰等传教士报人也在这一时期先后来到上海开拓事业。这一切都为传教士中文报刊步入其鼎盛时期做好了准备工作。

---

① 关于这一时期外国人在香港创办报刊的数量,有一些不同的统计数据。方汉奇等的著作称,"自1841年至1860年的20年间,据初步统计,香港先后出版的英文报刊有17种,加上中文报刊的书目,超过同期包括上海在内的全国其他地区出版报刊的总和。"见方汉奇等:《中国新闻传播史》,中国人民大学出版社,2002年版,第52页。根据谢骏和萧永宏的文章,约有10种左右。参见谢骏:《香港初期报业研究》,《中国社会科学院研究生院学报》1992年第5期;萧永宏:《〈香港近事编录〉史事探微——兼及王韬早期的报业活动》,《历史研究》2006年第1期。
② 方汉奇主编:《中国新闻传播史》,中国人民大学出版社,2002年版,第52页。
③ 邹振环:《基督教近代出版百年回眸——以1843—1949年的上海基督教文字出版为中心》,《出版史料》2002年第4期;姚民权:《上海基督教史(1843—1949)》,上海市基督教三自爱国运动委员会、上海市基督教教务委员会出版,上海市出版局准印证(93)153号,1994年。
④ 陈昌文:《都市化进程中的上海出版业(1843—1949)》,中国知网,中国博士学位论文全文数据库,2002年,第39页。

19世纪70年代至19世纪末,传教士中文报刊发展的最辉煌时期

19世纪70年代开始,传教士中文报刊的发展逐步进入鼎盛时期。

从数量上看,范约翰的《中文报刊目录》中所罗列的1815年至1890年间创办的40家宗教报刊,其中就有31家是由传教士于19世纪70—90年代这一时间段内在中国境内创办的①。据汤因统计,1890—1900年间,仅基督教(新教)又创办了22家中文报刊②。考虑到19世纪时期中国教会的权力基本上由传教士掌控,这50多家报刊均应被视为传教士中文报刊。

鼎盛时期的传教士中文报刊表现出如下的发展景象:

从分布区域上看,呈现出由南向北、由东向西、由沿海沿江开埠城市向内地和非开埠城市伸展的走势。"各地出现的第一份报刊大多是在华的外国传教士创办的,随后在华外国人在各重要城市所办报刊逐渐形成全国网络。"③1872年,《闻道新编》在汉口创刊,该刊"是基督教伦敦会在汉口创办的第一张宗教性月刊"④,武汉逐渐成为传教士们在中国中部地区重要的报刊出版基地,"在武汉的各教会都办有自己的中文报刊。"⑤传教士意图通过报刊的传播,将其影响覆盖到中国的各个区域。他们对此是这样认识的:"盖播道之教师虽专以播道为事业,而荒村僻壤究难遍也,虽以引人入道为心,而方隅暌隔,情性差池,亦难家喻而人晓也。惟有报章,以笔墨代口舌,便人购阅而后流传始广,悔改自多。"⑥这其中尤其具有拓展意义的是1872年8月《中西闻见录》在北京创刊,它同时也成为北京的第一份中文近代报刊。外国人的办报活动突破了清王朝的最后禁区,办到了皇城根下,这一突破首先是由传教士实现的。

从报刊体系和刊社运作机制上看,传教士中文报刊拥有了日报、周刊、月刊、季刊、半年刊、年刊等各种刊别,文言、文白、方言、中英文合刊

---

① 周振鹤:《新闻史上未被发现与利用的一份重要资料——评介范约翰的〈中文报刊目录〉》,《复旦学报(社会科学版)》,1992年第1期,第68—70页。
② 汤因:《中文基教期刊》(手稿),1949年,上海市档案馆,档案号U133-0-33,第18页。
③ 杨师群:《中国新闻传播史》,北京大学出版社,2007年版,第36页。
④ 张学知、李德林主编:《武汉市志·新闻志》,武汉大学出版社,1989年版,第12页。
⑤ 同上。
⑥ 《本馆主人特白》,《中西教会报》,1891年6月,第25页。

等各种文体,世俗报刊、宗教报刊、科技报刊、儿童报刊、青年报刊、画报等各种类别的完整的近代报刊体系;形成了采访、编辑、编务、印刷、出版、广告、发行的报刊社运作机制。

从报刊影响上看,这一时期传教士中文报刊以传播西学为重心,其所传播的西方近代政治理论、经济制度、科技知识等对中国近代社会的变革产生了深远影响,并成为推动维新运动的思想基础。这一时期传教士中文报刊的佼佼者当属《万国公报》,它是中国近代最具影响力的综合性报刊之一。同时,传教士中文报刊的大量兴办也推动了中国本土报刊业的兴起,成为中国人自办近代化报刊的催化剂。

20世纪初到40年代,传教士中文报刊的影响力逐渐式微

进入20世纪后,传教士中文报刊仍有新的发展:报刊的创办数量继续增长,达到数百种之多;分布区域更为广泛,一些偏远的内地城市也创办了传教士中文报刊;类型上也更为丰富,出现了专业的女性刊物《女铎》,学术气息浓厚的《青年进步》《圣教杂志》《真光杂志》,面向底层民众的《女星》《平民月刊》,以低幼儿童为对象的《福幼报》等。值得关注的是,这一时期出现了由亮乐月、季理斐夫人、薄玉珍等为代表的传教士女报人群体。

但是,这一时期传教士中文报刊对中国社会的影响力却江河日下,与19世纪时期相比可谓有霄壤之别。其主要原因,首先是19世纪末期以来中国人自己创办的报刊大量出现,这些报刊更贴近中国的社会现实,更合乎中国读者的口味。其次是传教士中文报刊传播西学的任务在19世纪已经完成。进入20世纪后中国社会发生了剧烈的变化,国内局势变化莫测,政治环境极为复杂。在这种情势下,传教士们将其办刊主旨从传播西学为主又调整为传播西教为主,虽然报刊数量众多但多为宣传教义、灵性修养的纯宗教性报刊,主要读者对象为信徒,发行面窄而发行量小。例如1936年一份关于新教报刊的调查报告对134份报刊进行了统计,结果显示:有72.5%的报刊是宗教性的,只有27.5%是世俗性的,134份报刊中的75%每期发行量低于2 000份①。再次是从19世纪下半叶到20世纪上半叶,中国基督教界通过本色化

---

① Ku T'ing Ch'ang, *The Protestant Periodical Press In China*.《真理与生命》第十卷第六期,1936年11月15日,第12页。

运动,多数教会和宗教团体的领导权已由传教士转移到中国教徒手中,因此这一时期如雨后春笋般涌现的宗教报刊亦多为中国的本土教会和信徒所兴办,传教士办的中文报刊混杂其中,受众面和影响力不断萎缩。

20世纪50年代初,传教士中文报刊的终结

1949年中华人民共和国建立,在冷战的国际环境下,尤其是1950年朝鲜战争的爆发,社会主义中国与以美国为首的西方阵营展开了全面的对抗。在这一背景下,1950年12月29日中央人民政府政务院第六十五次政务会议通过了《关于处理接受美国津贴的文化教育救济机关及宗教团体的方针的决定》,《决定》要求"以完全肃清美国帝国主义在中国的文化侵略影响而奋斗"[1],从1951年起,教会学校和报刊陆续被接管,传教士被驱逐出境。至此,"一百多年来被外国的传教士所控制并苦心经营的基督教传教事业终于宣告结束"[2]。传教士中文报刊也就此终结了其在中国内地一百多年的发展历史。

136年间究竟创办了多少种传教士中文报刊?这恐怕永远也难以得出准确的统计数字。有许多资料给出了一些相关的数据,例如:1890年范约翰编撰的《中文报刊目录》,统计出1815—1890年间创办的宗教报刊为40种[3];1920年代由中华续行委办会调查特委会编撰的《中华归主——1901—1920年中国基督教调查材料》,统计出截至当时创办的基督教(新教)报刊为58种[4];1938年汤因撰写的《中文基督教杂志总检讨》一文中,统计出1815年至1937年间共出版了基督教(新教)报刊总数为540种[5];1949年汤因对前文进行了补充修订,撰写了《中文基教期刊》,统计出1815年到1948年间共出版中文基督教(新教)报刊878种[6]。

---

[1] 《关于处理接受美国津贴的文化教育救济机关及宗教团体的方针的决定》(中央人民政府政务院第六十五次政务会议通过),《人民教育》,1951年第4期,第68页。
[2] 姚民权、罗伟虹:《中国基督教简史》,宗教文化出版社,2000年版,第251页。
[3] 周振鹤:《新闻史上未被发现与利用的一份重要资料——评介范约翰的〈中文报刊目录〉》,《复旦学报(社会科学版)》,1992年第1期,第68—70页。
[4] 中华续行委办会调查特委会编,蔡咏春等译:《1901—1920年中国基督教调查资料》下卷(原《中华归主》修订版),中国社会科学出版社,1987年版,第1249页。
[5] 汤因:《中文基督教杂志总检讨》,《真光》第十七卷第四号,1938年4月,第1页。
[6] 汤因:《中文基教期刊》(手稿),1949年,上海市档案馆,档案号U133-0-33,第22页。

但是，这些数字并不能准确地反映出传教士中文报刊的数量。第一个原因是统计者们罗列的报刊只是他们自己当时所能收集到的数据，传教士分布在中国广袤的疆域内，办报出刊成为他们重要的工作方式，有的报刊停办了，而新的报刊又在不断创办。在资讯尚不发达的近代时期，数据的采集是相当困难的，采集者们也意识到这一点，即这些数字并不能够反映出相关报刊的全貌。第二个原因是传教士中文报刊中有一个很特殊的类型，即一些教会学校创办的校报校刊，其数量也相当可观，但由于这一类型报刊的阅读范围一般为本校师生，办刊方式也很随意，通常研究者们并不将其纳入研究范围，如古廷昌在他的研究论文中认为："很多校报没有包括在其中，他们本质上都不是宗教性的，且仅局限在不同学校的利益和视野里。"① 又如汤因的《中文基教期刊》收罗基督教中文报刊数量最为丰富，但他也表示："关于基教学校的刊物，各城市青年会刊物，没有大量收罗，因为有些不定期，有些是特刊，历届都无法详细调查。一面又因为这两类刊物的性质，多半是报告，征求师生同仁的消息，所以就未予注意了。"② 第三个原因是这些统计数字大多是新教所创办的报刊，天主教创办的报刊一般未统计在内。第四个原因是这些统计只是对基督教教会与教徒所办中文报刊数据笼统的汇集，并没有区分出这些报刊哪些是传教士们所创办的中文报刊，而哪些又是由中国的基督教徒所创办的报刊。

二、传教士中文报刊的学术史回顾

1. 传教士中文报刊的研究状况

关于传教士中文报刊的研究发端于 19 世纪末 20 世纪初。对传教士中文报刊最早的记述，是 1890 年 5 月由美国传教士范约翰所做的《中文报刊目录》。我国学者周振鹤先生对这份目录进行了考证与研究，认为"这份目录记载了 1815—1890 年间出版的 76 种中文报刊的名

---

① Ku T'ing Ch'ang, *The Protestant Periodical Press In China*.《真理与生命》第十卷第五期，1936 年 10 月 15 日，第 6 页。
② 汤因：《自序》，载《中文基教期刊》(手稿)，1949 年，上海市档案馆，档案号 U133-0-33。

称以及主编、出版地、创刊年月、发行份数、性质、售价、形制和其他有关内容"①,称"范氏目录是中国近代报刊最早而又最完备的目录"②。由于周振鹤先生对《中文报刊目录》给予了较高的评价,为此还引发了一场学术争论③。

范约翰的《中文报刊目录》说明传教士们在创办中文报刊的同时,已经有意识地对相关资料进行收集与整理。虽然范约翰的《中文报刊目录》只是一份统计资料,并不是学术研究,但却弥足珍贵,人们由此得窥19世纪中国近代报刊的基本阵容。这份目录中有40种报刊的性质被范约翰注明为"宗教",通常人们将此作为这一时期传教士所创办的中文报刊的数字④。

这之后的1895年,英国传教士李提摩太依据这份目录发表了《中国各报馆始末》一文,李提摩太在文章中使用了"教会报"与"教外报"的概念,作为传教士和非宗教人士所办的中文报刊的区分。李提摩太"教会报"这一概念可以被视为传教士中文报刊第一次正式地从学术意义或报刊史角度上表述出来。李提摩太特别对传教士中文报刊进行了简要的点评:"《万国公报》、《中西教会报》每报必有数篇皆西国博学之士所著,凡五洲教务之事无不通达,故欲考察此教者,阅此二报可知。以上诸报,皆非纸上空谈,均有据之言也。此报不但论教务,亦且论古今各国兴衰之故,并西国学校之事及格物杂学。至于天主教所出之报,惟《益闻录》最好,《格致汇编》惟格致最详。凡欲博考世务者,此等报慎勿轻忽也。"⑤

---

① 周振鹤:《新闻史上未被发现与利用的一份重要资料——评介范约翰的〈中文报刊目录〉》,《复旦学报(社会科学版)》,1992年第1期,第64页。

② 同上文,第66页。

③ 这场学术争论发生在周振鹤与宁树藩之间。参见周振鹤:《新闻史上未被发现与利用的一份重要资料——评介范约翰的〈中文报刊目录〉》,《复旦学报(社会科学版)》1992年第1期;宁树藩《怎样评价范约翰的〈中文报刊目录〉》,《复旦学报(社会科学版)》1992年第5期;周振鹤:《再谈范约翰的〈中文报刊目录〉——对宁树藩先生的反批评》,《复旦学报(社会科学版)》1992年第6期。

④ 笔者研读这份目录后发现,范约翰目录中所认定报刊的"宗教"性质与传教士所创办的中文报刊还不能简单地等同起来,某些传教士创办的中文报刊由于不是以宣传教义为主而未被范约翰定性为"宗教",例如目录中1876年创办于上海的《格致汇编》被定性为"科学",1881年创办于宁波的《甬报》则被定性为"世俗"。

⑤ 李提摩太:《中国各报馆始末》,载张静庐辑注:《中国近现代出版史料·补编》,上海书店出版社,2003年版,第66页。

总之,这一时期关于传教士中文报刊基本上还限于资料与数据的搜集与汇拢,以及一些只言片语性的介绍与点评,内容不多也不详细,研究尚处于粗糙的、零碎的非系统状态。

对传教士中文报刊真正的学术性研究发端于20世纪20年代。1926年,戈公振的《中国报学史》一书由商务印书馆出版,该书被公认为是中国新闻史研究的奠基之作,其后我国新闻史研究基本沿用《中国报学史》的观点。在该书中的部分节段如"外报初创时期""外报之种类""外报对于中国文化之影响",其中列举的外报以及相关评论,基本上是以传教士中文报刊为对象展开,可谓是对传教士中文报刊进行了最早的专题性论述。不过戈公振书中"外报"的范围是指外国人在华所办的包括宗教报刊、商业报刊等在内的各类报刊。

真正在著作中把传教士中文报刊独立成章节进行研究的,是1927年上海书店出版的蒋国珍著《中国新闻发达史》。这本书中专设了"教会报纸"一节,论述的内容包括了传教士所办的中文报刊与英文报刊。书中对传教士中文报刊的历史进行了回顾、梳理与总结,"这些教会报纸,起初大抵为月刊,其后都成为周刊日刊。其内容除宣教外,起初多载自然科学、商业、人物评论及教育的文字。"[①]

20世纪20—40年代,在新闻史、出版史以及宗教史著作中对传教士中文报刊进行介绍与研究比较重要的成果还有:1920年代由中华续行委办会调查特委会编撰的《中华归主——1901—1920年中国基督教调查材料》[②],其中"白话文宗教报刊"一节,对基督教(新教)的报刊有一个简要的介绍和统计;1933年出版的燕京大学新闻系教授美国学者白瑞华(Roswell S. Britton)所著的英文著作 *The Chinese Periodical Press*(《中国报纸》),该书的第二章"西方报纸的传入"、第五章"在开埠城市的外国人刊物"等章节,对传教士中文报刊都有评介;1936年林语堂用英文写作了《中国舆论史》一书,书中使用了"传教士报刊"这个概念,对包括《中国丛报》在内的由传教士所创办的中文和外文报刊进行了研究和评述[③];1940年由青年协会书局出版的王治心的

---

① 蒋国珍:《中国新闻发达史》,上海书店,1927年版,第16页。
② 该书已由中国社会科学出版社在2007年重印出版,书名改为《1901—1920年中国基督教调查资料》。
③ 该书于2008年由中国人民大学出版社翻译出版,书名为《中国新闻舆论史》。

《中国基督教史纲》,该书第 21 章"基督教的事工"中,对传教士报人以及他们的报刊事业有所介绍。

在这一阶段,还出现了以中国的教会报刊为专题的研究文章和资料汇编,若干成果尤其值得关注:

其一,从 1914 年到 1936 年,由中华续行委办会和中华全国基督教协进会编纂了 13 期《中华基督教会年鉴》(前 6 期由中华续行委办会编纂,后 7 期由中华全国基督教协进会编纂),这些《年鉴》汇集了中国基督教新教丰富的信息资料,其中也包括了截至该年度新教系统中文报刊的详细统计资料。在某些年份的《年鉴》中,还登载了一些评述性或研究性的文章,如 1921 年第 6 期陈金镛的文章《教会报纸的进步》,1925 年第 8 期王治心的文章《基督教新闻事业》等。

其二,《真光杂志》在 1927 年 6 月出版的第二十六卷第六号(二十五周年纪念特刊)上,发表了题为《二十五年来之中国教会报》的文章,文章的时间跨度并不仅仅是 25 年,而是从 19 世纪 70 年代至 20 世纪 20 年代约 50 年间的教会中文报刊,"历举其过去及现在者而叙述其概要,并略加评骘。"[①]文章重点介绍了《郇山使者》《月报》《画图新报》《万国公报》《通问报》《教会公报》《光报》《圣公会报》《神学志》《兴华报》《大同报》《奋兴会月报》《谈天》等报刊的历史与演变,并列出了百余种教会报刊的名录。

其三,由燕京大学生命社编辑、燕京大学宗教学院出版的月刊《真理与生命》,从第十卷第 5 期至第十一卷第 4 期(1936 年 10 月—1937 年 6 月)连载了由古廷昌撰写的英文论文 The Protestant Periodical Press In China(《中国基督教抗罗系出版之期刊的研究》),文章作者特别说明:"关于中国宗教出版已经从宗教的角度在不同时期、不同地方进行了研究,但很少有从新闻社会学的角度去分析。这篇调查的目的,就是力求在统计的基础上根据事实以弥补这一缺陷。"[②]本着这一宗旨,该文对 1815—1936 年间在中国出版的新教(即"抗罗系")系统传教士中文报刊进行了详细的总结与论述。这是一篇既有新闻学意义又

[①] 陈春生:《二十五年来之中国教会报》,《真光杂志》第二十六卷第六号(二十五周年纪念特刊),1927 年 6 月。
[②] Ku T'ing Ch'ang, The Protestant Periodical Press In China.《真理与生命》第十卷第五期,1936 年 10 月 15 日,第 1 页。

很有史料价值的研究论文。

其四,汤因对基督教新教中文报刊的历史和现状进行了梳理和研究,形成了下列主要研究成果:(1)《中文基督教杂志总检讨》,连载于《真光杂志》第37卷第4号至第6号(1938年4月—6月);(2)《中国基督教文献——中文基教杂志索引》,这部索引上溯至1815年,汇集了139种基督教中文报刊,将重要文章列出目录索引,并且附有《中文基教杂志一览(1815—1937)》《基教杂志编辑人一览(1815—1937)》《西人编辑译名对照表》等附件。这份资料连载于《真理与生命》第十一卷第5期至第十三卷第8期(1938年10月至1941年7月);(3)1949年汤因又对上述成果进行了修订,撰写了《中文基教期刊》一书,该书共分为5个部分:"一、中文基教杂志总检讨";"二、中文基教期刊目录(1815—1948)";"三、编者及所编期刊索引";"四、刊名中英文对照";"五、外国编者姓名中英文对照"。该书汇录了自1815年至1948年间的878种基督教新教中文报刊,具有很高的史料价值。该书未见正式出版物,以手稿形式收藏于上海档案馆。

以上研究论文与资料索引,在目前出版的各类报刊史研究著述中鲜有引用。

中华人民共和国成立之后到改革开放之前(20世纪50—70年代),由于政治制度与意识形态方面的因素,中国内地报刊史著述中"一般地说,对党报以外的其他类型报刊历史的研究不够"[①]。因此这一时期中国内地较缺乏对传教士中文报刊的专题研究成果。根据著者的检索,50年代在张静庐辑注的《中国近现代出版史料》中,搜集整理了一些相关的资料;在全国政协和各地政协出版的《文史资料选辑》中,登载过一些对广学会等传教士出版机构创办的报刊和《益世报》等传教士中文报刊的回忆文章。

但这一阶段,中国台湾的学术界在继续着这方面的研究。1966年台湾三民书局出版的曾虚白的《中国新闻史》中,设有"外人在华创办的报纸"一章,其中对传教士中文报刊有一定的论述。在这一领域比较重要的著作是台湾商务印书馆1980年出版的赖光临《中国近代报人与报业》一书,该书汇编了9篇关于中国近代报刊史的专题研究成果,其中

---

① 方汉奇:《新闻学是历史的科学》,载《方汉奇文集》,汕头大学出版社,2003年版,第10页。

第一篇"西方传教士之报业——《万国公报研究》",突出阐释以《万国公报》为翘楚的传教士中文报刊对中国知识分子在思想启蒙、政治、教育及法制革新等方面带来的深远影响。作者在"西方教士对中国报业之贡献"一章中,总结了传教士中文报刊的四点贡献——阐发报章之功能;推重主笔之地位;确立编辑之方针;创新报刊之体例,全面总结了传教士中文报刊在中国报刊发展历史中的贡献和地位。此外,台湾出版界还做了一项很有意义的工作:在台湾影印出版的《清末民初报刊丛编》丛书中,包括了一些极具历史价值而原件已经不易寻觅的传教士中文报刊,如《中外新闻七日录》《教会新报》与《万国公报》等,尤其是将卷帙浩繁的《万国公报》(40卷)和它的前身《教会新报》(6卷)纳入丛书影印出版范围,为今人的研究提供了极大的便利。

中国大陆在改革开放的20世纪八九十年代以后,学术著作的出版进入一个高潮。国内外学者在这一阶段关于传教士中文报刊的研究主要在这几个学科领域中得以体现:

其一,新闻史、出版史等领域,这也是目前研究最为集中的领域。如方汉奇著《中国近代报刊史》,方汉奇主编《中国新闻事业通史》(三卷),叶再生著《中国近代现代出版通史》(四卷),史何等编著《中国近代报刊名录》,陈玉申著《晚清报业史》,宋应离主编《中国期刊发展史》,新加坡学者卓南生著《中国近代报业发展史》,美国学者何凯立著《基督教在华出版事业(1912—1949)》等。

其二,中西文化交流史、宗教史等领域。如熊月之著《晚清社会与西学东渐》,阮仁泽、高振农主编《上海宗教史》,姚民权著《上海基督教史(1843—1949)》,赵晓阳著《基督教青年会在中国:本土和现代的探索》等。

其三,地方史、方志学等领域。如《上海新闻志》,《上海出版志》,《上海宗教志》,《福建新闻志》,《福州新闻志·报纸志》等。

这一时期,传教士中文报刊的研究开始出现了专题性研究的著述,研究的内容主要是:

第一,对某个地区的传教士中文报刊做专题研究。如蒋建国著《报界旧闻——旧广州的报纸与新闻》,陈林著《近代福建基督教图书出版考略》,吴义雄著《在宗教与世俗之间——基督教新教传教士在华南沿海的早期活动研究》,澳门学者林玉凤的博士论文《鸦片战争前澳门新闻出版事业(1557—1840)》等。这些研究成果对特定区域内的传教士中文报刊有比较具体的论述。

第二,对某一份传教士中文报刊做专题研究,这主要集中于《万国公报》的研究。如杨代春著《〈万国公报〉与晚清中西文化交流》,王昭弘著《清末寓华西教士之政论及其影响:以万国公报为主的讨论》,王林著《西学与变法:〈万国公报〉研究》,香港学者梁元生著《林乐知在华事业与〈万国公报〉》等。

这一时期关于传教士中文报刊的研究论文大量涌现,尤其是针对报刊个体进行的个案性研究达到了较高的水准,其中比较有代表性的论文有:日本学者沈国威、内田庆市、松浦章编著的《遐迩贯珍:附解题·索引》①与沈国威编著的《六合丛谈:附解题·索引》②中所附的多篇研究论文,其中多为日本学者的研究成果;新加坡学者卓南生的《〈中外新报〉(1854—1861)原件及其日本版之考究》③;周振鹤的《新闻史上未被发现与利用的一份重要资料——评介范约翰的〈中文报刊目录〉》④;葛伯熙的《〈小孩月报〉考证》⑤与《益闻录·格致益闻汇报·汇报》⑥;黄增章的《广州美华浸会书局与〈真光杂志〉》⑦;李颖的《〈闽省会报〉初探》⑧等。这些论文对原刊进行了充分的研究,引用了大量的第一手资料,解决了一些过去在研究中没有厘清的问题。还有一个值得注意的现象是,近年来以传教士中文报刊为研究对象的博士论文、硕士论文逐渐增多。例如,王林的博士论文《〈万国公报〉研究》,王文兵的博士论文《丁韪良与中国》⑨;赵广军的硕士论文《"上帝之笺":信仰视野中的福建基督教文字出版事业之研究(1858—1949)》,詹燕超的硕士论

---

① 沈国威、内田庆市、松浦章编著:《遐迩贯珍:附解题·索引》,上海辞书出版社,2005年版。
② 沈国威编著:《六合丛谈:附解题·索引》,上海辞书出版社,2006年版。
③ 卓南生:《〈中外新报〉(1854—1861)原件及其日本版之考究》,载程曼丽主编:《北大新闻与传播评论》(第三辑),北京大学出版社,2007年版。
④ 周振鹤:《新闻史上未被发现与利用的一份重要资料——评介范约翰的〈中文报刊目录〉》,《复旦学报(社会科学版)》1992年第1期。
⑤ 葛伯熙:《〈小孩月报〉考证》,《新闻研究资料》总第三十一辑,中国新闻出版社,1985年版。
⑥ 葛伯熙:《益闻录·格致益闻汇报·汇报》,《新闻研究资料》总第三十九辑,中国社会科学出版社,1987年版。
⑦ 黄增章:《广州美华浸会书局与〈真光杂志〉》,《广东史志》2002年第21期。
⑧ 李颖:《〈闽省会报〉初探》,《福建师范大学学报(哲学社会科学版)》2003年第3期。
⑨ 以上博士论文见中国知网,中国博士学位论文全文数据库。

文《〈遐迩贯珍〉研究》,吴远的硕士论文《〈万国公报〉新闻传播的策略分析》,张桂兰的硕士论文《〈万国公报〉与"时务文体"》,陈旸的硕士论文《〈万国公报〉与晚清教育变革》,王小利的硕士论文《〈格致汇编〉研究》,张军的硕士论文《〈汇报〉思想研究:1898—1907》,等等①。

这一时期对传教士中文报刊的史料出版也给予了一定的重视,一些重要的传教士中文报刊得以影印出版。这些报刊是:《中西闻见录》《格致汇编》《东西洋考每月统记传》《遐迩贯珍》《六合丛谈》《益世报》《女铎》等。其中《中西闻见录》《格致汇编》《东西洋考每月统记传》《益世报》由中国大陆的出版社影印出版;《遐迩贯珍》《六合丛谈》由日本影印出版,中国翻译而来;而《女铎》则是以光盘版的形式出版。

2. 传教士中文报刊研究状况的基本评价

经过一百多年的发展,目前关于传教士中文报刊的研究已进入较为系统的阶段,已从早期的资料搜集、报刊名录步入到学术研究领域,尤其是最近十多年,无论是专著、论文的数量与质量,研究的深度、广度与涉及的领域,都是以往传教士中文报刊研究所无法比拟的。就研究现状而言,主要的成就与存在的问题相互映衬,形成了以下几个特点:

第一,整体性研究与个案性研究之间的不平衡。

迄今为止传教士中文报刊研究最大的缺憾是,还没有一部对传教士中文报刊从1815年至1951年间136年历史进行专题性、整体性研究的研究专著问世。相关的学术研究均散见于新闻史、报刊史、出版史、宗教史、中西文化交流史等著作的有关章节之中,由于这些著作并非以传教士中文报刊为专门研究对象,因而其研究的范围与视角无法给读者一种对于传教士中文报刊全景式的阐述。譬如美国学者何凯立的《基督教在华出版事业(1912—1949)》这样专题性程度相当高的著作,从传教士中文报刊的角度看,其研究视角依然存在着局限性:其一,研究范围受到限制,传教士中文报刊只是整个基督教在华出版事业的一个组成部分;其二,研究对象受到限制,书中的基督教指新教,天主教的报刊未予研究;其三,研究时间受到限制,何凯立的研究区段为民

---

① 以上硕士论文见中国知网,中国优秀硕士学位论文全文数据库。

国时期,而传教士中文报刊的辉煌恰恰是在晚清时期。

与整体性研究的失衡相比,传教士中文报刊的个案性研究活动还是相当活跃的,这种个案性的研究有些是以某一个地域范围或者某一个时间段的传教士中文报刊发展演变作为研究对象,但绝大多数的个案性研究是以某一种报刊作为研究对象,其研究成果通常以学术论文的形式体现。依据著者对"中国期刊全文数据库""中国期刊全文数据库——世纪期刊""中国博士学位论文全文数据库""中国优秀硕士学位论文全文数据库"四库的统计,从1979年至2009年30年间,以《察世俗每月统记传》为关键词的论文共有25篇,以《东西洋考每月统记传》为关键词的论文共有22篇,以《格致汇编》为关键词的论文共有23篇,而以《万国公报》为关键词的论文则高达295篇!

第二,个案性研究中热点与冷灶之间的极大反差。

虽然近些年来传教士中文报刊的个案性研究比较活跃,但仔细审阅会发现,这种研究中存在着报刊与报刊之间的极大反差。研究成果主要集中于少数几份报刊,最为突出的当属《万国公报》,除了数以百计的期刊论文、博士学位论文、硕士学位论文,以它为专题研究的专著也有好几种,是研究成果最多、研究范围最广、研究角度最多的一份传教士中文报刊。

与少数几份报刊形成的炽烈热点相比,大量的传教士中文报刊则处于少人问津甚至无人问津的"冷灶"状态,而其中不乏许多在中国新闻史、出版史、思想文化史发展演变进程中具有重要地位的传教士中文报刊。例如:《各国消息》(1838年创刊),这是鸦片战争前创刊的5份传教士中文报刊中的一份,也是继《东西洋考每月统记传》后创建于中国境内的第二份近代报刊;《中外新报》(1854年创刊),该刊比鸦片战争后的第一份传教士中文报刊《遐迩贯珍》创刊仅晚一年,被译成日文后作为样报在日本流传;还有刊物存续时间长、刊名变化多、刊社不断发生整合的《郇山使者》/《闽省会报》/《华美报》与《教保》/《华美教保》/《兴华报》系列报刊(1874年创刊);天主教在中国创办的第一份有影响力的《益闻录》/《格致益闻汇报》/《汇报》系列报刊(1878年创刊);在中国大陆的传教士中文报刊中自出刊后以同一刊名持续办刊时间最长的报刊《圣心报》(1887年创刊);近代中国妇女报刊中出版时间最长的报刊《女铎》(1912年创刊);民国时期"与商务印书馆出版的《少年杂志》

和中华书局出版的《小朋友》一道被公认为中国三大著名儿童刊物"①的《福幼报》(1915年创刊),等等。上述这些重要的报刊目前或者仅有少量的研究论文,或者干脆是尚付阙如,从而形成了传教士中文报刊研究中热点与冷灶之间的巨大反差。这种反差亟待改变,热点要追,冷灶也要烧,使之形成一种较为均衡的局面。

第三,基于二手资料的研究较多,基于原始资料的研究不足。

这是著者研究过程中遇到的一个普遍现象。在著者所查阅的许多传教士中文报刊的研究论文中,发现有不少论文主要是依据二手资料写成的,有些论文则全部引用二手资料。一些论文作者以某一份传教士中文报刊作为研究对象,却是在完全没有看过报刊原件的情况下进行论文写作的,其论文中引用的一些原始资料全部是从新闻史著作、论文集或期刊论文也就是他人研究成果中引用的资料再转引之,通篇没有一处第一手资料的引用。这一问题导致最直接的后果是出现较多的引文错误。经过著者与原件的核对,发现这一类研究论文中二手资料引文错误是普遍存在的。

这种情况在新闻史出版史的研究专著中表现得也较突出。专著中因为涉及的报刊多,年代跨度大,再加上某些专著是由主编交给若干作者分头去完成,因此在刊期演变、刊名变化、刊物主编等基本资料上,只是简单地从他人著作中转引,因而出现了不少张冠李戴、以讹传讹的现象。对这一问题,本书在论述相关报刊时尽可能地进行了补正。

第四,对报刊内容研究较多,对报人研究不足。

目前国内传教士中文报刊的研究视域,比较多的集中在报刊所刊载的文章内容。在这方面通过相关的研究,目前学界取得了一些共识,如传教士中文报刊大量介绍了西方的政治、经济学说和先进的科技知识,在中国掀起了广泛的西学传播活动;传教士中文报刊记录着中国近代以来社会变迁的丰富资讯,留存了珍贵史料等。但是,传教士中文报刊还有另一方面的重要价值:它把西方近代报刊的办刊理念、办报经验与模式带到中国,为我国带来了相对先进的报刊编辑理念、管理方式与新闻思想,成为我国近代化报刊的先驱。著者认为这需要加强对传

---

① 〔美〕何凯立著,陈建明、王再兴译:《基督教在华出版事业(1912—1949)》,四川大学出版社,2004年版,第252页。

教士报人群体的研究,报刊的主旨、内容、走向都是通过办报办刊之人的思想和行为表达出来,他们的办刊理念和新闻思想给中国的近代报刊留下了深刻的印痕。这个著名的传教士报人群体的研究还没有得到应有重视,更准确地说还没有从报人的视角上予以细致的考察。20世纪20年代时,应元道曾在《文社月刊》上发表《百余年来在华西教士对于基督教文字事业之贡献》的研究文章,文章涉及了马礼逊等17位传教士。不过应元道是从书籍出版和报刊发行的宽泛层面进行研究,并不是专门从报人的特定角度来展开论述的①。近年来已经有学者的研究成果开始涉及了传教士报人这一领域,如程丽红的专著《清代报人研究》,其中有一节《关注思想文化的传教士报人》,专门讨论了这一问题。但是程著中对这一问题的着墨还是单薄了些,涉及的报人只有马礼逊、米怜、郭实腊、林乐知等寥寥数人。传教士中还有许多对中国近代报刊业发展具有推动作用或重要影响的人物,如麦都思、伟烈亚力、傅兰雅、范约翰、季理斐、武林吉等,目前还缺少把他们从报人的角度进行专门研究的成果。

造成上述研究中种种不足与问题的原因是复杂的,但根本原因是传教士中文报刊原始资料的缺乏。由于年代久远,加上近现代中国战乱频仍,许多资料损失在战火之中。1949年后,因为社会制度、意识形态等方面的原因,传教士中文报刊的历史价值未曾得到真正的认识,以致传教士中文报刊资料的保存很不完整。19世纪晚清时期的传教士中文报刊大多为残卷,国内很少有哪一份报刊能够形成从创刊到终刊完整的收藏。即便是20世纪的传教士中文报刊,虽然稀缺程度已不复存在,但散残程度依然如此。有一些报刊甚至残卷亦不可得,以早期的传教士中文报刊为例:《天下新闻》至今找不到原件,卓南生在海外寻觅经年后表示:"在各国的公私图书馆中,目前还无法觅得《天下新闻》的原件。因此有关该报的资料与详情,还有待学者进一步的发掘与研究。"②《各国消息》的原件目前仅存两期,即第一、二期,藏于大英图书馆,一般研究者是看不到的。重要的早期传教士中文报刊《中外新报》

---

① 应元道:《百余年来在华西教士对于基督教文字事业之贡献》,《文社月刊》第一卷第四册,1926年1月。
② 〔新加坡〕卓南生:《中国近代报业发展史》,中国社会科学出版社,2002年版,第44页。

与《郇山使者》也很难觅得其原件踪迹。

对于研究者来说,还有一个比较大的困难,即残缺不全的传教士中文报刊原件没有集中于某些图书馆,而是星散各地、藏之深阁,有些报刊甚至处于亟待保护的孤本状态。例如《闽省会报》,据著者了解目前境内只有福建师范大学社会历史学院资料室保存有若干期原件刊物。又如林乐知主办的《教保》杂志,存世量极少,著者在南京图书馆发现馆内藏有该刊的创刊号,将这一情况告诉了馆方,引起了馆方的重视。这样的馆藏状况,使得研究者若想对某些报刊进行系统研究,需要奔波于国内若干城市的若干图书馆,但即便如此也未必能得窥全貌。如果要对一百多年间传教士中文报刊进行整体研究,困难更是可想而知。

因此,难以接触原件成为以往乃至今后传教士中文报刊研究的瓶颈,它是一些个案性研究无法开展的主要原因,也是至今没有传教士中文报刊专著问世的重要原因,同时也可以解释为一些论文缺乏原始资料支撑的客观原因。

三、本书的研究说明

1. 本书所依据的研究资料

在本书的写作过程中,著者查阅了大量的资料,这些资料主要有:传教士中文报刊原件;传教士与报人的回忆录、传记;后人的研究论著。

这里特别需要对传教士中文报刊的原件情况做一些说明。查阅原件是我们在资料收集过程中最重要同时也是最耗时的工作。只有基于原始资料的研究才是最具有历史感的,才能尽量地靠近历史的真实,许多围绕传教士中文报刊的学术纷争更需要通过对原件的细致研读给予厘清。

传教士中文报刊出版时间长,分布面广,种类繁多。根据著者的调查,目前传教士中文报刊馆藏量相对比较丰富的是国家图书馆、上海图书馆、上海档案馆、北京大学图书馆、香港中文大学图书馆以及南京图书馆、浙江图书馆、清华大学图书馆等。全国各地尤其是沿海地区的大型图书馆,以及一些重点大专院校特别是具有教会学校渊源的高校图书馆,也有部分或零散的原件收藏。

资料查阅中的"原件",主要由以下几种类型构成:

其一,纸质报刊原件。这是最名副其实、货真价实的原件。但是,传教士中文报刊尤其民国之前的报刊纸质原件,馆藏数量稀少,各图书馆视同善本,加上年代久远,保存困难,纸质脆化,许多图书馆不向读者提供原件的正常借阅。目前只有为数不多的图书馆可以提供这项服务,如北京大学图书馆,该馆不仅传教士中文报刊的馆藏较为丰富,而且提供纸质原件的借阅。

其二,影印本。影印报刊是一种保持原貌的再生性资源,由于重新影印出版涉及的人力、财力颇巨,因此目前一般只有十分珍稀和重要的传教士中文报刊才被重新影印出版,数量不多。例如华文书局(中国台湾)在1968年影印出版的《万国公报》四十卷和它的前身《教会新报》六卷,由于是由大陆以外的出版社影印出版,且出版时正值大陆陷入"文革"浩劫,对这种文化事件极少关注。因此,目前境内只有国家图书馆、上海图书馆等少数几家图书馆拥有全套影印本,研究者若想查阅颇为不便。

其三,缩微胶卷。缩微技术早已被广泛运用于图书、档案、资料、情报的管理与收藏,这也是目前国内图书馆对传教士中文报刊提供借阅服务的重要途径。例如传教士中文报刊馆藏量较为丰富的上海图书馆和香港中文大学图书馆,它们基本以这种途径向读者提供借阅服务。

一些早期的传教士中文报刊,具有极高的研究价值,但在境内仅有原件的残卷或者没有原件收藏,甚至在世界范围内也只有极少数的图书馆拥有馆藏品,因此只能通过缩微胶卷将其摄制保存,提供给研究者研究,同时也可以通过复制,提供给其他图书馆收藏。以第一份传教士中文报刊《察世俗每月统记传》为例,该刊在境内没有原件的收藏,但境外如大英图书馆、美国哈佛大学图书馆等拥有馆藏原件,通过缩微胶卷复制,使人们终于得窥《察世俗每月统记传》的面貌。目前香港中文大学图书馆、国家图书馆拥有该刊的部分缩微胶卷。

其四,数字化图像文档。这是在网络环境下利用计算机技术实行的馆藏文献资料利用的新类型。以上海档案馆为例:由于上海开埠较早,历史上号称十里洋场,传教士云集,上海档案馆是目前大陆除了国家图书馆和上海图书馆之外,传教士中文报刊藏量最为丰富的场馆。该馆馆藏的传教士中文报刊以20世纪创办的为主,已经利用计算机进行资料录入,读者可以在馆内通过计算机网络迅速快捷地获取所需文献资料。馆方编撰了《中国教会文献目录——上海市档案馆珍藏资料》一书，为研究者的资料查阅提供了极大的方便。馆方还与出版机构合作，将上海档案馆所拥有的国内保存最完整的传教士中文报刊《女铎》以光盘版的形式重新出版。

互联网技术同时为历史文献资料的查找和检索提供了新的途径。一些学术性的网站，将历史文献资料予以数字化处理后上传到网络，供研究者下载。这些资料中就包括了传教士中文报刊，著者循此途径搜寻亦有所收获①。

纸质原件、影印件、缩微胶卷、光盘、网络下载……本书对原件的研究正是基于上述查阅途径展开。尽管传教士中文报刊原始资料的收集非常不易，但立足于第一手资料，力求在原始资料的引用上形成突破，是著者所追求的目标。以往的许多研究著述中，往往是二手、三手资料的层层转引，舛误较多。著者的本意是，凡是本书中所涉及的每一种报刊的介绍与评述研究工作，都应该是在查阅了该报刊原件的基础上进行。这一目标，著者基本上实现了，传教士中文报刊以往研究中的某些疏漏借此弥补，舛误得以纠正，纷乱为之厘清，这是本书的一个亮点。但是，之所以说"基本上"，是因为有极少数的传教士中文报刊例如《天下新闻》《郇山使者》等，目前在国内外都没有原件发现，《各国消息》的原件仅在国外存有两期。然而，它们的地位又十分重要，《天下新闻》和《各国消息》，是鸦片战争前仅有的五种传教士中文报刊中的两种，作为传教士中文报刊的专著是不能不写到它们的；《郇山使者》，作为福建近代历史上第一份中文报刊，又是其后《闽省会报》/《华美报》与《教报》/《华美教报》/《兴华报》等系列报刊的源头，具有开创性的作用。因此，诸如此类虽然无法看到原件但又必须论及的传教士中文报刊，著者只能依据有关的历史记述和他人的研究资料等二手资料进行介绍与评述，这实在是很无奈的事情。还有一些传教士中文报刊，如《中外杂志》《传道新编》《益智新录》等，著者原本也将它们列为研究对象，也是因为百般寻觅找不到原件，只得暂且作罢。也许在某个图书馆有它们的藏

---

① 这些方面比较重要的学术网站有：国学数典论坛，晚清期刊全文数据库（1833—1910），大成老旧刊全文数据库，等等。这些网站上有部分传教士中文报刊的数字化电子文档供下载。

本，但著者在本书完成之际仍没有发现它们的线索。

2. 对本书中有关20世纪传教士中文报刊研究的说明

本书的研究始于19世纪初第一份传教士中文报刊《察世俗每月统记传》诞生，止于传教士中文报刊在中国内地停办的20世纪中叶。本书的研究重点是19世纪，这是因为传教士中文报刊从初创到鼎盛时期是在19世纪，对中国社会发生重要影响的时期也是19世纪。进入20世纪以后，传教士中文报刊的办刊方针出现调整，不再以关心中国政治与社会变革而以传教为主旨，多数报刊成为纯粹的宗教报刊，成为特定人群的特定信息载体，对中国政治和中国民众没有多少影响力；再者这一时期的中国人已经认识到了办报刊的重要性，并从外国人那里学会了办报技术与经验，创办了大量的报刊，中国读者不必如19世纪时只能从传教士中文报刊中接触西学，寻找信息，更何况中国人通常更喜欢看国人办的报刊。

由于上述因素的影响，20世纪之后尤其是进入民国以后的传教士中文报刊成为我国新闻史研究中被忽略的领域，有关著述很少提及，或者非常简略地一笔带过。实际上20世纪传教士中文报刊的数量和种类很多，虽然没有出现诸如19世纪《万国公报》那样具有全国性影响的报刊，但依然出现了一些有特色的报刊和一批有一定影响力的报人。因此，缺少这一块的研究，我国的新闻史、报刊史研究是有空白的。

作为传教士中文报刊研究专著，著者关注了这一领域。本书选择了20世纪上半叶一些较为重要的、比较有代表性的报刊进行介绍与评析，尽管不够全面，但也描绘了一个基本轮廓，以求尽可能地向读者展示传教士中文报刊的全貌。因此，本书关于20世纪上半叶传教士中文报刊的研究，具有填补研究空白的意义，这是本书的又一个亮点。

3. 本书体例与章节结构

通常新闻史专著的写作体例，是以历史年代的沿革为基本线索展开，章节依历史阶段的变化而设置，这样的体例表现了历史的延续性，但带来的问题是一些时间跨度长的报刊被分散在不同的章节中分别提及，从而有零散之感；再者，某些报刊历史上几经更名，当其在不同的章节中以不同的刊名出现时，该报刊的历史延续性难以完整体现。

有鉴于此,本书在写作体例上做了新的尝试,在历史年代的大框架内,以具体的报刊为中心进行叙述与分析,力求向读者展现具体某一份报刊发展的完整历史。

具体的做法是,本书将传教士中文报刊,依据其创刊年代的先后进行介绍评析。尤其是一些报刊系列,前后数度更名,报刊的历史跨越19世纪和20世纪,如《郇山使者》/《闽省会报》/《华美报》与《教保》/《华美教保》/《兴华报》系列报刊,《益闻录》/《格致益闻汇报》/《汇报》系列报刊……本书对这些报刊系列,均将其单独设章节进行完整介绍,这也是本书在体例上区别于其他新闻史报刊史专著的一个方面。

关于本书体例与章节设置的两点说明:

第一,单独设章的报刊,遵循时间优先原则,即以报刊创刊时间的先后排序;未单独设章的报刊,兼顾报刊类别与时间顺序两个方面,即同一类型的报刊集中在同一章节中依创刊时间先后排序。

第二,对于一些创刊于19世纪末的报刊,虽然其刊社的活动与报刊的影响主要发生在20世纪上半叶,但我们仍以创刊时的年代为准将其归入19世纪下半叶进行介绍,例如《学塾月报》/《青年会报》/《青年》与《进步》/《青年进步》系列报刊。

本书除绪论外,共分十五章。

绪论主要是对传教士中文报刊概念的界定,学术史回顾与评价,本书的研究说明。

第一章至第三章介绍鸦片战争前创办的报刊:

第一章与第二章分别介绍《察世俗每月统记传》与《东西洋考每月统记传》;

第三章介绍鸦片战争前的其他传教士中文报刊,包括《特选撮要每月纪传》《天下新闻》《各国消息》。

第四章至第十二章介绍鸦片战争后至19世纪末创办的报刊:

第四章、第五章、第六章、第七章分别介绍《遐迩贯珍》《中外新报》《六合丛谈》与《万国公报》;

第八章介绍《中西闻见录》与《格致汇编》;

第九章介绍《郇山使者》/《闽省会报》/《华美报》与《教保》/《华美教保》/《兴华报》系列报刊;

第十章介绍以儿童为主要对象的《小孩月报》,以青年为主要对象

的《学塾月报》《青年会报》/《青年》与《进步》/《青年进步》;

第十一章介绍三个天主教报刊：(1)《益闻录》/《格致益闻汇报》/《汇报》,(2)《圣心报》,(3)《圣教杂志》。《圣教杂志》创刊于1912年,但它与前两个报刊同为天主教报刊,而且该刊与《益闻录》有接续关系,与《圣心报》为同时期存在的天主教姊妹刊物,因此本书将创刊于20世纪的《圣教杂志》与创刊于19世纪的《益闻录》、《圣心报》置放于同一章内介绍;

第十二章择要介绍19世纪下半叶创刊的其他传教士中文报刊,包括：《中外新闻七日录》《画图新报》《新民报》《甬报》《中西教会报》《尚贤堂月报》《新学月报》。

第十三章至第十四章介绍20世纪上半叶的报刊：

第十三章是20世纪上半叶广学会创办的报刊。20世纪上半叶广学会创办了一系列适合各种不同层次、不同类型读者需要的报刊,它们是：《大同报》《女铎》《福幼报》《明灯》《道声》《女星》与《平民月刊》/《民星》,本书专设一章对这些报刊进行介绍;

第十四章择要介绍20世纪上半叶的其他传教士中文报刊,包括：《真光杂志》《通问报》《时兆月报》《益世报》。

第十五章为全书总结,分三个部分进行阐述：

"传教士中文报刊评价的基本演变以及本书的基本评价指向","传教士中文报刊发展的特点","传教士中文报刊的影响"。

第一章 《察世俗每月统记传》

一、《察世俗每月统记传》创刊背景

1. 传教士希望到中国传教

18世纪60年代,英国率先发动工业革命,推进从手工技术为基础的资本主义工场手工业过渡为机器生产的资本主义现代工厂制度。到19世纪40年代,英国完成了工业革命。法国、德国、美国等国紧随其后,也陆续开展和完成了工业革命。这些资本主义国家生产力得到迅速发展,开拓海外市场成了它们的重要任务,潜力巨大的中国市场也成为他们的追逐目标。

对于地大物博、人口众多的中国发生兴趣的,除了西方国家的政治家、工厂主、大商人外,还有西方的教会。

19世纪时最早进入中国的传教组织是英国的伦敦传教会,它是基督教新教组织,也是19世纪时英国传教士在华活动的最重要机构。这一组织成立于1795年,由在英国的公理会、圣公会、长老会和循道公会四个基督教新教宗派联合组成,总部设在伦敦,宗旨是向海外非基督教徒传播基督教新教。[①] 它成立后准备挑选传教士前往中国传教,"伦敦传教会决议开创在华传教事业后,接着寻找一名他们可以依赖的审慎的人选,而且他的聪明才智能胜任这项重要而艰难的使命。马礼逊先

---

① 参见〔英〕马礼逊夫人编,顾长声译:《马礼逊回忆录》,广西师范大学出版社,2004年版,第15页译者注。

生……是第一个人选。"①马礼逊于是成为伦敦传教会派到中国传教的第一个基督教新教传教士。

马礼逊

罗伯特·马礼逊（Robert Morrison,1782—1834），英国诺森伯兰人。1798年受洗成为基督教新教教徒,1803年进入伦敦霍克斯顿神学院学习,志愿当传教士。1804年向伦敦传教会申请,"愿至异邦宣扬圣教。"②伦敦传教会"认为他是一个坚毅勤奋的人,对他的虔敬和审慎也评价甚高"③,申请很快被批准,伦敦传教会吸收他为传教士,并派他到高士坡传教学院深造,正式指定前往中国传教。"伦敦传教会最初打算派三到四位传教士一同前往中国开教,事实上已经确定一位威廉·勃朗先生和马礼逊同去,但他不但推辞了,而且不久还退出了伦敦传教会。后来该会又指派在非洲传教的文德甘牧师离开非洲前往中国,出任中国教区的主管,……但文德甘却不肯从命,这项计划又告吹。……到最后才决定只派马礼逊一人前往中国。伦敦传教会不是不肯派好几位传教士与马礼逊同去中国,而是无法物色到合适的人选。"④

马礼逊被确定为开创在华传教事业人选后,开始为来华传教做准备。他在伦敦学习医学、天文学、数学,还随一位华侨容三德学中文。容三德是广东人,由驻广州英商派往伦敦学习英文,他对马礼逊中文的教授为其日后掌握这门语言打下了基础。马礼逊在后来的日记中写道:"我不会忘记在伦敦时教我中文的第一位老师容三德,是他初次给

---

① 〔英〕米怜:《新教在华传教前十年回顾》,大象出版社,2008年版,第26页。
② 林乐知:《教士马礼逊列传》,《万国公报》合订本第九册,华文书局(中国台湾)影印本,1968年版,第5455页。
③ 〔英〕米怜:《新教在华传教前十年回顾》,第26页。
④ 〔英〕马礼逊夫人编,顾长声译:《马礼逊回忆录》,广西师范大学出版社,2004年版,第18页。

了我接触和领悟中文的机会,我非常惦念他。"①马礼逊对医学、天文学、数学与中文的学习,一直持续到1807年1月,这已经是他来中国的前夕了。马礼逊对这些知识的学习,加上他在霍克斯顿神学院与高士坡传教学院所受的宗教训练,使他具备了作为一个派往中国传教的海外传教士所需要的修养。

在马礼逊出发来中国前的1807年1月20日,伦敦传教会给马礼逊一份"书面指示"和一份"基督徒告诫书",其中"书面指示"写道:"我们相信你能够继续留在广州而不致遭到反对,一直住到你能达到完全学会中文的目标。然后你可转到另一个方向使用你的中文知识做对世界广泛有益的事:一是你可编纂一部中文字典,要超过以前任何这类字典;二是你可把圣经翻译成中文,好使世界三分之一的人口,能够直接阅读中文圣经。"②

从这里可以看出,伦敦传教会给马礼逊的任务是到中国后学好中文,编一本汉语字典和将《圣经》译成中文。正如米怜在《新教在华传教前十年回顾》一书中所说:"掌握汉语并将《圣经》译成中文,是在华传教工作的首要目标;教化民众并向民众宣道并没有在近期计划之内。如果被允许居留的话,我们的计划(如果能称之为计划)是进入中国并安静地居留下来学习汉语,进而过渡到翻译《圣经》。在当时还无法预见到未来会开展哪些后续的事业。"③

马礼逊原准备搭乘英国东印度公司船只来到中国,由于中国清朝政府严禁传教,东印度公司怕得罪中国政府,因而不同意马礼逊搭乘。马礼逊只得改变计划,先横渡大西洋到美国,再从美国乘船横渡太平洋来到中国。

1807年1月31日,25岁的马礼逊从伦敦出发,于4月20日抵达纽约。他前往中国传教的行动得到了美国政府的支持,美国国务卿麦迪逊接见了他,还写信给美国驻广州领事,嘱他为马礼逊提供在中国活动的一切便利。对此,马礼逊在日记中写道:5月12日"上午10时我准备上船之前,收到了拉斯敦先生从费城寄来的信。信中转给了我由

---

① 〔英〕马礼逊夫人编,顾长声译:《马礼逊回忆录》,广西师范大学出版社,2004年版,第37页。
② 同上书,第25—26页。
③ 〔英〕米怜:《新教在华传教前十年回顾》,大象出版社,2008年版,第25页。

美国国务卿麦迪生先生致美国驻广州领事卡林顿的一封介绍信,要求卡林顿在符合美国利益的原则下,对马礼逊到中国之后尽力给予一切协助"①。

1807年5月12日,马礼逊乘美国货船自纽约启程,前往中国。"在上船之前,船长问马礼逊道:'你期望你真的能够使伟大的中华帝国改变崇拜偶像的观念吗?'马礼逊以非同一般的坚强信念答道:'先生,我不能够。但我认定上帝必定能够。'"②

同年9月8日马礼逊到达广州。到广州前,马礼逊曾来到澳门,他在日记中写道:"我离开纽约乘船到爪哇大约有90天,然后从爪哇驶到澳门锚地,全程共有113天。船在印度洋上航行时,曾受到飓风冲击有30—40天之久,但蒙上帝保佑了我们。船到澳门之后,我在那里停留了大约24小时,会见了东印度公司的职员史当东爵士和查墨斯先生。他们都对我说要住在澳门困难是很大的,一是有中国人,二是有葡萄牙天主教传教士,三是英国东印度公司严格禁止非贸易英国人居留在澳门。因我既不是东印度公司的人,又是天主教所仇视的新教传教士,更不是中国人,而是英国人。"③马礼逊遂离开澳门来到广州,成为近代来中国的第一个基督教新教传教士。

此时的清政府实行严格的闭关和严教政策,广州是当时中国唯一的通商口岸,但即便在广州,对外国人的来往、住行仍有严格限制,传教更是严厉禁止。马礼逊不能公开以传教士身份活动,他只能隐居在美国商馆中。"他所处的敏感的环境,需要最严密的小心谨慎。的确,自从在华传教工作开始之际,就一直需要保持警惕;任何片刻或一日的懈怠都有可能给传教事业带来致命打击。除了熟知内情的人,没有人能理解时刻保持清醒和审慎是多么必要。"④这期间,他"赁屋寓居,习华文、学华言、衣华服、食华食"⑤,为将来做准备。他尤其把学习中文作为首要任务,不过这是非常危险的,马礼逊在一封信中写道:"查墨斯先

---

① 〔英〕马礼逊夫人编,顾长声译:《马礼逊回忆录》,广西师范大学出版社,2004年版,第35页。
② 同上书,第36页。
③ 同上书,第41—42页。
④ 〔英〕米怜:《新教在华传教前十年回顾》,大象出版社,2008年版,第35—36页。
⑤ 林乐知:《教士马礼逊列传》,《万国公报》合订本第九册,华文书局(中国台湾)影印本,1968年版,第5455页。

生对我说,'欧洲人根本不知道要住在中国并请中国老师教授中文有多么大的困难。'于是他诉说了一般人都晓得的情况。中国人是被禁止对欧洲来此地的西洋人教授中文的,如被发现,是要判处死刑的。"①

1809年2月马礼逊与英属东印度公司一高级职员的女儿结婚,在举行婚礼的当天,马礼逊被聘为东印度公司的中文译员,这一事件是马礼逊在华活动的重要转机,他从此获得了合法身份,作为东印度公司高级职员,他可以公开活动于广州、澳门。被任命为东印度公司中文译员"这一事实,乃是一个充足的证据,表明马礼逊已经熟练地掌握了中文"②。

为了便于与中国人打交道,马礼逊把自己打扮成中国人模样,身穿长袍,脑后拖着一条长辫子。他懂拉丁文、希腊文、希伯来文。至于中文,经过两三年的努力,他已能讲一口流利的中国官话和粤语,并能比较顺利地阅读中文书籍。他一面担任英属东印度公司职员,一面从事《圣经》的翻译③和《华英字典》的编纂工作④,这是一项非常吃力和费时的工程,耗费了马礼逊大量的时间与精力。正如马礼逊在1819年给伦敦传教会的报告中所写的:"这项翻译工作是在遥远的中国,使用欧洲极少人懂得的最艰难的文字进行翻译的。如有人要对这部中译本圣经提出批评,请不要忘记这种困难。"⑤他还出版了《中文文法》《中国历史问答》等书。此外,马礼逊还从事宗教小册子的翻译和编写,出版了《基督教新教教义问答》《神道论赎救世总说真本》《问答浅注耶稣教法》《圣

---

① 〔英〕马礼逊夫人编,顾长声译:《马礼逊回忆录》,广西师范大学出版社,2004年版,第38页。
② 同上书,第52页。
③ 《新约全书》由马礼逊独立翻译,于1814年出版;1819年马礼逊与米怜合作译完《旧约全书》。1823年整部圣经在马六甲印刷出版,取名《神天圣书》,共21卷,线装本。这就是史称的马礼逊译本,是第一部在中国和马六甲等地散发的中文圣经。参见马礼逊夫人编,顾长声译:《马礼逊回忆录》,广西师范大学出版社,2004年版,第99页译者注、156页译者注。
④ 1815年出版了《华英字典》第一卷,书名是《字典》,这是马礼逊根据嘉庆十二年刊刻的《艺文备览》英译的,汉英对照。第二卷第一部在1819年出版,书名是《五车韵府》,第二卷第二部在1820年出版。第三卷在1822年出版,书名是《英中字典》。整部《华英字典》在1823年出齐,共有六巨册,合计4595页,工程浩大,全由马礼逊一人经过13年的积累和编纂而成,是中国历史上出版的第一部汉英大字典。后来,《华英字典》由日本学者译成日文出版。参见马礼逊夫人编,顾长声译:《马礼逊回忆录》,第99页译者注、第272页。
⑤ 〔英〕马礼逊夫人编,顾长声译:《马礼逊回忆录》,第154页。

经节选》等书。1817年,"英国格拉斯哥大学一致通过决议,授予马礼逊神学博士学位,承认他为出版语言学和用来学习中文的各种书刊所作出的巨大贡献。"①马礼逊曾于1824—1826年返回英国,受到英国各界的热烈欢迎,英国国王接见了他,他送给国王一部中文圣经和一幅北京地图,而国王"对他的卓越和有益的工作,表示高度嘉奖"②。1825年马礼逊当选为英国皇家学会会员,并被选举为伦敦传教会董事会董事。伦敦传教会出版的年报对马礼逊是这样评价的:"马礼逊是被派往那个广大的国家的第一位新教传教士,又是第一位将圣经陆续译成中文的翻译者,并把这部生命和救恩的书介绍给有3亿读者的中国的人。"③

作为传教士,马礼逊在中国还秘密发展了一批中国教徒。1814年马礼逊吸收刻工蔡高为教徒。蔡高是马礼逊发展的第一个中国教徒,

米怜

也是中国加入基督教新教的第一人。后来,蔡高的兄弟蔡兴、蔡三等人也陆续加入基督教。

马礼逊来中国6年后的1813年,应马礼逊一再要求,伦敦传教会派了另一位传教士威廉·米怜来中国协助马礼逊开展工作,伦敦传教会给马礼逊的信写道:"由于你多次向董事会提出要求增派一名传教士前往中国和你一同工作一事,我们经过慎重考虑,经伦敦传教学院的博格博士的推荐,决定派遣米怜先生前往中国与你一同工作。……与此同时,我们也甚盼你把在中国工作的经验传授给米怜先生,并帮助

---

① 〔英〕马礼逊夫人编,顾长声译:《马礼逊回忆录》,广西师范大学出版社,2004年版,第136页。
② 同上书,第226页。
③ 同上书,第71页。

他学好中文。"①米怜由此成为近代第二位来中国的基督教新教传教士。

威廉·米怜(William Milne,1785—1822),苏格兰人,伦敦传教会传教士。用他自己的话说:"我于1812年7月12日接受按立为牧师。同年9月4日,我与同样来自苏格兰北部的米怜夫人在朴次茅斯上船向好望角航行。……1813年7月4日,我们安全抵达澳门,并受到马礼逊夫妇最诚挚的欢迎。"②他随即遇到了当初马礼逊遇到的相同难题,"接到当时澳门的葡萄牙总督的口头命令,要求我于8日之内离开澳门;不久又传来消息,命令我登上一艘即将起航的船离开澳门。"③马礼逊在日记中也写道:"米怜夫妇到达澳门的消息不胫而走,在澳门,不论是英国人还是葡萄牙人,都对他俩抱敌视态度。我相信有人已经向总督告状,最后,立法会议开会讨论后全体表决:'米怜先生不得居留澳门。'"④7月20日米怜只身离开澳门⑤。

来到广州后的米怜处境依然艰难,他同样受到清政府的严格限制,无法在广州取得合法居留权,始终处于官府的严密监视之中,生活十分不安全。即使在这样的情况下,米怜仍以极大的努力学习中文。在西方人看来,中文是极其难学的一门语言,不少西方人甚至怀疑中文是否是外国人能够掌握的。米怜说:"当时我认为要学好这门语言是非常困难的(至今我都没有改变这一看法),并且确信,一个才能平庸的人需要勤奋、专注和坚持不懈,才可望经过长期努力之后掌握这门语言"。⑥

马礼逊、米怜来到中国,最终目的是在中国传播基督教。我们有必要论述一下当时清朝政府对传教的态度与政策,这对于了解传教士中文报刊发蒙时期传教士们所面临的宗教形势和政治环境是十分必要的。

---

① 〔英〕马礼逊夫人编,顾长声译:《马礼逊回忆录》,广西师范大学出版社,2004年版,第76页。
② 〔英〕米怜:《新教在华传教前十年回顾》,大象出版社,2008年版,第49—50页。
③ 同上书,第50页。
④ 〔英〕马礼逊夫人编,顾长声译:《马礼逊回忆录》,第89页。
⑤ 米怜夫人未能随她丈夫到广州去,因为当时清政府禁止任何外国妇女在广州居住。经过澳门葡萄牙总督特别批准,米怜夫人被容许暂时居住在马礼逊家中。参见马礼逊夫人编,顾长声译:《马礼逊回忆录》,第90页译者注。
⑥ 〔英〕米怜:《新教在华传教前十年回顾》,第50页。

2. 清政府对传教的态度

我们先追溯一下中国各封建王朝对基督教的态度。

早在唐朝,基督教就传入中国,但元朝以后中断了两百多年。16世纪欧洲宗教改革以后,基督教旧教即天主教扩大传教活动,不少传教士来华传教,其中最著名的是利玛窦。

利玛窦(Matteo Ricci,1552—1610)为中国名字,原名直译应为玛提欧·利奇,意大利耶稣会传教士。明朝万历年间来到中国,是天主教在中国传教的开拓者之一。

为了能在中国顺利传教,利玛窦极力调和基督教教义与我国传统习俗之间的矛盾。基督教是一神论,禁止偶像崇拜与祭祖,这与我国的祀天、祭祖、尊孔是不相容的。利玛窦为了减少传教压力,竭力利用儒家思想论证基督教义,获得成功,为中国朝野所接受。他还广交中国官员和社会名流,传播西方科学知识,得到中国士大夫的尊敬,被称为"泰西儒士"。利玛窦的活动对中西文化交流作出了贡献,同时也为天主教在中国的传播开创了基业。"据统计,在1701年时,中国有澳门、南京和北京3个主教区,有130位传教士和约30万教徒。"①

后来,利玛窦的继任者认为利玛窦的做法违反了基督教一神论,开始禁止中国教徒祀天、祭祖,引起中国人反感。至18世纪初,罗马教廷与中国朝廷之间围绕"礼仪之争"爆发了直接冲突。1704年,罗马教皇格勒门十一世发布针对中国天主教徒的7条"禁约","禁止中国天主教徒遵守中国的政令习俗。"②之后罗马教皇曾数度遣使,意图命令在中国的传教士遵守禁约。康熙皇帝认为这是在干涉中国内政,无异于要中国天主教徒听命于教皇而不是中国皇帝,在康熙晚年,清朝逐步开始禁教。

雍正时期,清政府开始公开禁教。1727年雍正皇帝发布上谕:"中国有中国之教,西洋有西洋之教,西洋之教,不必行于中国,亦如中国之教,岂能行于西洋?"③雍正皇帝曾召见在京传教士,对他们说:"尔等欲

---

① 王美秀等:《基督教史》,江苏人民出版社,2006年版,第363页。
② 顾长声:《传教士与近代中国》,上海人民出版社,1981年版,第13页。
③ 方豪:《清代民间仇教与朝廷禁教之原因》,载宋原放主编,汪家熔辑注:《中国出版史料·近代部分》(第一卷),湖北教育出版社、山东教育出版社,2004年版,第60页。

我中国人尽为教徒,此为尔等之要求,朕亦知之;但试思一旦如此,则我等为如何之人,岂不成为尔等皇帝之百姓乎?教徒惟认识尔等,一旦边境有事,百姓惟尔等之命是从,虽现在不必顾虑及此,然苟千万战舰来我海岸,则祸患大矣。"①传教士遂被驱逐回国。各地教堂或被拆毁,或改为公廨、书院和庙宇,并严禁中国人信教。

到了乾隆朝,禁教政策进一步发展:严格取缔基督教在中国的传播,并施行闭关锁国政策。乾隆二十二年(1757年),清廷制定了《防范外商规条五款》,"其重点是防止外商与中国人的各类接触,包括贸易买卖、房屋租赁、借贷钱物、雇佣劳作等民间自由交易的一切民事活动,都被清政府用法令禁绝。"②同时,1757年以后对外通商口岸仅限于广州,即便在这唯一的通商口岸,还对外国商人的活动作出种种限制,并严禁传教士居住和进行传教活动。马礼逊向英国人介绍当时中国的情况时说:"欧洲人只被允许住在中国边境的广州和澳门。那里有数目众多的天主教徒和其他异教徒。……欧洲人不能远离此二地的郊外,也不允许携带家眷。"③1793年,英国使臣马戛尔尼来华,向乾隆皇帝提出开埠通商、准许英国传教士到中国自由传教等要求,遭到乾隆皇帝拒绝。

嘉庆朝继续施行禁教政策,嘉庆十年(1805年)发布上谕云:"嗣后倘再有与西洋人往来习教者,即照违旨例从重惩究,绝不宽贷。"④嘉庆十六年(1811年),又针对《严定西洋人之传教治罪专条》的奏折发布上谕,将西教称为"邪术":"若不严定科条大加惩创,何以杜邪术而正人心?嗣后西洋人有私自刊刻经卷倡立讲会,蛊惑多人及旗民等向西洋转为传习,并私立名号煽惑群众确有实据,为首者当定为绞决;其传教煽惑而人数不多亦无名号者,着定为绞候;其仅止听从入教不知悔改者,发往黑龙江给索伦达呼尔为奴,旗人销去旗档。"⑤

这些谕旨是针对天主教发布的,同时也适用于所有西教,包括基督

---

① 《坊表信札》(《耶稣会士通信集》)第3卷,第363页。转引自顾长声:《传教士与近代中国》,上海人民出版社,1981年版,第16页。
② 张晋藩总主编:《中国法制通史》(第8卷),法律出版社,1999年版,第465页。
③ 转引自〔新加坡〕卓南生:《中国近代报业发展史》,中国社会科学出版社,2002年版,第14页注释。
④ 方豪:《中国天主教史人物传》,宗教文化出版社,2007年版,第604页。
⑤ 《续修四库全书》编纂委员会编《续修四库全书》817《史部·政书类》,上海古籍出版社,2002年版,第50页。

教新教。

朝廷既禁教,各级地方政府自当竭力奉行。1769年福建兴化府贴出布告:"为此示仰府属军民人等知悉:凡误从无极教,并罗教、天主、白莲、无违(为)、回回等教者俱著即速自行出首,将所传经典,作速缴官,以凭汇集销毁,本人亦免治罪。倘再不悛改……为首者绞,为从者各杖一百,流三千里。"①嘉庆时期,福建布政使、按察使、督粮道、盐法道会衔布告:"现奉上谕,严禁天主教经卷书籍,转相流播,如有妄为煽惑,立拿惩治。……凡有误从天主等教者,即速自行出首,将所传经卷书籍,作速缴官,以凭汇集销毁。"②

马礼逊、米怜就是在这种形势下前来中国传教的。对此,林语堂评论道:"当时有勇气承担这项疯狂任务的人应具有超人的能力。"③

3. 为什么选择马六甲

无论是马礼逊还是米怜,到中国后立刻引起中国政府的注意,行动受到严密监视,广州或澳门都无法成为基督教传教基地。1812年4月,马礼逊曾将清政府于1811年颁布的谕旨英译稿寄往伦敦传教会,并写了一封信:"现在我附寄一份清朝谕旨英译本给你,使你们知道印发中文的基督教书籍,是要被判死刑的。但不论如何,我必须依靠上帝继续做这项圣工。"④

这种传教环境促使马礼逊决心将传教基地移往中国周边地区。1813年7月15日,也就是米怜抵达澳门后,来到广州之前,马礼逊给米怜的一封信中就提出了这一计划:"我的弟兄,由于我们无法在中国建立这样一个基地,那就必须到恒河以东任何国家,觅一个地方,建造我们的耶路撒冷。我们需要有一个差会总部,在那里我们可以聚会和讨论差派传教士前往东南亚、包括中国去传播基督教。这个总部还可以让患病的传教士在无法工作时,有一个养病和退休的地方。""现在,

---

① 方豪:《清代民间仇教与朝廷禁教之原因》,载宋原放主编,汪家熔辑注:《中国出版史料·近代部分》(第一卷),湖北教育出版社、山东教育出版社,2004年版,第61页。
② 同上书,第62页。
③ 林语堂著,王海、何洪亮主译:《中国新闻舆论史》,中国人民大学出版社,2008年版(据1936年英文版翻译),第73页。
④ 〔英〕马礼逊夫人编,顾长声译:《马礼逊回忆录》,广西师范大学出版社,2004年版,第78页。

不论在澳门或广州,都因门户禁闭无法进入传教。为此,我们可以在麻六甲或爪哇找到门户开放的地方。"①

在清政府的禁西教政策下,基督教要在中国境内传播是不可能的。建立一个距离中国不太遥远的传教基地,一旦中国门户开放,再进入中国,是当时唯一的出路。这一点很快成为马礼逊与米怜的共识。

1814年年初,米怜前往南洋群岛考察,于9月返回中国。经过考察与比较后米怜认为,南洋地区的马六甲是合适的传教基地。

马六甲位于今天的马来西亚,又称麻六甲、麻剌甲、吗啦呷、吗喇呷,在马六甲海峡的东岸。早在明朝,马六甲就与中国有来往。郑和下西洋时,有5次驻节于马六甲。16世纪初,马六甲成为葡萄牙殖民地,17世纪中叶转而为荷兰所有,后来又成为英国殖民地。马六甲在南洋群岛中相对靠近中国,与广州的交通很方便,将宗教宣传品运往中国比较容易,与南洋群岛各岛及暹罗之间的交通也很便捷,而且那里住有不少华人。在马六甲为荷兰殖民地时,荷兰当局对基督教在当地的活动非常支持。马六甲转而为英国所有后,英国殖民政府对基督教在当地的传播也是大力支持的。米怜是这样分析马六甲的优势的:"马六甲的中国居民不是很多;但这里距离中国路途较近;与中国人居住的马来群岛各地之间的来往更为方便——位于交趾支那、暹罗和槟榔屿间来往的直接通道上——并拥有与印度和广州频繁来往的有利条件。尽管马六甲的中国人比爪哇的少得多,但在具有地理位置优势的马六甲建立布道站,会比爪哇拥有更广泛与外界交往的机会。而且,比起巴达维亚,马六甲被认为更有利于人们的身心健康,因而更适合建立一个将来可能发展壮大成为包含若干国家的传道团的核心布道站;最终它会成为学习汉语、马来语和其他恒河以东各种语言的一所学校的据点。传道团发展壮大后,健康因素有时会迫使传教士不得不离开,——如年迈、死亡和其他原因都有必要对寡妇、孤儿和幸存者提供安宁的处所。传道团成员的孩子也需要接受教育——马六甲似乎很能满足这些需要。"②

---

① 〔英〕马礼逊夫人编,顾长声译:《马礼逊回忆录》,广西师范大学出版社,2004年版,第95—96页。
② 〔英〕米怜:《新教在华传教前十年回顾》,大象出版社,2008年版,第64—65页。

马礼逊也阐述了选择麻六甲设立对中国传教差会的理由:"麻六甲离中国很近,在那里便于与聚居在马来群岛的中国居民往来。麻六甲位于交趾支那、暹罗和槟榔屿之间,随时可与印度和广州联络,因商船常在两地停靠。麻六甲的气候也较适宜,如有传教士在别地时患病,可到麻六甲治疗,那里是一个理想的休养地。麻六甲又是一个安全的地方,那里有英国殖民统治者部署的必要的兵力。马礼逊期待麻六甲成为各国所派传教士的一个中心站。"①

为了得到伦敦传教会的批准,马礼逊、米怜以上述思想为基础,向伦敦传教会提出了《恒河外方传教计划》,具体包括在马六甲设立传教总部、开设书院、翻译和印刷《圣经》及其他宗教书籍、开办印刷所、出版报刊等十点建议。其中有几点是这样写的:

> 1. 中国的现状使得印刷出版和在华传教其他几项工作困难重重,甚至连传教士的居留都无法确保。因此,我们渴望找到一个邻近中国并处于欧洲新教国家统治下的地点建立中华传道团的总部,以期更为合理地长期开展卓有成效的工作,并准备一旦上帝为我们打开一扇大门时,能够进入中国发挥更大的作用。我们认为马六甲适合于此目的——于是决议由米怜先生启程去马六甲建立布道站。
>
> ……
>
> 3. 尽早建立一所免费的中文义学,并希望它能为后期建立神学院铺路;这所神学院以教育虔敬的中国人在中国和邻近国家担任基督教牧师为目标。
>
> 4. 在马六甲出版一种旨在传播普通知识和基督教知识的中文杂志,以月刊或其他适当的期刊形式出版。②

伦敦传教会批准了这一计划。米怜成为建立马六甲传教基地这一任务的具体负责人,而上文第4点则使得近代中国的第一份中文报刊呼之欲出。

---

① 〔英〕马礼逊夫人编,顾长声译:《马礼逊回忆录》,广西师范大学出版社,2004年版,第99页。
② 〔英〕米怜:《新教在华传教前十年回顾》,大象出版社,2008年版,第65页。

二、《察世俗每月统记传》的诞生

1.《察世俗每月统记传》创刊

1815年4月17日,米怜偕妻子和梁发等几名刻工,带着中文书籍和印刷用纸上船启程,经过35天海上航行后抵达马六甲。

1815年8月5日,称作"立义馆"的免费学校在马六甲开学,这所免费学校后来扩展为"英华书院"。马礼逊起草的《英华书院计划书》写道:"拟在麻六甲创办一所由米怜牧师主管的学校的计划书。校名:本校命名为'英华书院'。目标:本校施行双轨教育制,既教授中文,也教授欧洲文字。一方面令欧籍学生学习中国语言和文字;另一方面使恒河以东国家的学生学习英文和欧洲的文学和科学。"①

马六甲英华书院

与此同时,近代出版机构马六甲印刷所也创建起来,用以印刷宗教书籍。同时还决定创办中文报刊,这也是米怜来马六甲前就商定的一项工作,即上文提到的《恒河外方传教计划》的第四点。

---

① 〔英〕马礼逊夫人编,顾长声译:《马礼逊回忆录》,广西师范大学出版社,2004年版,第140页。

马礼逊与米怜都深知,报刊是宣传宗教的有力武器。在英国,宗教报刊已有很久的历史,他们决定仿照英国,办一份中文的宗教报刊,对华人进行基督教宣传。他们认为,"文字播道"对于中国人比起别的传教手段更为重要与有效。因为中国地域辽阔,方言众多,口头传教有很多困难,不同地区的中国人有可能完全听不懂对方的话,而中国的文字却是统一的,操不同方言的中国人,彼此都能通过文字相互沟通。因此文字传教比口头传教更易为中国各地民众所接受,出版书刊是当时条件下对中国人传教的最佳途径。而且,在清政府禁西教政策以及传教基地设于马六甲的情况下,要对中国人作口头传教几乎是不可能的,散发书刊则相对容易些。米怜说:"在汉语中,书籍作为一种提高改进自身的工具,也许比任何其他现有的传播工具都更为重要。阅读汉语书籍的人数比其他任何民族都要多。汉语各种方言的口语多得难以计数,而且彼此各不相同,相邻省份的人(正如作者经常观察到的),如果不借助于书面文字,常常无法进行长时间交谈。汉语书面语具有一种其他语言所没有的统一性。……而且,由于迫害性的法令和对于外国人几乎无法克服的嫉妒,目前的中国正紧闭国门,不准耶稣基督的传教士在'广阔的大地上',用生动的声音宣讲福音——因此,他甚至不敢在边境上召唤广大的偶像崇拜者来忏悔。但是,书籍可以被民众普遍理解——它们能走进每一个角落——通过合适的工作人员与恰如其分的谨慎,书籍能大量进入中国。这些观点共同促成了前文提到的有关'创办一份中文期刊'的决议。"①

1815年8月5日,也就是立义馆开学的同一天,第一份中文近代报刊在马六甲诞生,这就是《察世俗每月统记传》。

2. 编撰人员及其停刊时间

《察世俗每月统记传》诞生的1815年8月5日,距离米怜抵达马六甲未满3个月。《察世俗每月统记传》简称《察世俗》,它的英文名称是 Chinese Monthly Magazine。这是传教士创办的第一份以中国人为对象的报刊,也是中国历史上的第一份中文近代报刊。该刊尽管创建于中国境外,却是我国近代化报刊的肇始。

---

① 〔英〕米怜:《新教在华传教前十年回顾》,大象出版社,2008年版,第72页。

作为第一个中文近代报刊的编辑,米怜面临着巨大的困难,他没有可遵循的经验,创办《察世俗每月统记传》时,距他到中国仅两年时间,学习中文时日尚短,以他这样的中文底子办一份中文报刊,困难是可想而知的。米怜在《新教在华传教前十年回顾》中说:"第一期样刊在内容编写和印刷上都有待改进;但还能被喜爱阅读的人所理解;编者也希望进一步熟练掌握汉语后会改进刊物内容风格。"①

《察世俗每月统记传》的文章不署作者名,仅在封面上署"博爱者纂","博爱者"为米怜笔名,米怜是主办者、编辑及主要撰稿人,大部分文稿都由他执笔。马礼逊、麦都思和中国人梁发也曾为该刊写过稿,但数量不多。

梁发(1789—1855),广东高明县(今广东佛山市高明区)人,他与蔡高等人一起为马礼逊刻印《新约全书》与其他宗教书籍。1815年梁发随米怜来到马六甲,尽管他只在乡下私塾接受过四年中国旧式教育,但他以"学善者""学善居士"的笔名为《察世俗》写稿,还承担了《察世俗》的刻印和发行工作,因此他被称为中国"报童的祖师"②。1816年梁发由米怜施洗入基督教,成为"我国之第一基督教新教教士亦即正式服务报界之第一人也"③,也是"马六甲布道站结出的第一个硕果"④。1819年回广东时,梁发将自己撰写的《救世录撮要略解》向故乡亲友分发,结果被清政府逮捕入狱,受到30下杖刑及罚款,不久为马礼逊营救出狱。梁发还编写了《新约全书释义》,对此,马礼逊说:"一位由米怜牧师施洗皈依基督教新教的中国印刷工人梁发已编写和印刷了一本《新约全书释义》。他是在读经中获得启示后编撰的,要比以前我们出版的任何中文书或劝世文好得多。我希望梁发能继续用上帝赐给他的启示编撰他的心得。我相信梁发已真正感受到圣言的能力,这是在充满偶像崇拜的中国人中善于用圣经阐明真理的一个好榜样。"⑤梁发返回马六甲后,继续协助米怜工作。《察世俗》停刊后,梁发返回广东,专门从事传

---

① 〔英〕米怜:《新教在华传教前十年回顾》,大象出版社,2008年版,第72页。
② 汤因:《中文基教期刊》(手稿),1949年,上海市档案馆,档案号U133-0-33,第33页。
③ 戈公振:《中国报学史》,三联书店,1955年版,第65页。
④ 〔英〕米怜:《新教在华传教前十年回顾》,第84页。
⑤ 〔英〕马礼逊夫人编,顾长声译:《马礼逊回忆录》,广西师范大学出版社,2004年版,第164页。

教活动。1823年马礼逊按立梁发为传道人,梁发成为伦敦传教会的传教士,也是第一个中国籍新教传教士。梁发还说服自己的妻子加入基督教,儿子梁进德刚出世也接受洗礼成为基督教徒,这对母子因而成为近代中国最早的女基督教徒与婴儿教徒。为了发展教徒,梁发不辞辛劳地向社会各界做宣传,到1832年,梁发已为7个中国人施洗,吸收他们入教①,其中1831年1月,梁发就为三个中国人施洗,他们是父子三人,父亲62岁,大儿子22岁,小儿子17岁②。梁发一生写过不少宗教小册子,包括《救世录撮要略解》《新约全书释义》《熟学圣理略论》《真道问答浅解》《圣书日课》《希伯来书注释》《劝世良言》等。其中1832年刊行的《劝世良言》,是他撰写的众多小册子中影响最大的,这本小册子对太平天国领导人洪秀全有过直接影响,造成中国历史上利用西方基督教一部分教义发动太平天国运动的重大历史事件。梁发的传教活动一直持续到1855年他去世为止。

《察世俗每月统记传》

《察世俗每月统记传》是月刊,农历月初出版,中国书本式样,木板雕印。文句右旁有圈点,并有木刻插图。全年合订一卷,并印有全年目录,"俟一年尽了之日,把所传的凑成一卷,不致失书道理,方可流传下以益后人也。"③封面正中为报刊名称《察世俗每月统记传》,右侧题"子曰多闻择其善者而从之",左下角署"博爱者纂",最上端横排中国农历出版年月。这种封面设计,后来成为早期传教士中文报刊在一段时间内沿用的标准样式,1823年出版的《特选撮要每月纪传》的封面版式与《察世俗》完全一样,1833年面世的《东西洋考

---

① 〔英〕马礼逊夫人编,顾长声译:《马礼逊回忆录》,广西师范大学出版社,2004年版,第278页。
② 同上书,第272页。
③ 《察世俗每月统记传序》,《察世俗每月统记传》第一卷卷首。

每月统记传》的封面与《察世俗》基本一致,唯一不同的是儒家语录的位置挪了一下。"这种体制,十多年后,曾为传教士伯驾等所非议,他们认为应该在封面明白刊出出版者的名字地址,借以增加读者信任。所以,后期教士出版的报刊,香港的《遐迩贯珍》,封面左下角便写明'香港中环英汉书院①印送'。上海的《六合丛谈》封面,左下角刊曰:'江苏松江墨海书馆②印',不再杜撰一个'××者'。"③

1820年,"英国格拉斯哥大学在获悉米怜先生所做的圣工后,经过对他的品德、神学修养和翻译圣经等方面的作证、审查、评估之后,决定授予米怜先生以神学博士的学位。"④同年,因繁重的工作加上妻子、孩子相继去世的沉重打击⑤,米怜的健康受到严重影响,患了肺病。1822年6月2日米怜在马六甲逝世,年仅37岁。

至于《察世俗每月统记传》的停刊时间,是个值得商榷的问题。学术界一般认为它停刊于1821年,但这种说法现在可以肯定是不准确的,它的停刊时间应该是1822年。

台湾研究者蔡武曾经提出过这个问题,新加坡学者卓南生在《中国近代报业发展史》的注释中写道:"另据台湾研究者蔡武之考察,哈佛大学图书馆藏有'道光壬年⑥二月'(1822年2月—3月)出版的《察世俗》,因此,他认为该刊系停刊于1822年,总页数为541页。"⑦

提出这一问题的还有叶再生,他在《中国近代现代出版通史》(第一卷)中写道:"关于《察世俗每月统记传》停刊的时间,学术界一直认为停刊于1821年,共出7卷。范约翰1890年5月编录的《中文报刊目录》、戈公振的《中国报学史》、上海辞书出版社1989年版《辞海》"察世俗每月统记传"条都这样说。最近发现美国哈佛大学图书馆1949年6月

---

① 此处有误,应为香港中环英华书院。
② 此处有误,应为江苏松江上海墨海书馆。
③ 潘贤模:《南洋萌芽时期的报纸——近代中国报史初篇》,载中国社会科学院新闻研究所编《新闻研究资料》(总第九辑),新华出版社,1981年版,第234页。
④ 〔英〕马礼逊夫人编,顾长声译:《马礼逊回忆录》,广西师范大学出版社,2004年版,第175页原编者注。
⑤ 米怜夫人于1819年3月在马六甲去世。
⑥ 此处有误,应为壬午年。
⑦ 〔新加坡〕卓南生:《中国近代报业发展史》,中国社会科学出版社,2002年版,第32—33页注释。

29日收藏有道光壬午年二月出版的《察世俗每月统记传》,著者手头就有此期的复印件,由此可以肯定1821年停刊说不确,该刊停刊于1822年。但道光壬午年二月是否是最后一期尚难断定,因为米怜牧师虽然也死在这一年,具体月份未见记载,如果不是死在这年的三四月间,则该刊还有可能出版。"①

认为《察世俗每月统记传》停刊于1821年的,除叶再生书中所列举的,还有很多,包括卓南生,虽然他在注释中引了蔡武的观点,但他自己认为:"《察世俗》创刊于1815年(嘉庆二十年),基本上是每月发行一次,一直持续到1821年(道光元年),即米怜逝世(1822年)前夕。每期平均为10—14页,共7卷74册,计524页。"②方汉奇也同意这一观点:"1821年他(指米怜——引者)的肺病转重,不能继续工作,这时麦都思已离开马六甲,《察世俗每月统记传》遂不得不于本年停刊,共出七卷,历时七年"③,等等。

叶再生亲眼见到了道光壬午年(1822年)二月出版的《察世俗每月统记传》,笔者也从国家图书馆看到道光壬午年二月出版的《察世俗每月统记传》缩微胶卷。图片封面上没有出现月份,但笔者与叶再生所拍封面相比,出处应该是相同的,只是这份封面"道光壬午年"后面的字缺失了。而且刊物中的内容也明显传达出是道光壬午年二月的意思,比如本期最后一页出现"道光二年二月初五日,济困疾会总理米怜,仝首事等,谨告。""道光二年二月"即为"道光壬午年二月"。

叶再生所说"但道光壬午年二月是否是最后一期尚难断定,因为米怜

《察世俗每月统记传》

---

① 叶再生:《中国近代现代出版通史》(第一卷),华文出版社,2002年版,第141页。
② 〔新加坡〕卓南生:《中国近代报业发展史》,中国社会科学出版社,2002年版,第18页。
③ 方汉奇主编:《中国新闻事业通史》(第一卷),中国人民大学出版社,1992年版,第260页。

牧师虽然也死在这一年,具体月份未见记载,如果不是死在这年的三四月间,则该刊还有可能出版。"前一句所说非常正确,因为道光壬午年二月这一期看不出停刊的任何迹象,确实无法断定是终刊号。至于米怜去世时间,应为 1822 年 6 月 2 日,这一点《马礼逊回忆录》有详细记载。马礼逊在 1822 年 10 月 24 日写的一封致英国宗教印刷品协会的信中写道:"现在我要沉痛地正式通知贵会,你们过去的通讯员、我亲爱的朋友和同事米怜博士的死讯。他因患肺结核病已于 1822 年 6 月 2 日在麻六甲去世,享年 37 岁。他是一位最热心的传道人。我相信是上帝要放下他的工作,接收他享受永生,赞美主!"① 既然米怜是在 6 月去世,那么从道光壬午年二月之后到他去世之间,是否还出版了《察世俗》,尚无法确定。

这份报刊国外有收藏,如大英图书馆、美国哈佛大学图书馆等,但在中国国内原件已很难寻觅了②。香港中文大学图书馆、国家图书馆有该刊的部分缩微胶卷。

三、主要内容与特征

1. "让中国哲学家们出来讲话"

《察世俗每月统记传》刊印于马六甲,但作为中文报刊,其目的无非是办给中国人看的。米怜深知,《察世俗每月统记传》是在中国朝野视基督教为异端的情况下出版的宣传基督教教义的报刊,要在这种情况下让中国人接受基督教并改奉上帝决非易事,如果不采用中国人能够接受的方法宣传基督教,是不可能有一个"好的效果"的。米怜决定不作空洞的说教,不把僵化的教条硬塞给中国人,而是要让中国人对宣传的东西感兴趣,进而接受他们的观点。

---

① 〔英〕马礼逊夫人编,顾长声译:《马礼逊回忆录》,广西师范大学出版社,2004 年版,第 195 页。
② 中国国内民间可能有残卷收藏。2005 年 5 月 15 日,北京中国书店举办的春季拍卖会上,推出了《察世俗每月统记传》,不足 10 页。这件藏品来自英国,拍卖估价为 3 000—5 000 元人民币。但刚一起拍,便呈现一路飙升势头,最终落槌价为 28 000 元,加上佣金为 31 000 元。参见李润波《西方传教与华文期刊的诞生》,http://zj.cangcn.com/u/327.shtml。

我们先看一看《察世俗每月统记传序》：

> 无中生有者，乃神也。神乃一，自然而然。当始神创造天地人万物，此乃根本之道理。神至大，至尊，生养我们世人，故此善人无非敬畏神。但世上论神多说错了，学者不可不察。因神在天上，而显著其荣，所以用一个天字指着神亦有之。既然万处万人，皆由神而原被造化，自然学者不可止察一所地方之各物，单问一种人之风俗，乃需勤问及万世万处万种人，方可比较，辨明是非真假矣。一种人全是，抑一种人全非，未之有也。似乎一所地方未曾有各物皆顶好的，那处地方各物皆至臭的。论人论理，亦是一般。这处有人好歹智愚，那处亦然。所以要进学者，不可不察万有，后辨明其是非矣。总无未察而能审明之理，所以学者要勤功察世俗人道，致可能分是非善恶也。①

序言先表明神创造天地人万物，神至大、至尊、至高无上，主宰万世万物。然后说人非神，应考察万世万处万人，唯有如此，才能辨明是非真假。中国人也要考察万世万处万人，不能妄自尊大，要看到外国人的长处。米怜没有取与基督教直接相关的刊名，也正是从宣传策略出发，使中国人易于接受。

为了了解中国人，米怜研究了中国传统文化、中国人的性格以及风俗习惯等。《中国丛报》是这样评论米怜的："他十分善于观察人，能够机敏地抓住各种机会，以研究中国人的性格和习惯。他知晓他们的偏见并用合适的方法进行处理。"②他决定采用中国人的思想习惯与传统形式来宣传自己的思想，这就是"附会儒学"，即把基督教义与儒家思想联系起来，用儒家经典语录来阐释和宣传基督教。米怜说："面对当地的评述和责难，让中国哲学家们出来讲话，对于那些对我们的主旨尚不能很好理解的人们，可以收到好的效果。"③在每期的封面上米怜都刻上了经过整合的孔子名言"子曰多闻择其善者而从之"，其出处是《论语·为政篇》的"多闻阙疑，慎言其余，则寡尤"，以及《述而篇》第七的"三人行必有我师焉。择其善者而从之，其不善者而改之"。刊发的文

---

① 《察世俗每月统记传序》，《察世俗每月统记传》第一卷（1815年）卷首。
② *The Chinese Magazine*. The Chinese Repository, vol. 2, p. 235 (Sep. 1833).
③ *The Bible*. The Chinese Repository, vol. 4, pp. 300 – 301(Nov. 1835).

章则大量引用孔孟语录和中国古代典籍,以儒家思想对基督教义进行阐释。为了达到"附会儒学"的目的,《察世俗》刊登了不少伦理道德方面的内容,如《忤逆子悔改孝顺》《仁义之心人皆有之》《论仁》《忠人难得》《不忠受刑》《孝》《不忠孝之子》《父子亲》《夫妇顺》《古皇恕人》《自所不欲不施之于人》《论人之知足》等。其中《忤逆子悔改孝顺》一文,先讲了一个不孝子悔改的故事,接着写道:"故此看书者须自省察,如有不孝顺之罪,快快要改。亦可见为人父者,实在要做好榜样与儿女孩子们看,若你不孝顺父母,将来你的儿子长大,就照样不孝顺你也。"①

这里所宣扬的是儒家的纲常伦理,以此博得中国人的认同。当然,它把儒家伦理道德纳入了基督教宣传的轨道,认为这些道德观念都是上帝意志的体现,主宰中国伦理道德的还是西方的上帝。

除了"附会儒学",《察世俗每月统记传》在写作手法与报刊样式上也千方百计使中国人易于接受。写作上采用中国古典小说的手法,如广泛采用章回体以及中国古典小说中的一些套语,结尾常用"欲知后事如何,且看下回分解",以迎合中国人的阅读习惯。报刊式样则采用中国古典图书装帧惯用的册页形式,看起来就像一本中国的线装书。

米怜采用"让中国哲学家们出来讲话"的"附会儒学"的方法,其原因正如方汉奇所说:"处在闭关政策下的中国人,对于外国人、对于基督教异常陌生,天然地抱有疑惧态度,对近代报刊这种传播媒介,也十分生疏。这些传教士们清楚地懂得,要使广大的中国读者一下子接受《察世俗》所宣传的思想观点,定是障碍重重,困难极大。这就使得他们不得不采用迎合中国人的思想习惯和运用中国人所熟悉的传统形式的宣传手法,来宣传自己的思想。"②

2."以阐发基督教义为根本要务"

不管米怜采取何种宣传策略,他的最终目的是宣传基督教,传播教义,这一宗旨在《察世俗每月统记传》存续期间始终没有改变。

《察世俗每月统记传》的办刊宗旨正如米怜在《新教在华传教前十

---

① 《忤逆子悔改孝顺》,《察世俗每月统记传》第一卷(1815年),第1—3页。
② 方汉奇主编:《中国新闻事业通史》(第一卷),中国人民大学出版社,1992年版,第255页。

年回顾》中所说的"以阐发基督教义为根本要务"。因此,该刊以绝大部分篇幅宣传基督教,这从宗教文章所占篇幅的比例就可见一斑。在《察世俗》所发文章中,宣传宗教的文章约占总发文量的84.5%。

我们也可从它的目录中看出其作为宗教报刊的性质。

1815年即嘉庆乙亥年目录为:

《忤逆子悔改孝顺》
《立义馆告帖》
《神理》
《月食》
《古王改错说》
《圣经之大意》
《神理》
《解信耶稣之论》
《论不可拜假神》
《成事之计》
《神理》
《古王审明论》
《神理》
《论天地万物之受造》
《神理》
《年终论》
《年终诗》①

1816年即嘉庆丙子年目录为:

《论万物受造之次序》
《神理》
《论世间万人之二祖》
《进小门走窄路解论》
《论神为纯灵之道》
《论人要以实心拜神》

---

① 《察世俗卷一目录》,《察世俗每月统记传》第一卷(1815年)。

《论人初先得罪神主》
《谎语之罪论》
《上古规矩》
《论医心万疾之药》
《论人初先得罪神关系》
《天文地理论》
《论行星》
《论侍星》
《论地为行星》
《论地周日每年转运一轮》①

以后数年,《察世俗每月统记传》所登内容与此二年基本相同。所不同的是,这些传教的文章中,前四年以直接宣传基督教的居多,第五年开始,以寓言、比喻等方式间接传教的文章比重有所增加。

《察世俗每月统记传》有时采用对话形式解说基督教,如颇为著名的《张远两友相论》即是一例。该文著于1818年,在《察世俗每月统记传》上连载。米怜自己是这么解释的:"《张远两友相论》:即'在张、远两位朋友之间的对话'。张是真正上帝的崇拜者,而远是张的一位异教徒邻居。他们在街上偶尔遇见时谈话,以后则都在傍晚于梧桐树下见面。"②尚未信教的远向信徒张提出了一系列关于基督教教义的问题,张进行解答,该文就以这种由浅入深的对话形式解释并宣传基督教。

这种对话方式非常温和,对于吸引异教徒信教能起到很好的作用,因而被认为是最有效的传教文体,它所创造的叙事框架深刻地影响着在华传教士的写作。这篇对话后来被编成小册子出版。由于它的开创之功,这篇对话一再被改写、修订和再版,平均每两年便出版一次,流传时间相当长远。另有许多人以它为蓝本进行摹写。在香港、上海、宁波等地以及马六甲、新加坡、日本都有它的各种版本,流传甚为广泛。

《察世俗每月统记传》还刊登批判异教的文章,如《论不可拜假神》《真神与菩萨不同》《溺偶像》《假神由起论》等。其中《论不可拜假神》一文写道:"看书者可见拜菩萨、偶像之类,不拘何一等,都无益之

---

① 《察世俗卷二目录》,《察世俗每月统记传》第二卷(1816年)。
② 〔英〕米怜:《新教在华传教前十年回顾》,大象出版社,2008年版,第131页。

事。……我们世上的人,不可想忆神之体是似以金、银、木、石、人艺随意所雕之像也。故全地面上之人,皆当独拜原造天地之真神而已。"①

3. 宗教的婢女——知识和科学

《察世俗每月统记传》的根本任务是阐发基督教义,但它不是唯一的目的。米怜说:"其首要目标是宣传基督教;其他方面的内容尽管被置于基督教的从属之下,但也不能忽视。知识和科学是宗教的婢女,而且也会成为美德的辅助者。"②

在《察世俗每月统记传》的序言中,也表达了同样的思想:"看书者之中有各种人,上中下三品,老少愚达智昏皆有,随人之能晓,随教之以道。故《察世俗》书,必载道理各等也。神理、人道、国俗、天文、地理、偶遇,都必有些。随道之重遂传之,最大是神理,其次人道,又次国俗,是三样多讲,其余随时顺讲。但人最悦彩色云,书所讲道理,要如彩云一般,方使众位亦悦读也。"③

因为米怜感到,光有枯燥的说教是不够的,为了吸引读者兴趣,有必要增加花样。可见,登载宗教以外的文章,也是为宗教服务的,是"彩色云",其目的是使刊物不要过于枯燥而非重点所在。所以,《察世俗每月统记传》所登载的文章中,除宣传宗教外,还有伦理道德说教、浅显的科学知识介绍、世界各国情况介绍、寓言、比喻和诗。有连载的长篇文章,也有一两百字的短文,三言两语的警句。在它所刊登的文章中,关于科学文化方面的大约占 11.9%,办学、办济困会等告白、章程等约占 3.6%。

米怜甚至认为,《察世俗每月统记传》在引起读者兴趣方面做得还不够:"直到目前,《察世俗每月统记传》上发表的主要是宗教和道德类的文章。关于天文学的最简单和显而易见的原理、有教育意义的逸闻趣事、历史文献的节选、重大政治事件的介绍等等,给本刊内容增加一些变化。但是,这些都少于原来设想的篇幅。内容缺少多样化的一个原因是,直到目前为止的最初四年中,除了很少的一部分是由本刊最早

---

① 《论不可拜假神》,《察世俗每月统记传》第一卷(1815 年),第 17 页。
② 〔英〕米怜:《新教在华传教前十年回顾》,大象出版社,2008 年版,第 72 页。
③ 《察世俗每月统记传序》,《察世俗每月统记传》第一卷卷首。

的创议者(马礼逊先生)所写,其他所有文章都出自一个人(米怜先生)的笔下,而他还承担着大量其他的工作。若要让这本杂志变得生动有趣,会占用传教士一半的时间和工作——必须是充分安排利用的时间和工作——并要联合不同的作者一起来写稿。"①

在《察世俗》所登载的"知识和科学"的文章中,关于天文学的文章比较集中,主要有:《论日居中》《论行星》《论侍星》《论地为行星》《论地周日每年转运一轮》《论月》《论彗星》《论静星》《论日食》《论月食》《天球说》。它在介绍天文知识的时候,还附上多幅有关日食、月食及地球运转等情况的插图,告诉人们中国民间流传的所谓"天狗食日""日食月食主凶兆"乃迷信之说。以《论地周日每年转运一轮》为例,它以设问、答疑方式,回答了地球绕日而行的问题,并附有"地周日每年转运一轮图"。例如它问道:"上文说地常动行,又说不是日月星自东向西动行,乃是地自西向东动行去。惟人皆不觉得地之动行,又皆想日月星俱自东至西去,夫地若果有这样动行,难道人常不觉其动么?若日月星果不自东至西行,难道人皆估错了么?"答曰:"人会估错,也不奇怪"②,随后进行了详细解答。

但它在告诉人们自然现象的同时,又强调这些自然现象都是神赋予的:"神之能也,住天地间之万人,皆当敬畏神,以荣归之。又敬崇拜造天地海与水泉之一真活神也。"③这就是米怜所说的"知识和科学是宗教的婢女",是为宗教服务的。

《察世俗每月统记传》还登载了一些介绍世界地理、历史、政治制度、风土人情等知识的文章。其中,《论亚默利加列国》对美国进行了介绍:"花旗国,其京曰瓦声顿。此国原分为十三省,而当初为英国所治。但到乾隆四十一年,其自立国设政,而不肯再服英国。……盖其人有智有力,其今所之地为宽大,好为耕织,又盛产各物,又其海边之港为多。"④

《察世俗每月统记传》第 6 卷增辟了"全地各国纪略"一栏,介绍了欧洲、美洲、亚洲、非洲一些国家的政府、首都、人口、语言、物产等

---

① 〔英〕米怜:《新教在华传教前十年回顾》,大象出版社,2008 年版,第 73 页。
② 《论地周日每年转运一轮》,《察世俗每月统记传》第二卷(1816 年),第 100—101 页。
③ 同上书,第 104 页。
④ 《论亚默利加列国》,《察世俗每月统记传》第七卷(1821 年)。

概况。

《察世俗每月统记传》也刊登少量的寓言、比喻、杂句、警句、短论、小故事和七言诗。例如刊登于第一卷的《年终诗》,共有4首,其中第一二首写道:

> 日月星辰常运行,川流不息亦无停。
> 世人生命总有限,每到年终该想明。
>
> 生命长短有定数,年随运转少不多。
> 终了一年老一岁,须想往日罪如何。①

《察世俗每月统记传》还刊登过《新年元旦默想》②,对过去的一年进行总结,批评当地中国人对菩萨的迷信,以及正月里的浪费现象,提出上帝才是真正的神。这篇文章如果剔去宗教内容,与今人的"新年感想"比较接近了。

这些"知识和科学"的文章以及诗文等软性作品,成了米怜所说的"彩色云"。

4. 与新闻勉强沾边的一些报道

《察世俗每月统记传》没有新闻栏目,真正称得上新闻的文章只有一篇,即《月食》,是预告自然现象的一条新闻,这也是中文近代报刊史上的第一条新闻:"照查天文,推算今年十一月十六日晚上,该有月食。始蚀于酉时约六刻,复原于亥时约初刻之间。若是此晚天色晴明,呷地诸人俱可见之。"③

此外,与新闻勉强沾边的是一篇祭祀痘娘娘的活动报道,几则"吗喇呷济困会"的会务报告以及《立义馆告帖》。

1821年5月10日,当地人在马六甲东蚋地区祭祀痘娘娘,《察世俗每月统记传》对此作了报道,还配有插图"事痘娘娘悬人环运图"。

"吗喇呷济困会"是马六甲伦敦传教会属下的一个济困组织,其会务报告有如下文:

---

① 《年终诗》,《察世俗每月统记传》第一卷(1815年),第32—33页。
② 《新年元旦默想》,《察世俗每月统记传》第七卷(1821年),第1—3页。
③ 《月食》,《察世俗每月统记传》第一卷(1815年),第8页。

吗喇呷济困会

本年正月内,有一位廖里福建甲必丹黄万福,大发慈心,矜悯孤寡,来乐助济困会银一百二十盾。兹总理米怜及首事等,会议刊刷致谢,以表好善乐施之心,福有攸归矣。①

《立义馆告帖》则告知一家免费学校(即后来的英华书院)即将开课,欢迎孩子们前去就读:"今定在呷地而立一义馆,请中华广、福两大省各兄台中,所有无力从师之子弟,来入敝馆从师学道成人。其延先生教授一切之事,及所有束金、书、纸、笔、墨、算盘等项,皆在弟费用。兹择于七月初一日,在敝处开馆。理合将愚意写明,申告各仁兄。任凭将无力从师之子弟,送来进学。虽然是尔各为父母者之福,则愚亦得福焉。若肯不弃,而愿从者,请早带子弟先来面见、叙谈,以便识认可也。谨白。"②

5. 发行及其意义

《察世俗每月统记传》的销量逐年增加。"前三年,大约每期印刷500本,……目前(1819年),每月的印数增加为1 000册。"③前5年每年的印刷份数具体如下:1815年3 000份,1816年6 000份,1817年6 060份,1818年10 800份,1819年12 000份,总计37 860份④。

而且,刊登在《察世俗每月统记传》中有影响的文章,后来都以小册子形式重新出版,有些还流传甚广。"至1819年,伦敦布道会(即伦敦传教会——引者)发行的中文书籍达140 249册,其中包括《察世俗》及许多曾刊于《察世俗》的文章的单行本。由此可见,《察世俗》的发行在基督教东方传教中所占的重要性。"⑤

《察世俗每月统记传》刊印于马六甲,但作为中文报刊,其目的无非是办给中国人看的,它的发行对象主要是南洋的华侨以及中国本土的中国人。它采用免费赠送的办法,人们可于初一至初三日去米怜处领

---

① 《察世俗每月统记传》第七卷(1821年),第7页。
② 《立义馆告帖》,《察世俗每月统记传》第一卷(1815年),第4—5页。
③ 〔英〕米怜:《新教在华传教前十年回顾》,大象出版社,2008年版,第73页。
④ 转引自〔新加坡〕卓南生:《中国近代报业发展史》,中国社会科学出版社,2002年版,第29页。
⑤ 同上。

取,也可去函索要。对此,《察世俗每月统记传》的《告帖》有所记载:

> 凡属呷地各方之唐人,愿读察世俗之书者,请每月初一、二、三等日,打发人来到弟之寓所受之。若在葫芦、槟榔、暹罗、安南、咖喇吧、廖里、龙牙、丁几宜、单丹、万单等处,所属各地方之唐人,有愿看此书者,请于船到呷地之时,或寄信与弟知道,或请船上的朋友来弟寓所自取,弟即均为奉送可也。
>
> 愚弟米怜告白①

同时,《察世俗每月统记传》"通过朋友、通信来往者、旅行者、船只等带到东印度群岛的中国人聚居地,以及暹罗、交趾支那和中国的部分地区分发"②。带入中国境内的《察世俗每月统记传》,每逢广东省县试、府试、乡试,与其他宗教书一道分发给应试士子。根据戈公振的说法,当时中国许多城市都能看到《察世俗每月统记传》,该刊"发端于南洋群岛,流行于通商口岸,如澳门、广州、香港、厦门、宁波、上海、天津与汉口等处"③。《察世俗每月统记传》的《释疑篇》也介绍了传播情况:"此《察世俗》书今已四年,分散于中国几省人民中,又于口外安南、暹罗、加拉巴、甲地等国唐人之间,盖曾印而分送于人看者,三万有余本。又另所送各样书,亦不为不多矣。"④

《察世俗每月统记传》是最早出版的中文近代报刊,它始终没有跨出宗教报刊的范畴。但是,《察世俗每月统记传》的重要意义在于它是第一份中文近代报刊,它最早向中国读者介绍了西方近代报刊的概念并将这一概念引入中国,为后来中文报刊的发展奠定了基础。

因为是第一份中文近代报刊,无先例可循,尤其是米怜等人的中文水平不高,《察世俗每月统记传》在文章写作、出版印刷等方面都不够完善。米怜在《新教在华传教前十年回顾》中写道:"本刊编者希望将来他有更多的时间专心于这部分工作,而且他的弟兄们对汉语不断熟悉,这能促使他们写出主题多样的好文章——尤其是那些只是偶尔介绍过的

---

① 《告帖》,《察世俗每月统记传》第一卷卷尾。
② 〔英〕米怜:《新教在华传教前十年回顾》,大象出版社,2008年版,第73页。
③ 戈公振:《中国报纸进化之概观》,载张静庐辑注:《中国近现代出版史料·现代丁编》(上),上海书店出版社,2003年版,第11页。
④ 《释疑篇》,《察世俗每月统记传》第五卷(1819年),第24页。

主题。"①但是，从编辑思想、编辑特色来看，《察世俗每月统记传》也有许多值得后人学习的地方：

第一，为了追求效果，《察世俗》尽量适合中国人的阅读口味与阅读习惯，力求使中国人能够接受，例如采用"附会儒学"的做法，采用中国章回小说的写法，使有些文章具有故事情节等等，把报刊编得生动活泼。一些传教文章，说教性很强，很容易写得枯燥乏味，米怜就用对话体或章回体，采用讲故事的方法，使读者不觉得枯燥，如《张远两友相论》的布道文章，就是米怜用对话体写的，影响很大。

第二，文章大多篇幅短小，语言精练。米怜对《察世俗每月统记传》的读者进行过分析，认为该刊的读者主要是下层劳动者，他们文化水平低，闲暇时间很少，又穷又忙的人没那么多时间阅读长文章："富贵者之得闲多，而志若于道，无事则平日可以勤读书。乃富贵之人不多，贫穷与作工者多，而得闲少，志虽于道，但读不得多书，一次不过读数条。因此，《察世俗》书之每篇必不可长，也必不可难明白。盖甚奥之书不能有多用处，因能明甚奥理者少，故也。"②

第三，重视教化作用，使"浅识者可以明白，愚者可以成得智，恶者可以改就善，善者可以进诸德"，"善书乃成德之好方法也"③。

第四，《察世俗每月统记传》使用标点符号进行断句，方便文化层次不高的读者阅读。当时，"，""。""——"等标点已出现在文章中，距五四时期新式标点符号的推广早了一百年。

"诚然，《察世俗》始终没有跨出'宗教刊物'的范畴。因为，其内容以有关宗教的文章占绝对多数。"④但是，《察世俗每月统记传》的重要意义在于它是中国第一份中文近代报刊，它向中国读者介绍了"近代报刊"的概念，开创了中国近代报刊的历史。

---

① 〔英〕米怜：《新教在华传教前十年回顾》，大象出版社，2008年版，第73页。
② 《察世俗每月统记传序》，《察世俗每月统记传》第一卷卷首。
③ 同上。
④ 〔新加坡〕卓南生：《中国近代报业发展史》，中国社会科学出版社，2002年版，第32页。

第二章 《东西洋考每月统记传》

一、《东西洋考每月统记传》创刊背景

1. 中西交往形势的变化

19世纪30年代,清政府依然实行闭关锁国政策,在传西教方面也依然实行禁教政策。但是,当时中国与西方之间交往形势有了比较大的变化,尤其是广州,外商与传教士的境遇比内地城市要好一些,比19世纪初期的广州也要好许多。

30年代后,广州的外国人较以前有明显增加。清政府对外国人向来防范很严,外国人与中国进行贸易,只限于广州郊外的十三行。留在广州的外国人很少,而且不能长年居住,不允许他们在广州过冬,冬季来临之前,所有的外国人必须离开,他们或回国或移住澳门。对于外国妇女限制更严,绝不允许进入广州城内。

但是,广州离北京毕竟太远,清朝统治者鞭长莫及,不能很好地控制广州外国人的活动。以下一封信是马礼逊写给他的好友史当东爵士(Sir George Thomas Staunton)的,提到有一位英国妇女闯入广州后中国官府的反应,颇能说明问题:

> 两广总督听到有一位B太太来到广州,而一些青年人乘坐了轿子到公行要去看洋女人究竟是什么样子。总督闻后勃然大怒,立刻颁布法令要驱逐那位洋妇女,禁止人们坐轿子去看她。夷商不能违犯法规,必须安分守己。
>
> B太太没有遵令离境。中国公行的浩官前来英国商行严肃地

宣读了两广总督的命令,要驱逐那位英国妇女出境,如果她不走,两三天后就会派军队来强迫她离境。

公司领导把浩官送来的总督命令张贴在英国商行的门口,总督随后就派100个兵丁,各执旧式步枪、大刀和旧式手枪等以及两门18磅重炮弹的炮,把英国商行团团围困。总督非常气愤,但不知如何处理。如此包围一礼拜之后,总督发表了一通愤怒的演说后放松了口气说他"不再要军队包围英国商行了"。这样,中国军队就解除了包围回营去了,两门炮也撤走了。

但是,那位B太太还留在英国商行里,而且又来了T太太和另外两位美国太太。两广总督将如何处理此事,且看下回分解了。两广总督是要停止与英国的贸易,但中国公行的行商不答应。对于洋妇女是否可以居留在广州的问题,中国政府还没有放弃原来的决定。①

至于广州地方官员,外国人对这些清政府政策的执行者十分客气,努力保持良好关系。所以19世纪30年代后,尽管清政府的锁国政策与禁教政策没有改变,但外国人在广州长期住了下来。这些外国人人数达到300人左右,他们是英国人、美国人、法国人、德国人、荷兰人、瑞士人、挪威人等等,其中英国人最多,大约占一半,其次是美国人。1836—1837年间,外国在广州的商馆共55家,其中英国31家。

这些留在广州的外国人,他们的处境比以前有所改善。马礼逊、米怜初来广州时,外国人很难在广州立足,甚至要东躲西藏。而到了30年代,他们在广州建了一所礼拜堂、几家福利与保险机构、三家印刷所。这些外国人还在广州组成各种机构,1830年,"基督教联合教会"与"中国海员教友会"成立。不久,外国商人又组成了商会。

与此同时,专供外国人阅读的外文报刊也在中国土地上出现。外文报刊最先出现在澳门,1822年9月在澳门创刊的葡文报刊《蜜蜂华报》,是我国第一份外文报刊。1834年创刊的葡文报刊《澳门钞报》与1836年创刊的《帝国澳门人》,也是创刊较早的葡文报刊。葡文报刊总体来讲影响不大,在华外报的主要力量是英文报刊。在广州出现的第

---

① 〔英〕马礼逊夫人编,顾长声译:《马礼逊回忆录》,广西师范大学出版社,2004年版,第270页。

一家英文报刊是英国大鸦片商马地臣（James Matheson,1796—1878）创办的《广州纪录报》，创刊于 1827 年 11 月。马礼逊曾担任该报编辑，并成为主要撰稿人。它是当时广州颇有影响的外文报刊,除本地读者外，还拥有不少海外读者,1836 年时，每期约有 280 份运往印度、南洋以及英美一些商业城市。1831 年 7 月创刊的《中国差报与广州钞报》、1832 年 5 月创刊的《中国丛报》、1835 年 9 月创刊的《广州周报》，都是那一时期在广州出版的英文报刊。其中《中国丛报》影响最大，主持《中国丛报》的是美国第一个来华的基督教传教士裨治文（Elijah Coleman Bridgman,1801—1861）。《中国丛报》销量很好，第 1 卷印数 400 册，很快销售一空。后来逐渐增加，至第 5 卷时印数超过 1 000 册。1836 年以固定销数计：中国 200 册，美国 154 册，英国 40 册，马尼拉 15 册，新加坡 18 册，马六甲 6 册，槟榔屿 6 册，巴达维亚 21 册，孟买 11 册，孟加拉和尼泊尔等地 7 册，悉尼等地 6 册，汉堡 5 册……①

至于在南洋出版的传教士中文报刊，如《察世俗每月统记传》，通过各种途径传入中国尤其是广东一带。传教士在东南亚一带的活动中，有机会与当地华人长期接触，了解到中国统治者甚至普通民众对西方国家有很多偏见，对于如何克服这些偏见，传教士们积累了比较丰富的经验。

此时的广州作为清帝国对外通商的唯一口岸，因为多年开放，大量的欧美客商汇集在十三行一带，这一区域因而成为一个国际性商贸中心，它也是商贸信息最为活跃的传播区域。作为当时唯一开放的口岸，一些西方人认为，"广州是中国唯一有感觉的城市"，是最具魅力的东方城市。一些西方人在日记和游记里，对十三行行商的豪华别墅、广州市民的生活、广州街头的风光以及民风人情都有详细的描述。十三行行商与地方官员之间，在分享外贸利益方面结成了利益同盟，形成了一套潜规则，地方官员经常出入十三行行商的私人别墅，也经常接受行商的贿赂。另一方面，行商在与外商长期的交往中，积累了丰富的经验，成了中西方交往中的重要人物。以行商为中介，外商与地方官员之间也建立了良好的关系，他们在行商的引荐下对地方官员进行贿赂，当时广

---

① 方汉奇主编：《中国新闻事业通史》（第一卷），中国人民大学出版社,1992 年版，第 280—281 页。

州许多地方官员家里有望远镜、钟表、地图之类的洋货,其中不少是外商的贿赂。外商通过这些方式,与广州的上层人士建立了良好的关系。

外商们经过长期努力,初步掌握了广州贸易体制和交易习惯方面的知识,并进一步了解了广州商人的思想行为、风俗习惯、生活状况以及社交生活。一些广州人尤其是广州的行商、买办和通事,初步掌握了英语,用"广州英语"与外国人交流。这一切,为中西贸易和文化交往打开了一个小小的窗口,也为传教士进入中国传教提供了便利,传教士在洋商的帮助下,获得了与广州人直接接触的机会,为他们在广州办报、传教提供了条件。

凡此种种,为中文报刊在中国本土广州的出现做好了铺垫。

2. 郭实腊的活动

郭实腊(Karl Friedrich Auqust Gutzlaff 或 Charles Gutzlaff,1803—1851),亦译郭实猎、郭士立等,出生于普鲁士,18岁到柏林的教会学校学习,1823年加入荷兰布道会,1827年受该布道会派遣来到爪哇传教,1828年前往暹罗。后来郭实腊想到中国传教,荷兰布道会不批准,他就脱离布道会,划起一条舢板意欲闯入中国,未果,在马六甲转而为伦敦传教会服务。1831年他再度乘船前来中国,到过北京与天津,一路上分发了不少宗教小册子与西方药品,并对沿海地区进行探察,最后来到广州,这是他第一次对中国沿海地区进行的探察。1832年,郭实腊乘着英国东印度公司的船只第二次到中国沿海探察,沿途分送宗教小册子,还收集了不少军事情报,绘制了详细的航海图。同年10月,郭实腊第三次乘船到中国沿海探察,于次年4月29日返回广州。随后,郭实腊将三次探察活动的详情公布,极大地震动了对中国感兴趣的欧美商人、政客以及传教士。

在锁国与禁西教政策统治下的大清帝国,郭实腊居然能进行三次探察并安然无恙,这尤其刺激了对外拓展最为迫切的英国朝野。在此之前,他们相信中国的锁国与禁西教政策是无法突破的;在此之后,他们知道了清政府政治上的腐朽与军事上的无备,尤其是对官员腐败和政府无能留下了深刻印象。英国东印度公司的商人,按照郭实腊的建议对中国官员施行贿赂,顺利地扩大了对华输入鸦片。

郭实腊到中国沿海三次探察安全返回的消息,同样刺激了基督教传教士。在马六甲一带伺机而动的传教士们,早就盼望着直接进入中国传教的那一天,郭实腊的活动对他们是个很大的鼓舞。

郭实腊具有强烈的政治意识与宗教布道精神,他坚信清政府闭关锁国政策不可能长期维持,中国的大门终将打开。在中国的大门开放之前,他在努力探寻着这一途径。

郭实腊对中国人与中国文化了解颇深。他为了得到中国人的信任,以"归化华人"的身份进入广州,身穿中国人服装,取中国人名字,讲中国人的话。为了使自己更像中国人,还认一郭姓华侨为义父。除了能讲中国普通话,他还能讲闽、粤方言,能够"像一个中国人"一样在中国人中间活动。他对中国传统文化与习俗十分了解。这也是郭实腊能够在19世纪30年代在广州创办中文报刊的重要原因。美国学者白瑞华认为:这一时期"虽然在中国针对外国传教组织的禁令并没有什么改变,但大概因为与中国人之间有着非同寻常的良好私人关系,郭实腊依然能够不受干涉地印刷与发行他的杂志"①。

郭实腊也是个颇有才学的人。他除了懂本国语言德文、后来学的中文外,还懂英文、荷兰文、马来文、泰文、日文。他勤于著述,可谓著述等身,一生出版有英文著作61种,日文著作2种,暹罗文著作1种,德文著作7种,荷兰文著作5种②。

第三次探察回来以后,郭实腊便有了不同寻常的举动:将中文报刊直接办在清政府法令所不允许的中国境内,他选择了广州,这就是《东西洋考每月统记传》。

二、《东西洋考每月统记传》的宗旨

1.《东西洋考每月统记传》的诞生与版本情况

1833年8月1日(道光癸巳年六月),郭实腊在广州创办了中文报刊《东西洋考每月统记传》,英文名称为 Eastern and Western Ocean's Monthly Investigation。郭实腊1833年8月在当时同样出版于广州

---

① Roswell S. Britton, *The Chinese Periodical Press 1800 - 1912*, shanghai,1933,p.22.
② 叶再生:《中国近代现代出版通史》(第一卷),华文出版社,2002年版,第155页。

的英文报刊《中国丛报》上为此进行了宣传:"一种中文月刊——其第一号本月一日在广州出版。"①《东西洋考每月统记传》是创建于中国境内的第一家中文近代报刊,也是在中国近代报刊史上占有重要地位的一份报刊。

《东西洋考每月统记传》简称为《东西洋考》。它的创刊日期距离郭实腊第三次沿中国海岸线探察返回的4月29日仅隔约三个月时间,《东西洋考》的创办及其办刊宗旨的确定,与他的探察活动不无关系。

《东西洋考每月统记传》创刊号

在形式上,《东西洋考》采用木板雕印,连史纸印,中国线装书本形式。它的栏目比较固定,每期都附有目录,文风简短,长篇文章分期连载。

《东西洋考》在广州有不少中国读者,但"甚少华人出资订购"。郭实腊意识到这一点,希望在华外国人能够订阅。他在1833年8月刊登于英文报刊《中国丛报》的文章中写道:

> 鉴于这样一项工作成功的实施,对此间外国人社区的所有成员具有共同的利益,编者希望各位订阅,以使出版物获得足够的经费——因为至少在数月之内,中国人不会订阅如此性质的出版物。……
>
> 订阅将以6个月为一期限,定价每期起价1圆,投送的出版物总数将有7期。刊物的发行有章可循:每期在20页以上,有地图和插图进行装饰,并有地理和天文学科的例证解说。如果此项工作得到社会认同并给予支持,刊物将再增加一些内容。②

---

① Charles Gutzlaff, *A Monthly Periodical in the Chinese Language*. The Chinese Repository, vol. 2, p. 186 (Aug. 1833).
② Ibid, vol. 2, p. 187 (Aug. 1833).

这种公开寻求经济上的支持,希望各界订阅以维持报刊经费的做法,对传教士中文报刊来说是一项创举,因为此前的传教士中文报刊为免费赠送,并无订阅。

《东西洋考每月统记传》的版本情况很复杂,其版本可分为横式版、直式版、直式再版几种①。至于出版情况,《东西洋考》于癸巳年六月(1833年8月)在广州创刊后,出至甲午年(1834年)五月后休刊。乙未年(1835年)正月在广州复刊,至乙未年六月出6期后再次休刊。所以《东西洋考》这两年的出刊地点在广州。后来郭实腊将《东西洋考》转让给在华各国官、商、传教士代表组成的"在华实用知识传播会"(The Society for the Diffusion of Useful Knowledge in China)。该会于1834年11月在广州成立,英国商人马地臣(James Matheson,1796—1878)和查顿(William Jardine,1784—1843)先后任会长,英国驻华商务监督和各国驻广州领事任名誉会员,1839年鸦片战争爆发前夕解散。该会成立之初在1834年12月《中国丛报》上发表了一则公告,明确他们的目标为:"在当今我们所处的时代,许多国家正经历着改革的历程;科学的光芒照耀着发展之路,真理的力量推动这些国家向着前方疾速地飞奔。这一切也都取决于实用知识的传播。但是,所有这些发展和进步都无法影响这个'中央之国',中国依然纹丝不动,将自己屏蔽起来以对抗来自'夷狄'的侵染。这些现象的产生源自中国人的麻木冷漠、妄自尊大和落后无知,这使得他们没有加入到各国智慧与才智发展前行的行列之中。我们决不会对这一切漠然处之,我们需要用我们的努力使他们产生改革的意识,唤醒他们沉睡的能量,激励出他们追求知识的动力。"②

可见,"在华实用知识传播会"的目标是通过传播西方科学技术和实用知识,消除中国人的"麻木冷漠、妄自尊大和落后无知",使中国人相信外国人是他们的朋友而不是他们的敌人,这与《东西洋考每月统记传》的办刊方针是吻合的。

郭实腊将《东西洋考》转让给"在华实用知识传播会"后,由于在广

---

① 黄时鉴先生对《东西洋考》的版本情况有详细考证,可参见黄时鉴:《〈东西洋考每月统记传〉影印本导言》,爱汉者等编,黄时鉴整理:《东西洋考每月统记传》,中华书局影印本,1997年版,第5—9页。

② *Advertisement*. The Chinese Repository, vol. 3, p. 379(Dec. 1834).

州出版遭到麻烦,该会将出版机构迁至新加坡。在复刊前,将以前所出《东西洋考》并为两卷重印 1 000 册。这 1 000 册《东西洋考》分送于新加坡、马六甲、巴达维亚、槟榔屿等地华侨。丁酉年(1837 年)正月《东西洋考》在新加坡复刊。但复刊后报刊的编纂地仍在广州,因为编辑是郭实腊和马礼逊儿子马儒翰(John Robert Morrison,1814—1843)①。郭实腊是"在华实用知识传播会"的中文秘书,马儒翰是英文秘书,两人都住在广州,编辑工作仍在广州进行,编好后由在新加坡的麦都思印刷发行。

《东西洋考》有时会重复出版,将以前出版过的内容再出版一次。原因不详,可能是郭实腊太过繁忙所致。现存《东西洋考》共有 39 期,最后一期为道光戊戌年(1838 年)九月,其中有 6 期是重复出版的,所以实际出版 33 期。

《东西洋考》1833—1835 年各期署"爱汉者纂","爱汉者"是郭实腊的笔名。《东西洋考》现存实物比《察世俗每月统记传》多,海外有 148 本,国内有 5 本,共 153 本。这 153 本除去复本(包括再版),共 33 期。其中道光十三年(1833 年)6 月、8—12 月,共 6 期;道光十四年(1834 年)2—5 月,共 4 期;道光十五年(1835 年)5—6 月,共 2 期;道光十七年(1837 年)全年,共 12 期;道光十八年(1838 年)1—9 月,共 9 期②。

《东西洋考》在 1838 年停刊。但具体停刊月份仍难考证,黄时鉴说:"在 1838 年上,它出版到了哪个月才停刊?现在我们掌握到的刊物本身,最晚的是戊戌九月号,这是不是最后的一期,是不是停刊号?从戊戌九月这一期上,看不到《东西洋考》即将停刊的任何迹象。而且,在《中国丛报》1838 年 12 月号上,关于中国益智会,又被译称'在华传播实用知识会'或'在华实用知识传播会'的报道,有这样的文字:'中文的统记传已延续下来,而且除了郭实猎刻印的 1833 年和 1834 年的两卷,四卷半年合订本即将完成。'这么看来,《东西洋考》一直出刊到 1838 年年底,似不无可能。但 1838 年阳(公)历 12 月合阴(农)历 10 月 15 日

---

① 马儒翰的英文名译为约翰·罗伯特·马礼逊,马儒翰是他的中文名。他的译名很多:马礼逊、马利孙、马里臣、秧马礼逊、马履逊等。他曾担任英国驻华商务监督译员,后来参加鸦片战争并担任译员。他去世时年仅 29 岁。
② 转自宋原放主编,汪家熔辑注:《中国出版史料·近代部分》(第一卷),湖北教育出版社、山东教育出版社,2004 年版,第 79 页注释。

至11月15日,就1838年下半年的合订本而言,是否确实完成了?十月号以及十一月号、十二月号是否确实出版了?似又不能肯定下来。"①

在宣传形式上,《东西洋考》也采用《察世俗每月统记传》附会儒学的办法,尽可能与儒学及中国传统文化联系起来,让中国的哲学家们为他们说话。封面上也印有儒家经典语录,而且各期封面题词不同,但多为孔子语录,如创刊号封面题的是"人无远虑,必有近忧",癸巳八月号题"皇天无亲,惟德是依",癸巳九月号题"好问则裕,自用则小",癸巳十月号题"德者性之端也,艺者德之华也",等等。

在清政府严禁外国人秘密印刷书籍的情况下,《东西洋考》仍能在广州创办,并出版两年之久,这既是一大奇迹,也说明了清朝政府官员的腐败与郭实腊的精明。郭实腊对中国政府有很深的了解,他不会在言辞上得罪中国政府,而且他巧于周旋,因此《东西洋考》能在广州公开出版两年之久而没有受到清朝政府和地方当局的干涉。

2. 以改变中国人的"西洋观"为宗旨

《东西洋考每月统记传》与《察世俗每月统记传》相比,形式上颇为相似,它们都是木板雕印,装订成册,都采用中国线装书样式,封面设计几乎完全一样(唯一不同是儒家语录的位置挪了一下),刊名也都用"每月统记传"字样,而且都附会儒学,大量引用中国儒家语录。正如黄时鉴所说:"《东西洋考》创刊号的封面与《察世俗》几乎完全一样,最鲜明的共有特点是刊引语录和纂者署名(《察世俗》署'博爱者纂',《东西洋考》署'爱汉者纂'),由此可以看到《察世俗》对郭实猎影响之深。"②但这只是形式上的相同而已,从办刊方针看,它们之间有很大的区别。

当时在华外国人,面对的是清政府的闭关锁国政策,同时还要面对中国人的自视甚高、视外国人为蛮夷的传统观念。改变中国人对西方人的看法,改变中国人的"西洋观",成了《东西洋考》的首要任务。

1833年6月23日,郭实腊宣布了他关于《东西洋考》这份刊物的

---

① 黄时鉴:《〈东西洋考每月统记传〉影印本导言》,爱汉者等编,黄时鉴整理:《东西洋考每月统记传》,中华书局影印本,1997年版,第5页。
② 同上书,第15页。

办刊宗旨和出刊计划,此时距该刊正式出版尚有一个多月,这一计划后来登载在面向西方人的《中国丛报》上:

> 当文明几乎在地球各处超越无知和谬误取得飞速进步时,——甚至偏执顽固的印度人也在用他们自己的语言出版了若干种期刊——只有中国人在历史的岁月中依然故我。尽管我们与他们有着长期的接触,他们仍以天下第一自居,并将所有其他民族视为'蛮夷'。这种极度的妄自尊大严重影响到广州的外国居民的利益以及与中国人的交往。
>
> 本月刊现由广州和澳门的外国人社区提供赞助。它的出版意图,是要清除中国人那种高傲和唯我独尊的民族意识,让他们知晓我们的艺术、科学和准则。有鉴于此本刊避谈政治,也不在任何论题上以粗鲁的言词激怒他们,而采取较为巧妙的方法表明我们确实不是"蛮夷";编者更属意于陈述事实,使中国人确信他们还有很多东西要向我们学习。同时我们也知道外国人与地方衙门保持关系的意义,编者尽力赢得他们的友善,并抱最大的希望使这种努力最终获得成功。①

办刊宗旨在这里表述得很清楚了:中国人把西洋人看作蛮夷,这是一种严重的偏见,这种无知与自傲影响了外国人的利益。因此,郭实腊希望"通过这本杂志向中国读者介绍西方国家的强大与成就,希望以此来扭转他们对自身文化的优越感的错觉"②。通过传输西方文化、科学技术,消除中国人的高傲与视其他民族为蛮夷的排外观念,改变中国人的"西洋观",通过介绍科学、艺术、文化、文明,证明西方人不是蛮夷,相反,西方有许多东西值得中国人学习。"由此可见,《东西洋考》虽然是由传教士郭实猎所办,但其创刊的首要任务,已经逐步背离了《察世俗》与《特选撮要》等宗教刊物以'阐发基督教义为主要任务'的编辑方针,而是把宣传西方文化,改变中国人对西方人的形象,当为最重要的

---

① Charles Gutzlaff, *A Monthly Periodical in the Chinese Language*. The Chinese Repository, vol. 2, p. 187(Aug. 1833).
② 苏珊娜·巴尼特、费正清:《美国教士在华言行论丛》,转引自雷孜智著、尹文涓译:《千禧年的感召——美国第一位来华新教传教士裨治文传》,广西师范大学出版社,2008年版,第101—102页。

事项了。"①

改变中国人的"西洋观",这一办刊宗旨在《东西洋考》创刊号的序言中也有清楚的反映。郭实腊所写的序言,引用儒家语录强调"多闻""好学":

> 子曰:多闻阙疑,慎言其余,则寡尤。多见阙殆,慎行其余,则寡悔。言寡尤,行寡悔,禄在其中矣。亦曰:多闻,择其善者而从之,故必遍观而详核也。
>
> ……
>
> 盖学问渺茫,普天下以各样百艺文满。虽话殊异,其体一而矣。人之才不同,国之知分别,合诸人之知识,致知在格物,此之谓也。诗云:吾闻出于幽谷,迁于乔木者,未闻下乔木而入于幽谷者。即是君子择术,犹鸟择巢。止进术终不退,寻之执之,终生用之。②

序言大量引用儒家语录,希望中国人能以"多闻阙疑"、"多闻,择其善者而从之"的态度,多多了解西方,接受外国的知识和文化,而不要一味视为蛮夷予以排斥。

序言在强调"多闻""好学"的同时,还大谈"四海之内,皆兄弟也":"子曰:四海之内,皆兄弟也。是圣人之言不可弃之言者也。结其外中之绸缪,倘子视外国与中国人当兄弟也。请善读者仰体焉,不轻忽远人之文矣。"③在序言的最后,郭实腊希望:"合四海为一家,联万姓为一体,中外无异视。"④如此,改变中国人"西洋观"的目的就达到了。

可见,《东西洋考每月统记传》的办刊宗旨较之《察世俗每月统记传》有了明显的变化,这表明传教士中文报刊的办刊方针有了重大转变,开始了报刊重心由"宗教"到"世俗"的转移。这种转移应该与办刊地点的变化也有关系。《察世俗每月统记传》创办于马六甲,而《东西洋考》创办于闭关锁国的大清帝国统治下的广州。尽管广州环境比起马礼逊来华时已有较大改变,但禁西教政策并没有变,"《东西洋考》要在

---

① 〔新加坡〕卓南生:《中国近代报业发展史》,中国社会科学出版社,2002年版,第47页。
② 《序》,《东西洋考每月统记传》癸巳六月号(1833年)。
③ 同上。
④ 同上。

这种历史条件下的广州出版,就得像郭实腊在上述英文介绍中说的那样,采取'较为巧妙的方法',不去触怒清廷,必须在办刊者与地方官吏间取得某种默契,某种双方都能接受的妥协点。"①

这份报刊已由黄时鉴根据哈佛大学哈佛—燕京学社图书馆所藏全套《东西洋考每月统记传》进行整理,于1997年由中华书局影印出版。影印本除了原文,还包括整理者所做的总目、导言和索引。

三、《东西洋考每月统记传》主要内容

1. 从传播西教到传播西学的转变

《东西洋考每月统记传》所确立的办刊方针,给报刊内容带来了深刻影响。正是在上述办刊方针的指导下,《东西洋考每月统记传》改变了《察世俗每月统记传》"以阐发基督教义为根本要务"的做法。尽管作为传教士报刊,宗教仍然是必备内容,上帝仍然是至高无上的,但是,宣传宗教的内容大大减少了,解释教义的专文没有了,宗教退到了次要地位。

伦理道德如《察世俗每月统记传》一样,也是常见的内容,但它的分量与地位已逐渐减弱。而且,《察世俗每月统记传》的伦理道德内容是为宗教服务的,而《东西洋考每月统记传》的伦理道德,主要是宣传中外人士要和睦相处,中国人对外国人要以礼相待,中国人不要视外国人为蛮夷,等等。

《东西洋考》把内容的重点放在介绍西方的科学文化知识上面。创刊号栏目有:序、东西史记和合、地理、新闻。第3期开始序的栏目改设论,以后几乎每期都有论,还增设了天文。第二年(1834年)增设市价篇,这一年总共出刊5期,每期都有市价篇。以后又陆续增设诗、史、杂文、贸易等栏目,这些都不是宣传基督教的。《察世俗》也有西学介绍,但篇幅很小,而且介绍的以天文知识为主。而《东西洋考》用大量篇幅介绍西方科学文化知识,开始把传播重点从西教转向西学。

《东西洋考》所宣传的西方科学知识,包括自然科学知识与社会科学知识。在自然科学方面,天文仍然是重要内容之一,所发表的文章

---

① 叶再生:《中国近代现代出版通史》(第一卷),华文出版社,2002年版,第149页。

有:《论日食》《论月食》《北极星图记》《黄道十二宫》《日长短》《宇宙》《太阳》《月面》《露雹霜雪》《节气》《星宿》《经纬度》等。

《东西洋考》所介绍的自然科学,最主要的还是实用知识的内容。这种实用知识能比较好地反映西方近代科学成就,又是当时中国社会所急需的,所以是最能反映外国人的长处且能表达对中国人的友好感情、消除中国人的排外心理的知识。《东西洋考》刊登了大量的介绍实用知识的文章,如《火蒸车》《孟买用炊气船》《水内匠笼图说》《推农务之会》《救五绝》《气舟》等,这些文章介绍了蒸汽机、轮船、火车,以及耕作方法、急救方法等,让中国人知道西方人不仅不是蛮夷,相反有许多东西值得中国人学习。

除了天文学与实用知识,《东西洋考》还有气象、工艺和动植物等知识的介绍。

在社会科学方面,对世界各国的历史、地理、政治制度以及民情风俗的介绍,占了相当大的篇幅。它介绍了土耳其、荷兰、安南(越南)、暹罗(泰国)、麦西(埃及)、印度、葡萄牙、西班牙、法兰西、英国、美国、希腊、瑞典等国家。

《东西洋考》很重视对历史的介绍。由麦都思撰写的《东西史记和合》,于1829年以小册子的形式出版,颇受欢迎,同年在马六甲再版,后又重印。《东西洋考》从创刊号开始刊登该书,分11次连载。《东西史记和合》中的东史指中国历史,西史指西方历史,叙述方法是将中国历史与西方历史作为两栏并排列出,上栏叙述中国历史,下栏叙述西方历史,以中西历史上的重大事件、文明进程、创造发明进行比较,东西对照。麦都思在《教士先驱报》上曾刊文介绍撰写《东西史记和合》的目的:"我之所以动笔写下这些文章,主要是针对中国人妄自尊大的习惯。中国人惯于吹嘘他们上古以来的历史,对欧洲相对较短的文化传统嗤之以鼻,并暗自嘲讽我们没有任何有关公元前的历史记载。因此,我努力按照年代排列,介绍了各个主要时期的重大成果和事件,以此来向他们证明,我们拥有一整套完整的编年史,比他们的更为可信,更为古老。"[①]

[①] 麦都思来信,1828年7月,载《教士先驱报》,1829(1),第193页。转引自雷孜智著、尹文涓译:《千禧年的感召——美国第一位来华新教传教士裨治文传》,广西师范大学出版社,2008年版,第103—104页。

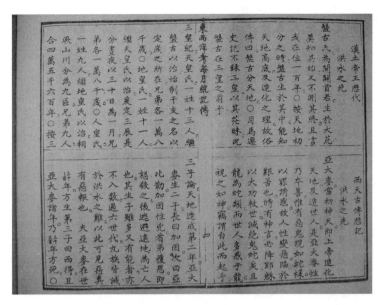

《东西史记和合》

在介绍法国历史时,《东西史记和合》将国名译为"法兰西",这一译名日后被广泛采用。

丁酉七月号(1837年),《东西洋考》刊出《史记和合纲鉴》,文前作了说明:"自盘古至尧舜之时,自亚坦到挪亚,东西记庶乎相合,盖诸宗族之本源为一而已。盖前后异势,疏密异刑,各族继私风俗,故史记也不同,但诸国之体,如身之有四肢,血脉相通,而疴痒相关。兹史记之和合,结其联络,及通疏远焉。"①

《东西洋考》还对西方的历史人物进行介绍。它以《拿破戾翁》为名,刊登拿破仑传记,在丁酉十月号、十一月号、十二月号连载。它在介绍拿破仑一生事迹后写道:"若论其行藏,可谓出类拔萃,而高超乎众,盖彼实钟山川之英气,而为特异之人也。"②丁酉八月号的《霸王》,对拿破仑的霸业进行介绍后,还与中国的历史人物进行比较:"自今以往,诸国之霸,未有超于法兰西国拿破戾翁皇帝者。……若以拿皇帝较之秦

---

① 《史记和合纲鉴》,《东西洋考每月统记传》,丁酉七月号(1837年)。
② 《拿破戾翁》,《东西洋考每月统记传》,丁酉十二月号(1838年)。

始皇及元之忽必烈或谓相似,但拿破戾翁乃为霸中之魁矣。"①

刊登在戊戌正月号的《华盛顿言行最略》,则是介绍华盛顿的传记文章,该文对华盛顿极为推崇:"经纶济世之才,宽仁清德遍施,忠义两全之烈士中,华盛顿独立无比。……虽势浩大,威震天下,弄权在掌握之中,为所得焉,然上报国家,下安黎庶,竭心忠诚。"②

此外,《东西洋考》还介绍了古代以色列、巴比伦、亚书耳(亚述)、非尼基等国的历史。

《东西洋考》的地理专栏,主要刊登世界地理,包括东南亚、南亚、欧洲各国地理。在创刊的癸巳六月号上,编者对地理栏目有一个说明:"盖怀文、抱质、广见、博闻者鲜矣。海洋穷极幽远,自日出之国,以至穷极岛,凡身之所经目之所睹,无不广询博咨熟悉端委,弟欲补之,缀辑成地理之篇,由是可明知岛屿之远近,外国之形势,风俗之怪奇,沙礁之险,埠头之繁,好湾泊所等事,及物产贸易海关之则例,皆晰说加综核,各极周详,俾君子有所采择。"③

《东西洋考》地理专栏

---

① 《霸王》,《东西洋考每月统记传》,丁酉八月号(1837年)。
② 《华盛顿言行最略》,《东西洋考每月统记传》,戊戌正月号(1838年)。
③ 《地理》,《东西洋考每月统记传》,癸巳六月号(1833年)。

《东西洋考》"迄至戊戌九月号,共载世界地理类文章达 35 篇"①。这些文章主要有:《东南州岛屿等形势纲目》《南洋洲》《吕宋岛等总论》《苏禄屿总论》《芒佳虱大洲总论》《美洛居屿等与吧布阿大洲》《波罗大洲总论》《苏门答剌大州屿等总论》《新埔头或息力》《呀瓦大洲 附麻剌甲》《暹罗国志略》《地球全图之总论》《列国地方总论》《噶喇吧洲总论》《以至比多》《地球全图之总论》《天竺或五印度国总论》《玛塔喇省》《榜葛喇省略》《孟买省》《大英痕都斯坦新疆》《欧罗巴列国之民寻新地论》《破路斯国略论》《葡萄牙国志略》《俄罗斯国志略》《法兰西国志略》《荷兰国志略》《瑞典国志略》《欧罗巴列国版图》《大尼国志略》,等等。此外,《东西洋考》还刊出了不少地图,如:《东南洋并南洋图》《大清一统天下全图》《俄罗斯国通天下全图》《北痕都斯坦全图》。

关于欧美的政治制度,《东西洋考》也多有介绍。戊戌七月号(1838年)的《北亚默利加办国政之会》,向中国人介绍了美国的政治制度。戊戌三月号(1838年)的《自主之理》,介绍了英国的司法制度,文中写道:"自帝君至于庶人,各品必凛遵国之律例。所设之例,必为益众者,诸凡必定知其益处。……此国之宪,不能稍恃强倚势,肆意横行焉,设使国主任情偏执,藉势舞权,庶民恃其律例,可以即防范,倘律例不定人之罪,国主也弗能定案判决矣。"②戊戌(1838年)四月号、五月号、六月号三期连载了《英吉利国政公会》,详细介绍了英国的两院制。

用中文向中国人介绍美英两国的政治制度,对于中国知识分子了解世界、解放思想起到了很好的启蒙作用。这些文章,"虽然有些用字与今日不同,但其叙述的基本内容还是一目了然的。尽管这些叙述显得十分粗略,但毕竟是向长期处于封建君主制统治下的中国人最早介绍了一种迥然不同的新的政治制度,是具有深刻的历史意义的。"③

《东西洋考》还用一种较为活泼的形式介绍西方国家,例如癸巳十二月号(1834年),刊登了《兰敦十咏》的诗,这是一位寓居伦敦(即诗中

---

① 黄时鉴:《〈东西洋考每月统记传〉影印本导言》,爱汉者等编,黄时鉴整理:《东西洋考每月统记传》,中华书局影印本,1997年版,第17页。
② 《自主之理》,《东西洋考每月统记传》,戊戌三月号(1838年)。
③ 黄时鉴:《〈东西洋考每月统记传〉影印本导言》,爱汉者等编,黄时鉴整理:《东西洋考每月统记传》,第20—21页。

兰敦)的中国知识分子写的,即所谓"诗是汉士住大英国京都兰敦所写",以诗的形式谈了他在伦敦的所见所闻,介绍了一个中国知识分子眼中的伦敦的宗教、民俗、气候等等。其中一首写道:

> 海遥西北极,有国号英仑。
> 地冷宜亲火,楼高可摘星。
> 意诚尊礼拜,心好尚持经。
> 独恨佛啷嘶,干戈不暂停。①

它还刊登过身在欧美的中国游客的来信,介绍了中国人眼中的欧美见闻。让中国人介绍亲历的欧美见闻,比西方人介绍更具有说服力。

《东西洋考》也不乏文学内容,尤其在后期文学内容有所加强。文学方面的文章主要有:《诗》《李太白文》《苏东坡词》《论苏东坡词》《东都赋》等。其中丁酉正月号(1837年)的《诗》写道:"汉人独诵李太白、国风等诗,而不吟咏欧罗巴诗词,恃思其外夷无文无词,可恨翻译不得之也。欧罗巴诗书,万世之法程于是乎备,善意油然感物,而兴起,豪烈豪气于是乎生,精神涌发乐而不过无一理而不具矣。"②

"这些介绍西洋文明和欧美各国情况的文章,目的无非是要显示西洋文明与西方国家制度的优越性,从而改变中国人对外国和外国人的印象。"③

2. 新闻栏目的产生

《东西洋考》辟有新闻栏目,这也是与《察世俗每月统记传》有很大不同的地方。《察世俗》没有新闻栏目,统共只登过一条新闻。而《东西洋考》的新闻是固定栏目,除了少数几期外,每期都登有新闻,有时一期登数篇新闻。

癸巳十二月号(1834年),《东西洋考》刊登了一篇《新闻纸略论》的文章,介绍了西方报纸的起源、发展以及新闻制度,其中写道:"在西方各国,有最奇之事,乃系新闻纸篇也。此样书纸乃先三百年初出于义打里亚国,因每张的价是小铜钱一文,小钱一文西方语说加西打,故以新

---

① 《兰敦十咏》,《东西洋考每月统记传》,癸巳十二月号(1834年)。
② 《诗》,《东西洋考每月统记传》,丁酉正月号(1837年)。
③ 〔新加坡〕卓南生:《中国近代报业发展史》,中国社会科学出版社,2002年版,第76页。

闻纸名为加西打，即因此意也。后各国照样成此篇纸，至今到处都有之，甚多也。……其新闻纸有每日出一次的，有二日出一次的，有七日出二次的，亦有七日或半月或一月出一次不等的。最多者乃每日出一次的，其次则每七日出一次的也。其每月一次出者，亦有非纪新闻之事，乃论博学之文。于道光七年，在英吉利国核计有此书篇共四百八十多种，在米利坚国有八百余种，在法兰西国有四百九十种也。此三国为至多，而其理论各事更为随意，于例无禁。然别国亦不少也。"①

《东西洋考》新闻栏

这是我国历史上第一篇用中文撰写的向中国人介绍西方报刊产生、发展及新闻制度情况的新闻学专文。

《东西洋考》所刊登的新闻大多为国际新闻，也有少量来自广州和澳门的国内新闻。

但是，《东西洋考》登载的新闻，并非真正意义上的新闻。与其说是新闻，不如说是对各国事物的介绍更为恰当，这种介绍还常常采用文学的手法。例如，创刊号的新闻栏中，通过两个中国人的对话，宣告《东西洋考》诞生："在广州府有两个朋友，一个姓王，一个姓陈……且陈相公与西洋人交接，竭力察西洋人的规矩。……忽一日，来见王相公说道：'小弟今日偶然听闻外国的人，纂辑《东西洋考每月统记传》，莫胜欢乐。'王道：'晚生大可取，总有妙才，转环之智，若丧心丧德，后诡设诈，此不可交。'陈道：'然也，那书的著文者，特意推德行广知识，不亦说乎。'二人就拿一篇《东西洋考》之读。"②随后推出两则新闻：《土耳叽国

---

① 《新闻纸略论》，《东西洋考每月统记传》，癸巳十二月号(1834年)。
② 《东西洋考每月统记传》，癸巳六月号(1833年)。

事》《荷兰国事》,对土耳其与荷兰两国进行介绍。

癸巳八月号(1833年)的新闻栏按语,郭实腊明确指出,要使中国人知道"远方之事务",必须"探闻各国之事":"夫天下万国,自然该当视同一家,而世上之人,亦该爱同兄弟。然则远方之事务,无不愿闻以广见识也,缘此探闻各国之事。"①

可见,《东西洋考》的新闻栏目,与其说是报道新闻,不如说是为了贯彻办刊方针,向中国人介绍西方事务,从而使中国人了解西方,改变对西方人的印象。

《东西洋考》的新闻来源,主要是西方船只驶抵广州后带来的外国报纸和信件,另外还转载《京报》上的新闻,但这种转载数量不多。

由新闻来源的性质决定,《东西洋考》所谓的新闻以国际新闻为主。依靠过往船只带来的信件和报纸而获取新闻,这样的新闻来源很难得到保证。当时《东西洋考》一些新闻栏的按语对此有所描述:"今月所到西方船只皆无带来紧要新息。"②"此刻西方英吉利等国船只,近月尚未有到,致无新息可传,且今时风亦顺逆不常,四方船皆少来,所闻各国之事,甚为稀鲜也。"③"本月内有英国船至粤,带来新闻纸,内言……"④

在中国新闻方面,比较引人注目的是转载于《京报》的《奏为鸦片》,刊登在丁酉年(1837年)四月、五月、六月号上,内摘录了许乃济、朱嶟、许球的三篇奏折,每篇奏折之后编者都发表了评论。其中许球奏折之后编者是这样评论的:"中国广袤,海滨几千里,故不能绝其通市。若论其买卖毒之弊,其情罪俱属大,律无可宽。倘商贾好利,昼夜劳心劳力铢积寸累,民买其所贵者获中用物件,其货罕价起,丰价落,此不可易之通商之法。禁其货,却民用之,价钱高昂,漏税获益不胜,或给贿赂私入关焉,此天下之通理。由是观之,武力不可绝弊……若愿民弃必教化之。故教化民为绝食鸦片之真法,不然不可也。"⑤这篇评论非常清楚地表达了《东西洋考》编者对待鸦片的态度,认为中国要禁绝鸦片,武力不可行,只能劝善、教化。

---

① 《东西洋考每月统记传》,癸巳八月号(1833年)。
② 《东西洋考每月统记传》,癸巳九月号(1833年)。
③ 《东西洋考每月统记传》,癸巳十月号(1833年)。
④ 《东西洋考每月统记传》,甲午四月号(1834年)。
⑤ 《奏为鸦片》,《东西洋考每月统记传》,丁酉六月号(1837年)。

《东西洋考》还刊登过具有新闻综述性质的文章。甲午二月号(1834年)上刊登的《新闻之撮要》写道:"道光十三年,为救世主耶稣降世后之一千八百三十三年号,此年瞬间而飞,兹时际东洋无何大行作,惟西洋殊异。"①随后列述了土耳叽、大英、佛兰西、者耳马尼(日耳曼)、鄂罗斯等国在1833年发生的事情,体现了"新闻之撮要"的新闻综述性质。

3. 评论的出现

《东西洋考》是最早刊登评论的中文报刊。它的评论置于"论"这一栏目中,排在各期的首页。

评论的内容不是用来阐述教义,而是对现实问题发表看法,宣传中外人士之间的行为准则,如中国人应学习外国人的长处,中国人与外国人做生意于己于国都有利,做生意要公平诚实,赌博为万恶之源,等等,每一"论"都有自己的主题。为了使中国人能够接受,这些评论往往以两个朋友晤谈的方式进行。

癸巳八月号(1833年)的"论",对于中国人将外国人称为蛮夷的问题进行了评论:"子曰:良药苦口利于病,忠言逆耳利于行。夫蛮狄羌夷之名等,指残虐性情之民。苏东坡曰:夷狄不可以□国之治治也。先王知其然,是故以不治治之,治之以不治者,乃所以深治之也。且天下之门有三矣,有禽门焉,有人门焉,有圣门焉是也。由于情欲者,入自禽门者也;由于礼义者,入自人门者也;由于独知者,入自圣门者也。夫远客知礼行义,何可称之夷人,比较之与禽兽,待之如外夷,呜呼,远其错乎,何其谬论者欤!凡待人必须和颜悦色,不得暴怒骄奢。怀柔远客,是贵国民人之规矩。是以莫若称之远客,或西洋、西方或外国的人,或以各国之名,一毫也不差。"②

丁酉十二月号(1838年)以《通商》命名的"论",论证了通商的重要性:"通商之理,乃自然而然者也,禁止通商,如水底捞月矣。故明君治国必竭力尽心,以务广其通商也。诚以国无通商,民人穷乏,交易隆盛,邦家兴旺。……贸易不止有以润百姓,而且可以补国用也,故此上下俾

---

① 《新闻之撮要》,《东西洋考每月统记传》,甲午二月号(1834年)。
② "论",《东西洋考每月统记传》,癸巳八月号(1833年)。

益,利及五品,实足光前而裕后。"①黄时鉴评论说:"这是一篇重商主义的自由贸易论说","对于以农立国已久,且固守闭关心态的中国人来说,无疑是新说新论。"②

《东西洋考》成为最早发表评论的中文报刊。

4. 开始重视商业信息

19世纪30年代,广州对外贸易有了很大发展。18世纪晚期到19世纪初,西方输入广州的商品以毛织品和金属品为主,品种比较单一。到了19世纪30年代,输入商品的种类和比例发生了很大变化,1834年,《东西洋考》"市价篇"上公布的进口商品多达100余种。同时,中国也大量输出茶叶、生丝、食糖等,而且在西方国家销路很好。正是在这种情况下,《东西洋考》开始关注市场行情。郭实腊认为,在广州这样一个外贸占有特殊地位的城市,商人有着不容忽视的地位,而商人最需要了解的信息是进出口贸易行情和商品价格,商品信息滞后会导致商人失去很多机会,如果《东西洋考》能提供及时、准确的商品信息,就能吸引商人眼球,从而扩大报刊影响。正是基于这样的考虑,《东西洋考》开辟了"市价篇",介绍"省城洋商与各国远商相交买卖各货现时市价"。

市价篇出现于甲午年(1834年)正月号到五月号,登于各期末尾。它对广州市场一百多种进出口货物的市场价格进行详细调查后,分"入口的货"和"出口的货"两类,在"市价篇"上公布。每期"市价篇"货物价格登完之后,编者都写了这样一段话:"在右各货市价乃系远客愿以此好法教与中华。初起此时价明篇,但不能得全实玉成,举其大概,看官请勿见怪其错也。"

1837年迁址新加坡后,对于市价行情更为重视,丁酉正月号的《序》写道:"原来读斯记传,为商贾多矣。是以开洋货单,论生理之事,欲读者加意顾东西洋考。"③在另一篇文章中,编者指出:"本年每月应说明广州府、新嘉坡二处之市价。各商知此,有益于行务也。亦明说载

---

① 《通商》,《东西洋考每月统记传》,丁酉十二月号(1838年)。
② 黄时鉴:《〈东西洋考每月统记传〉影印本导言》,爱汉者等编,黄时鉴整理:《东西洋考每月统记传》,中华书局影印本,1997年版,第19页。
③ 《序》,《东西洋考每月统记传》,丁酉正月号(1837年)。

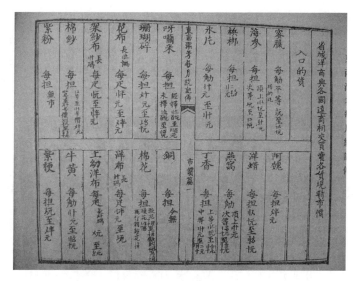

《东西洋考》市价篇

入运出之货,而陈经营之形势矣。且传东西洋之新闻消息,各商要投卖货物,或有他事,致可通知,得以明说而登载之。"①

1838年,《东西洋考》开辟了"贸易"专栏,每期发表一篇贸易专文。该专栏主要谈中西贸易的好处,反对"贸易损国"论。例如,戊戌三月号(1838年)贸易栏的文章,针对当时中国一些人因白银大量外流提出的"贸易损国"论进行了批驳,指出市场应该听任价格浮动,中国政府不应进行干预:"至于纹银载出载入,不可管束。设使银起价,所载入者繁多,落价,所载出者不胜数,此乃自然之理,则不可查禁也。倘载出银者,亦取其价值之货,何谓之损哉。……载银出口,致获利矣,载银入口,致获利矣,此乃永定不可变之法也。"②

《东西洋考》的"市价篇",为中国人尤其是商人提供了大量的贸易信息和价格行情,推动了商业信息的传播。中文报刊发布市价行情,《东西洋考》是首创,后来中文报刊多仿效《东西洋考》刊登物价行情。它所发布的市价行情,可以说是我国中文报刊广告的萌芽。不仅如此,它还具有很高的资料价值,如洋布,在19世纪初期是奢侈品,价格高

---

① 《招签题》,《东西洋考每月统记传》,戊戌正月号(1838年)。
② 《东西洋考每月统记传》,戊戌三月号(1838年)。

昂,但到 1834 年,因进口的洋布多了,价格大为下跌:"花布,长二十八码,每匹二元半至四元半;洋布,长四十码,每匹三元至五元;上幼洋布,每匹长四十码,四元至五元。"① 这种洋布,在社会中上层很受欢迎,其价格也是他们能够接受的。另外,根据"市价篇",我们能够知道当时广州进出口商品的种类、价格及其涨落等数据,这些数据为研究者提供了珍贵的史料。

5. 对报刊发行的自我宣传

郭实腊很重视《东西洋考》的发行。为了扩大发行量,正式出版前即在广州的外国人中征订,首版 600 册很快销售一空,后来一再重印。为了扩大销路,它经常进行自我宣传,丁酉正月号(1837 年)的《序》,丁酉四月号的《光阴易度》,丁酉十二月号(1838 年)的《叙谈》《诀言》,戊戌正月号(1838 年)的《招签题》,都对《东西洋考》进行了自我推销。《诀言》写道:"乃此东西洋考,书内述有各项事情,可以广览见闻,察之足以明理,而开人心,如灯之能照于暗室也。"②《招签题》则写道:"设使每月捐一员,收东西洋考十本,与亲戚朋友看读,稍效微劳,便有裨益矣。或家道不富,只买一本,而舍银一钱,亦不难矣。一街之店主签题,一里之乡绅行此,则东西洋考周流四方以行教,不亦悦乎。"③

为了扩大销路而进行自我宣传,这在中文报刊史上也属首创。

6. 对《东西洋考每月统记传》的评价

《东西洋考每月统记传》是中国境内的第一份中文近代报刊。

按照清政府的政策,这种报刊当时是不允许在中国境内出版的,可它却能在广州公开出版两年之久而没有遇到麻烦,这说明了清政府各项权力机构行政管理能力的低下;也说明了郭实腊对中国人、中国政治、中国官场的了解深透,能在中国土地上办成许多中国人办不成的事情,他善于用各种方法笼络地方官员,并与广州的商人建立起很好的私人关系,为了便于活动,他不惜把自己装扮成华人,还认华侨做义父,这

---

① 《东西洋考每月统记传》,甲午四月号(1834 年)。
② 《诀言》,《东西洋考每月统记传》,丁酉十二月号(1838 年)。
③ 《招签题》,《东西洋考每月统记传》,戊戌正月号(1838 年)。

使他与他的报刊得到了很好的照顾;同时说明了广州因为远离政治中心所享有的"自由",在规避清政府约束方面所具有的优势。

《东西洋考》实现了由传播西教到传播西学的转变。尽管宗教仍然是必备内容,但已不居重要地位,科学文化知识成了主要内容。由于对西学的广泛介绍,它为当时的中国人了解世界开启了一扇窗口,尤其对中国知识分子有重要的启蒙作用,促使他们"睁眼看世界"。

《东西洋考》在许多方面为后来的中文报刊提供了先例。它的栏目基本稳定;为便于读者阅读,每期卷首都登有本期目录;有些文章结束时加上编者按语。这些都是《东西洋考》首次采用而为后来中文报刊所普遍运用的。"从期刊编辑方法方面看,《东西洋考》有所创举。它采取分类编纂的方法,在卷首刊有本期内容目录,便于读者查阅,并设有固定的栏目,这些近代期刊的特征,在中文报刊史上是第一次出现。它刊载的文章,强调简短、通俗和可读性,以吸引读者的阅读兴趣。在稿末有时加上编者按话,这些都使它进一步具有了现代期刊的基本特征。"①

在写作风格上,《东西洋考》讲究通俗、简短。它的题材多样,内容贴近生活,尽量吸引读者注意力,具备了近代报刊"内容的多样性"之特征。它运用对话、讲故事等深入浅出的方式宣传自己的主张与理念,收到比较好的效果。

它设有新闻专栏。尽管当时的新闻没有时效性,不过是世界各国的旧闻而已,假新闻也很多,还与文学混淆、与历史混淆、与言论混淆,但它毕竟设置了新闻专栏,迈出了重要的一步。它所刊登的《新闻纸略论》,是中文报刊史上的第一篇新闻学专文。

言论也有固定栏目,与新闻并重。这一栏目关注的是现实生活中的问题,例如中外贸易、中国人不应称外国人为蛮夷,等等。

它重视商业信息,刊出中外贸易进出口物价表。

为了扩大销路,它还进行自我宣传。

《东西洋考》已经具备近代报刊的基本特征了。

《东西洋考》的主要读者是外国人,但也有中国人订阅的,并对不少中国人产生了影响。林语堂认为,"这本杂志代表了基督教传教士利用

---

① 叶再生:《中国近代现代出版通史》(第一卷),华文出版社,2002年版,第148页。

外国的丰富知识来帮助中国文化复兴的首次努力。"① 因此,"《东西洋考》确实赢得了一些中国读者。它能够持续出版这么多期本身就是一个证据;各期出版以后又可再印合订本达一千份之多,更是一个有力的证据。"② 这从后来一些中国学者的著作中参考过它以及它产生的影响也可以看出来。

魏源受《东西洋考》影响很大,他的《海国图志》大量引用《东西洋考》。对于他的引用,黄时鉴列出了一览表,指出《海国图志》引用《东西洋考》凡13期,文章24篇,文字28处,《东西洋考》是魏源写成《海国图志》的主要参考文献之一。具体如下:

《东西洋考每月统记传》		《海国图志》百卷本	
篇名	刊出年月	引于何篇目下	卷·页(加*号者见于五十卷本与六十卷本)
新考出在南方大洲	癸巳八月	外大西洋南洲各岛	七〇·一四上/下
苏禄屿总论	癸巳九月	东南洋大岛	一二·一二上/下
芒佳虱大洲总论	癸巳九月	东南洋大岛	一二·一二下/一三上
美洛居屿等与吧布阿大洲	癸巳九月	东南洋美洛居岛	一五·一六下/一七下
波罗大洲总论	癸巳九月	东南洋大岛	一二·一一上/一二上
苏门答剌大洲屿等总论	癸巳十月	东南洋亚齐及三佛齐岛	一五·六上/下
新埔头或息力	癸巳十月	东南洋新加坡沿革	九·一八上/一九下
呀瓦大洲 附麻剌甲	癸巳十一月	东南洋新加坡沿革	九·一三下/一四下*
		东南洋葛留巴岛	一三·六上/七下*
		东南洋葛留巴所属岛	一四·二上/四上
		东南洋新加坡沿革	一八上/一九下
暹罗国志略	癸巳十二月、甲午正月(重)	东南洋暹罗	七·一三上/一四上
地球全图之总论	甲午二月、乙未正月(重)	东南洋新加坡沿革	九·一八上/一九下
		澳大利亚	七〇·二下*
		亚墨利加	五九·三下/四上*
噶喇巴洲总论	甲午四月、甲午三月(乙未版)(重)	东南洋葛留巴所属岛	一四·四下/七上

---

① 林语堂著,王海、何洪亮主译:《中国新闻舆论史》,中国人民大学出版社,2008年版,第73页。
② 黄时鉴:《〈东西洋考每月统记传〉影印本导言》,爱汉者等编,黄时鉴整理:《东西洋考每月统记传》,中华书局影印本,1997年版,第26页。

以至比多	甲午四月、甲午三月(乙未版)(重)	小西洋阿迈司尼国	三三·二九下/三〇下
火蒸水气所感动之机关	甲午五月、甲午四月(乙未版)(重)	火轮船说	八五·一二上/一三下*
儒外寄朋友书《阿里曼国》	丁酉四月	大西洋耶玛尼国沿革	四四·一六上/一七下*
麦西古国史	丁酉四月	小西洋厄日度国	三三·一七下/一九上*
孟买省	丁酉四月	西南洋五印度国	一九·九上/一一下*
叔家答侄《北亚米利亚》	丁酉七月	外大西洋弥利坚国	六〇·三〇上/三二上*
法兰西国志略	丁酉十一月	大西洋法兰西国	四一·一五下/一八上*
释奴	丁酉十二月	西阿利未加洲色黎安弥阿十国	三五·一〇下/一一上*
大尼国志略	戊戌六月	大西洋嗹国	五八·五上/七上*
显理号第四	戊戌六月	大西洋法兰西国	四一·一八上*
寻新地	戊戌七月	西南洋天主教考下	二七·三〇上/下
公班衙	戊戌九月	西南洋五印度国	一九·六下/八上*
回回之教	戊戌九月	各国回教总考	二五·三下/五上*

资料来源：黄时鉴《〈东西洋考每月统记传〉影印本导言》，爱汉者等编，黄时鉴整理《东西洋考每月统记传》，中华书局影印本，1997年，第27—28页。

  作为中国境内的第一份中文近代报刊，《东西洋考》在中国近代报刊史上占有重要的地位。戈公振说："此报发刊于中国境内，故我国言现代报纸者，或推此为第一种。"①黄时鉴说："《东西洋考每月统记传》作为中国境内最早用中文出版的近代期刊，在中国报刊史、新闻史和出版史上占有重要地位，这已为有关学界所公认。"②"有些西方的科技成果、历史人物、文化与制度，在《东西洋考》上首次用中文向中国人披露介绍；尽管现在不一定都能寻找到当时中国读者有何反映的蛛丝马迹，但它们在中文文献中也有重大的资料价值。诸如热气球和潜水笼，拿破仑与华盛顿，西方的文化传统与文化名人，西方的社会制度与政治制度，等等，《东西洋考》首载的内容很多，值得进行更加广泛和深入的研究。"③它对中国近代报刊与当时的西学东渐都产生过重要影响。

---

① 戈公振：《中国报学史》，三联书店，1955年版，第68页。
② 黄时鉴：《〈东西洋考每月统记传〉影印本导言》，爱汉者等编，黄时鉴整理：《东西洋考每月统记传》，中华书局影印本，1997年版，第3页。
③ 同上书，第30页。

第三章 鸦片战争前的其他传教士中文报刊

鸦片战争前,传教士共创办了5份中文报刊,除了有重要影响的《察世俗每月统记传》《东西洋考每月统记传》,另3份分别是:《特选撮要每月纪传》《天下新闻》与《各国消息》。

一、《特选撮要每月纪传》

1. 为了继承《察世俗每月统记传》

《察世俗每月统记传》停刊一年后的1823年,米怜的助手麦都思在印度尼西亚的巴达维亚(今雅加达),创办了一份中文月刊——《特选撮要每月纪传》,简称《特选撮要》,它的英文名称是 A Monthly Record of Important Selections。

麦都思(Walter Henry Medhurst,1796—1857),生于英国伦敦,青少年时代在伦敦教会学校读书,并学习印刷技术。1817年作为伦敦教会传教士到达马六甲,在米怜主持的差会印刷所负责印刷事务。他来到马六甲后成为米怜的助手,协助米怜编辑《察世俗每月统记传》。在此期间他学习中文与马来文,并配合米怜做好文字播道与教育播道工作。米怜病重期间曾代编《察世俗每月统记传》。

米怜逝世后,麦都思成为伦敦传教会在东南亚地区的代表人物。他意欲继承米怜未竟之事业,1822年抵达巴达维亚,在当地设立了一个礼拜堂。他准备在巴达维亚进行教育播道与文字播道。由于掌握了中文与马来文,又懂印刷技术,利用文字进行传教对麦都思来说更为得心应手。麦都思教育播道与文字播道的具体做法是：办一所以当地华侨为对象的学校；出版中文书籍与中文报刊。这份中文报刊就是《特选撮要每月纪传》。

《特选撮要每月纪传》于1823年7月(道光癸未年六月)在巴达维亚创刊，这是西方传教士用中文出版的第二份报刊。麦都思对《特选撮要每月纪传》的创刊动机有过交代："从中国请来了刻工之后，刊印了不少中文书籍；除此之外，原来在马六甲出版，由于米怜的早逝而停刊的中文期刊，这时也得以在巴达维亚复办，每月发行一千份。"①

"由于米怜的早逝而停刊的中文期刊"，指的是《察世俗每月统记传》。在《特选撮要每月纪传》的序言中，麦都思有进一步的说明："夫

《特选撮要每月纪传》

从前到现今，已有七年，在吗啦呷曾印一本书出来，大有益于世，因多论各样道理，惜哉作文者，一位老先生，仁爱之人已过世了，故不复得印其书也，此书名叫《察世俗每月统记传》。……夫如是，弟要成老兄之德业，继修其功，而作文印书，亦欲利及后世也。又欲使人有所感发其善心，而遏去其欲也。弟如今继续此《察世俗》书，则易其书之名，且叫做《特选撮要每月纪传》。此书名虽改，而理仍旧矣。"②

"此书名虽改，而理仍旧矣"，清楚地表明《特选撮要每月纪传》是为了继承米怜遗志，为了继承《察世俗每月统记传》而创办的，可以说是《察世俗每月统记传》的巴达维亚版。虽然刊名改了，但不改其内容与方针。所以它的宗旨、风格、版式与《察世俗每月统记传》是一脉相承的。"它同样是以中国书本式样刊印，以封面而言，《特选撮要》的版式

---

① Walter Henry Medhurst, *China: Its State and Prospects*, p. 331. 转引自卓南生：《中国近代报业发展史》，中国社会科学出版社，2002年版，第37—38页。
② 《特选撮要序》，《特选撮要每月纪传》，道光癸未年六月(1823年)。

为长 21 公分、宽 13 公分,比《察世俗》的长 19 公分、宽 12 公分略大,但报刊名字及出版年号的排列位置却十分相似。麦都思还模仿米怜取了一个中文笔名'尚德者'而署上'尚德者纂'。至于右上角,则印上《论语》第十一章先进篇的'子曰亦各言其志也已矣'。如此种种,都足以说明《特选撮要》与《察世俗》之雷同。"①

《特选撮要每月纪传》于 1826 年停刊,共出四卷。大英图书馆收藏有原件两册,即创刊号和第 3 期②。哈佛大学哈佛燕京学社、香港中文大学图书馆、中国国家图书馆有《特选撮要每月纪传》与《特选撮要选集》部分缩微胶卷。

2. 为了让中国人能够接受

与《察世俗每月统记传》一样,《特选撮要每月纪传》尽管创办于巴达维亚,但目的也是向中国人宣传基督教。为了达到这个目的,必须采用中国人能够接受的方法宣教。

《特选撮要每月纪传》仿效《察世俗每月统记传》"让中国哲学家们出来讲话"的方法,将基督教教义与儒家思想结合起来,刊登宣传儒家伦理道德的文章。麦都思在序言中写道:"其次即人道,像在人本分应行,或向神天,或向人物,又人当受善恶之报,此人今生所作,来生必受其关系;又今生所报之种,来生必收其同类也。"③

《特选撮要每月纪传》刊登的宣传伦理道德即"人道"的文章有:《不可性急》《夫妇相爱》《母善教子》《父子相不舍》《恶有恶报》《贫妇大量》《马亦知仁》《屠人有仁》《妇救其夫》《鸟人相爱》《良心自责》《有勇且忠》《好友答恩》,等等。这些文章所宣扬的都是儒家的思想,例如《贫妇大量》,说的是古代有一公侯,欲救济最穷之人:"起初寻出寡妇,最为穷之",公侯问寡妇"欲得人周济否?贫妇答曰,我不望人周济,但邻舍有人最苦,差不多饿死,若行方便,只该救他就好"。公侯在救济

---

① 〔新加坡〕卓南生:《中国近代报业发展史》,中国社会科学出版社,2002 年版,第 39 页。
② 这两册的目录为:创刊号(道光癸未年六月):《特选撮要序》《咬嚼吧地图》《中国往吧地总图》,《咬嚼吧总论第一回》;第 3 期(道光癸未年八月):《咬嚼吧总论第二回》《亚勒大门特之死》《杂句》。参见〔新加坡〕卓南生:《中国近代报业发展史》,中国社会科学出版社,2002 年版,第 42—43 页。
③ 《特选撮要序》,《特选撮要每月纪传》,道光癸未年六月(1823 年)。

了邻舍后又来问寡妇欲得周济否？"答曰,左边亦有穷人,合该助之"。公侯问寡妇你自己如何过日？"答曰：我尚有足,而无欠人钱,故略可也。"①

　　在文章的写作上,《特选撮要每月纪传》体现出迎合中国人的思想习惯、拉近与中国人距离的手法。这一点集中体现在《咬嚼吧总论》这篇文章中。

　　《咬嚼吧总论》从创刊号开始连载,采用的是中国章回体形式,全文共分十六回。咬嚼吧即爪哇,该文是对爪哇岛的全面介绍。它完全可以写成与中国毫无关系的纯粹介绍爪哇岛的文章,但麦都思写这篇文章的目的是帮助中国人了解世界。站在中国人的角度介绍爪哇,是这篇文章的一大特点,它把对爪哇的介绍与中国紧密地联系起来,几乎在介绍每个方面的情况时都与中国相联系、相比较,所配的图名之曰《中国往吧地总图》。在第一节"呼名"中,文章写道："夫在中国之西南边,过大海,约有四千余里,或二百六十个经船,有一海岛,名曰咬嚼吧,在唐山各处人,常呼其地曰咬嚼吧,或曰吧地,或曰吧城,惟其本地人,名之曰呱啞。"②在"方向"一节中写道："且中国人要开船到吧地,必在年终,或正月起身,不然,则恐怕风逆浪大,而船只难保。"③介绍"川水"时写道："今吧地虽无甚大河江,像中国之黄河、洋(扬)子江等,惟其还有五十条可通行小船之河。"④介绍"天气"时说："其天气太热,如中国夏天一般。"⑤介绍"果子"时说："吧地有几样果子,与中国所出之物多有不同。"⑥介绍"树木"时说："吧地有松、柏、榕、桑、棉花等树,为与中国相同者也。"⑦介绍"旅客"时说："宋朝时,唐人先来到吧地,而从彼时

---

① 《贫妇大量》,《特选撮要选集》卷三。中国国家图书馆缩微胶卷,胶卷号：MF0609/A77。(引者说明：由于中国国家图书馆缩微胶卷依据的《特选撮要选集》原件残损,卷期与页码不清,无法具体注明出处,故标注馆藏胶卷号)
② 《咬嚼吧总论第一回》,《特选撮要选集》卷一。中国国家图书馆缩微胶卷,胶卷号：MF0609/A77。
③ 同上。
④ 同上。
⑤ 《咬嚼吧总论第二回》,《特选撮要选集》卷一。中国国家图书馆缩微胶卷,胶卷号：MF0609/A77。
⑥ 同上。
⑦ 同上。

以来,常有人到此。"①介绍"农具"时说:"夫中国用具以耕田,各样齐备。惟呱哑人只用犁、耙、锄头与刈禾之小刀也。"②介绍"农时"时说:"除每年四季之外,还有十二时,似中国之十二宫,为农事起毕之定分也。"③介绍"甘庶(蔗)"时说:"夫吧地有甘庶,比不得中国所出。"④介绍"生烟"时说:吧地之生烟"比不得中国之烟"⑤。介绍"熬酒"时说:"夫在吧城,所住之唐人,多务熬酒之工,而以之为业。"⑥介绍"商事"时说:"夫依中国书文,商人为四民之尾。"⑦介绍"洋船生理"时说:"且洋船,自祖家往到中国,及日本,常暂歇在吧城。"⑧麦都思尽一切办法把对爪哇的介绍与中国联系起来,以引起中国读者的兴趣。

为了让中国人能够接受,《特选撮要每月纪传》的版式和装订也采取中国古代线装书式样。封面顶端从右至左横书"道光癸未年六月""道光乙酉年十一月"等,右侧直书儒家语录,正中自上而下直书刊名《特选撮要每月纪传》,左下角署"尚德者纂"。装订采用中国古代线装书的版式,文章则采用中国人喜闻乐见的章回体。

3. 以"神理"为中心

让中国人能够接受,只是麦都思的一种宣传策略,其目的是向中国人传播基督教。《特选撮要每月纪传》全面继承了《察世俗每月统记传》旨在宣传基督教的编辑方针,是一份以"神理"为中心的典型的宗教报刊。

《特选撮要每月纪传》的办刊宗旨在序言中有所阐述:"夫《特选撮

---

① 《咬嚼吧总论第三回》,《特选撮要选集》卷一。中国国家图书馆缩微胶卷,胶卷号:MF0609/A77。
② 《咬嚼吧总论第五回》,《特选撮要选集》卷一。中国国家图书馆缩微胶卷,胶卷号:MF0609/A77。
③ 同上。
④ 《咬嚼吧总论第六回》,《特选撮要选集》卷一。中国国家图书馆缩微胶卷,胶卷号:MF0609/A77。
⑤ 同上。
⑥ 《咬嚼吧总论第八回》,《特选撮要选集》卷一。中国国家图书馆缩微胶卷,胶卷号:MF0609/A77。
⑦ 《咬嚼吧总论第九回》,《特选撮要选集》卷一。中国国家图书馆缩微胶卷,胶卷号:MF0609/A77。
⑧ 《咬嚼吧总论第十回》,《特选撮要选集》卷一。中国国家图书馆缩微胶卷,胶卷号:MF0609/A77。

要》之书,在乎纪载道理各件也。如神理一端,像创造天地、主宰万人、养活万有者之理,及众之犯罪,而神天设一位救世者之理;又人在今世该奉事神天,而在死后得永生之满福,都包在内耳。而既然此一端理,是人中最紧要之事,所以多讲之。"①

因此,《特选撮要每月纪传》以大量篇幅宣传基督教,这方面的文章有:《上帝生日之论》《祈神法》《神天十条圣诫注解》《耶稣赎罪之论》《论耶稣之神迹》《信者托仗神天》《天理无不明》《论神主常近保助》等。

它还经常刊登一些悔罪、感恩的文章,以传扬基督教,《感神恩》《水手悔罪》就是这样的文章。其中《感神恩》写道:"昔者有一富贵人,家业盛大",但他"不想及神天,不感其大恩也",另有一贫穷困苦之人,"每日劳力务工",却"最敬神天"。一日,富贵人听见贫人"同其家人齐声恳求神天保佑",富贵人"心内感动醒悟",想"贫人仅有所食,而每日穿粗者,亦如此尽心感谢神恩,何况我富贵人者乎","从此富贵人改过,而后来每日敬事神天,早晚求福感恩也"②。

除了刊登直接宣教的文章,它还通过批判中国人的风俗习惯、传统宗教来宣传基督教。在《清明扫墓之论》《普度施食之论》《兄弟叙谈》《妈祖婆生日之论》等传教文章中,麦都思对于中国人的偶像崇拜以及祭拜祖先,均予以了批判。《清明扫墓之论》一文,说清明节"是从介子推之古事而发,故合该先论子推之端",在讲了介子推故事后,文章写道:"照余微想,此事非善,无可称赞。盖子推虽为廉士,然不忠不孝,无父无君,何能为善哉。公召而不来,君寻而不出,隐身以要君,逗留以废时,真为不敬长之过矣。又其母同在,累在危险,死于非命,正是名教之罪人也。且后人以其不忠不孝,反以有德,禁火以赞其志,寒食以记其廉,岂非愚人之为乎。宁可无从此等恶俗,乃每人自己修身尊德,则可为善于子推多矣。"③

4. 推广一般知识

宣传基督教是《特选撮要每月纪传》最主要的目的,但正如《察世俗

---

① 《特选撮要序》,《特选撮要每月纪传》,道光癸未年六月(1823年)。
② 《感神恩》,《特选撮要选集》卷一。中国国家图书馆缩微胶卷,胶卷号:MF0609/A77。
③ 《清明扫墓之论》,《特选撮要选集》卷三。中国国家图书馆缩微胶卷,胶卷号:MF0609/A77。

每月统记传》一样,它不是唯一目的,光有枯燥的说教是不够的。"《特选撮要》全面继承了《察世俗》旨在宣传基督教与推广一般知识的编辑方针。"①在宣传基督教的同时,它也刊登介绍天文、地理、历史等知识的文章,《特选撮要序》写道:"其次天文,即为日月星辰运行之度也。又其次地理,而依地理书所云,就是讲普天下各国的分数方向、宽大、交界、土产、人情风俗之理也。除了此各端理,还有几端,今不能尽讲之,只是随时而讲。"②

《特选撮要每月纪传》刊登的科学、地理、历史等方面的文章有:《海洋》《山兔》《懒猴》《英吉利国商船之数》《英吉利国生理》《英吉利国所得之钱粮》《公班衙生理》《咬嚼吧总论》等。我们仍以《咬嚼吧总论》为例。这篇文章除了在《特选撮要每月纪传》连载,1824年又以单行本出版,1825年、1829年、1833年、1834年连续再版,深受当地华人欢迎。在《咬嚼吧总论第一回》的开篇,麦都思写道:"现今世界之人,或是住本乡,或是往外国去者,都欢喜听各样新闻,而都要知道各处之人物、风俗等,所以有人做地理之书。及曾往游学之人,至回家时,亦有记其所闻所见之事,致人人可知外国番邦之好歹,而在其中可取益也。"③这篇文章从以下方面对爪哇进行介绍:呼名、方向、大小分、火山、川水、土性、天气、四季、五谷、果子、蔬菜、树木、禽兽、人物、民数、旅客、奴婢、房屋、府城、宫殿、家伙、衣服、战衣、朝衣、食物、农事、农人、农畜、农具、农时、田地、米粟、番麦、西国米、甘蔗、胡椒、青黛、棉花、地主、田税、工事、烧砖、打石、屋盖、捆席、织布、染布、敲皮、打铁、打金、木工、造船、做纸、熬酒、做盐、做硝药、砍木、讨鱼、商事、番人生理、街市、唐人生理、货物、洋船生理、祖家生理、商例、商碍、性情、品行、道理、朝廷、衙门、法律、战事、朝廷礼仪、番王威风、九品、生礼、姻礼、葬礼、做戏、独脚戏、跳舞、打猎、牛虎相斗、赌博、作乐、史记,等等,对爪哇的介绍非常详细。

《特选撮要每月纪传》还刊登杂句,举例如下:

---

① 〔新加坡〕卓南生:《中国近代报业发展史》,中国社会科学出版社,2002年版,第38页。
② 《特选撮要序》,《特选撮要每月纪传》,道光癸未年六月(1823年)。
③ 《咬嚼吧总论第一回》,《特选撮要选集》卷一。中国国家图书馆缩微胶卷,胶卷号:MF0609/A77。

○行好与好人,而必有报,若人不报,天必将报。①

○今所住之天地,从永远而有否? 公何想呢? 若非从永远而在,必有起初时。若有起初时,必非自然而来,料必有造之者。且其创造天地者,自己必非被造,乃为从永远一位至上至能者。此位为谁? 若非真神则何耶? 请公想之。②

○无人可算海边之沙,亦无人能记雨水之滴,如此无人能算永世之日也。③

关于《特选撮要每月纪传》的发行量,白瑞华的《中国报纸》写道:"在刊物初创时麦都思将刊物印了1 000份,到后来印量不断增加,在刊物存在的3年中共发行83 000册。"④

二、《天 下 新 闻》

1. 吉德与《天下新闻》的创办

《特选撮要每月纪传》停刊以后,《东西洋考每月统记传》创刊以前,还出现了一份传教士中文报刊,这就是《天下新闻》,英文名称为Universal Gazette。

创办《天下新闻》的是伦敦传教会传教士吉德(Samuel Kidd,1799—1843),又译纪德⑤。《天下新闻》与《察世俗每月统记传》《特选撮要每月纪传》一样同属伦敦传教会系统。

吉德在英国时,曾向回国度假的马礼逊学习中文。1824年,吉德来到中文报刊发祥地马六甲传教,他在英华书院继续学习中文。之后

---

① 《特选撮要选集》卷一。中国国家图书馆缩微胶卷,胶卷号: MF0609/A77。
② 同上。
③ 同上。
④ Roswell S. Britton, *The Chinese Periodical Press 1800-1912*, shanghai,1933,p. 22.
⑤ 戈公振的《中国报学史》将麦都思误认为《天下新闻》的编辑。卓南生认为,发生这种误解的原因是,麦都思在一定程度上曾经协助和支持《天下新闻》,另外,吉德使用的笔名为"修德"(cultivator of virtue),麦都思的笔名为"尚德者"(one who esteems virtue),两者颇为相似,可能是致使报史学者产生混乱的另一原因。在麦都思本人的回忆录或他的中文著作的目录中,都未有编辑《天下新闻》的记录,而根据伟烈亚力的记载,则只提起吉德是《天下新闻》的编辑。参见〔新加坡〕卓南生:《中国近代报业发展史》,中国社会科学出版社,2002年版,第43页。

去槟榔屿传教,1827年重返马六甲,担任英华书院教师,教授中文。1828年担任英华书院院长,同年创办《天下新闻》,所以该刊是诞生于中文报刊发祥地马六甲的又一份中文报刊。第二年,即1829年底吉德因夫人健康欠佳移居新加坡,随后返回英国,《天下新闻》遂告停刊。后来吉德任教于伦敦大学,教授中国语文与中国文学。

2. 主要内容与特征

《天下新闻》于1828—1829年发行于马六甲,月刊。它的"办刊经费得到两位匿名的绅士资助"①,这一不同的出资形式使得报刊内容发生了变化,它不再是一个纯粹的宗教报刊,宗教内容已经退居次要地位。正如《天下新闻》的刊名所揭示的,它主要刊登新闻,包括中国新闻与欧洲新闻,刊登中国新闻的目的是要引起中国读者的兴趣。除新闻外还刊登西方科学知识、历史、宗教与伦理。它还连载了麦都思的《东西史记和合》。

《天下新闻》突破了《察世俗每月统记传》与《特选撮要每月纪传》的样式。《天下新闻》不再采用书本形式,而是用活字印在散张的纸上,像今天的报纸,所以它是第一份用活字印刷、报纸形式的中文报刊,正如戈公振所说:"此报系活版与报纸所印,在当时为创见。"②比起前此出版的两种中文报刊,《天下新闻》在版式上更接近于近代报纸。

比起前两种纯粹宗教性质的报刊,《天下新闻》的变化是明显的。但它只维持了一年,而且至今未发现原件,详细情况难以查考。

三、《各国消息》

1.《各国消息》的创刊及其办刊宗旨

《各国消息》于1838年10月在广州创刊,英文名称为 *News of All Nations*,是在中国境内创办的第二份中文报刊。

《各国消息》由传教士麦都思主办,英国人奚礼尔(Charles Batten

---

① Roswell S. Britton, *The Chinese Periodical Press 1800—1912*, shanghai,1933,p. 25.
② 戈公振:《中国报学史》,三联书店,1955年版,第67页。

Hillier,? —1856)参与编辑。麦都思是《特选撮要每月纪传》的创办人,他长期在巴达维亚从事文字播道与教育播道工作。30年代曾返英国度假,"度假归来后,偕同美国海员布道会牧师史蒂文,至广州、澳门旅行。在广州,晤及英国商人奚礼尔,计划合作出版《各国消息》。"① 1838年10月《各国消息》在广州创刊。

《各国消息》为中文月刊,每期3—8页不等,连史纸石印,是我国最早使用石印技术的中文报刊②。《各国消息》创刊之际,正值鸦片战争前夕,中英关系趋于紧张,1839年5月英国商人和传教士陆续撤离广州,《各国消息》随之停刊,麦都思返回巴达维亚。

《各国消息》(见卓南生《中国近代报业发展史》,第63页)

从麦都思以前办刊的经历看,创办旨在宣传基督教的宗教报刊是他更为熟悉的工作。但是,他没有把《各国消息》办成《特选撮要每月纪传》的翻版,而是使其成为刊登各国国情及商业信息的一份中文报刊。出现这种情况与报刊创办地广州的环境有一定的关系。

19世纪30年代的广州与中文报刊发祥地马六甲一带有着显著区别。当时的广州已经成为世界上最繁忙的外贸港口之一,据粤海关统计,"道光十七年(1837年),来己亥年份船二百十有三"③。在广

---

① 潘贤模:《南洋萌芽时期的报纸——近代中国报史初篇》,载中国社会科学院新闻研究所编《新闻研究资料》(总第九辑),新华出版社,1981年版,第240页。
② 叶再生认为:《各国消息》是中国最早使用石印技术的报刊,比麦都思在巴达维亚印刷所用石印工艺与活字排版工艺相结合的办法印刷《汉英字典》早了4年;比过去出版界通常认为的中国最早使用石印技术的上海土山湾印书馆(该馆于1876年开始石印天主教传道读物)和1879年开设的上海点石斋石印书局石印《圣谕详解》都要早。参见叶再生:《中国近代现代出版通史》(第一卷),华文出版社,2002年版,第155—156页。
③ 梁廷楠:《粤海关志》卷24,"市舶"。转引自蒋建国《报界旧闻》,南方日报出版社,2007年版,第40页。

州,中文报刊的主要对象是商人,他们需要的不是精神上的寄托,而是希望在复杂的外贸市场中把握住准确的市场信息,以便组织货源,降低成本,赚取更多差价。麦都思对商人的诉求非常了解,于是,《各国消息》从传播宗教转向了关于各国国情以及商业信息的介绍。

2. 以各国国情和商业信息为主要内容

《各国消息》着重介绍各国国情与商业信息,这从它的目录中也可以看出来。《各国消息》的原件目前仅存两期,即第一、二期,藏于大英图书馆,这两期目录如下:

> 第一号　　戊戌年九月朔日(1838年10月18日)立。
> 　　　第一至二页　　郭尔喀国(指尼泊尔——笔者按)
> 　　　　　　　　　　阿瓦国(缅甸的一部分——笔者按)
> 　　　第二页　　　　省城(刊载有关广州的商业信息)
> 　　　第三页　　　　前月间外洋风飓不测坏船无数
> 　　　　　　　　　　入口货
> 　　　　　　　　　　出口货
> 第二号　　戊戌年十月朔日(1838年11月17日)立。
> 　　　第一至二页　　英吉利国
> 　　　第二页　　　　比耳西国(指波斯国——笔者按)
> 　　　第三至七页　　广东省城洋商与各国远商相交买卖各货现时市价

资料来源:〔新加坡〕卓南生《中国近代报业发展史》,中国社会科学出版社,2002年版,第62页。

从仅存的两期目录可以看出,《各国消息》没有宗教文章,也没有《东西洋考每月统记传》十分看重的西方科技知识,它只刊登各国国情与商业信息。至于有关各国国情与商业信息的报道与编排方式,是模仿《东西洋考每月统记传》的。

介绍各国国情的目的,是让中国人更多地了解西方、开阔视野。这种介绍主要集中在地理、历史、物产等方面。《各国消息》第一期刊登的《郭尔喀国》一文,对该国物产是如此介绍的:"产出五谷、菠萝、柑等果,与木匠好用之树也。"①另一篇《阿瓦国》的文章写道:"阿瓦国北接云南省,其国隆盛,田肥土茂矣,却人不多也。"②

《各国消息》对商业信息与物价行情的介绍颇为详尽。刊登在第一期上的一则消息写道:"茶叶每日陆续到来,正在试看之际,尚未定着。湖丝因丝名取价太重,还未有办。"③它的"市价表"详细报道进出口货物的价格,如海参、燕窝、哔叽、檀香等货物,每期都有价格报道。它还对一些重要的进口货物价格趋势进行分析,使人们能看出这些货物在一定时期内价格波动的情况,从而为商人提供交易的决策参考。《各国消息》对物价行情的报道,继承了《东西洋考每月统记传》的物价报道特色。

对于《各国消息》,卓南生如此评论道:"由传教士主持的中文报刊,却完全排除传教文章而把重点转移到介绍各国国情及商业讯息的提供,既说明了当时旅居中国的西方传教士、政治家与商人三者关系之紧密,也反映了当时从事对外贸易的中国商人已经开始出现,以及他们对海外讯息与商业情报已有所需求。《各国消息》虽然称不上是商业报刊(以当时的社会背景,也不可能诞生商业报刊),但它刊载海外讯息与反映商业情报的新尝试,无疑却为后来者提供了另一编辑方针的模式。"④

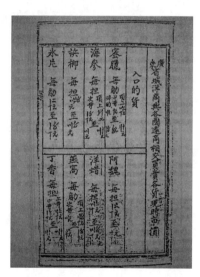

《各国消息》市价表(见卓南生《中国近代报业发展史》,第57页)

---

① 《郭尔喀国》,《各国消息》第1期。转引自蒋建国:《报界旧闻》,南方日报出版社,2007年版,第40页。
② 《阿瓦国》,《各国消息》1838年10月。转引自方汉奇主编:《中国新闻事业通史》(第一卷),中国人民大学出版社,1992年版,第407页。
③ 《各国消息》,1838年10月。转引自方汉奇主编:《中国新闻事业通史》(第一卷),第405页。
④ 〔新加坡〕卓南生:《中国近代报业发展史》,中国社会科学出版社,2002年版,第62—64页。

第四章 《遐迩贯珍》

一、《遐迩贯珍》创刊背景

鸦片战争爆发前夕,传教士所办中文报刊陆续停刊,甚至外文报刊也是或停刊或迁往澳门等地。鸦片战争结束后,传教形势发生了根本性变化。

1. 鸦片战争后传教形势的变化

鸦片战争爆发前夕移至澳门出版的英文报刊《广州纪录报》有一段记载,描述了鸦片战争前外国人在中国的处境:"三十三年来,我们所受之凌辱欺负,实难忍受。中国不准我们与官府来往。除公行洋商外,即与一般人民的来往,亦在禁止之列。即各洋商,因与我们贸易往来,亦被贱视。中国官方文件,侮辱我们以红毛夷人番鬼等名号。"①

鸦片战争结束后,随着中外一系列不平等条约的签订,关闭已久的中国大门被强行打开,其中有两点对传教形势产生了根本性的影响:

第一,通商口岸不断增多。中英《南京条约》将香港割让给英国,并开放广州、福州、厦门、宁波、上海为通商口岸,五口正式开埠时间依次为:广州,1843年7月27日;厦门,1843年11月1日;上海,1843年11月17日;宁波,1844年1月1日;福州,1844年7月3日②。在之后的其他条约中,随着通商口岸不断增加,传教士们在中国活动的天地亦不断扩展。

---

① 转引自潘贤模:《近代中国报史初篇》,载中国社会科学院新闻研究所编:《新闻研究资料》(总第七辑),新华出版社,1981年版,第299页。
② 宋原放主编,汪家熔辑注:《中国出版史料·近代部分》(第一卷),湖北教育出版社、山东教育出版社,2004年版,第319页。

第二,合法传教的大门打开。1844年签订的中美《望厦条约》允许西方国家在中国设立礼拜堂。1846年道光皇帝正式颁布上谕称:"天主教既系劝人为善,与别项邪教迥不相同,业已准免查禁。……所有康熙年间旧建之天主堂,……准其给还该处奉教之人。"①虽然此上谕是针对天主教的,但实际上传教士传教的大门就此洞开,传教士们借此得以合法地在中国从事传教活动。1858年陆续签订的中俄《天津条约》、中美《天津条约》、中英《天津条约》、中法《天津条约》和1860年签订的中英《北京条约》,对传教士的传教、建造教堂、地方官员的保护等都作出了明文的规定。

鸦片战争以前,只有广州一地作为通商口岸,允许外国人有限度的居住,传教则是被严格禁止。传教士只得将对中国的活动基地设在马六甲等地,远隔千山万水,甚为不便。当时来华的传教士几乎都前往马六甲一带,在英华书院学习中文,然后一面传教一面出版宗教书籍及报刊,准备在条件成熟时进入中国,这些都是在清政府闭关锁国政策下的无奈之举。鸦片战争后,传教士一直等待的时机终于来临了,他们凭借不平等条约,取得了在中国境内公开活动的权利,原本以马六甲一带为活动基地的传教士,纷纷摩拳擦掌,准备把基地转移到中国本土。

"香港、广州、福州、厦门、宁波、上海,这六个城市,散布在中国东南沿海的半月形地带,是人口密集、物产丰盛、文化发达的华南、华东地区,为中国膏腴精粹之地。西学通过这一地带传播,其规模、影响与先前通过南洋飘拂而来,不可同日而语。一口割让、五口开放,开始了西学传播史上的新阶段。"②传教士们首先选中了香港。

2. 香港取代马六甲成为传教中心与报业中心

鸦片战争后,传教士所办中文报刊是从香港开始兴起的。

《南京条约》签订前,广州是中国唯一的通商口岸,是中国对外贸易中心。而且广州在开埠以前,已经是西方传教士的秘密活动场所之一,尽管清政府严令禁止,但传教士在广州采取各种手段,吸收信徒,秘密

---

① 《著两广总督耆英等将康熙年间旧建天主堂勘明给还该处奉教之人事上谕》,载朱金甫、吕坚主编:《清末教案》(第一册),中华书局,1996年版,第14页。
② 熊月之:《西学东渐与晚清社会》,上海人民出版社,1994年版,第213页。

印刷宣传品,甚至公开出版书刊,如《东西洋考每月统记传》与《各国消息》。鸦片战争以前,广州比中国任何地方受西学影响都要多。从历史渊源看,广州最有可能成为西学传播中心。

但是,鸦片战争以后,广州的对外贸易地位开始下降。尽管五口通商后的最初几年,广州仍然是我国对外贸易中心,19世纪40年代,广州对英输出的货值在五口中约占75%,但这种局面没有维持太长时间。广州的外国人逐渐减少,他们迁往香港或上海,大量粤商也随之来到香港或上海。在西学传播方面,鸦片战争后的广州虽然有些进展,例如设在十三行的博济医院,鸦片战争后恢复了活动,而且门庭若市;1848年英国伦敦传教会传教士合信又在广州创办了惠爱医院;1843—1860年,传教士在广州共出版42种中文书刊,其中宗教宣传品占多数,为29种,如《马太福音传注释》《耶稣钉十字架论》《使徒行传注释》,其他13种为介绍西学的书刊。但这种进展比不上香港以及其他通商口岸,例如上海、宁波。而且,广州人对外国人的抵制非常强烈,1843年7月27日广州开埠以后,广州人一再抵制"番鬼"入城。

于是,鸦片战争后许多外国人离开广州,寻找更适合自己发展的场所,较之一口通商时期,广州的国际地位开始下降,在失去贸易优势的同时,也逐渐失去了中国本土书刊业发展中心的地位。

而香港的发展优势逐渐显露。鸦片战争后,英国在香港建立了殖民政府,在英国绝对控制之下,外国人尤其是英国人在香港做买卖、传教、办报比起中国其他地方要有利得多。

香港割让后,很快成为外国人的聚集地。《南京条约》签订前的1841年,香港人口是5650人。香港割让后人口大增,1842年达到12361人,1861年更增至119321人[①]。如此迅速的增长速度,靠的是大量的外来移民,这当中,有一部分是中国内地尤其是广州的商人。鸦片战争后不久,每日乘船往返于香港与广州之间的乘客多达600—1200人,这些人大多是到香港做生意的,而大部分是外国人,尤其是英国移民居多。

大批外国人进入香港,使香港很快成为与内地迥然不同的城市,相当欧化的城市,受西方影响全面而深刻。随着外国人在香港大量聚集,

---

① 杨中新:《香港人口变化的历史作用》,《中国人口科学》1996年第1期,第52页;熊月之:《西学东渐与晚清社会》,上海人民出版社,1994年版,第142页。

许多粤商将商行总部从广州迁至香港,直接在香港与外商进行交易,广州仅仅成为货物中转站。香港不仅是中英贸易的基地,还是远东地区货物交易的中心,成为外国传教士、商人、外交官聚居的大商埠。

香港贸易地位的上升与香港殖民政府的政策也有直接关系。香港殖民政府对城市建设非常重视,把香港建设成为近代城市的各项市政建设措施在香港殖民政府成立后很快付诸实施,新的香港是按照西方近代城市的样式来建设的,在那里出现的是一个资本主义社会,与封建传统甚少联系。而且,香港殖民政府一成立,就对商业采取放任自流政策,允许世界各国商船和人员在香港自由往来,使原为偏僻荒凉的香港很快发展成为自由港,成为当时最大的外轮进出口岸,1843年1—3月三个月时间,进入香港的货船就达到80艘。外商还在香港争相开设洋行,1843年香港殖民政府刚成立,立刻涌现出20多家洋行,作为洋行之王的怡和洋行也于当年登陆香港。

香港迅速崛起为远东转口贸易的中枢,作为新的国际贸易港口城市影响日隆,商船云集,商贾辐辏;而广州原有的国际贸易中心地位开始丧失。与此同时,香港也逐渐成为传教中心,成为英美传教士来华集散之地。1842年,传教士在香港聚会,决定放弃南洋新教根据地马六甲、巴达维亚和槟城,在香港建立新的传教基地。这样,马六甲等地作为早期基督教传教中心,在中国大门打开以后,终于完成了历史使命。传教士将基地从马六甲一带移往香港的同时,各种各样的宗教团体在香港成立,"诸如皇后道浸信会(1842年)、街市浸信会(1843年)、西人联合教堂(1845年)、圣约翰堂(1849年)、长洲浸信会(1860年)、福汉会、巴勉会(礼贤会前身)、巴色会(崇真会前身)、巴陵会(信义会前身),等等。一批先前活跃于南洋等地的欧美传教士,如郭实腊、叔未士、罗孝全、布朗、裨治文、合信、雒魏林、美魏茶、雅裨理、文惠廉、娄理华、高民,或在此久居,或在此暂停,然后转赴他处。"①

与此同时,香港也逐渐成为我国早期传教士出版事业的中心,成为报业中心。

伦敦传教会将基地移往香港后,同时将英华书院从马六甲迁到香港。1843年,英华书院院长理雅各带着3名中国刻工前来香港,马六

---

① 熊月之:《西学东渐与晚清社会》,上海人民出版社,1994年版,第143页。

甲英华书院从此关闭。英华书院是基督教对华人开办的第一所学校,中外学生都可入学。开始时每年大约有 10—20 名学生,后来人数逐渐增加,最多时达到 70 人。这样,英华书院在马六甲存在了二十多年后,完成了它在南洋培养为基督教服务的人才的使命。

英华书院迁来香港后,马六甲印刷所也随之迁港。1843 年 8—9 月,传教士在香港开会,讨论中译本《圣经》的翻译、修订,以此为开端,香港逐渐发展成为《圣经》中译本的重要印刷基地。鸦片战争后的十多年时间里,即 1843—1860 年间,传教士在香港共出版了 60 种中文书刊,其中宗教书刊居多,占 37 种,如《新约全书注释》《创世传注释》《复活要旨》《约瑟纪略》;知识性书刊 23 种。

伴随着出版事业的发展,报刊活动也非常活跃,仅在 19 世纪 40 年代,在香港就创办了《香港公报》《中国之友》(又译《华友西报》)《东方地球报》《德臣西报》等多种英文报刊①,《中国丛报》也一度迁来香港。

《伦敦传教会史(1795—1895)》是这样分析当时的香港的:"香港与在教会推动下展开传教活动的中国任何其他地方都不同。……香港具有作为英国殖民地的优势,居民可以感受到浓厚的欧化气氛。在这样的环境下,中国人的生活比其他地方更为自由,由于受欧洲人的影响,他们的思想也更为开放。加上在英国的统治下,生命与职业的安全得到保障……香港恐怕是西洋社会在东方最重要的中心地。"②

1853 年,《南京条约》签订后的第一份有影响的中文报刊《遐迩贯珍》在香港问世。

二、《遐迩贯珍》概述

1.《遐迩贯珍》的创刊

鸦片战争后出版的第一份有影响的中文报刊,是 1853 年 8 月在香港问世的《遐迩贯珍》,它也是香港的第一份中文报刊。目前,世界上保

---

① 谢骏:《香港初期报业研究》,《中国社会科学院研究生院学报》1992 年第 5 期。
② Richard M. A. Lovett, *The History of the London Missionary Society 1795 - 1895*, vol. Ⅰ, pp. 453 - 454. 转引自[新加坡]卓南生:《中国近代报业发展史》,中国社会科学出版社,2002 年版,第 68 页。

存最好的全本《遐迩贯珍》，收藏在英国伦敦大学亚非研究所图书馆，由日本学者沈国威、内田庆市、松浦章编著的《遐迩贯珍：附解题·索引》，便是根据这一版本影印而成。

《遐迩贯珍》由英华书院和马礼逊教育会共同出版，即马礼逊教育会出资，香港英华书院印刷发行。这两个机构都是伦敦传教会对华文化教育机关。

英华书院于1843年从马六甲迁香港，随同一起迁来的还有附设于该院的中英文印刷设备，其时院长为理雅各。

而马礼逊教育会，是在马礼逊逝世后，在广州的外侨为了纪念他，于1836年9月在广州成立的。1839年11月，马礼逊教育会主办的马礼逊学校在澳门开学，这是一所不同于中国书塾的西式学堂，并成为基督教在华教育事业的开端。1842年马礼逊教育会与马礼逊学校迁来香港。1850年马礼逊学校因故停办，马礼逊教育会随之决定，将原来提供马礼逊学校的基金中，抽出一部分办一份中文报刊。此时，有着丰富办报经验的麦都思恰好暂时前来香港。人员、经费都落实了，香港的第一份中文报刊应运而生，这就是《遐迩贯珍》。

关于《遐迩贯珍》诞生原由，该刊1855年第八号曾撰文介绍："夫马礼逊行略，理宜于遐迩贯珍传之，盖此书之所设者，原有记载马君之意也。传内所载麻六甲英华书院，创自马公，及其弃世数年，所有寓于粤省远人，触其流风余韵，莫不兴发善心，商议别立马礼逊之教会，捐金数万，以为膏火，教育唐人后生小子。……二年前，理马教会之主人，因议每月刻贯珍数千，以天下事理传喻唐人。诚可谓善述马君之事，善继马君之志者也，此遐迩贯珍一书之所由来也。"①

《遐迩贯珍》创刊号

---

① 《马礼逊传》，《遐迩贯珍》1855年第八号。

2. 版面及其编撰人员

《遐迩贯珍》由马礼逊教育会出资，英华书院印刷发行，所以它与以往传教士中文报刊不同的是，它不是以某个传教士个人或以个人为中心的传教团体的名义出版的。

《遐迩贯珍》的首任主编兼编辑是著名传教士麦都思。麦都思最早是米怜编辑《察世俗每月统记传》的助手，后来为了继承米怜未竟之事业，创办了《特选撮要每月纪传》。三十年代他又创办了《各国消息》，还参与了《东西洋考每月统记传》的印刷发行工作，最后主编《遐迩贯珍》。所以麦都思是一个有着丰富办刊经验的传教士。

1843年上海开埠后，麦都思关闭了已经存在二十多年之久的巴达维亚布道会来到上海，开设了中国境内第一家近代印刷所——墨海书馆，此后就一直住在上海，直到1856年回英国，这已经是他去世的前一年，他于1857年在伦敦逝世。到上海后，麦都思参与了《圣经》汉译的工作。马礼逊翻译的《圣经》新旧约全书于19世纪20年代在马六甲出版，这是最早的《圣经》中译本，也是基督教教义第一次被完整地介绍到中国。几年后，郭实腊把马礼逊的中译本修订后再次出版。但是这两个版本流传不广，影响不大。为了把《圣经》翻译成通俗易懂的中文，以便能在中国大规模流传，1847年麦都思组成了一个以他为首的五人编译委员会，重新翻译《圣经》。1850年《新约全书》中译本完成，1852年出版，1854年《旧约全书》中译本出版。这一译本被称为"代表本"，截至1859年已再版10次。时至20世纪20年代，这一译本还在中国广泛流传。可以认为，这一译本是在中国流传最广的《圣经》版本。这当中，麦都思起了重要作用，伟烈亚力认为这一译本相当大程度上可以看作麦都思的产品，麦都思成为当时在华传教士中声望很高的人物。

《圣经》汉译完成后，麦都思接受了马礼逊教育会的邀请，担任《遐迩贯珍》的编辑工作。

麦都思是西学东渐的重要人物，他出版有中、英、马来文著作90余种，其中，中文著作及译著有59种，马来文著作6种，英文著作27种。他去世后，伟烈亚力在《六合丛谈》第1卷第4号刊登了《麦都思行略》的悼念文章，高度赞扬他在传教播道方面所作的贡献。王韬也深感悲痛："敝居停麦牧师于丙辰八月中旬返国，冬尽得抵伦敦。至仅三日，溘然而逝。闻信骇悼,潸然出涕。此瀚海外一知己也,悲真刻骨,痛欲剜心。"①

现今我国学者对麦都思有比较积极的评价,尤其是肯定了他在中文史地著述方面的贡献②。

麦都思去世后,其子麦华陀(Walter Henry Medhurst,1823—1885)担任英国驻上海领事。1904年,伦敦传教会在上海成立麦伦书院,以纪念麦都思。

麦都思担任《遐迩贯珍》的编辑工作时,因其定居地在上海,而《遐迩贯珍》出版地在香港,殊为不便。而且麦都思年事已高,工作又非常繁忙,他是伦敦传教会上海分会的负责人,又是上海领事馆的翻译官。繁重的工作使他无法长期担任《遐迩贯珍》的编辑工作,他从一开始就想寻找一名专业编辑担当此任,苦于无合适人选而暂时由自己承担。对此,《遐迩贯珍》创刊号的序言中,麦都思有过交代:"现经四方探访,欲求一谙习英汉文义之人,专司此篇纂辑,尚未获遘,仍翘首以俟其人,乃先自行手为编述,尤胜于畏难而不为也。"③

一年后的1854年,麦都思将《遐迩贯珍》的编辑工作交给奚礼尔,奚礼尔曾协助麦都思编辑《各国消息》,奚礼尔成了《遐迩贯珍》的第二任主编兼编辑。但奚礼尔也非麦都思要找的专职编辑,他是香港殖民政府的首席治安法官,他是在担任殖民政府这一重要职务的同时编辑《遐迩贯珍》的。1855年,奚礼尔又将编辑工作交给了英华书院院长理雅各,1856年奚礼尔被英国政府任命为驻暹罗领事,为此,《遐迩贯珍》1856年第五号曾发布消息:"现今本港巡理府希厘(即奚礼尔——引者)特奉国命往暹罗当领事之职。其为人也,廉静寡欲,公正勤明,预料其离任之日,港内居民当必叹息流涕,挽留无自,惟祝其一路平安,得天眷佑。"④

1855年后,理雅各成为《遐迩贯珍》的第三任主编兼编辑,直到1856年5月闭刊。

理雅各(James Legge,1815—1897)是伦敦传教会传教士,他于

---

① 《王韬日记》,中华书局,1987年版,第5页。
② 邹振环:《麦都思及其早期中文史地著述》,《复旦学报》2003年第5期。
③ 《序言》,《遐迩贯珍》1853年第一号。
④ 《遐迩贯珍》1856年第五号。

1840年被伦敦传教会派到马六甲,同年担任马六甲英华书院院长。1843年,他将英华书院迁往香港,从此成为香港教会的中心人物,尤其在教育播道方面发挥了重要作用。作为英华书院院长,为了促使欧美人士了解中国和中国人,他在积极从事教育播道的同时,还进行中国古典文学的深入研究,1861年起,他编纂的七卷本的《中国古典文学》陆续出版。1873年离开香港回英国,作为著名的汉学家,他随后被牛津大学聘为汉语讲座教授,直至去世。理雅各为传教而学习中文,最后却成为研究汉学的著名学者。

作为香港教会的中心人物,理雅各要花费大量时间忙于教会事务,同时还要研究中国古典文学,在这种情况下实在抽不出更多时间编报刊,1856年5月《遐迩贯珍》停刊。

可见,麦都思"四方探访"的专职编辑一直没有出现,《遐迩贯珍》的三任主编兼编辑都是兼职的。

这里还有必要一提的是中国合作者。对此,日本学者沈国威研究如下:

> 英华书院和墨海书馆的中国文人作为合作者贡献了自己的力量。这些人中,最重要的人物是黄亚胜和王韬。黄亚胜又名黄胜,1840年1月1日入马礼逊学院学习,1847年随传教士布朗(S. R. Brown)作为首批留学生赴美,一年后因病中断学习回国。布朗带到美国去的3名留学生中,黄亚胜是在国外学习时间最短的一个人。也许正因为如此,他的汉语能力较好,实际上承担了《遐迩贯珍》的报道、英文翻译、印刷业务。例如,根据1855年第1号开始的广告"布告编",我们知道,黄亚胜具体负责广告业务的招揽。黄亚胜后来于1864—1867年担任上海广方言馆的教授,还参与了出版《循环日报》的中华印务总局的经营。
>
> 至于王韬,似毋庸赘言。来自上海的稿件,毫无例外都经过了他的润色。这应该是没有疑问的。
>
> 另外,如理雅各的学生、撰写了"新旧约书为天示论"的何进善,也以某种形式参与了杂志的编辑工作。①

---

① 〔日本〕沈国威:《〈遐迩贯珍〉解题》,载沈国威、内田庆市、松浦章编著:《遐迩贯珍:附解题·索引》,上海辞书出版社,2005年版,第95页。

3.《遐迩贯珍》的刊名与发行

《遐迩贯珍》的英文刊名为 Chinese Serial。中文刊名中"遐"的意思是远,"迩"的意思是近,"珍"有珍闻或重要信息的意思,"贯"即"贯穿"起来,因此,《遐迩贯珍》意指刊登远方(外国)和近处(中国)的重要信息。《遐迩贯珍》创刊号的《题词》中有两首五言诗,其中第一首表明了刊名的含义:"创论通遐迩,宏词贯古今。幽深开鸟道,声价重鸡林。妙解醒尘目,良工费苦心。吾儒稽域外,赖尔作南针。"①

麦都思在《遐迩贯珍》的序言中明确表示,该刊出版的目的是为了尊重"列邦之善端"、"中国之美行",以及促进中英之间的相互了解②。1855 年第三号的《新年叩贺》,表达了同样的意思:"近来每月有遐迩贯珍三千帙刊售,诚为善举,其内有列邦之善端,可以述之于中土,而中国之美行,亦可以达之于别邦,俾各日臻于广见,中外均得其裨也。"③

《遐迩贯珍》以线装书形式出版,16 开本,每期 12—24 页不等。它于 1853 年 8 月 1 日创刊,1856 年 5 月 1 日停刊,每月一期,每月 1 日发行,这样应该有 34 期,但是,1854 年 3 号与 4 号合为一期;1856 年 4 月未出刊,沈国威认为"第 4 号本来就没有出版,该号预定的内容合入了第 5 号",第五号实为四号和五号合刊。因此共出 32 期。

封面正中直书"遐迩贯珍"四字,右侧是西历的出版年月日与号数,左下前三期写着"香港中环英华书院印送　每号收回纸墨钱十五文",第四期后仅写"香港英华书院印刷"。

《遐迩贯珍》的经费除了由马礼逊教育会提供一部分外,其余靠英美人士捐款和购买,《遐迩贯珍告止序》表示:该刊经费"惟赖英花二国同人,启囊乐助,每月准足支应而有余"④。中国人既无捐款也很少有购阅的,所以,与鸦片战争前的传教士中文报刊一样,中国读者是靠免费赠送得到的。对此,《遐迩贯珍小记》表示了不满情绪:"不谓迟至于今,售者固少,而乐助者终无一人,嗟嗟……伏望中华诸君子,勿以孤陋自甘,勿以吝啬是尚,则事物之巅末,世事之变迁,与及外国之道,山

---

① 《遐迩贯珍》1853 年第一号。
② 同上。
③ 《新年叩贺》,《遐迩贯珍》1855 年第三号。
④ 《遐迩贯珍告止序》,《遐迩贯珍》1856 年第五号。

海之奇,无不展卷而在目矣,岂非格物致知之一助乎。"①1855年第三号的《新年叩贺》,表达了同样的意思,甚至有的用词都一致:"是帙取值甚廉,每卷不过铜钱三二十文,以助纸墨之费而已。伏望诸君,勿以孤陋自甘,勿以吝啬是尚,每月略费三四口槟资,而购观一帙,则事物之颠末,世事之变迁,与夫外国之道,山海之奇,无不展卷而在目矣,岂非格物致知之一助乎,亦岂非中国渐进于齐治均平之小补哉。"②

《遐迩贯珍》的价格,1853年第一号至第三号封面上印有"每号收回纸墨钱十五文",但是第四号以后这行字就不见了,说明中国人不愿购买,这行关于"纸墨钱"的文字也就没有意义了。但是,《遐迩贯珍》此后一直没有放弃希望中国人购买的努力,这从《遐迩贯珍小记》直至终刊的《遐迩贯珍告止序》的不断抱怨中可以看出来。

《遐迩贯珍》的印数,根据《遐迩贯珍小记》记载为每期3 000册,1855年第三号的《新年叩贺》也说:"近来每月有遐迩贯珍三千帙刊售",在终刊号的《遐迩贯珍告止序》中,也说该刊每月印3 000册:"遐迩贯珍一书,自刊行以来,将及三载,每月刊刷三千本。"③可见,《遐迩贯珍》的印数是每期3000册,除了香港,还发行至广州、福州、厦门、宁波、上海等地。

《遐迩贯珍》的停刊,编者认为非经费原因。《遐迩贯珍告止序》写道:"本港贯珍,拟于是号告止。叹三载之搜罗,竟一朝而废弛,自问殊深抱恨,同侪亦动咨嗟。然究其告止之由,非因刊刷乏资,盖华民购阅是书,固甚吝惜,即不吝惜,而所得终属无多……特因办理之人,事务纷繁,不暇旁及此举耳。"④

同时期在宁波出版的《中外新报》的编者玛高温,却从另一个角度解释了《遐迩贯珍》停刊的原因:"香港新报,名曰《遐迩贯珍》,现已停止不刊。因刊印之费大,而见售者少。予观其报,与予所著之新报为较胜,而在广售卖者何以见少,在宁售卖者何以见多,此盖江浙人之善于广识胜于广东人。又观今年进士录,江浙二省地图不及广东之大,而中进士者,江苏有十三名,浙江有十八名,而广东则止五名。由此二事观

---

① 《遐迩贯珍小记》,《遐迩贯珍》1854年第十二号。
② 《新年叩贺》,《遐迩贯珍》1855年第三号。
③ 《遐迩贯珍告止序》,《遐迩贯珍》1856年第五号。
④ 同上。

之,则广东人之不及江浙人远矣。"①

《遐迩贯珍》的读者群非常广泛,《遐迩贯珍告止序》写道:"遐迩贯珍一书,……远行各省,故上自督抚,以及文武员弁,下递工商士庶,靡不乐于披览。"②沈国威认为,《遐迩贯珍》是"第一本在中国内地可以自由阅读的汉语杂志,存在着比较明确的读者层"。③

与此前传教士中文报刊不同的是,《遐迩贯珍》使用铅活字和白色的洋纸,印刷精美,所以它不仅是香港最早的中文报刊,也是我国境内最早使用铅活字印刷的中文报刊。"它的出版,宣告了中国报刊开始超越刀和木的时代,而进入铁与火的时代。"④

2004年1月,日本学者沈国威、内田庆市、松浦章,根据英国伦敦大学亚非研究所图书馆所藏《遐迩贯珍》底本,将该报刊影印出版。2005年12月,上海辞书出版社翻译出版了这一影印本,书名为《遐迩贯珍:附解题·索引》。它除影印《遐迩贯珍》全文,还附有日中两国学者对《遐迩贯珍》所做的解题、研究论文、人名地名索引和全文语汇索引,为研究提供了很大便利。

三、《遐迩贯珍》的内容与特征

1. 以传播西学为宗旨

19世纪之初,传教士中文报刊初创时以传播西教为宗旨,至30年代的《东西洋考每月统记传》开始偏离这一宗旨。鸦片战争后的传教士中文报刊,则进一步偏离宣传宗教的最初目的,转而传播西方文化与西方文明,介绍西方的科学技术,西方国家的历史和现状、政治制度、总统选举、议会设置以及文化、教育、卫生、工商业情况,等等。

鸦片战争后对传教士中文报刊最初宗旨的进一步偏离是从《遐迩

---

① 《中外新报》第三卷第六号,咸丰六年六月十五日(1856年7月16日)。转引自卓南生:《〈中外新报〉(1854—1861)原件及其日本版之考究》,载程曼丽主编:《北大新闻与传播评论》(第三辑),北京大学出版社,2007年版,第260页。
② 《遐迩贯珍告止序》,《遐迩贯珍》1856年第五号。
③ 〔日〕沈国威:《〈遐迩贯珍〉解题》,载沈国威、内田庆市、松浦章编著:《遐迩贯珍:附解题·索引》,上海辞书出版社,2005年版,第94页。
④ 倪延年:《中国古代报刊发展史》,东南大学出版社,2001年版,第293页。

贯珍》开始的。

介绍西学与西方文明是《遐迩贯珍》的主要内容之一。其创刊号的序言,揭明了办刊宗旨,这个序言,无署名,以"吾在中国数载……"的第一人称开头,估计由主编麦都思所写:

> ……中国虽有此俊秀蕃庶,其古昔盛时,教化隆美,久已超迈侪伦。何期倏忽至今,列邦间有蒸蒸日上之势,而中国且将降格以从焉,是可叹已。……其致此之由,总缘中国迩年与列邦不通闻问……彼此不相交,我有所得不能指示见授,尔有所闻无从剖析相传。倘若此土恒如列邦,准与外国交道相通,则两获其益……是中国愈见兴隆,则列邦愈增丰裕。……吾屡念及此,思于每月一次,纂辑贯珍一帙,诚为善举,其内有列邦之善端,可以述之于中土,而中国之美行,亦可以达之于我邦,俾两家日臻于洽习,中外均得其裨也。①

第十二号刊登的《〈遐迩贯珍〉小记》写道:"盖欲人人得究事物之颠末,而知其是非,并得识世事之变迁,而增其闻见,无非以为华夏格物致知之一助。……吾亦博采山川人物,鸟兽图画,胪列于其内也。"②

《遐迩贯珍告止序》也表达了同样的思想:"刊之者,原非为名利起见,不过欲使读是书者,虽不出户庭,而于天地之故,万物之情,皆得显然呈露于心目。"③

所以,宣传西学而非西教,是《遐迩贯珍》出版的目的。当然,作为由传教士创办的报刊,宗教仍然是必备内容,如1855年第二号的《新旧约书为天示论》,全文长达5页,是一篇介绍旧约、新约《圣经》的文章,文章末尾还有说明:"右论乃由新约全书注释序言抄出,迩日新刊于香港者也,兹附于此,非为藉以化人,乃以贯珍一书,无奇不采,无善不载,搜罗古今,莫非欲广读者之见闻,而使有益于世道,故余深信此论之确要,而附于珍贯内,亦欲华民知有新旧两约书传世,将求而得之,习而行之,可复享升平之益云耳。"④1856年第二号的《崇信耶稣教略》,也是直

---

① 《序言》,《遐迩贯珍》1853年第一号。
② 《〈遐迩贯珍〉小记》,《遐迩贯珍》1854年第十二号。
③ 《遐迩贯珍告止序》,《遐迩贯珍》1855年第五号。
④ 《遐迩贯珍》1855年第二号。

接宣传基督教的文章。但这类文章数量很少,《遐迩贯珍》可以看作是《东西洋考每月统记传》办刊思想的继续与光大。

《遐迩贯珍》介绍了大量的自然科学知识,例如《火船机制述略》是一篇详细介绍蒸汽机原理及其在轮船上应用的文章,并配有插图。

1855 年第七号的《泰西种痘奇法》,将种牛痘的方法介绍给中国人。紧接着第八期,又刊登了《泰西医士乐施痘浆论》,文章写道:"按大英国例,凡生儿女,三四月之内者,必抱至医生院,施种牛痘,种后八日,复抱回医院,看验所出何如,抑或再行施种,如有违此例者,罚银五员(元)。大英之例如此,欧罗巴诸国,其例亦大概相同,故历年以来,活儿无算。独惜华夏此例不行,至生易视,惟是骨肉之爱,孰是无情,特以玩忽一时,遂至噬脐莫及,良可慨也。"①文章接着写道,中国医生如愿习种牛痘,可到泰西医生馆讨取痘浆,"自当乐为相送,断无吝啬云云"②。

《生物总论》在《遐迩贯珍》1854 年第十一号、第十二号,1855 年第一号、第四号 4 次连载,共八千多字,沈国威是如此介绍这篇文章的:"文章将生物分为'有脊生物'、'柔软生物'、'多节生物'、'多肢生物'四大类,有脊生物又细分为'哺乳生物、鸟、虫、鱼',并详细加以说明。在此之前,涉及西方生物学内容的书有合信的《博物新编》(1855)和慕维廉的《地理全志》(1853—1854)。在《博物新编》第三卷里有'鸟兽略记'一节,但是对生物分类的叙述极为简单,主要采取介绍具体动物的形式。例如该书中有'虎论'、'象论'等章节。《地理全志》下编的卷七是'生物总论',附有插图七张,介绍了动物学方面的知识。但是慕维廉所用的述语与本文完全不同,与中国、日本现在所使用的术语也无关系。"③

1855 年第十二号刊登的《英年月闰日歌诀》,以歌诀的形式介绍公历各月及闰日情况,既通俗又易懂易记:"英年十二月,其数同中原。四六九十一,卅日皆圆全。余月增一日,此数亦易言。惟逢第二月,二十八日焉。四岁二月闰,廿九日回还。"④

---

① 《泰西医士乐施痘浆论》,《遐迩贯珍》1855 年第八号。
② 同上。
③ 〔日本〕沈国威《〈遐迩贯珍〉解题》,载沈国威、内田庆市、松浦章编著:《遐迩贯珍:附解题·索引》,上海辞书出版社,2005 年版,第 107 页。
④ 《遐迩贯珍》,1855 年第十二号。

《遐迩贯珍》刊登的介绍自然科学的文章还有很多,它们是:《地形论》《地质略论》《地理撮要》《地理全志节录》《慧星说》《地球转而成昼夜论》《身体略论》《全身骨体论》《面骨论》《脊骨肋骨等论》《手骨论》《尻骨盘及足骨论》《肌肉功用论》《心经论》《脏腑功用论》《鸟巢论》《玻璃论》《脑为全体之主论》《眼官部位论》《耳官妙用论》《手鼻口官论》《热气理论》《火船机制述略》,等等。

鸦片战争以后,传教士中文报刊所介绍的西学中,社会科学知识的比重明显增加,"晚清时期的西学传播有一个很明显的特点,即先是自然科学,而后才是社会科学的传播"①。《遐迩贯珍》用大量篇幅介绍西方的政治制度、经济制度、社会制度。

《遐迩贯珍》很重视对欧美政治制度的介绍。1853年第三号刊登的《英国政治制度》一文,对英国的政治制度包括君主、议会、立法、司法、选举、审判、预算等作了详细介绍,并对这种制度大加赞赏:"一则能防闲在上君相之侵虐,一则能消弭众庶愚顽之把持","士庶同声,莫不推诚爱戴"②。文章还表达了君民平等的思想:"要之君民原属一体,同置上帝之前,初无贵贱上下之分,即以身后论之,君亦不能保其血肉之躯,与金石同固,倏而朽敝,与众何异焉,君亦犹乎人耳。"③

1854年第二号刊登的《花旗国政治制度》,是《英国政治制度》一文的续篇。文章共6页,近两千字。它对美国的政治制度作了详细介绍,包括总统选举,行政、立法、司法三权分立,联邦及各州组织,并对英美两国政治制度作了比较,它在阐述两国政治制度的不同之后写道:"惟两国之本,皆同一志向,盖欲免使一人独尊,或一党固结,得以独执大权,迈出于众庶黔黎之上,诚以季世人心,皆有同具之隐衷,使之一旦得操漫无限制之大权,而能措施尽合于善者,实为罕观耳。"④

1854年第一号的《补灾救患普行良法》,介绍了英美国家的生命保险和火灾保险制度,希望中国能效法此种制度。

《遐迩贯珍》还用中国人的眼光介绍西方社会。1854年第七号的《瀛海笔记》,记述了一个中国人到英国后的感受,对英国"民物之蕃庶"

---

① 杨代春:《〈万国公报〉与晚清中西文化交流》,湖南人民出版社,2002年版,第90页。
② 《英国政治制度》,《遐迩贯珍》1853年第三号。
③ 同上。
④ 《花旗国政治制度》,《遐迩贯珍》1854年第二号。

"建造之高宏""政治之明良""制度之详备"颇为推崇。

《遐迩贯珍》刊登的介绍社会科学的文章还有很多,例如:《西学括论》《香港纪略》《西国通商溯源》《极西开荒建治析国源流》《阿歪希鸟纪略》《本港创议新例》《茶叶通用述概》《琉球杂记述略》《瀛海再笔》《附记西国诗人语录一则》《西方四教流传中国论》《日本日记》《喜耳恶利戏言》《人类五种小论》《佛国烈女若晏记略》《马礼逊传》《英伦国史总略》《天下火车路程论》《马可顿流西西罗纪略》,等等。

正如松浦章所说:"虽然《遐迩贯珍》所刊登的文章涉及的方面五花八门,不过确实有向中国迅速传达19世纪中叶的世界信息的意图。"①

2. 对新闻的重大改革

新闻是《遐迩贯珍》的另一项重要内容,其创刊号《序言》写道:"中国除邸抄载上谕奏折,仅得朝廷举动大略外,向无日报之类。惟泰西各国,如此帙者恒为叠见,且价亦甚廉,虽寒素之家亦可购阅,其内备载各种信息,商船之出入,要人之往来,并各项著作篇章,设如此方,遇有要务所关,或奇信始现,顷刻而四方皆悉其详,前此一二人所仅知者,今乃为众人所瞩目焉。"②

所以,《遐迩贯珍》非常重视新闻,重视新闻并对新闻作重大改革是《遐迩贯珍》的一大特色。

从数量看,鸦片战争以前的中文报刊新闻非常少,一般每期不过数条。《遐迩贯珍》设有新闻专栏,专栏名称在创刊号目次上是"近日各报",文中则为"近日杂报",以后各期无论是目次还是文中均为"近日杂报"。这是一个报道国际新闻和中国国内新闻的栏目,所登新闻数量非常可观,列表如下:

期数	正文页数	新闻所占页数	新闻条数
1853年第一号	13	1	6
第二号	15	1.5	5
第三号	11	2	3

---

① 〔日本〕松浦章:《序说:〈遐迩贯珍〉的世界》,载沈国威、内田庆市、松浦章编著:《遐迩贯珍:附解题·索引》,上海辞书出版社,2005年版,第8页。
② 《序言》,《遐迩贯珍》1853年第一号。

第四号	15	1.5	7
第五号	11	3.5	8
1854年第一号	11	6.5	18
第二号	14	7	21
第三四号	15	8.5	40
第五号	9	6	25
第六号	12	8	43
第七号	13	8	39
第八号	13	8	38
第九号	11	7	30
第十号	14	6	12
第十一号	16	5	9
第十二号	17	6.5	7
1855年第一号	11+4*	3	12
第二号	15+3	7.5	4**
第三号	16+4	8.5	8
第四号	18+4	13	12
第五号	18+4	13	7
第六号	16+3	6.5	9
第七号	16+3	5	7
第八号	18+3	8	8
第九号	19+3	6.5	8
第十号	19+3	6.5	5
第十一号	15+3	5	3
第十二号	21+3	8	4
1856年第一号	15	13	5
第二号	12	6.5	5
第三号	15	6.5	6
第五号	21	9	***

* 后面页码为广告页。

** 本期以后新闻编排有所变化，按内容分类报道，并加小标题。此为小标题数，即几类新闻内容。

*** 停刊号的新闻栏只分"京报"与"近日杂报"两大类，未设小标题。

从上表可知，1853年时，《遐迩贯珍》所登新闻从数量到篇幅都不多，所占篇幅从1页到3.5页不等，数量则3至8条不等。1854年第一号开始，新闻的篇幅与数量急剧增加，其篇幅差不多占到每期总页码的一半到三分之二，数量也非常可观，例如，1854年第八号，刊登新闻38条，国内新闻有广东东莞暴乱、上海小刀会和政府军的战况、海盗事件；中外关系方面有英美舰队访问南京、英国货船到港、上海关税金拖延、中英贸易消息等；国际新闻有俄土战争、英法与俄国的战争、美国调查日本近海、海滩救援，等等。

从1855年第二号开始，对新闻进行分类报道，并加了小标题。从第四号开始，这些小标题都在目录中标示出来，如1855年第四号，共有12个小标题："岁客香港进支费项""马加列船搭客受枉事论""公使包令往暹罗事纪""救危获报论""省垣新闻略""清远等处杂报""省城西关惠爱医馆报""上海新闻略""上海报捷奏稿""旧金山新闻略""欧罗巴新闻略""大英主后纶音"。

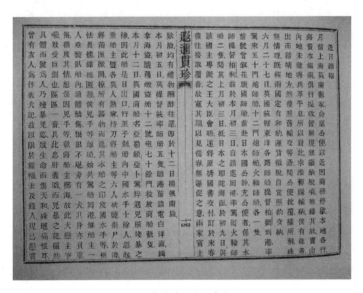

《遐迩贯珍》近日杂报

《遐迩贯珍》的很多新闻还带有评论，既包括对西方制度的介绍，也包括对中国制度的批评。例如1855年第四号刊登的"岁客香港进支费项"，在用大量篇幅逐项介绍香港殖民政府的年收入、年支出后，评论道："尝闻中国与余为友者，说及官府所取于民，不入国库者强半，所受以给兵，而不如数以与者亦然。此言果否，余不敢置议，惟以上所陈大英等国之常例，华夏未有行之，故敢略录其概，庶使行政者于修己治人之方，或未必无小补云。"①

---

① 《遐迩贯珍》1855年第四号。

从国内外新闻所占比重看,鸦片战争以前的中文报刊,所登新闻多为译自外报的国际新闻,国内新闻除对《京报》的转载及商业信息、航运消息外,其他新闻非常少。《遐迩贯珍》则以国内新闻为主,有香港以及广东、上海、宁波、厦门、福州这几个通商口岸的新闻,也有全国其他地方的新闻,内容包括中外关系、军事、文化、市政建设、时人行踪等各个方面。

从新闻文体与新闻写作方面看,"以前中文报刊上的新闻报道,往往与文学不分,与历史不分,与评论混淆,而《遐迩贯珍》所载新闻,从总体上看,则是对新近发生的事实的报道,基本上能体现新闻的特点。……标志着中文报刊的新闻报道已进入了一个新阶段。"①

《遐迩贯珍》是最早报道太平天国的中文报刊。从创刊伊始,该刊就对太平天国活动给予了极大关注,以后则进行逐期报道。1853 年 8 月 1 日的创刊号上,刊登了《西兴括论》一文,详细报道了太平天国从金田起兵到定都南京,势力不断壮大的全过程,对太平天国的发生、现状进行了总结,其中写道:"癸丑(咸丰三年)正月初四日,离武昌,顺流而下。十一日取九江府,十七日取安庆府……二月初十日,遂克江宁府。"②

1853 年 9 月第二号,"近日杂报"写道:"本月初二日,有江南信来云,江宁城内驻札主持者,现拨出人马二股,各二万人,其一渡江至浦口,克安徽之六合,凤阳亳州,河南之归德,并围困开封,当途经六合时,曾与索伦兵相持,兵旋溃逃……现闻广西桂林,并邻近各州县,复受围困。"③这样的新闻,在《遐迩贯珍》中随处可见。

关于太平天国的新闻来源,有一部分是摘自《京报》和私人信件,另一部分是来自五个通商口岸的欧美领事馆职员、商人与传教士提供的信息,这些领事馆职员、商人与传教士,为了了解太平天国情况,不断前往太平天国首都天京(南京)。例如,1853 年 4 月末至 1854 年,英国香港总督文翰(Samuel George Bonham,1803—1863)、法国公使、美国公使相继访问南京。文翰是 1853 年 4 月 27 日至 5 月 1 日访问南京的,

---

① 方汉奇主编:《中国新闻事业通史》(第一卷),中国人民大学出版社,1992 年版,第 296 页。
② 《西兴括论》,《遐迩贯珍》1853 年第一号。
③ 《遐迩贯珍》1853 年第二号。

他在南京逗留了 4 天。吟唎记载了他此行的目的："被夸大的太平军的胜利消息传到了上海,太平军将要攻打上海说法风声四起。而且清政府也屡次放出关于外国'蛮夷'为了镇压南京的匪徒而派遣军舰的消息,最后,为了不致引起太平军方面的误解,英国驻华公使文翰先生决定访问南京。另一方面也希望以此了解革命军的势力、原则以及目的。"①

商人和传教士为了获取太平天国情况也常常造访南京。他们的所见所闻,也是《遐迩贯珍》关于太平天国新闻的重要来源。《遐迩贯珍》的首任编辑麦都思是英国驻上海领事馆的中文秘书,另一位编辑奚礼尔是香港殖民政府高级官员,以他们的身份获取领事馆职员、传教士等人出入南京的信息不是一件困难的事情。

《遐迩贯珍》刊登的有关太平天国新闻,具有重要的史料价值,一直以来为研究太平天国的史学家所重视,即使今天仍被作为重要史料经常引用。

上海小刀会消息也是《遐迩贯珍》经常刊登的新闻。1854 年第五号,"近日杂报"报道:"二月初五六日,上海城中党徒,与官军接仗,官军挫败,失去炮台六座,士卒死者六十余人,伤者七十余人,并歼雇助之外国人二名,次日接仗,官军复败,失去炮台一座。"②

《遐迩贯珍》关于中国南部海面海盗的新闻也不少。1853 年第一号就有两则关于海盗的消息:"粤东洋面近有盗贼无数,每有良民运货出口,辄被劫掠,财命两丧,殊堪悼惜。"③另一则写道:"福建洋面有盗匪,经英国师船,将其拿获,俱解交地方官衙门讯治正法。"④

此外,《遐迩贯珍》还登载香港总督告示、殖民当局法令以及火灾、民事诉讼等社会新闻。《遐迩贯珍》在香港出版,所登香港新闻比较多。例如,1855 年第十二号的《香港大宪禁示》,强调香港一岛系大英主掌管理之区,各国人士必须遵守英国法律⑤。创刊号上的《香港纪略》一

---

① 吟唎著,增井经夫、今村舆志雄译:《太平天国 在李秀成幕下的日子》,平凡社东洋文库 11,1964 年 1 月版,第 179 页。转引自松浦章:《序说:〈遐迩贯珍〉的世界》,载沈国威、内田庆市、松浦章编著:《遐迩贯珍:附解题・索引》,上海辞书出版社,2005 年版,第 8 页。
② 《遐迩贯珍》1854 年第五号。
③ 《遐迩贯珍》1853 年第一号。
④ 同上。
⑤ 《遐迩贯珍》1855 年第十二号。

文，记载了鸦片战争爆发前到《南京条约》签订后这段时间香港的历史与地理，对香港割让英国的原因及香港现状进行了介绍，并对香港的政治制度以及商业、宗教、医疗等做了介绍。《遐迩贯珍》也经常刊登广州、福州、厦门、宁波、上海五个通商口岸的新闻。

《遐迩贯珍》因地处商业、贸易日渐兴隆的香港，经常刊登与商业、贸易有关的文章，例如：1853年第三号《西国通商溯源》，1853年第五号《茶叶通用述概》，1854年第三四号《粤省公司原始》，1854年第五号《公司原始后篇》，1854年第十号《上海税务补衰救弊原委》，1854年第十一号《论银事数条》，1855年第十一号《英国贸易新例使国裕民饶论》等。其中，《英国贸易新例使国裕民饶论》写道："数年前，英国新立减税之例，内外一体人皆以为国库必空，财用不足，孰知商贾云集，国裕民饶，此皆新例所致。兹特采列数事于左，以为之据。"① 在列举了国裕民饶的事实后写道："夫英国自立一体减税之例以来，不过十年之间，而所获之益，实难胜算。……使中国则而效之，将见商贾争趋，通商裕国，可指日待也。望望。"②

1855年，《遐迩贯珍》还逐月报告香港的市场行情，包括"洋货时价"与"本地货时价"，前者刊登香港市场上的洋货价格，后者刊登从香港输出海外的货物价格。

在国际新闻方面，设有"欧罗巴新闻略"栏目，以刊登欧洲新闻为主，日本、琉球、新加坡、暹罗新闻也时有登载。

《遐迩贯珍》率先刊登新闻图片。1854年第五号，在报道英美殖民军与清政府军队在上海的一次武装冲突时，刊登了一幅军事形势图，这是中文报刊刊登新闻图片之始。

在新闻体裁上，消息、通讯、短讯、评论等各种新闻体裁在《遐迩贯珍》中都已出现，还出现了连续报道的形式。

3. 对报刊近代化进程的推进

《遐迩贯珍》开中文报刊刊登广告之先河。从1855年第一号起，增出"布告编"，是以附刊的形式刊印的，随报发行，页数另起，一般每期4

---

① 《英国贸易新例使国裕民饶论》，《遐迩贯珍》1855年第十一号。
② 同上。

页,也有3页的。

"布告编"开设前一期的1854年第十二号的《遐迩贯珍小记》,对为何刊登广告、如何刊登以及刊登广告的益处作了说明:"有友劝余将招帖印在贯珍中者,惟嫌体格不合,不便从命,但各商人,如有欲出招帖者,可于下月携至英华书院印字馆黄亚胜处,彼可代印,使自为一册,而附于贯珍之后,如此则招帖可藉贯珍而传矣。西方之国,狃卖招贴,商客及货丝等,皆藉此而白其货物于众,是以尽沾其益。苟中华能效此法,其获益必矣。凡印招帖者,初次每五十字要银半员,再印者则半其初价,若五十以上,每字加一先士。"①

1855年首次登载的"布告编",刊登了《论〈遐迩贯珍〉表白事款编》,对刊物的订阅范围,尤其是广告作用、广告费用以及具体负责人再次作了交代:"遐迩贯珍一书,每月以印三千本为额。其书皆在本港、省城、厦门、福州、宁波、上海等处遍售,间亦有深入内土,官民皆得披览。若行商租船者等,得藉此书,以表白事款,较之遍贴街帖,传闻更远,则获益良多。今于本月起,遐迩贯珍各号,将有数帙附之卷尾,以载招贴,

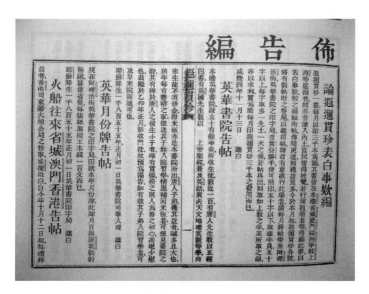

《遐迩贯珍》布告编

---

① 《遐迩贯珍小记》,《遐迩贯珍》1854年第十二号。

诸君有意欲行此举者,请每月将帖带至阿理活街,英华书院之印字局,交黄亚胜手,便可照印。五十字以下,取银半员,五十字以上,每字取多一先士,一次之后,若帖再出,则取如上数之半。至所取之银,非以求利,实为助每月印遐迩贯珍三千本之费用而已。"①

1855年第一号共刊登广告8则,其中商船广告4则,商行广告2则,英华书院广告2则。"布告编"的末尾登有"洋货时价"与"本地货时价"。1855年第七号的一则广告写道:"我香港圣保罗书院,设立久矣,有唐人先生,教读四书五经,有英国先生,兼及英文,而尤重者,在于天文地理算学,一一皆切要之务。……向例来学,不须脩脯,并供饭食,今则信从者众,有自携资斧而来者。"②

《遐迩贯珍》是第一家刊登广告的中文报刊。这样,《遐迩贯珍》在报刊近代化方面取得了重大进展,正如卓南生所说:"特别是1855年'布告编'即广告栏的出现,更象征着该刊在某种程度上已有摆脱宗教月刊的传统,导入以广告收入开展近代化报刊经营的概念之征兆。"③

1855年第四号开始,《遐迩贯珍》增加了"杂说编"栏目,主要介绍名人轶事,或刊登说教性文章,文章皆短小。

《遐迩贯珍》还刊登过几篇中国读者的来稿,例如《赌博为害本港自当严禁论》,文章前加了编者按:"下所条陈赌博三弊,并本港不可开设明场一折,乃唐友所撰。前月,他曾到余书房,谈及此事,言已闻本港大宪,业允匪类所求,求余设法阻止,以挽狂澜。……兹印唐友所撰之论于后,俾港内诸君子读之,知赌之为害甚大,而匪人读之,勿生觊觎之心。则吾友之心慰,而余心亦慰矣。"④编者按后是文章正文:"夫赌乃盗之源,四民好赌,则必坏品,侥幸之心生,廉耻之道丧,赢钱则花消嫖饮,输钱则鼠窃狗偷。"⑤接着详述了赌博之三大弊端。这可能是中国报刊史上最早的"读者之声"。

《遐迩贯珍》有一固定栏目"喻言一则","喻言"如今一般称为寓言。

---

① 《论〈遐迩贯珍〉表白事款编》,《遐迩贯珍》1855年第一号。
② 《圣保罗书院招生徒告帖》,《遐迩贯珍》1855年第七号。
③ 〔新加坡〕卓南生:《中国近代报业发展史》,中国社会科学出版社,2002年版,第84页。
④ 《赌博为害本港自当严禁论》,《遐迩贯珍》1855年第八号。
⑤ 同上。

《遐迩贯珍》每期都登载伊索喻言一则,这一栏目从创刊开始就出现了,并宣布"此后各号随时附记一则"。

《遐迩贯珍》又是中国境内第一家使用铅活字印刷的中文报刊,进一步推进了中文报刊的近代化进程。

4.对《遐迩贯珍》的评价

有人如此评价《遐迩贯珍》:"《遐迩贯珍》拥有许多中国近代新闻史上'第一'的头衔:香港第一份中文报刊;第一份具有中英文对照目录的中文报刊;第一份刊登新闻图片的中文报刊;第一份冠有新闻题目的中文报刊;第一份刊登收费广告,并辟有广告专栏的中文报刊;第一份铅字印刷的中文报刊。"①

"在各种意义上《遐迩贯珍》都可以说是一本承前启后的杂志。"②它虽为传教士所办,但它以宣传西学而非西教为主旨,尽管仍然刊登直接宣传宗教的文章,但所占篇幅很少。它注重对西方各国政治制度、历史、地理和科学知识的介绍,在客观上开阔了中国人的视野,对于中国人了解世界并真正地了解中国具有很大的启迪作用。

《遐迩贯珍》重视新闻并对新闻作重大改革。从版面看,它详细地将新闻分类;从内容看,无论是所占篇幅,还是内容的贴近生活以及反映社会的广泛性方面,都超过了以往的中文报刊。正如日本学者松浦章所总结的:"《遐迩贯珍》自1853年8月第1号起,至1856年5月停刊止,在各号上所登载的'近日杂报'一栏,其文章内容不但准确地描述了东方亚洲的形势,而且准确及时地报道了世界的动态。如本文所列举的美利坚合众国柏利舰队闯入日本的有关情报,关于访问琉球国的实际情况报告,震撼清王朝的太平天国的情报,以及上海小刀会的情报,广东福建沿海频频发生海盗的报告等。对当时世界上最大的国际争端克里米亚战争也做了详细的报道,内容也极为正确。"《遐迩贯珍》与1815年8月创刊的《察世俗每月统记传》,1823年7月创刊的《特选撮要每月统记传》和1833年创刊的《东西洋考每月统记传》等相比,其

---

① 詹燕超:《〈遐迩贯珍〉研究》,中国知网,中国优秀硕士学位论文全文数据库,第1—2页。
② 〔日本〕沈国威:《〈遐迩贯珍〉解题》,载沈国威、内田庆市、松浦章编著:《遐迩贯珍:附解题·索引》,上海辞书出版社,2005年版,第91页。

对于各种最新消息、情报更为重视。"①

《遐迩贯珍》在报刊近代化方面取得了重大进展。它是第一家刊登广告的中文报刊,它还刊登读者来稿,设置"杂说编""喻言一则"栏目,又是中国境内第一家使用铅活字印刷的中文报刊,极大地推进了报刊的近代化进程。

《遐迩贯珍》的影响不止在中国,它在当时的日本也受到极大的关注。日本幕府末期一些开明人士购阅《遐迩贯珍》,他们对海外消息抱有相当的关注,《遐迩贯珍》便是他们所需情报的重要来源:"抄录美人带来的遐迩贯珍,此书系中国所谓香港地方的英国人所著,一册十五文,按月内出售。类似于世界御沙汰书(传报世界消息的一种文书——译者),西洋新闻纸,也称为荷兰风说书。不以洋文书写,为(读者)理解计,用汉文书写,横滨的条约、其时之情节、帆樯处用望远镜远望各处等,在此难加详述。远比日本人的传闻详细。"②

增田涉对于《遐迩贯珍》在日本的流传情况有过记载:"这本杂志也传了日本,现在特殊的图书馆中还有几册收藏。……作为了解海外情况的消息来源,非常受当时幕府官员、知识分子的重视。吉田松阴就在他的《幽重文稿》里写过自己在这本杂志上读过伊索寓言。""幕府的重臣岩濑肥后守在给桥本左内的信函中也说自己藏有《遐迩贯珍》。传入日本的途径尚不明了(荷兰船,抑或中国船带来的),但是可以知道日本当时有少量流入。"③

卓南生则介绍了当时日本人抄写《遐迩贯珍》的情况与原因:"原来在日本文久年间官方大量翻刻官版汉字报纸之前,当时精通汉文的日本知识分子为了获取海外的消息和知识,已在辗转抄写来自中国东南沿海城市的汉字报刊。其中流传最广、版本最多的写本,莫过于香港发行的《遐迩贯珍》。推究其因,一来是因为《遐迩贯珍》对 1853 年 6 月培

---

① 〔日〕松浦章:《〈遐迩贯珍〉所描述的近代东亚世界》,载沈国威、内田庆市、松浦章编著:《遐迩贯珍:附解题·索引》,上海辞书出版社,2005 年版,第 58—59 页。
② 《大日本古文书·幕末外国关系文书附录之一》,东京帝国大学,1913 年 2 月,第 154 页。转引自〔日〕松浦章:《〈遐迩贯珍〉所描述的近代东亚世界》,载沈国威、内田庆市、松浦章编著:《遐迩贯珍:附解题·索引》,第 16 页。
③ 增田涉:《西学东渐与中国事情》,第 28、304—305 页。转引自〔日〕沈国威:《〈遐迩贯珍〉解题》,载沈国威、内田庆市、松浦章编著:《遐迩贯珍:附解题·索引》,上海辞书出版社,2005 年版,第 125 页。

利(M. C. Perry,1794—1858)到日本及第二年3月缔结美日友好条约的经过及其内容有详细的记录,并曾连载与培利同行的中国人罗森的《日本日记》。这些报道和日记,引发了当时日本知识界的广泛兴趣而被辗转抄录;另一个原因,也许是由于《遐迩贯珍》流传入日本较早,当时尚未有官方翻刻版。"①

《遐迩贯珍》还受到世界其他报纸的关注。例如,1854年9月1日刊登的《遐迩贯珍》第九号的文章,从香港经由太平洋传向新大陆的旧金山,于147天以后转载在1855年1月25日的《东涯新录》第十一号上②。

正如松浦章在《序说:〈遐迩贯珍〉的世界》里所评论的:"作为中文月刊杂志,《遐迩贯珍》是划时代的刊物。"③

---

① 卓南生:《〈中外新报〉(1854—1861)原件及其日本版之考究》,载程曼丽主编:《北大新闻与传播评论》(第三辑),北京大学出版社,2007年版,第271页。
② 〔日本〕松浦章:《〈遐迩贯珍〉所描述的近代东亚世界》,载沈国威、内田庆市、松浦章编著:《遐迩贯珍:附解题·索引》,上海辞书出版社,2005年版,第16页。
③ 〔日本〕松浦章:《序说:〈遐迩贯珍〉的世界》,载沈国威、内田庆市、松浦章编著:《遐迩贯珍:附解题·索引》,第6页。

第五章 《中外新报》

一、报史学界关于《中外新报》的各种说法

1.《中外新报》创刊背景

《中外新报》英文名为 Chinese and Foreign Gazette, 1854 年 5 月创刊于宁波。

鸦片战争后宁波成为传教士选中的第二个中文报刊的创办地,是有其原因的。宁波地处浙东沿海,"很早就成为我国对外交通贸易的重要港口。秦代,因有海外人士前来贸易,故定名为'鄞县'。唐代,宁波港是我国与日本、高丽(今朝鲜)往来的重要口岸。北宋、南宋时,在宁波设立市舶司(即今海关),甬江水上船舶如云。到了明代,宁波对外往来之盛前所未有。"①鸦片战争后,宁波被列为五口通商的口岸之一,英国、法国、美国、德国、荷兰等国传教士、商人纷纷进入宁波。宁波在成为重要的对外贸易港口的同时,还成为外国教会印刷出版中文书刊的一个中心。1844 年,美国长老会在澳门开设了花华圣经书房,1845 年花华圣经书房迁往宁波,1858 年易名为美华书馆②。这些可以看作是《中外新报》选择在宁波出版的主要背景。

---

① 詹文元:《浙江早期报业史访辑》,载浙江省新闻志编纂委员会编:《浙江省新闻志》,浙江人民出版社,2007 年版,第 1082 页。
② 后来美华书馆迁往上海。

2. 对《中外新报》的不同论述

《中外新报》是我国最早以"新报"命名的中文报刊,"比香港最早的中文报刊《遐迩贯珍》(1853—1846)仅晚九个月,比上海最早的中文报刊《六合丛谈》(1857—1858)还早了两年又七个月。论其出版时间,则远比这两家著名月刊为长。""换句话说,当时宁波的《中外新报》不仅与香港的《遐迩贯珍》和上海的《六合丛谈》齐名,曾在同一时期发行,而且《中外新报》的编者玛高温还目睹了《遐迩贯珍》的盛衰及《六合丛谈》的诞生和消亡。"[①]然而,报史学界对《遐迩贯珍》与《六合丛谈》的重视与研究远超过《中外新报》,对于后者,许多新闻史著作只有简单介绍,有一些甚至只字不提。

产生这一现象的根本原因,是《中外新报》这一报刊在中国大陆已经失传,在国外也只有残本。而且,该刊曾有"两名美国传教士,即玛高温和应思理先后主持,后者所编的《中外新报》未继承前者所编的序号,致使一部分只接触其中一名编者主持的《中外新报》的后来研究者对该刊的创始年月和内容等有所误解和混乱"[②]。

在所有传教士所办中文报刊中,《中外新报》恐怕是说法最为混乱的一个报刊,围绕它的创刊日期、停刊日期、主办人、刊期等,从晚清到当代形成了各种不同的说法,现摘录如下:

《中文报刊目录》:《中外新报》,1854年5月创刊于宁波,半月刊,玛高温主编,1861年停刊[③]。

《论日报渐行中土》:"咸丰三年,始有《遐迩贯珍》刻于香港,理学士雅各、麦领事华陀主其事。七年,《六合丛谈》刻于上海,伟烈亚力主其事,采搜颇广。同时,有《中外新报》刻于宁波,玛高温、应思迭主其事。"[④]

《中国报学史》:"《中外新报》(原名 Chinese and Foreign Gazette),为

[①] 卓南生:《〈中外新报〉(1854—1861)原件及其日本版之考究》,载程曼丽主编:《北大新闻与传播评论》(第三辑),北京大学出版社,2007年版,第259、260页。

[②] 同上书,第261页。

[③] 范约翰:《中文报刊目录》,载宋原放主编,汪家熔辑注:《中国出版史料·近代部分》(第一卷),湖北教育出版社、山东教育出版社,2004年版,第94页。

[④] 王韬:《论日报渐行中土》,载《弢园文录外编》,中华书局,1959年版,第206页。

半月刊,于咸丰四年(一八五四年)发刊于宁波;每期四页,所载为新闻、宗教、科学与文学。咸丰六年(一八五六年)改为月刊,始由玛高温(Daniel Jerome Macgowan)主持。后彼赴日本,乃归应思理(E. B. Inslee)主持。至一八六〇年停刊。"①

《晚清报业史》:"1854 年 5 月发刊于宁波,美国传教士玛高温(Daniel Jerome Macgowan)、应思理(Elias B. Inslee)先后主持。初为半月刊,1857 年暂停;1858 年复刊,改为月刊。出至 1861 年停刊。"②

《中国近代报刊史》:"《中外新报》(1858—1861)半月刊改月刊,宁波。"③

《中国报刊图史》:"1858 年创刊于宁波,麦嘉湖、应思理主持。先为半月刊,后改月刊,1861 年停刊。"④

《中国新闻通史》:"(公元 1858—1861 年),半月刊,后改月刊,宁波。玛高温(一作麦嘉湖)、应思理主持。"⑤

《中国古代报刊发展史》:"在浙江宁波,英国传教士玛高温于 1858 年 12 月 19 日(咸丰八年十一月十五日)主持创办了《中外新报》,半月报。"⑥

《浙江新闻史》:"《中外新报》,设于宁波,美国教士应思理创办(或作华人者误),发刊于 1854 年(即清咸丰四年),初为半月刊,旋改月刊,后改为日报。"⑦

《宁波报刊录》:"1858 年 12 月 19 日(清咸丰八年十一月十五日)创刊,为外国传教士所办。初为半月刊,不久改为月刊,出至十一期而中止。性质略同于《国闻周报》。开始时由玛高温主持,后来玛高温去日本,由应思理接任。1860 年(一说 1861 年)停刊。

戈公振《中国报学史》认为此报于 1854 年创刊,《鄞县通志》认为同

---

① 戈公振:《中国报学史》,三联书店,1955 年版,第 68 页。
② 陈玉申:《晚清报业史》,山东画报出版社,2003 年版,第 12 页。
③ 方汉奇:《中国近代报刊史》,山西人民出版社,1981 年版,第 19 页。
④ 李焱胜:《中国报刊图史》,湖北人民出版社,2005 年版,第 12 页。
⑤ 刘家林:《中国新闻通史》,武汉大学出版社,2005 年版,第 44 页。
⑥ 倪延年:《中国古代报刊发展史》,东南大学出版社,2001 年版,第 297 页。
⑦ 项士元:《浙江新闻史》,转引自浙江省新闻志编纂委员会编:《浙江省新闻志》,浙江人民出版社,2007 年版,第 1083 页。

治末年刊行,并以为全国有新闻纸之始,都不确。"①

《东瀛访报记》:"《中外新报》是美国传教士在宁波创办的,以报道国内外新闻为主的时事性期刊。初由玛高温负责,后由应思理主编。……可以订正戈公振《中国报学史》有关《中外新报》记载中不够准确的地方。如刊期,戈书作'半月刊,……(后)改月刊',实际上名为月刊,实为不定期刊;每期的篇幅,戈书作'四页',实为8页;停刊的日期,戈书作1860年,宁树藩曾订正为1861年,这批藏报证明后一说法是对的。"②

《中国近代报刊名录》:"1858年12月19日(咸丰八年十一月十五日)创刊于宁波。半月一期,每期四页。有边框界栏,正楷木刻。不久即改为月刊,出至十一期而止。开始由玛高温主持,后来玛高温去日本,由应思理接任,1860年(又一说1861年)停刊。

查戈公振《中国报学史》第71页作'1854年创刊',待考。《鄞县通志政教志》称:'甬之有报章盖在清同治末年,其名曰《中外新报》,为全国有新闻纸之始。'误。又一说:1858年改为日刊,不确。"③

《中国近代现代出版通史》:"1858年12月19日(咸丰八年十一月十五日)创刊于宁波。初为半月刊,每期4页。有边框界栏,木刻。不久改为月刊。由玛高温主编,后玛高温去日本,由应思理接任。……有学者称该报'1854年创刊',《鄞县通志政教志》称'甬之有报章盖在同治末年,其名曰《中外新报》,为全国有新闻纸之始',皆不确。《中外新报》于1860年出至第11期停刊。"④

《浙江早期报业史访辑》:"(一)宁波的《中外新报》前后共有两种,第一种是1854年、1856年刊行的,性质略同《国闻周报》;第二种1858年刊行,如《中国报学史》图版所显示的一种,为应思理或者是白保罗、戈柏、绿赐所办。(二)后者在大英博物院收藏中,将其与1854年的《中外新报》相衔接,编为第三或第四卷。除这两种可能外,还有第

---

① 郑芳华辑:《宁波报刊录》,宁波市政协文史资料研究委员会编:《宁波文史资料》(第3辑),1985年,第146页。
② 方汉奇:《东瀛访报记》,载《方汉奇文集》,汕头大学出版社,2003年版,第524—525页。
③ 史和等:《中国近代报刊名录》,福建人民出版社,1991年版,第79页。
④ 叶再生:《中国近代现代出版通史》(第一卷),华文出版社,2002年版,第210页。

三种情况,就是 1858 年的第一号,是《中外新报》改刊日报的第一号。……至于《中外新报》的停刊时间,……应是咸丰十一年,即 1861 年。"①

《〈中外新报〉(1854—1861)原件及其日本版之考究》:"宁波最早的中文新报《中外新报》创刊于 1854 年 5 月 11 日(咸丰四年四月十五日),首任编辑为美国传教士玛高温。该刊最初为半月刊,从 1856 年 2 月开始改为月刊。1858 年 12 月 19 日(咸丰八年十一月十五日),另一美国传教士应思理接替玛高温的编务工作,并另改序号出版,一直持续至 1861 年 2 月 10 日(咸丰十一年正月初一日)。""应思理主持的《中外新报》与其说是定期的宗教期刊,不如说是不定期的宗教刊物。"②

《关于宁波〈中外新报〉的几个问题》:"《中外新报》正确的创刊时间应为 1859 年,而绝对不可能是五年前的 1854 年。方汉奇说此报'售价 10 文'是对的,但说'该报为半月刊'则不对。……第一号应当也是应思理编辑出版的,此报之创办与玛高温并无什么关系。……《中外新报》停刊于 1861 年较为可信。"③

《宁波最早的一份近代报刊——〈中外新报〉》:"创刊时间,多作 1858 年,实为 1854 年 5 月;刊期,戋书'半月刊……(后)改月刊',名为月刊,实为不定期刊;篇幅,戋书'四页',实为八页;停刊时间,多作 1860 年,实为 1861 年。"④

二、关于《中外新报》的一系列问题

从上面的十多种说法中,笔者梳理出以下几个问题。

1. 关于创刊时间

关于创刊时间的说法很多,主要有两种:第一种,《中外新报》创刊

---

① 詹文元:《浙江早期报业史访辑》,载浙江省新闻志编纂委员会编:《浙江省新闻志》,浙江人民出版社,2007 年版,第 1084 页。
② 卓南生:《〈中外新报〉(1854—1861)原件及其日本版之考究》,载程曼丽主编:《北大新闻与传播评论》(第三辑),北京大学出版社,2007 年版,第 288、280 页。
③ 龚缨晏、杨靖:《关于〈中外新报〉的几个问题》,《社会科学战线》2005 年第 3 期,第 316 页。
④ 周律之:《宁波最早的一份近代报刊——〈中外新报〉》,载宁波市政协文史资料委员会编:《宁波文史资料》第 14 辑《宁波新闻出版谈往录》,1993 年,第 16 页。

于1854年；第二种，《中外新报》创刊于1858年。这两种说法均源自戈公振的《中国报学史》。

《中国报学史》称《中外新报》"于咸丰四年（一八五四年）发刊于宁波"，但该书（商务印书馆1927年版）同时附有《中外新报》影印照片，上面清楚标明"中外新报第一号"，"一千八百五十八年、咸丰八年十一月十五日刊"。据此，《中外新报》产生了两个创刊日期：一部分研究者采用1854年的说法，另一部分则采用影印照片上的1858年的说法。

问题的症结来自影印照片。根据卓南生的考证，"这'中外新报第一号'第一页版面的电版并非复制自《中外新报》的原件，而是取自日本版的《官板中外新报》。"①

日本的近代化报刊诞生于1868年，而中国的传教士中文报刊《中外新报》《六合丛谈》都是在日本近代化报刊诞生以前出现的。明治维新前的日本，由于长期实行锁国政策，与西方国家直接来往不多，一些有识之士想了解西方，只能以中国为主要渠道。中国的一些传教士报刊，受到明治维新前日本有识之士的欢迎。最先被带进日本的是《遐迩贯珍》，但它没有被翻印成日文。而《中外新报》与《六合丛谈》，带进日本后被翻印成了日文。负责删定、训点、翻印中文报刊的是幕府下属的蕃书调所，后改称洋书调所。因为是官方机构，经它删定、翻印的书报被冠以"官版"或"官板"字样，如《官板中外新报》《官板六合丛谈删定本》。为了方便阅读，经翻印的书都注上日文句号和训读符号。根据卓南生的研究，日本并没有翻印玛高温主持时期的《中外新报》，只翻印了应思理主持时期的《中外新报》，即日本的《官板中外新报》都是应思理接管后的《中外新报》的删定版。而应思理所编的《中外新报》未继承玛高温所编的《中外新报》的序号，又从第一号开始排序。所以，《中国报学史》所附《中外新报》影印照片，实为日本的《官板中外新报》，也即应思理续编的第一号。由于报史学界只有极少数人（如戈公振、卓南生、日本的小野秀雄等）曾在大英图书馆阅读过玛高温编的《中外新报》的原件，一般研究者只接触了《中国报学史》所附《中

---

① 卓南生：《〈中外新报〉(1854—1861)原件及其日本版之考究》，载程曼丽主编：《北大新闻与传播评论》（第三辑），北京大学出版社，2007年版，第269—270页。

外新报》影印照片,即应思理所编该报第一号的照片,从而导致了1858年创刊的说法①。

因此,《中外新报》的创刊时间应是1854年。

2. 关于主办者

主要有以下几种说法:第一,《中外新报》由玛高温主办;第二,由应思理主办;第三,玛高温、应思理先后主办。

出现歧义的主要原因,也是因为一般研究者只接触到其中一位编者所编的《中外新报》。戈公振、卓南生都曾阅读过玛高温主持时期《中外新报》的原件,而且卓南生说:"《中外新报》的创刊编者玛高温在其报刊名左侧最后一行堂堂正正地写着:'耶稣门徒医士玛高温撰 浙宁北门外爱华堂刊印'"②字样。如此,玛高温作为主办者的身份无可怀疑。

玛高温编辑的《中外新报》(见卓南生《中外新报(1854—1861)原件及其日本版之考究》)

玛高温(Daniel Jerome Macgowan,1814—1893),为美国浸礼会传教医师,是被派往中国传教的最早一批美国传教士中的一员。1843年2月玛高温来到香港,同年9月离开香港来到宁波,从事医学播道工作。同年11月在宁波开了西药房,当时宁波疟疾流行,病人吃了玛高温的西药效果很好,逐渐有了影响。玛高温会讲中国话,甚至会讲宁波方言,这对他的行医传教很有利。随着影响的扩大,玛高温在宁波建造了一所医院,名浸礼医院,之后在宁波买了土地,建造了礼拜堂。随着业务的扩大,玛高温后来又在宁波

---

① 卓南生:《〈中外新报〉(1854—1861)原件及其日本版之考究》,载程曼丽主编:《北大新闻与传播评论》(第三辑),北京大学出版社,2007年版。
② 同上书,第287页。

建造了华美医院，即现在宁波第二医院前身①。玛高温在宁波进行医学播道的同时，还从事文字播道工作，《中外新报》便是玛高温在宁波行医期间出版的一份中文报刊。在创办《中外新报》前，玛高温还出版过其他中文印刷物：《博物通书》《日食图说》《航海金针》。1859年玛高温离开宁波来到日本，作短暂停留后前往英国，结束了他在宁波从事的医学播道与文字播道工作。

根据卓南生的研究，1858年12月19日(咸丰八年十一月十五日)，另一美国传教士应思理接替玛高温的编辑工作，并另改序号出版②。香港中文大学图书馆收藏有应思理所编《中外新报》第二号、第四号、第十号这三期的缩微胶卷，著者通过这3期报刊看到，出版于咸丰戊午年即1858年的第二号、第四号封面写着"浙宁大府前应先生撰"，出版于咸丰己未年即1859年的第十号封面写着"浙宁大府前应思理撰"。由此可以认定，接替玛高温编辑《中外新报》的是应思理。

应思理编辑的《中外新报》

应思理(1822—1871)，美国传教士。1856年12月，受美国基督教长老会派遣来到上海，1857年1月来到宁波，1861年4月返回美国，居留宁波4年多时间。1858年底，也就是应思理来到中国近两年时，接替玛高温编撰《中外新报》。在编撰《中外新报》的同时，他还出版了两本用中文编写的传教小册子：《圣山赞歌》与《圣教鉴略》。

因此，《中外新报》是由玛高温创办、应思理继办的一份传教士中文报刊。

---

① 詹文元：《浙江早期报业史访辑》，载浙江省新闻志编纂委员会编：《浙江省新闻志》，浙江人民出版社，2007年版，第1083页。
② 卓南生：《〈中外新报〉(1854—1861)原件及其日本版之考究》，载程曼丽主编：《北大新闻与传播评论》(第三辑)，北京大学出版社，2007年版，第288页。

3. 关于刊期

主要有四种说法：第一，半月刊；第二，半月刊改月刊；第三，不定期刊；第四，玛高温时期为半月刊改月刊，应思理时期为不定期刊。

玛高温主持时期的《中外新报》，开始为半月刊，封面上写着"每月朔望编售"，即农历每月初一和十五日出刊，但从第三卷即咸丰六年正月（1856年2月）开始，改为月刊，封面上写的是"每月之望编售"，即农历每月十五日出刊。半月刊改月刊的原因是"买报者少"，"每月终耗费洋银数元"，"现苦亏本"①。

而应思理主持时期的《中外新报》，封面上写的是"或每月或间月编售"，即"月刊"或"双月刊"。而实际上，成了不定期刊。据卓南生研究，应思理主持时期的《中外新报》前后共出版12号，除第九号内容不详之外，余者皆收录于日本官方删定的《官板中外新报》。从收入《官板中外新报》的11期来看，有间隔一二个月的，也有间隔三四个月甚至五个月的，因此，"不难发现编者虽尝试按其目标，在农历'每月或间月'之朔（初一）或望（十五）刊印，但在实际上往往脱期，其中有者之间隔甚至长达半年之久。从这层意义上来看，应思理主持的《中外新报》与其说是定期的宗教期刊，不如说是不定期的宗教刊物。"②所以，应思理主持时期的《中外新报》，虽在封面上标明"或每月或间月编售"，实际上是不定期刊。

因此，玛高温主持时期的《中外新报》始为半月刊，后改月刊；应思理主持时期的《中外新报》为不定期刊。

4. 关于停刊时间

主要有两种说法：第一，停刊于1860年；第二，停刊于1861年。

方汉奇在日本国会图书馆看到了《中外新报》的五册翻印本，即《官板中外新报》，出版时间分别为1859年10月、11月，1860年9月、12

---

① 卓南生：《〈中外新报〉（1854—1861）原件及其日本版之考究》，载程曼丽主编：《北大新闻与传播评论》（第三辑），北京大学出版社，2007年版，第263—265页。
② 同上书，第273—274、279—280页。

月,1861年1月①。说明1861年1月《中外新报》还在出版。卓南生还看到了1861年2月出版的一期,即第十二号:"笔者看到的日本翻刻版《官板中外新报》收录着'中外新报第十二号、一千八百六十一年咸丰十一年正月初一日刊'(即1861年2月)的内容,可见至少是在1861年2月,《中外新报》尚未停刊。"②至于1861年2月出版的第十二号是否就是停刊号,"编者应思理及其家人是在1861年4月27日离开宁波返回美国的,从时间段来看,正好是在《中外新报》第十二号发行之后不久。在这短短的两个月期间,临别宁波而又忙碌的传教士应思理,似乎不太可能再为这不定期的中文报刊《中外新报》付出心血。因此,在未有任何新资料佐证之前,我们可以推断1861年2月号的《中外新报》就是该刊的停刊号。"③

因此,《中外新报》停刊于1861年而不是1860年。

三、《中外新报》主要内容及其报刊特色

1. 退居次要地位的宗教宣传

由于《中外新报》仅在国外存有少量残本,因而国内报史学界对该刊的内容基本无介绍,或只有极简单的介绍,著者尝试弥补这一缺憾。因条件所限,著者未能阅读到玛高温主持时期的《中外新报》原件,就以应思理主持时期的《中外新报》来分析它的内容。

《中外新报》在封面宣称:"拜真神,尊帝王,畏官长,亲爱兄弟,圣经之要旨也。故是报以此数者为宗旨,不敢悖理妄录。"似乎这是一个以宣传基督教为宗旨的报刊。但事实并非如此,《中外新报》的宗教色彩比较淡,宗教宣传不占重要地位。

19世纪初,传教士中文报刊以传播西教为宗旨,《东西洋考每月统记传》开始偏离这一宗旨。鸦片战争后的传教士中文报刊,则进一步偏离宣传宗教的最初目的,《中外新报》与《遐迩贯珍》一样,宗教宣传退居

---

① 方汉奇:《东瀛访报记》,载《方汉奇文集》,汕头大学出版社,2003年版,第524页。
② 卓南生:《中国近代报业发展史》(1815—1874),中国社会科学出版社,2002年版,第6页。
③ 卓南生:《〈中外新报〉(1854—1861)原件及其日本版之考究》,载程曼丽主编:《北大新闻与传播评论》(第三辑),北京大学出版社,2007年版,第263页。

到了次要地位。

当然,作为由传教士创办的中文报刊,宗教仍然是必备内容。从应思理主持时期的三期《中外新报》看,共刊登了4篇传教文章,即第二号的《辨教说》,第四号刊登于封二的《劝读耶稣圣经说》,第十号继续刊登于封二的《劝读耶稣圣经说》与另一篇传教文章《回心向道说》。三期报刊只有4篇宗教宣传文章,所占篇幅非常有限。这一情况从《中外新报》的目录中也可以看出来,我们以第十号目录为例:

(封二)劝读耶稣圣经说
宁波
舟山
杭州
上海
潮州
香港
黑龙江
日本
天竺
萨尔盖西亚
西班牙
茹佛岛　荷兰属
英吉利
佛兰西
花旗
造醋法
造钢法
回心向道说
附苏州

目录清楚表明,宗教文章所占篇幅很有限,一期刊物不过一二篇而已。所以,《中外新报》与《东西洋考每月统记传》创办以来,传教士中文报刊不以传播西教为宗旨的办刊方针是一致的。

在这个问题上,学界另有一种观点:"《中外新报》虽自称'以圣经之要旨为宗旨',却并不那么热衷于'阐发基督教义'。从现存的 5 册翻印本看,没有一篇宗教文字,也许是被删略,也足见它不占什么重要地位。"①

上文所说的"5 册翻印本",指的是日本国会图书馆收藏的《官板中外新报》。由于当时日本幕府政府严禁基督教,在翻印《中外新报》时将有关宗教宣传的文章均予删除②,所以《官板中外新报》中未曾有一篇宗教文章。由于上文作者的研究是源于日本的《官板中外新报》而非《中外新报》原件,看不到任何宗教文章。所以,尽管《中外新报》的宗教色彩不浓,但以经过删除的《官板中外新报》中没有一篇宗教文章来得出它不占什么重要地位的结论,似乎不够全面。

2. 以报道新闻为主的时事性报刊

《中外新报》数量最多、篇幅最大的是新闻,这从第十号目录可以看出来。

由于新闻所占篇幅很大,因此《中外新报》实际上是一份以报道新闻为主的时事性报刊。从应思理主持时期《中外新报》第一号首页的一条内容,也可以反映出该刊对新闻的重视:"窃思,《中外新报》所以广见闻、寓劝戒,故序事必求实际,持论务期公平,使阅者有以兴起其好善恶恶之心。然一人之耳目有限,报内如有报道失实者,愿翻阅之诸君子,明以教我。又,或里巷中有事欲载报内,可至敝寓,商酌补入,无非人求多闻,事求实迹之意,览者愿之。"③

说明《中外新报》已经在征求新闻来源,因为"一人之耳目有限","无非人求多闻,事求实迹之意","或里巷中有事欲载报内,可至敝寓,商酌补入",足见其对新闻的重视。

从第十号目录可以看出,《中外新报》所登新闻,以新闻发生的地点为题,如宁波、杭州、香港、上海乃至日本、天竺、西班牙、花旗、英吉利

---

① 周律之:《宁波最早的一份近代报刊——〈中外新报〉》,载宁波市政协文史资料委员会编:《宁波文史资料》第 14 辑《宁波新闻出版谈往录》,1993 年,第 17 页。
② 卓南生:《〈中外新报〉(1854—1861)原件及其日本版之考察》,载程曼丽主编:《北大新闻与传播评论》(第三辑),北京大学出版社,2007 年版,第 275 页。
③ 《中外新报》第一号,咸丰八年十一月十五日(1858 年)。转引自詹文元:《浙江早期报业史访钩》,载浙江省新闻志编纂委员会编:《浙江省新闻志》,浙江人民出版社,2007 年版,第 1084—1085 页。

等。新闻内容主要有四个方面：第一,宁波新闻;第二,宁波周边地区新闻;第三,国内其他地区新闻;第四,世界新闻。

作为一份出版地在宁波的报刊,编者非常重视宁波新闻,将其排于头条,而且每期必设,报道的消息非常详细、具体,例如刊登于第二号的"科场作弊案""摘心致祭""鄞县公案""东乡案始末"等,向我们展示了当时宁波社会生活的多个侧面。其中《鄞县公案》为一些小案件汇编,如:"有张姓者持伪票至万亿米行买米二十石,本月初九日,该行将其人送县。"①从这些新闻来看,《中外新报》的新闻触角已深入到市井间巷。

《中外新报》出版之时,正是太平天国战争时期,《中外新报》对太平天国运动作了大量报道,而且是从各种不同的角度进行报道。如第四号以"南京"为标题的新闻,告诉读者洪秀全的宗教"荒谬不经",与基督教完全不同,洪秀全不过是盗用了耶稣之名而已:"予思长毛起事之初,人疑其教与耶稣教同,今观其书,知彼有天父耶稣之名,实无天父耶稣之理,其所以称之者,或采天主教人之说,煽惑愚人,使之从已,以邀成功耳。"②第十号以"杭州"为标题的新闻,记载了太平军攻打杭城的经过。

当时也是第二次鸦片战争爆发之时,《中外新报》第十号在"英吉利"标题下,报道了英国议会开会议论对中国开战之事:"近日有耗来自英京伦敦云:两月前,英国大宪会议中华之事,或云去岁天津变故,乃我国钦差与提督等办理未善;或云大清背约是实,非关我国钦差之故;或云攻击中华宜与佛兰西同事;或云不宜与之同事;或云与中华决战,必宜攻入北京方为得要;或云不宜攻入北京,因恐大清国祚,不无有碍;或云先宜攻击各处炮台,后当夺取南京,居中华心腹,以为久计。又有一种桂格尔人,抱煦煦之仁,不忍与中华决战。因此议论纷纭,尚未定夺。"③

这些史料,对于研究太平天国与第二次鸦片战争都是重要的资料。

中外关系也是《中外新报》所登新闻的重点之一,有不少有关这方面的报道。如刊登在第四号"上海"标题下的新闻写道:"上海官火轮船号孔夫子,四月初七日驶至日本,船中执事者向日本人云,本船乃中华

---

① 《中外新报》第二号,咸丰八年(1859年)十二月十五日。
② 《中外新报》第四号,咸丰九年(1859年)六月初一日。
③ 《中外新报》第十号,咸丰十年(1860年)四月初一日。

捕盗监督水师之船,今至贵国,请立和约,以便通商。日本官不允,饬令在外停泊,不得内港勾留。今其船已回上海。"①

《中外新报》还报道了外国匪徒掳掠、绑架华工到国外做苦力,即"卖猪仔"的事实:"澳门、福州等处海滨,有外国匪徒贩卖华人,至外国为佣。现被贩至哈佛那(西班牙属)海岛,或亚美利加东海滨者,已有十万。去时死于船中者约小半,迨后生还者仅二十人。又有贩至秘鲁国,……或被秘鲁人击毙,或因劳苦过甚而死,或不堪其苦自愿坠崖而死,届今生还者,曾无一人。"②

对于截稿以后的新闻,《中外新报》以"附宁波""附苏州"等方式附录于同号的页末,以区别于正文中的"宁波""苏州"等新闻栏目。例如第四号末尾登载了"附宁波",第十号末尾登载了"附苏州"。

3. 兼及西学知识传播

《中外新报》是以新闻为主要内容的报刊,同时也刊登一些西学知识。例如第十号刊登了《造醋法》与《造钢法》两文,介绍了西方造醋与炼钢之法。其中《造钢法》原文误将"鋼"字写为"綑"字。卓南生在其文章中介绍了应思理主持时期《中外新报》与《官板中外新报》的四期目录,其中包括第十号目录,又将"綑"字误为"绸"字,写成了《造绸法》③。著者之所以断定是《造钢法》,是因为通过对原文的研读,发现全文介绍的是炼钢之法(原文之错别字照录):

造　綑　法

　　铁之成綑也最易。西法以铁箱一,箱底先铺以煤炭,复铺以铁块,如是一层煤炭铁块,层层铺满,将箱盖紧合,下即以火灼之,移时铁箱为火所红,箱以内煤炭铁块俱红,煤炭红后,约□为灰,而其精即入于铁块中,而铁块遂成为綑。如欲炼之至美者,可将箱内之铁块,红时取出,以铁椎敲之,复煨于铁箱中,而其鋼遂成。④

---

① 《中外新报》第四号,咸丰九年(1859年)六月初一日。
② 同上。
③ 卓南生:《〈中外新报〉(1854—1861)原件及其日本版之考究》,载程曼丽主编:《北大新闻与传播评论》(第三辑),北京大学出版社,2007年版,第279页。
④ 《中外新报》第十号,咸丰十年(1860年)四月初一日。

文中最后一句"而其鋼遂成",将前面的错字"綱"改正过来了。

刊登于第四号的《亚美利加土人》一文,从哥伦布发现新大陆说起,继而介绍了欧洲殖民者如何教化、驯服亚美利加土人,最后写道:"天下各处,强役弱者,势也;智牖愚者,理也。愚能效知,虽弱亦强,久必不为人下。……若印度一国,既为人役,又不听人劝,耶稣真理置若罔闻,故人性日愚,国势日衰,为英所属者,百有余年。"①言下之意,如果中国也像印度,对耶稣真理置若罔闻,不效法西方,也将"人性日愚,国势日衰"。其目的是敦促中国学习西方,接受基督教。

4.《中外新报》的影响

作为鸦片战争后创办的第二份中文报刊,《中外新报》的发行量超过同时期的《遐迩贯珍》与《六合丛谈》,这从玛高温自己写的一段话可以看出来:"昔香港新报,名《遐迩贯珍》,上海新报,名《六合丛谈》,因买之者少,亏截浩繁,故皆截然中止。惟予所作新报,浙宁人稍有买之,故每月虽有亏截,而巍然独存。"②

《中外新报》的发行范围比较广,浙江以宁波、杭州为多,上海、北京、香港均设有销售点。国外则传入日本、美国、英国等国,尤其是日本,应思理主持时期的《中外新报》被翻刻成《官板中外新报》,正如方汉奇所说:"一批在甲国出版的报纸,经过编辑加工,被乙国拿去再版发行,这在世界新闻史上是十分罕见的。"③

《中外新报》是宁波的第一份近代中文报刊,也是鸦片战争后创办的中国第二份近代中文报刊。"它毕竟'开风气之先',为长期处在闭关自守的中国人民打开了一扇'窗户',使人们从睡梦中惊醒过来,看到世界之大,西方文化之奇,新事物、新知识迭出,反顾自身的种种弊端,从而激发起救国自强的决心。"④

---

① 《亚美利加土人》,《中外新报》第四号,咸丰九年(1859年)六月初一日。
② 《中外新报》第五卷第五号,咸丰八年五月十五日(1858年6月25日)。转引自卓南生:《〈中外新报〉(1854—1861)原件及其日本版之考究》,载程曼丽主编:《北大新闻与传播评论》(第三辑),北京大学出版社,2007年版,第265页。
③ 方汉奇:《东瀛访报记》,载《方汉奇文集》,汕头大学出版社,2003年版,第529页。
④ 周律之:《宁波最早的一份近代报刊——〈中外新报〉》,载宁波市政协文史资料委员会编:《宁波文史资料》第14辑《宁波新闻出版谈往录》,1993年,第17页。

第六章 《六合丛谈》

一、《六合丛谈》概述

1. 上海取代香港成为新的报业中心

鸦片战争后,香港取代马六甲成为传教中心与报业中心,成为外国人在中国办报的重要基地。第二次鸦片战争后上海崛起,又取代香港成为我国新的报业中心。

传教士报刊的发展,上海比香港的起步要晚。从中英文报刊创刊时间看,《南京条约》签订以前,香港已经出现英文报刊,而上海迟至1850年以后;香港的第一份中文报刊在1853年创刊,上海则是4年以后的1857年。从中英文报刊发展势头看,1841—1850年间,上海出版英文报刊1种,香港则先后出版9种;1851—1860年间,上海出版英文报刊3种,而香港新出版的有8种;60年代以前上海有中文报刊1种,香港有3种[①]。

鸦片战争以前的上海并不是一个重要的城市,充其量只能算个三等城市。在政治上,上海并不是重要的行政中心,只是一个普通的县城。在对外贸易上,上海从来没有起到过外贸港口的作用,广州、福州甚至宁波在外贸上的作用都远远超过上海,外国人的进出也与上海无关。在报刊业方面,上海近代报刊的诞生甚至晚于宁波,上海第一份近代中文报刊的创刊比《中外新报》晚了两年多。大部分外国人在五口通商前并不看好上海。

---

① 方汉奇主编:《中国新闻事业通史》(第一卷),中国人民大学出版社,1992年版,第305页。

但是，少数有远见的外国人在鸦片战争前就预见到了上海的前途。1832年6月，英国东印度公司广州商馆职员林赛（H. H. Lindsay）来到上海，预言如果上海开放贸易，将有很好的前景，其贸易发展将会超越广州。郭实腊的游记特别介绍了上海，推测上海必将成为新的商业中心，若对外开放、自由贸易，必有美丽的远景①。郭实腊说："这样大的商业活动区域，以往一直被人忽视，实在令人惊奇。"②

上海于1843年11月17日正式开埠。在五口中，上海地处最北面，也是后来受西学影响最大的城市。上海能后来居上，成为新的报业中心，与两次鸦片战争造成的新形势以及上海特殊的环境分不开。

从地理位置看。上海具有优越的地理条件，它坐落在东海之滨，扼长江、黄浦江口，是通往人口众多的长江流域的必经之地，又是优良的港口，处于中国人口最密集、经济最发达的江、浙富庶地区，加上河道纵横、交通便利，把它与中国辽阔的内地联系起来了。

从贸易地位看。鸦片战争后，英、法、美三国在上海建立了租界，并在租界内享有治外法权。太平军进攻上海时，清政府迫于危机局势放弃关税自主权于列强，上海遂成为西方人的贸易天堂，上海的贸易地位迅速上升。开埠的前6周进入上海的外国商船仅7艘，1844年一年进入上海的外国商船为44艘，1849年达到133艘，1852年的1—9月份9个月，即达到182艘。

从金融地位看。上海在开埠后洋行从无到有，发展迅速，1844年上海有外国洋行11家，1854年达到120家，包括著名的怡和洋行、沙逊洋行、颠地洋行、仁记洋行都在上海出现。

可见，19世纪50年代的上海，已经显露出发展的强劲势头。而到了60年代，发展势头更为迅猛。

第二次鸦片战争后，长江允许外船通航，长江沿岸的重镇镇江、南京、九江、汉口也成为通商口岸。上海很快发展成为长江流域货物的集散地，成为全国最大的对外贸易中心，1865年以后，全国对外贸易货物有50%通过上海集散。

---

① 潘贤模：《上海开埠初期的重要报刊——近代中国报史初篇第七章》，载中国社会科学院新闻研究所编《新闻研究资料》（总第十六辑），新华出版社，1982年版，第224页。
② 转引自周振鹤：《〈六合丛谈〉的编纂及其词汇》，载沈国威编者：《六合丛谈：附解题·索引》，上海辞书出版社，2006年版，第159页。

上海工业同样发展迅速,英、美、德、法、俄等国资本纷纷在上海投资办厂。中国私人资本也登陆上海,包括中国的洋务派在上海兴办了一批近代工业。租界的建设也非常迅速。这一切导致上海人口激增,1866年上海人口达到了68万。

　　在上海逐渐成为中国的贸易中心、经济中心后,上海同时也成为西方传教士在华活动和创办报刊的重要基地,成为近代报刊新的中心。

　　上海开埠以后,传教士陆续来到上海。其中,麦都思和雒魏林(William Lockhart,1811—1896)[①]于1843年来到上海,以后长期定居上海。他们来到上海后,将巴达维亚印刷所迁来上海。鸦片战争后,伦敦传教会所属的马六甲印刷所迁往香港,该会的另一个印刷所巴达维亚印刷所迁往上海,迁上海后改名墨海书馆。墨海书馆引进英国制造的新式印刷机和金属活字,由于当时上海尚无蒸汽机或电力机,麦都思购买了依靠畜力运转的印刷机齿轮用来印刷出版物。对此,当时一位中国人写了一首诗用以描述此番情景:"车翻墨海转轮圆,百种奇编宇内传。忙煞老牛浑未解,不耕禾陇耕书田。"[②]

　　墨海书馆开始设在上海东门外的麦都思住所,后迁北门外,因麦都思的原因人们把墨海书馆所在地称为"麦家圈"。墨海书馆不仅成为中国西学东渐的重要基地,而且它亦因作为当时中国一部分开明知识分子的活动场所而闻名。

　　在麦都思与雒魏林之后,一大批传教士来到上海,他们是:文惠廉、伟烈亚力、美魏茶、艾约瑟、合信、施敦力约翰、叔未士、贾本德、慕维廉、高第丕、哥伯播义、杨格非等。他们在上海办报刊、创学校、设医院、建教堂,上海逐渐成为西学传播中心,也成为传教士办报中心。

　　香港为英国所占,自然受到西方的全面影响,但香港地域上比较偏,远离内地。第二次鸦片战争以后,上海的报刊业逐渐超越香港。1861—1895年间,香港新创办的英文报刊有8种,上海则有31种;1861—1894年间,香港新创办的中文报刊有3种,上海则有31种。而

---

① 雒魏林也是伦敦传教会传教士,上海仁济医院创办人。参见潘贤模:《南洋萌芽时期的报纸——近代中国报史初篇》,载中国社会科学院新闻研究所编:《新闻研究资料》(总第九辑),新华出版社,1981年版,第241页。
② 〔英〕马礼逊夫人编,顾长声译:《马礼逊回忆录》,广西师范大学出版社,2004年版,第132页译者注。

且,在上海创办的外文报刊种类繁多,除了英文报刊,还有葡文报刊、法文报刊、德文报刊、日文报刊,不仅英美人士在上海办报,葡萄牙人、法国人、德国人、日本人也在上海办报。"当时的外报,不论是外文的还是中文的,不论是商业的还是宗教的,凡是有全国影响的,大多在上海出版。"①

这里还需要提及的是,上海人性格中的特点也是上海最终成为西学传播中心、成为新的报业中心的一个原因。英国人兰宁(G. Lanuing)与柯灵(S. Couling)在20世纪20年代合著出版的《上海史》,描绘了上海人与广东人性格上的差异:"上海人,几乎是跟广东人完全不同的种族,而上一世纪来华的外侨,却只跟广东人十分相熟。大部分居留在上海的外侨,对古代吴国的历史,是幸运地一无所知的,但是他们不久就发现吴国人民(上海人)和南越国人民(广东人)是截然不同的。上海人和广东人,不但口语像两种欧洲语言那样地各不相同,而且天生的特性也是各不相同的。广东人好勇斗狠,上海人温文尔雅;南方人是过激派,吴人是稳健派。自古以来上海人一直是顺从当权的地方政府的,而广东呢,却随时在酝酿着政治阴谋和叛变。对于排外运动,广东人在许多事件中,特别是在鸦片战争以后,对于外侨曾表示强烈的憎恶;如果他们对于外侨能够表示冷淡,我们就认为很好的了。而上海人呢,虽然他们不是在本性上愿意和外侨亲善,但至少愿意和外侨作半推半就的接近。"②

熊月之对上海之所以成为中国近代新的报业中心与西学传播中心的原因进行了总结与分析:"上海没有广州那么良好的西学传播基础,不像福州、厦门有那么多华侨在南洋。在中国传统城市历史上,上海比起其它通商四口,地位最低。但她有自己的优势——地理环境。地处中国经济、文化最发达的江浙地区,离中国中心地带比较近,沿江可直达中国内地,沿海可直逼京畿,港口优良,潜力特大。加上外国人在这里对租界的经营比较顺手,以及吴越人的性格特点,不像广州人、福州人那么激烈排外,这种种因素,使得上海在适应外国人居留方面,在吸

---

① 方汉奇主编:《中国新闻事业通史》(第一卷),中国人民大学出版社,1992年版,第306页。
② 〔英〕兰宁、柯灵:《上海史》,转引自上海社会科学院历史研究所编:《上海小刀会起义史料汇编》,上海人民出版社,1980年版,第753页。

引外国人兴趣方面,在西学传播方面,很快超过其它五个城市,从而成为西学传播中心。"①

2.《六合丛谈》的创刊与编撰人员

《六合丛谈》创刊于1857年1月26日,即咸丰七年正月初一,时在香港的第一份中文报刊《遐迩贯珍》停刊半年多以后。它是上海的第一家中文报刊。

《六合丛谈》创刊前夕,在宁波出版的《中外新报》曾向读者进行过报道:"明年正月初一日,上海墨海书馆有新刊新报,名曰《六合丛谈》,其纸账有六页,每本计卖价钱十二文。予思新报一事,为中外修好之法,盖彼此事务,得有新报载明,则瞭如指掌。甚愿五码头人民具有新报可买,则消息不隔远近,一切国事民事,以及商贾买卖均有利益焉。"②

《六合丛谈》为月刊,每逢农历初一出一期。创刊当年闰五月,因此1857年出了13期。1858年出了2期后停刊,所以共出15期。《六合丛谈》16开本,长19厘米,宽13厘米,每期12—29页不等,毛边纸线装,铜活字印刷,由麦都思在上海的墨海书馆印刷。

《六合丛谈》由伦敦传教会传教士亚历山大·伟烈亚力(Alexander Wylie,1815—1887)任主编。伟烈亚力出生于伦敦,青少年时代就对中国感兴趣,他从书报亭买来法国传教士马若瑟(Joseph Henry Marie

《六合丛谈》创刊号

---

① 熊月之:《西学东渐与晚清社会》,上海人民出版社,1994年版,第218页。
② 《中外新报》第三卷第十二号,咸丰六年十二月十五日(1857年1月10日)。转引自卓南生:《〈中外新报〉(1854—1861)原件及其日本版之考究》,载程曼丽主编:《北大新闻与传播评论》(第三辑),北京大学出版社,2007年版,第260页。

Premare)用拉丁文写的《汉语札记》,开始自学中文,并通过学习《新约全书》中译本初步掌握了汉语。1847年受伦敦传教会派遣来到中国,同船来中国的还有慕维廉,抵达上海后协助麦都思管理墨海书馆。

伟烈亚力除了协助麦都思出版《圣经》,编写以中国人为对象的中文传教书籍,还编写、翻译了大量科学著作,有些是与中国学者一起翻译的,如《数学启蒙》《续几何原本》《重学浅说》《代数学》《代微积拾级》等,他是墨海书馆传播西学的关键人物。伟烈亚力对江南制造局翻译馆工作也颇多贡献。他非常重视通过传播科学知识传教,可以说,创办《六合丛谈》也是为了实现他文字播道的目的。他还经常为英文报刊写稿,对有关中国问题发表评论,例如《北华捷报》《字林西报》《通闻西报》等英文报刊,经常登载伟烈亚力的文章。1862年伟烈亚力休假回英国,之后脱离伦敦传教会,加入大英圣书公会,翌年作为大英圣书公会代理人再度来中国,主要任务是推销《圣经》。1877年伟烈亚力因双目失明回英国。

伟烈亚力博学多才,哲学、历史、艺术、天文学、数学、物理、宗教无不精通,并掌握多种语言,包括汉语、英语、法语、俄语、德语、希腊语、蒙古语、满语、维吾尔语、梵语等。伟烈亚力是早期来华传教士中介绍西学最多的人物之一,在中国知识分子中影响很大,也是当时屈指可数的中国问题专家,被称为"中国通"。

伟烈亚力为《六合丛谈》所写文章基本不署名,只有第1卷第1号和第2卷第1号的《小引》是署名文章。但他为《六合丛谈》写的文章是最多的,主要有:《察地略记》《物中有银质说》《英格致大公会会议》《新造算器》《麦都思行略》《马达加斯加岛传教述略》《景教纪事》《加林部传教记》《门徒传教四方论》《波士敦义妇记》《公会记略》《上帝无所不知论》《尔财所在尔心亦在焉》《乡人训子记》《黄某悔过论》《老妇祈主获报事》《撒罗行善轶事一则》等。此外,新闻栏目如"泰西近事述略""中华近事""粤东近事""金陵近事""南洋近事""印度近事""缅甸近事""日本近事"及"新出书籍"等出版信息,也被认为是伟烈亚力所写。

除伟烈亚力外,《六合丛谈》还有三位写稿很多的传教士作者,且均为伦敦传教会传教士:艾约瑟、韦廉臣、慕维廉,他们都曾在《遐迩贯珍》发表连载文章,他们更经常为《六合丛谈》撰稿。他们在《六合丛谈》

发表的文章均为署名文章。

艾约瑟(Joseph Edkins, 1823—1905), 英格兰人, 1848年受伦敦传教会派遣来到中国, 先抵香港再到上海。1856年麦都思回国后, 他担任上海墨海书馆的监督。1858年回国休假, 翌年再回上海。1860年赴烟台, 1861年前往天津, 1863年移居北京。1872年与传教士丁韪良合作创办《中西闻见录》。后来艾约瑟又移居上海, 1905年病逝于上海。艾约瑟也是博学之士, 拥有文学学士、神学博士头衔, 与伟烈亚力一起被称为"中国通"。一生著述甚丰, 中文著作中以三卷本的《重学》影响最大。他在《六合丛谈》发表了大量文章, 如:《希腊为西国文学之祖》《希腊诗人略说》《古罗马风俗礼教》《罗马诗人略说》《西国文具》《基改罗传》《百拉多传》《和马传》《黑陆独都传》《伯里尼传》《论内省之学》, 以历史、文学文章居多。

慕维廉(William Muirhead, 1822—1900), 苏格兰人, 1847年来到中国, 是与伟烈亚力同船抵达上海的。他在中国整整生活了53年, 直到1900年在上海去世。他与中国的一些士子如王韬、蒋敦复等有着广泛的交往。他的著述非常丰富, 到1864年时, 出版了中文著作39种, 英文著作3种。其中不乏给中国的知识界以极大影响的著作, 如《地理全志》《大英国志》。慕维廉为《六合丛谈》撰写的文章很多, 主要有:《地球形势大率论》《洲岛论》《山原论》《劝友勿固守邪俗论》《洋海论》《潮汐平流波涛论》《湖河论》《耶稣性行论》《耶稣预言论》《动植二物分界》, 多为地理方面的内容。

韦廉臣(Alexander Williamson, 1829—1890), 苏格兰人, 1855年来到上海, 后因身体原因回英国。之后脱离伦敦传教会, 1863年受苏格兰圣经会派遣再次来到上海。他是后来影响巨大的广学会的主要发起人, 并担任第一任总干事。1890年在中国去世。韦廉臣发表在《六合丛谈》的文章也很多, 主要有:《约书略说》《上帝必有》《万物之根是上帝非太极》《上帝莫测》《上帝自然而有无生死无始终》《上帝无不在上帝无不知》《上帝乃神　天地万物惟上帝是主》《论性》《灵魂说》《格物穷理论》《论孝》, 以传道文章为主。为《六合丛谈》写稿的同时, 他还与李善兰合作翻译了《植物学》, 在传播西学方面做了大量工作。

上述4位《六合丛谈》的主要撰稿人, 有许多颇为相似的地方。他们都是在19世纪20年代后期到40年代前期之间接受的教育,这些教育成为《六合丛谈》赖以存在的学术资本。除韦廉臣以外的3人都是在1847—1848年间来到中国的。他们各自术有专攻,"慕维廉在地理方面,艾约瑟在力学方面,韦廉臣在植物学方面,伟烈亚力在数学、天文学以及力学方面,都翻译出版了中文书籍①。与其说他们是因为翻译才第一次接触到这些学问,不如说他们更有可能是在学校或者其它途径接受过这方面的教育。也就是说可以认为,他们来华之前,都在具备数学、科学、地理等现代课程的学校学习过,而且拥有对这些学问的认识。"②

我国近代报刊先驱王韬也是《六合丛谈》的撰稿人。王韬(1828—1897),本名王利宾。他于1849年进入上海墨海书馆工作,担任中文助手,一直到1862年。最初两三年主要是协助麦都思将《圣经》与其他宗教书籍译成中文,后来翻译科学书籍,特别是与《六合丛谈》的编辑出版与翻译发生了密切联系,他被传教士林乐知誉为"中国最有才干的人之一"③。

王韬以王利宾本名在《六合丛谈》发表的文章仅一篇,即第1卷第9号的《反用强说》。但未署名的文章中也有王韬撰写和翻译的,例如发表在《六合丛谈》的《重学浅说》《西洋原始考》《西国天学源流》《华英通商事略》均未署名,后来在上海美华书院出版的王韬的《西学辑存六种》将这4篇收入其中。王韬在《弢园著述总目》中称《西学天国源流》一卷为"西士伟烈亚力口译,长洲王韬笔受"④。王韬还回忆了翻译的经过:"余少时好天文家言,而于占望休咎之说颇不甚信,谓此乃谶纬述数之学耳。弱冠游沪上,得识西士伟烈亚力,雠校余闲,辄以西事相咨询,始得窥天学之绪余。适李君壬叔自檇李来,互相切磋。一日,询以

---

① 慕维廉有《地理杂志》(1853—1854年),艾约瑟有《重学》(1859年),韦廉臣有《植物学》(1858年),伟烈亚力有《数学启蒙》(1853年)、《续几何原本》(1857年)、《重学浅说》(1858年)、《代数学》(1859年)、《代微积拾级》(1859年)、《谈天》(1859年)。参见〔日本〕八耳俊文《在自然神学与自然科学之间——〈六合丛谈〉的科学传道》,载沈国威编者:《六合丛谈:附解题·索引》,上海辞书出版社,2006年版,第137页注释。

② 〔日本〕八耳俊文:《在自然神学与自然科学之间——〈六合丛谈〉的科学传道》,载沈国威编者:《六合丛谈:附解题·索引》,第133页。

③ 〔美〕柯文著,雷颐、罗检秋译:《在传统与现代性之间——王韬与晚清革命》,江苏人民出版社,1998年版,第78页。

④ 王韬:《弢园著述总目》,载《弢园文录外编》,中华书局,1959年版,第389页。

西国畴人家古今家来凡有若干,伟烈亚力乃出示一书,口讲指画,余即命笔志之,阅十日而毕事。于是西国天学源流,犁然以明,心为之大快。"①

《西国天学源流》是关于西洋天文学历史的著作。《重学浅说》则向中国读者介绍了西方近代力学,在收入王韬的《西学辑存六种》时署名为"西士伟烈亚力口译,长洲王韬笔录"。王韬在《弢园著述总目》中,称《重学浅说》一卷"西士伟烈亚力口译,长洲王韬笔受。……是书向编入《六合丛谈》中,亦有单行本,后乃冠于艾约瑟所译重学之首,余与伟君皆未署名"②。

王韬除了自己所写所译,《六合丛谈》的许多传教士文章都经过他的润色加工,甚至墨海书馆很多传教士的中文文章、著作都经过他的加工润色。

此外还有两位中国人为《六合丛谈》撰稿,他们是第1卷第4号的《用强说》作者韩应陛;第1卷第2号的《海外异人传 该撒》作者蒋敦复。

出版在上海的《六合丛谈》与出版在香港的《遐迩贯珍》有许多相似之处,有研究者称之为"姊妹刊物"。"首先是,该刊命名的构想就和《遐迩贯珍》十分相似。'六合'是'上下四方',指宇宙;《六合丛谈》的意思是宇宙之间,无所不谈。显然,这是模仿《遐迩贯珍》谈论'远近事物'的命名法。其次是,该刊封面与《遐迩贯珍》完全相同,刊名用大号字排写在封面正中,右侧载出版年月日(年号)和序号,左下写着:'江苏松江上海墨海书馆印'③,《遐迩贯珍》则为'香港中环英华书院印刷'。"④

此外,还有许多相似之处,例如,与《遐迩贯珍》一样,《六合丛谈》也详列英文目录。《遐迩贯珍》的英文名是 *Chinese Serial*,《六合丛谈》的英文名为 *Shanghai Serial*,都用了 Serial 这个词,意为期刊、连续出版物。

---

① 《西学辑存六种》,淞隐庐活字本,1890年版,第27下—28页上。转引自《解题——作为近代东西(欧、中、日)文化交流史研究史料的〈六合丛谈〉》,载沈国威编著:《六合丛谈:附解题·索引》,上海辞书出版社,2006年版,第26页。
② 王韬:《弢园著述总目》,载《弢园文录外编》,中华书局,1959年版,第390页。
③ 当时的上海县属于江苏省松江府,故有"江苏松江上海墨海书馆印"字样。
④ 〔新加坡〕卓南生:《中国近代报业发展史》,中国社会科学出版社,2002年版,第88—89页。

日本学者沈国威以英国图书馆、日本宫城县图书馆所藏《六合丛谈》为底本,将该报刊在日本影印出版。2006年12月,上海辞书出版社翻译出版了这一影印本,书名为《六合丛谈:附解题·索引》。它除影印《六合丛谈》全文,还附有日中两国学者对《六合丛谈》所做的解题、研究论文和全文词汇索引,为研究提供了便利。

二、《六合丛谈》的宗旨与内容

1."通中外之情"

与《东西洋考每月统记传》《遐迩贯珍》一样,《六合丛谈》虽为传教士所办,但不是以宣传宗教为主的报刊,而是一份综合性报刊。其办刊宗旨,在伟烈亚力《六合丛谈小引》中有所体现:

> 溯自吾西人,越七万余里,航海东来,与中国敦和好之谊,已十有四年于兹矣。吾国士民,旅于沪者,几历寒暑,日与中国士民游,近沪之地,渐能相稔。然通商设教,仅在五口,而西人足迹未至者,不知凡几。兼以言语各异,政化不同,安能使之尽明吾意哉?是以必颁书籍以通其理,假文字以达其辞,俾远方之民与西土人士,性情不至于隔阂,事理有可以观摩,而遐迩自能一致矣。……今予著六合丛谈一书,亦欲通中外之情,载远近之事,尽古今之变。见闻所逮,命笔志之,月各一编,罔拘成例,务使穹苍之大,若在指掌,瀛海之遥,如同衽席。是以琐言皆登诸记载,异事不壅于流传也。是书中所言天算舆图,以及民间事实,纤悉备载。①

中国开放港口有限,仅五口,更因语言不同、政治文化各异,中国人不能很好地了解西方人。在这种情况下,最好的办法是通过报刊与书籍进行宣传,"俾远方之民与西土人士,性情不至于隔阂"。况且,中国人需要了解的东西很多。《六合丛谈二卷小引》写道:"学问之道无穷矣,上而天文,下而地理,中而人事,纷赜变化,莫可端倪。"②这些都是

---

① 《六合丛谈小引》,《六合丛谈》第1卷第1号,1857年1月26日。
② 《六合丛谈二卷小引》,《六合丛谈》第2卷第1号,1858年2月14日。

中国人需要了解的。

可见,创办《六合丛谈》的目的,是为了"通中外之情",使中国人更好地了解西方,同时促进东西方的相互了解。

2. 积极传播西学与西方文明

从其办刊宗旨出发,《六合丛谈》不是一份以宣传宗教为主的报刊。它的内容包括科学、文学、新闻、宗教、进出口货单等,宗教只是其中的内容之一。这从《六合丛谈》的目录可以看出来:

第1卷第1号(咸丰七年正月)
  小引
  丁巳元旦列国历纪
  地理　地球形势大率论(慕维廉)
  希腊为西国文学之祖(艾约瑟)
  约书略说(韦廉臣)
  泰西近事纪要
  印度近事/金陵近事
  粤省近事述略
  月历/进口货单/出口货单/银票单　水脚单
第2卷第1号(咸丰八年正月)
  正月历
  小引
  戊午元旦各历
  论内省之学(艾约瑟)
  总论耶稣之道　耶稣明证(慕维廉)
  西国天学源流(续十号)
  重学浅说　总论
  新出书籍
  泰西近事述略
  进口货单/出口货单/船单

以上是其中2期目录,可以看出宗教文章数量不多。我们再对照宗教与非宗教文章所占篇幅,也能看出非宗教文章的主导地位:

号　数	非宗教(页)	宗教(页)	总页码
第1号	13.5	2.5	16
第2号	11.5	3.5	15
第3号	10.5	3.5	14
第4号	9.5	6.5	16
第5号	9	3	12
第6号	9.5	4.5	14
第7号	13	4	17
第8号	11	2	13
第9号	11	4	15
第10号	8.5	4.5	13
第11号	10.5	4.5	15
第12号	9.5	2.5	12
第13号	14	4	18
第14号	14	5	19
第15号	23.5	5.5	29
合　计	170.5	59.5	238

资料来源：〔日本〕沈国威编著《六合丛谈：附解题·索引》，上海辞书出版社，2006年版，第24页。

代表性的宗教文章是韦廉臣的"真道实证"栏目下的《约书略说》《上帝必有》《万物之根是上帝非太极》《上帝莫测》《上帝自然而有无生死无始终》《上帝无不在　上帝无不知》《上帝乃神　天地万物惟上帝是主》等文章，以及慕维廉的"总论耶稣之道"栏目下的《耶稣异迹论》《耶稣预言论》《耶稣传道论》《耶稣明证》等文章，前者是关于自然神学的内容，后者则对耶稣的言行、事迹、传道、预言等进行说明。它们都是连载文章，所占篇幅为所有宗教文章篇幅的一半以上。

介绍西学是《六合丛谈》的重要内容。伟烈亚力在创刊号上发表的《六合丛谈小引》是一篇介绍西方近代科学的重要文献：

　　一为化学。言物各有质，自能变化。精识之士，条分缕析，知有六十四元，此物未成之质也。

　　一为察地之学。地中泥沙与石，各有层累，积无数年岁而成。细为推究，皆分先后。人类未生之际，鸿濛甫辟之时，观此朗如明鉴，此物已成之质也。

　　一为鸟兽草木之学。举一骨，即能辨析入微，知全体形状之殊异，植群卉，即能区别其类，知列国气候之不同。

一为测天之学。地球一行星耳,与他行星同。远地球者为定星,定星之外,则有星气。星气之说,昔以为天空之气,近以远镜窥之,始知系恒河沙数之定星所聚而成。今之谈天者,其法较密于古。……

一为电气之学。天、地、人、物之中,其气之精密流动者曰电气。发则为电,藏则隐含万物之内。昔人畏避之,以其能杀人也。今则聚为妙用,以代邮传,顷刻可通数百万里。

别有重学,流质数端,以及听视诸学,皆穷极毫芒,精研物理。①

这是向中国人介绍西方近代科学的学科规模和分类的一份重要文献,诸如"化学""察地之学""鸟兽草木之学"等近代学科分支,都是中国人首次听到的。

天文学方面,代表作是伟烈亚力与王韬合译的《西国天学源流》。它分8期连载(第1卷第5号、9号、10号、11号、12号、13号,第2卷第1号、2号),系统地介绍了从古代开始直到1846年西洋天文学的历史,阐述了西方宇宙观的演进史,特别是对日心地动学说的发展做了详细介绍。对于近代以来西方著名的天文学家的生平和成就,以及格林尼治天文台的历任英国皇家天文学家也有比较系统的介绍,对于中国读者了解西方近代天文学很有帮助。

《六合丛谈》中有关数学的文章是第1卷第7号的《造表新法》、第2卷第2号的《新出算器》。《西国天学源流》还特别说明数学是跟其他科学有着紧密联系的学科。

至于力学,其代表作是伟烈亚力与王韬合译的《重学浅说》,连载于《六合丛谈》第2卷第1号和第2号。它介绍了力学之由来、力学之分类,并阐明重学与地球、重学与摄力(今译引力)之间的关系,研究重学的意义。《重学浅说》的许多内容在西方力学东传中国的历史中有重要价值,时人赞其"意简词明,最省便览"。

地理是《六合丛谈》的显著内容,直到第1卷第8号,地理始终置于《六合丛谈》首要位置。而且,有关地理的文章数量颇巨,主要有:《地

---

① 《六合丛谈小引》,《六合丛谈》第1卷第1号,1857年1月26日。

球形势大率论》《释名》《水陆分界论》《洲岛论》《山原论》《地震火山论》《平原论》《洋海论》《潮汐平流波涛论》《湖河论》《地气》等。第1卷第1号慕维廉对于地理有一个总的介绍："地理者,言地面形势,分质政二家。质家言地乃水土所成,及土之位置、广大、高低、形势大略,水之位置、广大、深浅、流动之理也。总之水土支干,气化不同,故禽兽草木随地而异,各有限界,此言地质者之至要也。政家详地之郡国省县,与各国界限、典籍、土产、贸易、户口、律例、教俗等事。"①文中所称的"质政二家",正是如今地理学的两个主要分支学科自然地理学与人文地理学。

《六合丛谈》不仅向中国人介绍了近代科学,还向中国人阐明了近代科学的重要意义。刊登在《六合丛谈》第1卷第6号的韦廉臣所写的《格物穷理论》,是一篇阐述近代科学重要意义的文章,文中所称的"格物穷理"指的是近代意义的科学研究。它提出了科学技术决定国家富强的观点。韦廉臣在文章中写道："国之强盛由于民,民之强盛由于心,心之强盛由于格物穷理。……精天文则能航海通商,察风理则能避飓,明重学则能造一切奇器,知电气则万里之外音信顷刻可通,故曰心之强盛由于格物穷理。"②韦廉臣详细介绍了科学技术在农业、工业、交通、通讯等方面的应用,对西方社会生活、对人们衣食住行改变的巨大作用:"昔以木犁犁田,今准重学理造一器,可代十二犁。昔以锄锄地,今造一器,可代三十人力。昔以镰获,今造一器,一日可割稻三十六亩。昔日之麦,打之,播之,磨之,一须人力,今造一器,能自打自播自磨。其机之轮,或藉火轮,或水或风,器有大小,可代三百至五百人工。……昔用牛马驾车,用帆橹行船,甚费且迟。今造火轮车路、火轮船,其速过于风,故视远若近。人货往来,便而且省。……故穷乡民农,米麦瓜果,运入城市卖之,转瞬可至。"③韦廉臣感慨的是,中国人对此一无所知,而把精力耗费在无用的八股文上:"我观中国人之智慧,不下西土,然而制造平庸,……中人乃以有用之心思,埋没于无用之八股……我望中国亦仿此为之,上为之倡,下必乐从。如此十年,而国不富强者,无是理

---

① 《六合丛谈》第1卷第1号,1857年1月26日。
② 韦廉臣:《格物穷理论》,《六合丛谈》第1卷第6号,1857年6月22日。
③ 同上。

也。"①日本学者八耳俊文评论道,韦廉臣在这篇文章中,"认为中国的智慧不比西洋逊色,西洋一百年前也和中国一样处于偏重古典的状态,不过现在西洋以非常积极的态度重视科学技术。也就是说,现在的中国与西洋的差别在于是否关心科学技术。"②

韦廉臣所阐述的关于科学技术重要作用的观点,对中国人而言是一种全新的观念。

新闻也是《六合丛谈》的重要内容。《六合丛谈二卷小引》阐述了编者对于新闻的看法:"四海虽远,在一积块中耳,兆民虽多,由一始祖生耳。一国有事,列国亦必共闻,庶几政令流通,风行雷厉,此泰西近事之所由译也。览之可以明治乱盛衰之故,乖和兴废之端。"③

《六合丛谈》"泰西近事述略"栏目

该刊的新闻,以欧洲新闻为主,在"泰西近事述略"栏目中刊出。这一栏目,除第2卷第2号外,每期皆设,而且内容很丰富。其他如"印度近事""南洋近事""澳大利亚近事""缅甸近事""日本近事"也偶有

---

① 韦廉臣:《格物穷理论》,《六合丛谈》第1卷第6号,1857年6月22日。
② 〔日〕八耳俊文:《在自然神学与自然科学之间——〈六合丛谈〉的科学传道》,载沈国威编校:《六合丛谈:附解题·索引》,上海辞书出版社,2006年版,第130页。
③ 《六合丛谈二卷小引》,《六合丛谈》第2卷第1号,1858年2月14日。

刊出。

克里米亚战争、印度大叛乱、亚罗号事件等在《六合丛谈》得以报道,体现了伟烈亚力在《六合丛谈小引》中所说的"亦欲通中外之情,载远今之事,尽古今之变"的精神。

《六合丛谈》的新闻来源,与《东西洋考每月统记传》《遐迩贯珍》一样,主要是通过外国轮船带到上海的资料与信件,从中获悉欧洲国家的消息。在当时情况下,伟烈亚力无法从别的途径获知世界各地的新闻。第1卷第5号"泰西近事述略"栏的编者按,记载了外国轮船带来消息的经过:"二月十有五日,邮寄信札始离英京伦敦,三月八日离孟买,十六日离加利,二十一日离息腊,四月六日抵香港,福摩沙驿船于十二日抵沪,所递近事如左。"①第2卷第1号"泰西近事述略"栏的编者按又写道:"十月十一日,邮寄信札,离英京伦敦,至马塞里,由罚勒带驿船至马达岛,由尼米雪船至亚力山太,复从陆路至苏夷士,由孟加拉驿船至孟买。十一月初一日,自彼启行至锡兰之加利,初七日,由凹达瓦船离加利,十八日离新嘉坡至香港,十二月初四日,福摩沙船自香港启行,十一日抵吴淞口,所递近事如左。"②

《六合丛谈》关于中国国内新闻也设有几个栏目,即"粤省近事述略""粤东近事""金陵近事""中华近事"等。但总的来说,中国国内新闻数量不多,这与当时处于第二次鸦片战争期间,中英关系非常微妙有一定关系,为了避免激怒中国人,干脆少登有关中国的新闻。例如亚罗号事件,在事件发生到议会解散阶段,《六合丛谈》都作了详细报道,但随后事件的发展与中国联系越来越紧密,《六合丛谈》就不再作报道了。

创刊初期新闻所占篇幅比较多,那时占全刊的二分之一或三分之一,后来逐渐减少,最后一期干脆不登新闻了。

《六合丛谈》设有"新出书籍"栏目,每期介绍几本新书。《六合丛谈》编者介绍了设此栏目的目的:"中国微有所不足者,在囿于见闻,有美不彰,苟且自域,宜播无从。偶有一书出,传之不远,不能遍告同人,使之不胫而走,迟之数月,或数年,尚无有知其名,遇而闻之者,甚者,庋

---

① 《六合丛谈》第1卷第5号,1857年5月24日。
② 《六合丛谈》第2卷第1号,1858年2月14日。

之于高阁，有辜作者之盛意。西国苟著新书，人必争售，一月间家置一编，此新出书籍之目，所以每月必书也。"①

　　开始时书籍是在"杂纪"栏中介绍的，例如慕维廉的《大英国志八卷》在第1卷第2号"杂纪"栏中介绍，第5号起不设"杂纪"栏。第7号介绍了两本新书，一本是传教士所写的《地球说略》，在"地志新书"中介绍，另一本是《指迷编》，在"戒烟新书"题目下介绍。第1卷第8号开始设"新出书籍"栏，此后就由这一栏目专门对新出书籍进行介绍。例如第1卷第12号的"新出书籍"是这样介绍合信的书的："《西医略论》，英国医士合信所作。……辨症制药之方，靡不赅备，理取真实，词务浅显，说所不能尽者，助之以图。计为论数十，为图四百余，其详于外症者，因外症易见，可使华人照方施治也。此真为世间有用之书"②。

　　上海是重要的外贸集散地，所以《六合丛谈》非常重视商业。《华英通商事略》(刊登于第1卷2号、6号、7号、8号、9号、10号)，以英国东印度公司为中心，详细记载了中英通商的历史，从明朝万历年间开始，

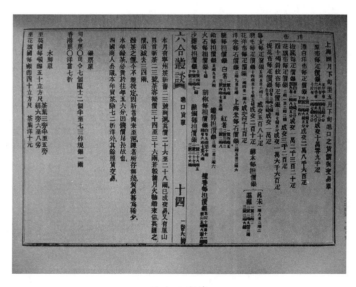

进出口货单

---

① 《六合丛谈二卷小引》，《六合丛谈》第2卷第1号，1858年2月14日。
② 《六合丛谈》第1卷第12号，1857年12月16日。

一直写到鸦片战争为止。王韬在将《华英通商事略》收入《西学辑存六种》时,在跋文中写道:"贸易愈盛则技艺愈精,人民愈众,保大丰财,不外乎此。"①

《六合丛谈》刊登"进口货单""出口货单"等商业信息,详细介绍上海进出口商品以及贸易量。此外还刊登上海港口商船信息、"银票单"、"水脚单"。这些商业信息刊于每期的最末。对此,《六合丛谈》曾有说明:"每号尾附载货单,使各商知货值昂贱,可以消费得时,盖此书命意,务欲公诸同好,不以雅俗为优劣也。"②

《六合丛谈》不仅详细刊登贸易信息,还反对轻视商业活动,反对将经商鄙视为"俗"的看法③。

《六合丛谈》刊登当月的天文历,其依据是英国格林尼治天文台的《大英航海历书》。伟烈亚力在《六合丛谈二卷小引》中说:"凡每号首所载月历,亦可助测望之学,此历经英历官刊定,推算精核,躔度之次,分列明析,天文家购新器窥测,即以月历为准,而器之精否,亦以此可别。"④

总之,《六合丛谈》积极传播西学与西方文明,其意图是让中国人更好地了解西方,从而促使中国人认识到要向西方学习。

三、停刊及其影响

1.《六合丛谈》的停刊以及停刊原因的讨论

《六合丛谈》于1858年6月出版第2卷第2号后突然停刊,而在此前没有任何停刊的迹象。终刊号前一期的第2卷第1号,与创刊的第1卷第1号一样,还刊登了伟烈亚力写的《小引》,指出第2卷的各个栏目不会削弱,反而会进一步"畅说其理",将继续介绍地理及天文学方面

---

① 《西学辑存六种》,淞隐庐活字本,1890年版,19页上。转引自《解题——作为近代东西(欧、中、日)文化交流史研究史料的〈六合丛谈〉》,载沈国威编著:《六合丛谈:附解题·索引》,上海辞书出版社,2006年版,第27页。
② 《六合丛谈二卷小引》,《六合丛谈》第2卷第1号,1858年2月14日。
③ 同上。
④ 同上。

的知识,并要详细讨论动植物、地质学等内容,欢迎中国的"名人硕士"投稿。但是第2号迟迟未出,直到4个月后的1858年6月才面世,而且成了终刊号。这一期页码特别多,达29页,是以前各期的两倍,说明停刊也非稿源不足。

关于《六合丛谈》的停刊,慕维廉发表了一则声明:

> 本管理委员会经过讨论,作出了停止出版《六合丛谈》的决定。委员会兹借停刊号出版之机,说明创刊以来捐款、收入以及支出的明细。

收入方面		支出方面	
上海的外国人的购读费	791 352 文	印刷费	966 730 文
上海的中国人的购读费	75 834 文	宣传费	12 000 文
福州地区的购读费	111 470 文		
合计	978 656 文	合计	978 730 文

资料来源:《解题——作为近代东西(欧、中、日)文化交流史研究史料的〈六合丛谈〉》,载沈国威编著《六合丛谈:附解题·索引》,上海辞书出版社,2006年版,第33页。

从上表可知,《六合丛谈》的主要订户是居住在上海的外国人,他们的订阅费占总数的81%,上海的中国人的订阅费不到总数的8%,其他的11%来自福州的中外读者。收入与支出相比,支出超过收入74文,而每本杂志的售价12文,可见74文是完全可以忽略的,收支基本平衡。不少学者认为,停刊是由于经费不足之说不能成立。

"显然,是编辑者所无法控制的原因使这个刊物突然终止了。"[①]有学者提出,《六合丛谈》停刊的真正原因,可能是在沪传教士之间在编辑方针上存在的重大分歧造成的[②]。

1858年4月26日,伟烈亚力给伦敦传教会的信中写道:"因为与居住在上海的外国人之间存在着利益的冲突,最终得出停刊是明智之举的结论。因为我们不能让杂志的出版证明杂志本身不利于我们所追求的事业的进展。"[③]"与居住在上海的外国人之间存在着利益的冲突"

[①] 王扬宗:《〈六合丛谈〉所介绍的西方科学知识及其在清末的影响》,载沈国威编著:《六合丛谈:附解题·索引》,上海辞书出版社,2006年版,第155页。
[②] 《解题——作为近代东西(欧、中、日)文化交流史研究史料的〈六合丛谈〉》,载沈国威编著:《六合丛谈:附解题·索引》,上海辞书出版社,2006年版,第34—35页。
[③] 同上书,第34页。

具体指什么我们并不清楚,但是,外国传教士关于《六合丛谈》的编辑方针之间的冲突确是存在的。伟烈亚力是《六合丛谈》的主编,他一直主张科学传道,借传播科学达到传道的目的,认为"格致之学有与圣道相符",科学与传道有着如同车子的两轮一样不可或缺的关系。而且他非常理解中国人和中国文化,主张利用报刊多向中国人传授实用知识。因此作为《六合丛谈》的主编,他把介绍西方科学知识、介绍西方各国情况作为报刊的重点,其目的是吸引中国的士人阶层,然后达到传教的目的,这些士人用其他手段是不能引起他们的兴趣的。所以,《六合丛谈》想利用中国人对科学知识探求的特点,进而引起他们对西教的兴趣,以达到传教的目的。

伟烈亚力的这种观点,在《六合丛谈》创刊之初得到了大家的认同。但后来,传教士内部表现出了不同意见。因为传教士看到,通过科学传道只是他们的一厢情愿,中国的知识分子仅仅对他们的科学感兴趣,而对西方的基督教没有热情,《六合丛谈》传播了西学,但传教收效甚微。这从聚集在墨海书馆周围的一些中国士人的态度也可以看出来。

墨海书馆是伦敦传教会上海传教站的一个出版机构。与《六合丛谈》有关系的中国人大致可分为三种:第一种是直接撰稿人和合作译者,如王韬、蒋敦复、韩应陛;第二种是墨海书馆所雇翻译西书的士人,如李善兰、管小异;第三种虽非墨海书馆雇员,但与《六合丛谈》主要撰稿人关系密切,如张文虎①。无论哪一种中国人,从来不曾认为他们与伦敦传教会以及与基督教有什么关系。他们中的许多人屡试不第,还有些人穷困潦倒,他们是为解决生计而不是为了信教来到墨海书馆的。在墨海书馆的中国士人中,除了落魄文人谋生外,还有一些人是为西学而来,例如管小异,情愿放弃科举,到墨海书馆翻译西学,但决不翻译《圣经》。

这引起了一些传教士对《六合丛谈》办刊方针的质疑,慕维廉就是其中之一。

慕维廉在当时上海的传教士中是具有很大影响力的人物,他虽然不是《六合丛谈》的主编,但具有潜在的控制力。开始他支持在中国传

---

① 周振鹤:《〈六合丛谈〉的编纂及其词汇》,载沈国威编著:《六合丛谈:附解题·索引》,上海辞书出版社,2006年版,第166页。

播科学知识,但是后来认为中国人太功利,只对科学知识感兴趣而对基督教毫无兴趣,于是改变了普及科学知识的态度。他认为,出版报刊完全是为了传教,如果不能传教,报刊也就失去了存在的理由。他曾试图改变《六合丛谈》的编辑方针,但未获成功,停刊也就成了应有的选择,因为《六合丛谈》的创办无助于传教活动的开展,也无助于中国人皈依基督教。《六合丛谈》停刊后,慕维廉在一封信中写道:"扶植或教授科学的各种知识,从某种意义上来说是一件愉快而且有益的事情。不过,这并不是推进福音传播的直接工作。而且对信仰坚定、能力优异的传教士来说,这并不是必不可缺的东西。"①

与《六合丛谈》停刊相呼应的是,1860 年以后,墨海书馆停止出版科学书籍,这样一来,墨海书馆也走到了它的尽头。"中国知识分子中的一部分人到墨海书馆去追求新知识,社会对此是宽容的。但是,墨海书馆一旦不再起传播西学的作用,那么对他们来说,就没有理由再与墨海书馆以及伦敦传道会上海布教所发生关系了。因此,《六合丛谈》的停刊,不仅是墨海书馆结束的前兆,也预示着伦敦传道会影响力的减退。"②

2. 与《东西洋考每月统记传》《遐迩贯珍》相比较

从《察世俗每月统记传》到《六合丛谈》为止的所有传教士中文报刊,可以分为三种类型:《察世俗每月统记传》与《特选撮要每月纪传》为第一种类型,属于宗教报刊;《天下新闻》《各国消息》《中外新报》为第二种类型,偏重于新闻;《东西洋考每月统记传》《遐迩贯珍》《六合丛谈》为第三种类型,既具学术性,又有新闻性,还带有一定的宗教性,它们在传播西方文明方面所起的作用超过前两种类型。《东西洋考每月统记传》《遐迩贯珍》《六合丛谈》是 19 世纪 60 年代以前传教士在中国创办的中文报刊中影响最大的报刊。

三份报刊都为传教士所办,它们的内容都有西方科学的介绍、新闻

---

① 慕维廉 1858 年 7 月 29 日的信件,《教务杂志》1858 年 11 月,第 244 页。转引自《解题——作为近代东西(欧、中、日)文化交流史研究史料的〈六合丛谈〉》,载沈国威编著:《六合丛谈:附解题·索引》,上海辞书出版社,2006 年版,第 35 页。
② 《解题——作为近代东西(欧、中、日)文化交流史研究史料的〈六合丛谈〉》,载沈国威编著:《六合丛谈:附解题·索引》,第 35 页。

以及商业信息。但是，三个报刊在办刊思路、办刊手段上仍有区别。《东西洋考每月统记传》为郭实腊所办，郭实腊能"像一个中国人"一样在中国人当中活动，他不仅能讲普通话，还能讲闽、粤方言，是《南京条约》中文草稿的起草人，鸦片战争后，一度担任英军占领下的定海和宁波的民政长官。但是，郭实腊对于中国文化的了解仍然是浮于表面的，例如他认为《红楼梦》的内容都是些"琐屑无聊之谈"，还说贾宝玉是"一个性情暴躁的女子"。郭实腊虽然号称"中国通"，但对中国人与中国文化的了解不如后来的伟烈亚力，他对于中国人带有一种居高临下的态度："编者更属意于陈述事实，使中国人确信他们还有很多东西要向我们学习。"《遐迩贯珍》已没了这种居高临下的态度，其创刊号的序言写道："彼此不相交，我有所得不能指示见授，尔有所闻无从剖析相传。倘若此土恒如列邦，准与外国交道相通，则两获其益。"而《六合丛谈》态度更为平和，伟烈亚力所撰《小引》阐明办刊目的仅是通中外之情而已："今予著《六合丛谈》一书，亦欲通中外之情，载远近之事，尽古今之变。"有学者认为："郭实腊是以批评中国文化的不行来传播新学与宗教，而伟烈亚力则是以中国文化需要补充新知识，来宣传宗教与传播西学的。"①

《东西洋考每月统记传》所介绍的西学偏重于实用知识，对基础知识与各国概况介绍也颇为重视。这些是对西学处于启蒙阶段的中国人最能接受的知识。

《遐迩贯珍》与《六合丛谈》则引进了西方科学的新概念，同时扩大学科门类，并且加强了理论性。因为19世纪50年代的中国人比起20多年前更多地了解了西方世界与西方人。这两种同是50年代出版的报刊比较起来，也有一些区别，《遐迩贯珍》连载已经出版的书籍比较多，《六合丛谈》刊登的则多为新稿。

相对于《东西洋考每月统记传》《遐迩贯珍》，《六合丛谈》的文字更为出色。这是因为伟烈亚力以及《六合丛谈》的其他主要撰稿人，他们的中文水平比以前的传教士都要好，而且他们得到了中国士人的帮助。在墨海书馆工作的中国知识分子不懂西文，所以他们只能与传教士合

---

① 周振鹤：《〈六合丛谈〉的编纂及其词汇》，载沈国威编著：《六合丛谈：附解题·索引》，上海辞书出版社，2006年版，第162页。

作翻译西学,或者为传教士润饰文字。由于他们熟悉中国典籍,对本国文化与风俗习惯有深透的了解,在传教士口述出基本意思后,他们就能写出符合汉语规范的文章,而且能找寻出较为合适的表达新概念的专有词汇。由于他们的加入,《六合丛谈》的文章比此前所有中文报刊的文章更为中国化,文字也更为出色。

《六合丛谈》还有比较明确的专栏,它们是:"西学说""地理""真道实证""总论耶稣之道",新闻方面则有"泰西近事述略""南洋近事""印度近事""缅甸近事""金陵近事""粤省近事""粤东近事"等。

周振鹤在他的研究文章中认为,《六合丛谈》的影响超过《东西洋考每月统记传》与《遐迩贯珍》。这是因为:第一,《六合丛谈》创刊时间晚,中国已经比过去更多地卷入了世界事务之中,了解西方的中国人远比过去为多;第二,前两份报刊偏在南方一隅,甚至一度远在南洋,从地域上看,《六合丛谈》的影响超过它们;第三,《六合丛谈》更加偏重学术,尤其是在中国人底气十足的人文科学方面[①]。

3.《六合丛谈》的发行及其历史作用

《六合丛谈》刚创刊时,情况非常乐观,第 1 卷 1—5 号印数达到 5 000—5 190 册。主要撰稿人韦廉臣在 1857 年 4 月写的一封信颇能说明问题:"《六合丛谈》于中国新年创刊,每月出版一期。它兼具报纸与杂志性质,包含一两篇宗教文章,一篇科学内容,一篇一般文字,还有简要的当地与外国新闻等。售价不到一便士。当地的中国商人对之很感兴趣,他们已经预定了每月八百多份的全年份额。……外侨社区也为他们的佣人预定了将近九百份,所以我们光在上海每月就能售出一千七百份。已经出版的三期很受中国人欢迎,我们对未来充满希望。由于同胞们和其他人的慷慨解囊,已经有一笔基金入账,使得我们能够向附近城市和其他港口免费赠送本刊三千五百份,我们应该对他们表示深挚的谢意。"[②]

《六合丛谈》的发行量后来有所下降,第 1 卷 6—7 号为 4 000 册,

---

① 周振鹤:《〈六合丛谈〉的编纂及其词汇》,载沈国威编著:《六合丛谈:附解题·索引》,上海辞书出版社,2006 年版,第 161—162 页。
② 《传教杂志》,1857 年 7 月号。转引自周振鹤:《〈六合丛谈〉的编纂及其词汇》,载沈国威编著:《六合丛谈:附解题·索引》,上海辞书出版社,2006 年版,第 177 页。

9—13号为3 000册,第2卷1—2号为2 500册。即使有所下降,在当时情况下,这也是很为可观的发行数字。而且,第2卷第1号编者还在努力地推销自己:"前卷所述,文浅意陋,有惭大雅,且疵累百出,未免挂一漏万,望博雅君子,勿加讥哂。幸进而教其不逮焉,苟有嘉章,亦可邮筒寄示,如前卷所登数则,皆蒙不弃弇鄙,以所志相告,有疑共析,有奇共赏。好学深思之士,类皆如是,此则余所望于中国之名人硕士者也。"①

《六合丛谈》是伦敦传教会在中国的出版机构墨海书馆的出版物,它只是墨海书馆众多出版物中的一种,"但是,作为期刊,《六合丛谈》自有其灵活性,可以补一般译著之不足;更为重要的是,对于我们探究晚清西学东渐源头重镇的墨海书馆和围绕着它的西方传教士和中国士绅团体,《六合丛谈》提供了更丰富的历史信息,从中我们可以了解他们对于近代科学的认识,他们传播科学新知所付出的努力及其影响。"②

《六合丛谈》是上海第一份近代中文报刊,它向中国读者广泛地介绍了19世纪西方各国及其近代文明的情况,有利于中国人更好地了解世界。

《六合丛谈》不仅对中国的知识分子产生了影响,对中国的商人阶层也有一定的影响,因为《六合丛谈》的内容不仅限于知识分子感兴趣的西学,还扩及商人十分关注的商业新闻。发行于外贸集散地上海的《六合丛谈》,刊登了"进口货单"、"出口货单"、上海港口商船讯息、"银票单"、"水脚单"等,这些都是商人十分关注的商业信息,势必引起一部分商人的注意。

从地域上看,《六合丛谈》的影响不止在上海,仅福州一带,《六合丛谈》至少卖出了9 000份。

《六合丛谈》是最早被译成外文的中文报刊之一。当时日本将《六合丛谈》以及《中外新报》作为办报样本译成日文在本国发行,因此日本有人说这些中文报刊是"我邦报纸的祖先"。《六合丛谈》出版后很快通过船运传入日本,有数据显示,咸丰七年正月出版的《六合丛谈》第1卷

---

① 《六合丛谈二卷小引》,《六合丛谈》第2卷第1号,1858年2月14日。
② 王扬宗:《〈六合丛谈〉所介绍的西方科学知识及其在清末的影响》,载沈国威编著:《六合丛谈:附解题·索引》,上海辞书出版社,2006年版,第155—156页。

第 1 号,同年六月就译成了日文在日本发行。《六合丛谈》的日本版称《官板六合丛谈删定本》,简称《官板六合丛谈》,不是对《六合丛谈》的全译,而是删去了所有宗教文章,贸易文章与月历则被视为没有必要而被全部或部分删去。

《六合丛谈》传入日本后,在日本获得了广泛的读者,尤其是日本的知识分子广为阅读,影响很大。当时正是日本明治维新前夕,日本的维新人士非常渴望了解西方、学习西方,他们到处求购介绍西学的书刊,《六合丛谈》适应了这一要求。1860 年遣美使节随员名村元度的《亚航日记》,记录了他们途经香港时求购《六合丛谈》等书刊的情况:"早晨四时与森田氏一起上岸,到英华堂与做英文翻译的中国人见面,购买《遐迩贯珍》、《六合丛谈》等书,然后独自上街游览。"①现在日本有二十多家图书馆收藏有《官板六合丛谈删定本》②。

---

① 《解题——作为近代东西(欧、中、日)文化交流史研究史料的〈六合丛谈〉》,载沈国威编著:《六合丛谈:附解题·索引》,上海辞书出版社,2006 年版,第 40 页。
② 同上书,第 36 页。

第七章 《万国公报》

一、从《中国教会新报》到《万国公报》

1. 传教士中文报刊在上海的扩展

第二次鸦片战争后,传教士在中国获得了更多的特权,这些特权保证了他们在各地从事传教活动的自由,传教士在中国的传教活动进入了稳步发展阶段。"1807年至1842年间,在华的新教传教士有24人,受洗教徒却不足20人。至19世纪末,有新教传教士约1 500人,教会团体61个,教徒约9.5万人。"①"天主教在华的传教活动在19世纪下半叶也有较大发展。1842年,全国大约有外籍神甫50余人,中国籍神甫80余人。……教徒共约有20万人。……至19世纪末,约有传教士400人,教徒74万人。"②随着传教士人数的增加,传教士在中国的办报活动进入了新的发展时期。

《六合丛谈》是传教士在上海创办的第一份中文报刊,此后,上海成了传教士办报活动最为活跃的地区。19世纪六七十年代,传教士在上海创办了一批中文报刊,数量颇为可观,它们是:1868年创刊的《中国教会新报》,1875年创刊的《小孩月报》,1876年创刊的《益智新录》,1876年创刊的《格致汇编》,1878年创刊的《益闻录》等。如此规模的办刊数量,如此密集的办刊速度,而且集中于一个城市,在传教士中文报刊史上是从未有过的,这也印证了第二次鸦片战争后上海已经发展成

---

① 王美秀等:《基督教史》,江苏人民出版社,2006年版,第376页。
② 同上书,第377页。

为传教士办报中心的说法。上述报刊中,《益闻录》是天主教会创办的,其余皆为新教所办。

19世纪六七十年代在上海创办的传教士中文报刊中,有一份报刊与众不同:它创刊时是宗教报刊,后来演变成为非宗教报刊,并在这一演变过程中日臻完美,迎来了传教士中文报刊发展史上最为辉煌的黄金时代,最后又由于各种原因使之重新向宗教报刊收缩,失去了昔日的辉煌,从而走到了尽头。这份报刊就是《万国公报》及其前身《中国教会新报》。

2.《中国教会新报》的创刊与主编林乐知

《中国教会新报》于1868年9月5日在上海创刊。这是一份以教徒为阅读对象的宣传宗教、联络教徒教友、传递教会信息的宗教报刊。《中国教会新报》为周刊,每年炎夏隆冬各休刊一周,因此每年刊出50期,合为一卷。用毛太纸印刷,大小如官版书,直行竖排。每期除封面外,正文4张(8页)。由林华书院出版发行,美华书馆印刷。订阅一年价洋银一元,林乐知说:"每年约五十本,价只取其一元,但此价不过敷其刻印摆字纸张之本,并寄各处脚力,非系欲创新报者靠此营生。"①

《中国教会新报》

《中国教会新报》的创办人与主编是美国监理会传教士林乐知(Young John Allen, 1836—1907)。林乐知于1836年生于美国佐治亚州。1859年偕妻子前来中国,翌年7月到达上海,当时林乐知年仅24岁。他后来回忆说:"余之初来中国也,在一千八百五十九年。其时汽船尚未发达,所乘者为夹板船,载重一千七百墩,由美国出大西洋,绕道好望角,过印度洋而至香港,继达上海,则距起程之期,历二百有十日,中有一百

---

① 《教会新报》合订本第一册,华文书局(中国台湾)影印本,1968年版,第9页。

三十六日漂浮大海之中。淼茫无垠,不见有地焉。"①

林乐知

林乐知来中国不久,美国发生了南北战争,蓄奴的佐治亚州参加了反联邦的战争,林乐知失去了本国教区经济上的支持,只得到处打工,他"贩卖过粮食煤炭,替洋行当过跑街——收购棉花或推销保险,为外国使领馆做过译员"②。南北战争迫使林乐知深入中国的商场与政界,不是以神职人员而是以世俗人员的身份观察中国社会。

1864年,林乐知被上海同文馆(后改称广方言馆)聘为"英文教习",所授之课深为学生欢迎。同时担任江南制造局翻译馆翻译,"这个翻译机构,荟萃了十九世纪晚期在上海的中外杰出学者,包括在华的英美和日本等国人士。他们各展所长,分工合作,口译笔述,成绩斐然。……就口译的论著数量来说,林乐知仅有八种,少于傅兰雅、伟烈亚力诸人,但影响不小。"③

1868年,林乐知担任《上海新报》的编辑工作。也就在这一年的9月,林乐知在上海创办了《中国教会新报》。后来他回忆当初创刊动机时说:"余年弱冠即来华海,欲求一民间之报馆而杳不可得,间尝接晤华人,亦鲜有能谈天下事者,回思欧美诸国创立日报、间日报、三日报、礼拜报、半月报、一月报、季报、年报,诸馆各就体例以传见闻,开拓心胸,启发智慧,至深且远,他事莫可比拟。中华为堂堂大国,乃竟相形见绌,不觉代为浩叹。"④

---

① 林乐知:《回国纪略》,《万国公报》第214册,光绪三十二年(1906年)十月。
② 朱维铮:《导言》,载李天纲编校:《万国公报文选》,生活·读书·新知三联书店,1998年版,第8页。
③ 同上书,第9页。
④ 林乐知:《重回华海仍主公报因献刍言》,《万国公报》第122册,光绪二十五年(1899年)二月。

当时的林乐知身兼数职,工作十分繁重。傅兰雅在林乐知逝世后为其所作诔辞云:"林氏当时工作,极度紧张,昼夜不息,无间风雨。每日上午在广方言馆授课,午后赴制造局译书,夜间编辑《万国公报》,礼拜日则尽日说教及处理教会事务。同事十年,从未见其有片刻闲暇。虽曾劝其稍稍节劳,以维健康",而他却以"体内无一根懒骨头"作答①。

从《中国教会新报》到后来的《万国公报》,几十年时间里一直由林乐知担任主编,期间林乐知多次因故回美,仅仅是这个时候才由陆佩、慕维廉、李提摩太等人暂时代为主编。戈公振为此感喟:"林乐知支持此报,先后至三十七年之久,其热心毅力,不能不令吾人钦佩也。"②清政府曾授以五品顶戴,以奖励其教学、办报、译书之功绩。林乐知在美期间,曾经受到美国总统接见,被美国舆论界称赞为在中国"传播种子的人"。

1907年林乐知在上海逝世,终年71岁。他于1860年来到中国,1907年去世,在中国整整生活了四十多年。林乐知自己说:"余来华四十年,自问无异于华人。"③他毕生在中国传教、办报、译书、兴学,精通汉语,懂得上海方言,对中国政治了解颇深。晚年时他回忆说:"余以美洲下士,寓居于中华者,历四十余年。其间撰著《万国公报》,历三十余年。设立中西书院、中西女塾、董理广学会译书,亦历十余年。实无一日不以兴华为念。且久居是乡,习知其事,视寓邦与宗邦无异,盖即人亦共称为寓华之老友,而深望逆旅主人之振兴者,几几乎存亡与共,忧乐与同矣。"④

3. 创刊宗旨及其主要内容

《中国教会新报》如它的报刊名所昭示的,是一份典型的宗教报刊。林乐知在创刊号中写道:

> 新闻一事,外国通行有年,如士农工商四等之人皆有新报。……在中国之传教外国牧师先生,久有十八省之外国字新闻

---

① 转引自刘家林:《中国新闻通史》,武汉大学出版社,2005年版,第56页。
② 戈公振:《中国报学史》,三联书店,1955年版,第70页。
③ 林乐知:《伤心篇》,《万国公报》第145册,光绪二十七年(1901年)正月。
④ 林乐知撰,任廷旭述:《论中华时局》,《万国公报》第157册,光绪二十八年(1902年)正月。

纸,月月流通,年年不断,多得备益。何独中国牧师讲书先生未得举行此事?兹特欲创其事,俾中国十八省教会中人,同气连枝,共相亲爱,每礼拜发给新闻一次,使共见共识,虽隔万里之远,如在咫尺之间。亦可传到外国有中国人之处。……况外教人亦可看此新报,见其真据,必肯相信进教。如大众同发热心行此新报,不独教会易于兴旺,而益处言之不尽也。其新闻纸所刻照官板书式大小,每次计四张,印八面,约大小字六七千字,做成一书,在内刻一圣经中图画。……倘新报有余地,亦可录出外国教会中事,仍可讲论各种学问,即生意买卖,诸色正经事情,皆可上得。①

可见,创办《中国教会新报》是为了"中国十八省教会中人,同气连枝,共相亲爱",而外教人看了,"见其真据,必肯相信进教"。版面有富余时,"可讲论各种学问,即生意买卖,诸色正经事情"。

所以,《中国教会新报》的主要内容是,"刊载中国基督教事务,特别是阐扬教义,译述圣经故事,报道教会动态,以及辩难宗教问题。间或记载中外史地,科学常识,及中国教育消息。"②具体而言,《中国教会新报》的内容分为以下几个方面。

第一,宣传基督教、传播教义。该刊设有专门的"圣经解说"栏目,宣讲、解释《圣经》和圣经故事。这一内容置于每期开篇,说明了其地位的重要。我们不妨举其要者列之:《路加四章三十八节》(《教会新报》合订本第一册,第61页)、《马可一章三十二节至四十五节》(合订本第一册,第69页)、《马太二十六章六节至十三节》(合订本第一册,第93页)、《约翰六章五节至三十五节止》(合订本第一册,第125页)、《传道论》(合订本第一册,第206页)、《出埃及记第十四章》(合订本第二册,第535页)、《神论》(合订本第二册,第581页)、《圣经十论》(合订本第二册,第599页)、《耶稣预言论》(合订本第三册,第1007页)、《耶稣传道论》(合订本第三册,第1037页),等等。

教友探讨教义的文章以及教会信息、教友来信,也是《中国教会新报》的重要内容。教友探讨教义文章如:《答儒书证圣教启》《证明圣教

---

① 《教会新报》合订本第一册,华文书局(中国台湾)影印本,1968年版,第8页。
② 台湾华文书局编辑部:《景印〈教会新报〉〈万国公报〉缘起》,载《教会新报》合订本第一册,第1页。

启》《耶稣教与天主教异同辨》《信主论》《耶稣生年考》等。

反映教会信息的文章数量很多,例如:《宁波长老会聚老会事略论》《定外国新年第一礼拜聚集祈祷启》《外国教会堂并教友信息》《福州教会事》《浙江长老会事略》《浙江教会近事》《马特加斯格国教会近事》《余姚长老会奇闻》等。其中,《定外国新年第一礼拜聚集祈祷启》写道:"十月十七日上海本地教士集于三牌楼福音堂小公祈,议及每逢西国新年第一礼拜,向为天下公祈求福广播,我中国尚未在内,今约上海诸教会,亦于是日即中国十一月二十一日三点钟聚集于圣会堂同心祈祷。想我中国各方同志者闻之,亦喜为之,特此布闻。"①

至于教友来信,数量更多。例如:《九江何教友来信》《汉口教友来信》《杭州教友来信》《汉口教友朱师堂先生来信》《上海长老会杨教友信》,等等,不胜枚举。

第二,介绍西学、西艺。这一内容主要刊登于"格物入门"栏目,置于宗教文章之后。例如化学知识,先是刊登《择抄格物入门化学第一章论物之原质》,以后以《接抄格物入门化学》续之,共连载40期。该刊对西学知识的介绍注重实用性,例如《水龙论》《地震》《取火缘由》《轮船演习救火》,都是非常有用的实用知识介绍。还出现很多配图文章,如《飞鱼图》《鹿图》《轻气球图》《双羊图》《火轮车图》《马车图》《日食月食图》《孔雀图》《水车图》《月图》《鲸鱼图》《海马图》《地球图》《狐图》等,都是图文并茂的生动直观的介绍。

第三,"格物入门"之后是新闻栏目。《中国教会新报》所登新闻既有国际新闻,也有中国国内新闻。国际新闻有《外国新闻》《译外国新闻》《译花旗国新闻》《英国信息》《法国新到信息》《日本近事》《马特加斯格信息》《英太子到香港》《外国轮船信息》《外国信息大略五则》《布法议和》《美国钦使赴高丽国》《高丽国近事》《波斯国大旱》《美国前君薨》《东洋信息》等。国内新闻则如《中国新闻》《上海新闻》《宁波新闻》《南京信息》《登州信息》《中国新造轮船说》《汉口大水》《苏州命案》《醇郡王奏疏》《两江总督马制军被刺》《顺天试官题目》《江南乡试新闻》《天津府大水二则》等。此外还有少量的对其他报刊新闻的转载,例如对《京报》新

---

① 《定外国新年第一礼拜聚集祈祷启》,《教会新报》合订本第一册,华文书局(中国台湾)影印本,1968年版,第136页。

闻的转载。

第四,一般每期末尾刊登告白。有一则《同茂行告白》是这样写的:"启者,本行总为经手拍卖各色货物,并代中外客商买卖寄庄货物,而常有大英、花旗、澳大利亚、俄国、东洋台湾各处之煤发卖,或趸买或零买或在船或在栈皆可,欲买者须至本行面议。"①

尽管《中国教会新报》的内容包括上述四个方面,但它的主要篇幅用于阐释基督教义,刊登教友来信,沟通教徒信息,只有在"新报有余地时",才登载西学、新闻等宗教以外的文章。在这里,西学与新闻仅仅是吸引读者的手段。刊物每期只卖"百余本",社会上的影响不大。

4. 从《中国教会新报》到《万国公报》的更名

第四年开始,《中国教会新报》发生了变化,宗教内容明显减少,新闻、中外时事篇幅增加。《第四年期满结末一卷告白》写道:"是系第四载结末一卷,总之天道人道有美必搜,世情物情无微不格。察五行须明其元质,观七政定探其源流。举凡机器兵器农器是究是图,一切数学化学重学爰咨爰度,事无论巨细,有关风俗人心者赠我必登,理无论精粗,可能挽回世道者示我必录。"②这与林乐知在创刊号上所昭示的办刊宗旨已有相当的偏离了。

第二个变化发生在1872年8月31日,这一天出版的201期,《中国教会新报》更名为《教会新报》。虽然刊名没有大的变化,但其内容已在一定程度上脱离了宗教报刊的范畴。

《教会新报》的内容与前有明显不同,这从《林华书馆告白》可以看出来:"谨启者,本馆新报办至二百零一卷,即是五载之首卷也,往年所载事件可登即登,不分门类,若远若近,笔墨纷投,甚为欣幸。今五载,新闻必更新式,拟分五类,不紊有条,一曰政事,二曰教事,三曰中外,四曰杂事,五曰格致。每期广为搜罗,别其类而登诸报。"③

如告白所示,《教会新报》设置五个栏目:"政事近闻""教事近闻"

---

① 《同茂行告白》,《教会新报》合订本第一册,华文书局(中国台湾)影印本,1968年版,第28页。
② 《第四年期满结末一卷告白》,《教会新报》合订本第四册,华文书局(中国台湾)影印本,1968年版,第1962页。
③ 《林华书馆告白》,《教会新报》合订本第五册,华文书局(中国台湾)影印本,1968年版,第1988页。

"中外近闻""杂事近闻""格致近闻"。后来栏目有所调整,"政事近闻"与"中外近闻"合为一个栏目"中外政事近闻",于是为四个栏目,顺序依次为:"教事近闻""中外政事近闻""杂事近闻""格致近闻"。无论是五个栏目还是四个栏目,宗教只是几个栏目中的一个,"教事"失去了原先享有的崇高地位,内容也大幅减少,宗教报刊的性质正在逐渐丧失。

更名《教会新报》后,每期篇幅有所增加,增为每期7张(14页)。

为了扩大发行量,扩大社会影响,《教会新报》主动分送报刊,向社会各界进行宣传,并酬谢代为销售之人。例如第201期的《林华书院主人告白》写道:"今报二百卷已满四年,此次二百零一卷即是第五载之首卷也。现商定新法,凡我良朋有能代为新报销售,本院主理应酬劳,代售多寡分作三等,以销二十卷为界,以第五载分首卷日期为始,历两月为限,在限中有能代销去新报二十卷以上或三十卷或五十卷或七十卷,有此三等均应致信于本院主,届收报值时本院主当酬,上等者十元,中等者五元,下等者三元,即在报值银内照数扣去。"①

《教会新报》又出满100期时,主编林乐知宣布,从下一期即1874年9月5日第301期开始,《教会新报》更名为《万国公报》。

在解释更名原因时,林乐知没有具体说明,只说这样一来,"既可以邀王公巨卿之常识,并可以入名门闺秀之清鉴,且可以助大商富贾之利益,更可以佐各匠农工之取资,益人实非浅鲜。"②

二十年后,沈毓桂在《辞万国公报主笔启》中却有比较明确的解释:"然新报编订之初,国事与教事,尚合而一之,而教事较国事为尤重。……新报篇幅有限,势难遍收,自不得不择人所愿睹而登之,以快众览,此又易新报为公报,并多载国事之所由来也。"③

所以,即使林乐知没有明确解释所更刊名的非宗教化,其目的是使报刊少一些宗教气息而使它能为中国读者接受的意图已非常清楚。同时,这一更名"无疑是在传递一个明白的信息,即未来的《万国公报》,将越出'宣教'的领域,更多地面向中国的公众,尤其是面向中

---

① 《林华书院主人告白》,《教会新报》合订本第五册,华文书局(中国台湾)影印本,1968年版,第1973页。
② 《万国公报》第301卷,同治十三年(1874年)七月二十五日。
③ 沈毓桂:《辞万国公报主笔启》,《万国公报》第61册,光绪二十年(1894年)正月。

国的士大夫"①。

5.《万国公报》的主要内容

从《中国教会新报》到《教会新报》再到《万国公报》，前后有三个刊名，但卷序连贯，刊期相接续，仍为周刊，出版时间一般为每周六，每年50卷。《万国公报》的篇幅，为正文14页，连同封面、目录、扉页在内共18页，三万多字。仍由林华书院出版发行，美华书馆印刷。售价开始为每年一元，每卷25文，401卷后加至每年两元，每卷50文②。

《万国公报》的英文名为 Globe Magazine，直译应为《环球杂志》。无论是中文名还是英文名，都与宗教无甚联系了。刊社自己解释刊名含义为："所谓'万国'者，取中西互市，各国商人云集中原之义；所谓'公'者，中西交涉事件，平情论断，不怀私见之义。"③

更名《万国公报》后，主编未变，仍由林乐知独立主办，经费一如《中国教会新报》与《教会新报》，由林乐知个人募集，估计主要由传教士捐助，另有一部分来自订阅。其主要撰稿人除林乐知外，还有艾约瑟、慕维廉、韦廉臣、傅兰雅等。

但是，报刊内容继续朝着非宗教化方向发展。《万国公报》的扉页上，附了一行小字："本刊是为推广与泰西各国有关的地理、历史、文明、政治、宗教、科学、艺术、工业及一般进步知识的期刊"，表明了与《中国教会新报》时期办刊宗旨的进一步偏离。更名时刊登的《本报现更名曰万国公报》一文写道："是以现今改易新名，加增事件，报内亦分门别类。一系中国京报，每七本登于一卷，报中辕门抄亦所必载；二系各国新奇事件；三系教会近闻及各处信息；四系西国制造机器军械电线天文地理格致算法各学，无一不备。他如各种告白各货至近行情价目及各处有新著书籍告成，亦必开列明晰，俾爱购者得以先睹为快。……总而言之，所录京报各国政事辕门抄者，欲有益于现任候补文武各官也；所录教会各件者，欲有益于世人罪恶得救魂灵也；所录各货行情者，欲有益

---

① 朱维铮：《导言》，载李天纲编校：《万国公报文选》，生活·读书·新知三联书店，1998年版，第3页。
② 《本馆再启》，《万国公报》第398卷，光绪二年（1876年）六月初七日。
③ 《代售〈万国公报〉启》，《万国公报》合订本第四册，华文书局（中国台湾）影印本，1968年版，第2662页。

于商贾贸易也；所录格致各学者，欲有益于学士文人也。至若英国通商甲于天下诸国，上海口岸甲于中国各省码头，故印此两处货物行情者，使各路买卖流通也。"①尽管宗教内容仍然保留，但已退居次要地位。表明《万国公报》已经脱离宗教报刊的范畴，发展成为一份综合性报刊了。

具体而言，《万国公报》的内容主要包括以下几个方面。

第一，对时事、新闻的介绍占据了大量版面。《万国公报》非常重视对时事的介绍，列于首位的"京报全录"，经常占据5—6页甚至7页篇幅。"京报全录"之后是对各国时事的介绍，包括《大中国事》《大美国事》《大英国事》《大北德意志国事》《大比利时国事》《大日本国事》《大奥国事》《大法国事》《大俄国事》等，也要占据五六页篇幅。后来栏目有所调整，这两个栏目改为"京报选录""各国近事"，它们所登新闻、时事，仍然占据较大比重。各国时事中，比较多的介绍西方国家办厂、开矿、采用新技术的消息，让中国人了解西方国家在工业中运用新技术的情况。有时还设"电报近事"栏目，摘录各国电报新闻。

1878年后的一段时间里，《万国公报》还开设了"政事"栏目，刊登诸如《开平矿务总局开办规条及煤矿章程》《古巴华工条款》等内容。

第二，对西学的介绍是《万国公报》的重要内容。《万国公报》非常重视对西学的介绍，"格致一门尽人所宜讲求，亦今日所为急务者也"②。林乐知撰写的《强国利民略论》阐述了科学技术的重要性，中国欲强国利民，必须讲求格致之学："自格致之学兴，欧洲之富驾乎当年几万倍矣。中国欲思强国利民，所最要者先立格致馆，讲求格致之学可耳。"③沈毓桂撰写的《中西相交之益》认为："独是西国之法最精也，最深也，最全也，最大也。……运物则有铁路，行海则有轮船。设立电线局、书信局，其为时也甚速，其为费也甚廉。开设男女学塾，教授生徒，莫妙西国之法。"④

《万国公报》大量刊登介绍西方科学技术的文章。

---

① 《本报现更名曰万国公报》，《教会新报》合订本第六册，华文书局(中国台湾)影印本，1968年版，第3295页。
② 慕维廉：《培根〈格致新法〉》，《万国公报》第505卷，光绪四年(1878年)八月十八日。
③ 林乐知：《强国利民略论》，《万国公报》第393卷，光绪二年(1876年)闰五月初三日。
④ 沈毓桂：《中西相交之益》，《万国公报》第649卷，光绪七年(1881年)六月二十八日。

天文学方面有:《前月二十八日金星昼见解》《月地远近解》《彗星论》《彗星略论》等。

地理学方面有:《地理说略》《万国地图说略》《地震星见说》《印度国·新路考》等。

医药卫生方面有:《皮肤诸症论》《论内痔》《论小肠疝气》《古医略论》《大美国事·论血》以及多期连载的《西医举隅》等。

声光化电方面有:《光热电气新学考》《化学易知》等。

此外,韦廉臣的《格物探源》,在《万国公报》连载43期;《电报节略》则分7次连载。另外还有《新测天文数则》《地球浅说》《救溺死烟毒编》以及社会科学方面的《印度源流备考》《腓尼基原流备考》等。

第三,《万国公报》大量刊载评论中国时局的政论文章,介绍西方政治模式,并开始鼓吹变法思想。这些文章有:《译民主国与各国章程及公议堂解》《〈公报〉弁言》《中西时势论》《中西关系略论》《强国利民略论》《论富国莫如兴利》《富国要策》《救民必立新法》《裹足论》《革裹足敝俗论》《劝士习当今有用之学论》《论中外法律不同》《论中国不必与外国立相助之约》《中西相交之益》《中西通商之益》《论洋烟有碍西商》《论中俄通商情形并答》《敏事慎言论》《泥古变今论》《洋场杂说》《振兴算学论》《仿洋学设科论》《中国专尚举业论》《泰西妇女备考》《中西书院之益》《西士论中国语言文字》,等等。

其中,《中西时势论》一文对比了中西时势,提出"变通旧章,酌用西法"的思想:"我中国幅员之广,生齿之繁,声名文物已久著于寰。区智力才思不多让于西国,何国运多艰,一至于斯乎?……一旦变通旧章,酌用西法,因西国古昔之经营,资我朝今日之去取。以我所短,则彼所长。以彼所长,补我所短,则倚伏乘除之枢纽,与衰隆替之权衡已可操今日之左券矣。安难复一代之中兴乎?"①

《万国公报》对欧美国家的政治制度及有关学说进行了介绍,希望通过西方政治模式的介绍影响中国社会的改革。林乐知的《环游地球略述》,介绍了日本明治天皇的五条誓文,介绍了美国1787年宪法及联邦宪法修正案、美国政府行政机构及立法机构的组成。他的另一篇文章《译民主国与各国章程及公议堂解》,介绍了西方的三权分立及议会

---

① 岭南望士:《中西时势论》,《万国公报》第361卷,光绪元年(1875年)十月十六日。

制度:"一曰行权,二曰掌律,三曰议法。曷言乎行权?传位之国君为尊,欧洲各国之法是也。若美国与南亚美利加各国,由公举而为君者是也。曷言乎掌律?必经行权者之所命,由议法者议定,而允从者是也。曷言乎议法?议法之员,有由君派民举者,有悉听民间公举者是也。"①后对三种权力的具体权限划分做了介绍。

狄考文(Calvin Wilson Mateer,1836—1908)撰写的《振兴学校论》,则对中西教育进行了对比,认为中国落后的根源在教育:"夫中国学问所知之事理为何?不过仁、义、礼、智、孝、弟、忠、信耳。此外别无所学也。虽有好学之士兼阅于史诸书,然此岂能包括天下之学问乎?且能包括天下有用之学问乎?""苟向中国有学问之士问以美国之远近若何,地球之行动若何,俱不知也,以其未尝学也。"②文章提出多设学馆"可以兴中国":"余本美国人,确知西国兴隆之由皆真理、真学之效。夫真理、真学可以兴西国,即可以兴中国。……余久于此道,甚欲中国能得出奇之兵法,可胜一切仇敌。然不知胜敌之功效皆自多设学馆来也。且多设学馆非只使数人得学问,乃使众人无不得也。"③

诚如当代的研究者所言:"像这样介绍民权、议院的文字,其意义是不可低估的。它对长期处于封建思想禁锢之中的中国士人来说,恍如在一漆黑的暗室中,开启了一扇窗户,眼前展现出一个崭新的世界,并在强烈的对比中看到西方民主政制优越于中国的专制政制,终于突破旧思想的樊篱,萌生出变革中国政治制度的要求。"④

第四,宗教仍然是必备内容。尽管宗教已不占据主导地位,但对教义的解释还是经常刊登的。这方面的文章有:《传道三要》《耶稣复活之据》《耶稣乃罪人之救主》《耶稣之正人心与他教迥异》《耶稣为世人之榜样》《论耶稣为天所立之救主》《创造天地万物非太极乃上帝也》。至于教会信息也不少见,例如《进教人数》《汉口伦敦会近事》《拆毁延平府教堂案件始末》《教士为赈务来信告白》《宁波长老会近闻》《上海差会近事》《长老会大会聚集日期启》,等等,起到一种各教会、教友之间沟通信

---

① 林乐知:《译民主国与各国章程及公议堂解》,《万国公报》第340卷,光绪元年(1875年)五月。
② 狄考文:《振兴学校论》,《万国公报》第653卷,光绪七年(1881年)闰七月初三日。
③ 狄考文:《振兴学校论》,《万国公报》第656卷,光绪七年(1881年)闰七月二十四日。
④ 陈玉申:《晚清报业史》,山东画报出版社,2003年版,第19页。

息的作用。

第五,《万国公报》还经常刊登"寓言""喻言""杂言"(有时称"杂事")、诗词、告白等。"曹子渔寓言"有一段时间经常出现,以《曹子渔寓言四则》《曹子渔寓言五则》《曹子渔寓言二则》等命名。"杂言"栏文章较多,范围比较广泛,例如《忠亲王劝孝文一则》《闭门思过》《捐衣济民》《论徐文长撰对故事》。"喻言"栏收录的是一些喻言故事,如《狐指骂蒲提》《斧头求柄》《农夫遗训》。诗词则时而出现,如《汉口竹枝词》《赠别七律二首呈》等。

告白置于每期最末。有一则《美华书馆告白》是这样写的:"启者本馆开设中国上海已有年矣,专制铅字铅板铅条,圈点诸件发售,又代印中西各字书籍,再可于西国代办印书机器架子等物,十八省无不咸知。贵客托本馆于西国买办各物,必须先付定银一半,其余物到找清发货。倘赐顾者请至本馆面议可也。"①

从《万国公报》的内容,我们可以得出两方面的结论:

第一,《万国公报》名义上仍然是教会报刊,但是宣传基督教和有关教会的新闻已不多见,"关于基督教圣经的解释与宗教活动诸项报道的'教事'类,反而令人觉得可有可无"②。

第二,除了对西方科学技术的介绍,还出现了大量评论中国政治的时评文章以及介绍西方政治制度、社会制度的文章,并开始鼓吹变法思想,这是以前传教士中文报刊所不曾有的。出现这一现象的原因,是因为传教士发现,中国人对时事政治的关心已经超过了对科学知识的热衷,已经与两次鸦片战争时期尤其是19世纪初期的情况已大不相同。那时中国人对西方各国颇为陌生,以天朝大国自居,为了清除中国人头脑中盲目的"高傲和排外观念",传教士认为有必要向中国人介绍西方的科技知识,让中国人知道西方有许多东西值得中国人学习。而到了70年代,在经过几十年西方科学知识与各国概况介绍之后,尤其是两次鸦片战争的失败,中国的先觉之士已经看到了自己的落后。他们认为,西方人之所以能够打败中国,就是靠着先进的科学技术制造出来的

---

① 《美华书馆告白》,《万国公报》合订本第十一册,华文书局(中国台湾)影印本,1968年版,第6898页。

② 朱维铮:《导言》,载李天纲编校:《万国公报文选》,生活·读书·新知三联书店,1998年版,第5页。

坚船利炮,中国要想摆脱落后局面,必须"师夷长技以制夷",学习西方的"富强之术"。在"中学为体,西学为用"的口号下,中国出现了向西方学习的洋务运动,从而使中国社会出现了一些变化。传教士非常欢迎这种变化,并将这种变化看作是推进中国西方化的契机。尤其是1868年以后,中国近邻日本发生了明治维新运动,这是以西方国家为榜样进行的资本主义改革,并且获得成功。这极大地鼓舞了传教士变革中国社会的信心:"日本已经公开地采用了西方的模式,中国也正在不自觉地朝着与日本相同的方向变化发展。"①

正是在这样的情况下,《万国公报》不再以"通中外之情"和"增其见闻"为唯一目的,他们希望通过评论中国政治以指出弊端之所在,通过介绍西方的各种制度以明确学习的方向,从而影响中国正在进行的洋务运动,并促使中国兴起改革运动,使中国走上西方的资本主义道路。

6.《万国公报》的发行与第一次停刊

《教会新报》更名《万国公报》后,发行量有所上升。1875年6月,林乐知在给差会的报告中说,《万国公报》的销售量为94 000份,即每卷约为1 900份②。而且,"它每季都出版合订本,因为迟钝而懒惰的清帝国各省衙门的官员,宁可订购这样的合订本,而合订本的订户,还包括日本的天皇及其内阁阁员,以及朝鲜的政府官员。"③

为了增加发行量,扩大社会影响,《万国公报》很重视对自身的宣传。《万国公报告白》写道:"启者,本报开设有年。于上海口岸,本报最称久远,名曰《万国公报》。每本有十八张,计大小字共三万多字,报内登列各国新奇要紧之事,再天文、地理、国政、教事、格致、技艺诸学。且中国十八省信息居多,加之每本报中有京报七本,官场欲知京中消息最

---

① 《基督教传教士大会纪录,1877年》,在华基督教传教士大会1878年上海版,第234页。转引自方汉奇主编:《中国新闻事业通史》(第一卷),中国人民大学出版社,1992年版,第340页。
② Adrian A. Bennett, *Missionary Journalist in China*, *Young J. Allen and His Magazines*, 1860-1883, p.157. 转引自杨代春:《〈万国公报〉与晚清中西文化交流》,湖南人民出版社,2002年版,第56页。
③ 朱维铮:《导言》,载李天纲编校:《万国公报文选》,生活·读书·新知三联书店,1998年版,第5页。

易阅看。而报清洁已极,妇女亦可买观。此报每礼拜出一次,以五十次为一年,每年取价一元,倘有按礼拜买一本者,只须二十五文,可为价廉之至。若使在京买看京报,每七日须钱七十文,较之本报不为贵乎?而且本报业已传遍中华十八省各府地方,再各西国大口岸皆有买者,东洋各埠行销不少。"①《代售〈万国公报〉启》又是这样宣传的:"买观者除教会牧师教士教友先生外,上至督抚大人下至别驾士商,无不争先观为快。……阅《万国公报》,诸君开卷有益,实非纸上空谈。"②

尽管如此,《万国公报》的办刊经费始终比较紧张,后来改为单张,篇幅减为每期9页。经费拮据情况从林乐知刊登在《万国公报》上的《本馆主谨白》可以看出来:"启者,公报五百五十一卷改为新式单张,诚非本馆主所愿意,实出于不得已耳。今已改单张试之,质诸同人皆不以为然,而本馆主亦为不然。初因力有不逮而欲易之,谅诸君必能鉴察下忱也。如《中西闻见录》、《益智新录》每月只出一本,字数与公报相同,尚且不敷,以至暂停,由此可见公报历年亏本非小也。"③

《万国公报》还经常发布讨要报款的告白。翻阅《万国公报》,此类告白出现频率相当高,试举一例:"启者,公报下次第七百卷于十五日期满,凡阅报诸君所该报价务祈即日付下为盼。"④这既反映了一部分订阅者拖欠报款现象之存在,也在一定程度上反映了经费之拮据。

1883年7月28日(光绪九年六月二十五日),《万国公报》在持续15年,出版750期后暂时停刊。停刊原因在林乐知的《公报暂停小启》中有所揭示:"惟是本馆主职司教长,凡教中事务俱归经理,又拟建中西大书院,慕资购地,鸠工庀材,事属创行,诸形劳瘁,主笔者襄理庶事,亦虑顾后失前。不得已,议将公报自七百五十卷后暂为停止,一俟院务就绪,再行商办。"⑤

---

① 《万国公报告白》,《万国公报》合订本第二册,华文书局(中国台湾)影印本,1968年版,第1316页。
② 《代售〈万国公报〉启》,《万国公报》合订本第四册,华文书局(中国台湾)影印本,1968年版,第2662页。
③ 《本馆主谨白》,《万国公报》合订本第十一册,华文书局(中国台湾)影印本,1968年版,第6553页。
④ 《祈付报价告白》,《万国公报》合订本第十四册,华文书局(中国台湾)影印本,1968年版,第9186页。
⑤ 林乐知:《公报暂停小启》,《万国公报》合订本第十五册,华文书局(中国台湾)影印本,1968年版,第10071页。

可见,停办《万国公报》是因为林乐知"拟建中西大书院",无暇他顾所致。而且只是暂停,"一俟院务就绪,再行商办"①。

二、广学会与《万国公报》复刊

1. 广学会的成立及其性质

《万国公报》后来的命运与广学会紧密地联系到了一起,我们有必要对这一组织先行介绍。

1887年,同文书会在上海成立。这一组织的主要任务是出版和发行书籍、报刊,所以是一个出版机构。同文书会的英文名称是 The Society for the Diffusion of Christian and General Knowledge Among the Chinese,直译意思为"在中国人当中广传基督教及一般知识的会社"。

同文书会何时改称广学会,说法不一,甚至广学会自己也不能明确认定。《广学会史略》写道:"至本会中文名称之沿革,考诸1910年重印会章所载,系于1894年,由'同文书会'改称'广学会',然李提摩太博士1892年所撰文中(载《万国公报》),以及1893年本会第五届中文报告中(载《万国公报》),已用'广学会'之名称,故难断言本会中文名称之更改究自何时始也。"②同文书会改为广学会后,英文名称则改为 The Christian Literature Society for China。

广学会于1889年成立董事会,推海关总税务司赫德(Robert Hort)为总理,德国总领事官佛君克(Dr. J. H. Focke)为副总理,协理与司事包括:慕维廉、韦廉臣、林乐知、丁韪良、艾约瑟,以及领事官、税务官、商人等几十人③。

赫德虽为广学会总理,但他不住在上海,也不出席广学会年会,对广学会不负实际领导责任。实际主持广学会日常工作的是总干事(开

---

① 关于停刊原因,学界尚有多种说法,可参看杨代春著:《〈万国公报〉与晚清中西文化交流》,湖南人民出版社,2002年版,第23—26页。
② 贾立言撰,陈德明译:《广学会史略》,载《广学会五十周纪念短讯》第一期,上海广学会出版,1937年1月,第6页。
③ 韦廉臣:《同文书会实录》,《万国公报》第14册,光绪十六年(1890年)二月。

始称督办)。韦廉臣是广学会第一发起人,是广学会第一任总干事。他逝世后,"1891年,浸礼会委任李提摩太博士为本会总干事"①。

韦廉臣

李提摩太

李提摩太(Timothy Richard, 1845—1919),英国浸礼会传教士,1869年来华,时年24岁。在神学观念上他比林乐知更倾向自由主义,他相信神的国度,"不只建在人心里,也建在一切机构里";他还相信要在异域传教,必须发现和依赖那里的"好人"。他的这种自由主义观念,遭到在华的其他浸礼会传教士的严厉指责,最终导致他与英国浸礼会发生冲突,并于1890年退出该会②。之后他不再受本国差会约束,成了一名独立的传教士。

李提摩太担任广学会总干事这一职务直到1916年退休回国为止。作为广学会总干事,他是广学会的灵魂,广学会正是在他担任总干事期间走向辉煌的,传教士莫安仁对此的评价是:"当时有这样有毅力、有才

---

① 贾立言撰,陈德明译:《广学会史略》,载《广学会五十周纪念短讯》第一期,上海广学会出版,1937年1月,第6页。
② 朱维铮:《导言》,载李天纲编校:《万国公报文选》,生活·读书·新知三联书店,1998年版,第13页。

干的人来管理,以前无生气的广学会自然是蒸蒸日上。"①当时许多人将李提摩太与广学会等同起来,认为李提摩太就是广学会。

"广学会是由当时西方国家(主要是英美两国)传教士、商人、政治(外交)人员组成的带有跨国性质的一个不是寻常出版社的出版机构。"②它是在华三支力量的联合体:传教士、商人、政治(外交)人员。

首先,它不从属于某一教会,而是在华各传教组织组成的联合体,它们是:伦敦传教会、英国浸礼会、英国圣公会、美国监理会、美国长老会、加拿大卫理公会、苏格兰卫理公会、德国基督教会等。这一组织的撰稿人,几乎包括所有那一时期在华基督教传教士中有影响的人物:韦廉臣、艾约瑟、慕维廉、林乐知、李提摩太、李佳白、丁韪良、傅兰雅、花之安、狄考文等。

其次,它不仅是在华各派传教组织的联合体,还是在华传教士、商人、政治(外交)人员的联合组织。在这个组织内,传教士、商人、外交人员各自占有一定的比例。

再次,这些传教士、商人、政治(外交)人员,不是来自西方某个国家,而是来自西方若干国家,它们是:英国、美国、德国、加拿大等。广学会的领导人员如此,它的主要工作人员也如此。

2. 广学会宗旨

广学会的宗旨前后有所变化。韦廉臣担任广学会总干事时,尽管也不忽视对西学的传播,因为,中国人"反对西方的观点、计划以及商业、政治、宗教等各方面的活动,几乎完全是由于无知。……因此,消除这种无知,在人民各阶层中推广学识,就具有极端的重要性"③。但是,出版基督教书刊是广学会的主要任务,正如《广学会史略》所说的:当时广学会的任务是"根据基督教教义,而以中文为主要文体,译著书籍,散布各处"④,而不是出版宣传西学的书刊。广学会的宣传对象是中国

---

① 莫安仁:《广学会过去的工作与其影响中国文化之势力》,载《广学会五十周纪念短讯》第二期,上海广学会出版,1937年2月,第5页。
② 叶再生:《中国近代现代出版通史》(第一卷),华文出版社,2002年版,第410页。
③ 《同文书会章程、职员名单、发起书和司库报告》,1887年。转引自陈玉申:《晚清报业史》,山东画报出版社,2003年版,第21页。
④ 贾立言撰,陈德明译:《广学会史略》,载《广学会五十周纪念短讯》第一期,上海广学会出版,1937年1月,第3页。

的一般知识阶层、妇女、儿童、小学生。

李提摩太担任总干事后,广学会的宗旨发生了改变。他开始把传播西学摆到重要位置,"当时本会出版图书之注重于科学、政治、法律、商业、历史等方面,实为不可掩之事实也。"①"所以李提摩太便拼命地收集各种书籍,而收集书籍的原因,大半是为将那好的书籍译成华文,把西方与中国人有益的思想和意见传给他们,使他们起来改革他们的社会。"②李提摩太认为,乐园不仅设在天堂,亦应建在人间。他在《分设广学会章程》中阐明了广学会的目的:"今虽有人出洋观政,然不过得其皮毛,征诸实行者尚少。按西国养民、教民、安民、新民四大善政,如人身五官四支不可缺一。华人于此四政之益尚未详察。近来西士分居中国各省者甚多,其中深通此四政者不少。内亦有人愿设广学会,将五洲各国至善之法尽行采择成书,以教授华人听其择善而从。"③《广学会问答》则写道:"中国所以不遽兴盛者,良由中西学塾未遍设,五洲书籍未遍翻。"④

李提摩太在《广学会第六年纪略》中对上述思想作了进一步阐述:"中国自与泰西互市以来,利源之溢出于外者,岁不知其凡几。西人初未绔其臂而夺之食也,乃往往同一事也,西人行之,而利倍蓰,华人踵之,非徒无益而又损焉者。此无他,苦于不知五洲万国之事,而未究其学耳。"⑤李提摩太只字不提宗教,他将前期的以传教为主兼及一般知识传输的做法,改成以传播西学为主了,以使中国人能知"五洲万国之事"。

在工作对象上,李提摩太也作了重大调整。他将原来在一般知识阶层、妇女、儿童、小学生中传播知识,改为"在这个帝国的领袖人物中传播最有用和最好的知识"。李提摩太认为,"走上层路线"才易奏效。"博士(李提摩太——引者)就任之始,即以开通空气、启迪民智为己任,而尤注重于一般士大夫阶级。彼尝有一种理想,即希冀各省总督衙门

---

① 贾立言撰,陈德明译:《广学会史略》,载《广学会五十周纪念短讯》第一期,上海广学会出版,1937年1月,第7页。
② 莫安仁:《广学会过去的工作与其影响中国文化之势力》,载《广学会五十周纪念短讯》第二期,上海广学会出版,1937年2月,第13页。
③ 李提摩太:《分设广学会章程》,《万国公报》第39册,光绪十八年(1892年)三月。
④ 《广学会问答》,《万国公报》第42册,光绪十八年(1892年)六月。
⑤ 李提摩太:《广学会第六年纪略》,上海市档案馆,档案号U131-0-72-[2],第1页。

中均有一外国教会顾问。惟此项理想一时究难实现,遂从事译著书籍,以启导一般统治阶级之思想。故当时本会所出版之书籍,以历史、科学等为最多。李提摩太博士复知中国一般领袖人物之心理如坚拒西洋文化,则教会事业断难望其在人民方面推广普及,故当时本会特编印多种对于官方有关之书籍小册。"①

李提摩太还对中国领袖人物的具体数字进行了计算:

县级和县级以上的主要文官　2 289 人
营级和营级以上的主要武官　1 987 人
府视学及其以上的教育官吏　1 760 人
大学堂教习　2 000 人
派驻各个省城的高级候补官员　2 000 人
文人中以百分之五计算　30 000 人
经过挑选的官吏与文人家里的妇女和儿童,以百分之十计算 4 000 人
合　计　44 036 人②

把"经过挑选的官吏与文人家里的妇女和儿童"计算在内,其目的仍然是着眼于"帝国的领袖人物",希望通过其家眷在家里影响这些领袖人物。

李提摩太认为,这 4 万多人平均到中国每个县只有 30 人,但是,影响了这一小部分人,等于影响了全体中国人。因为,"少量的发酵剂,可以发酵一大堆东西",对这些统治阶层的人物进行教育,"实际上就是教育了三亿五千万中国人"。③ "如果要影响中国整个国家,我们就必须从这些人开始。……这些人当了大臣的时候,要负责和外国订立条约,打交道。"④

---

① 贾立言撰,陈德明译:《广学会史略》,载《广学会五十周纪念短讯》第一期,上海广学会出版,1937 年 1 月,第 6 页。
② 李提摩太:《我们工作的必要与范围》,《同文书会年报·第四年》。转引自宋原放主编,汪家熔辑注:《中国出版史料·近代部分》(第一卷),湖北教育出版社、山东教育出版社,2004 年版,第 207 页。
③ 《同文书会年报》第七次(1894 年),《出版史料》1989 年第 3、4 期合刊。
④ 《创办广学会计划书》,转引自方汉奇主编《中国近代报刊史》(上),山西人民出版社,1981 年版,第 30 页。

李提摩太还说:"我们打算把这些人看作我们的小学生,对他们就有关中国最重要的东西进行系统的教育,直到他们懂得了为了他们受难的国家有采取较好办法的必要时为止。"①

这里所说的"较好办法",就是像日本那样进行改革。接触中国的上层人士,利用广学会出版的书刊,尽可能多地给他们提供关于西方文明、科学和技术的知识,在他们当中制造舆论,影响和推动中国的维新运动。在这里,李提摩太已经把推动中国的改革作为"较好办法"明确提出来了。说明传教士对西学的传播,已明确超越了"通中外之情"与"增其见闻"的范围,而迈向了更高层次的全面传播西学,直至促进中国变法维新的目标。这也是当时自强运动中许多中国人的要求。当时的中国老百姓关注列强高压下的中国将何去何从,中国的知识分子则思考如何才能摆脱积贫积弱的现状,使中国强大起来。广学会自称:"西方文化的冲击已将中国闭关自守的藩篱完全打破,而西方文化的介绍,大多数是由广学会担任的。广学会不仅是贡献中国人士世界的知识,而且是给与他们一种求知的欲望。"②广学会对西学尤其是社会科学的广泛传播,顺应了中国人全面学习西学的客观要求。

总之,广学会是一个以出版书刊为手段,以开放中国人的头脑与推进中国变法维新为目的的出版机构。它的出版物中报刊占据着重要位置,李提摩太说:"期刊给我们西方国家带来了革命,我们要将这场革命继续进行下去。"③

在它出版的众多书刊中,对中国社会影响最大的是《万国公报》,它几乎成为当时中国家喻户晓,对中国的维新变法运动具有相当推动力的报刊。

3.《万国公报》复刊

1883年《万国公报》的停刊,是因为林乐知要将他的时间、精力、财

---

① 李提摩太:《我们工作的必要与范围》,《同文书会年报·第四年》。转引自宋原放主编,汪家熔辑注:《中国出版史料·近代部分》(第一卷),2004年版,第207—208页。
② 林辅华:《广学会近年工作概况》,载《广学会五十周纪念短讯》第六期,上海广学会出版,1937年6月,第3页。
③ Christian Literature Society for China(Shanghai), *Annual Reports*, 1888, p. 8. 转引自〔美〕何凯立著,陈建明、王再兴译:《基督教在华出版事业(1912—1949)》,四川大学出版社,2004年版,第89页。

力用于初创的中西书院,他在《公报暂停小启》中表明是"暂为停止",说明《万国公报》随时可以复刊。这一意思在停刊号的一份启示中也有所表示:"冀后日有暇,再行接办"①。

从广学会的角度看,该会一成立,就筹划创办一个自己的报刊:"我们发现对这样一种期刊的需要,一天天变得越来越迫切。"②广学会决定恢复已有很好基础的《万国公报》,把它作为自己的机关报,并决定仍由林乐知主其事。林乐知在复刊后的《万国公报》第一期上发表的跋,对此有说明:"因议立中西书院,肄业日多,馆事日繁,不暇兼顾,暂行中止,业已五年。近西国官绅士商,于上海立有同文书会,摆印一切有益中国书籍,俾广流传。又拟复辑公报,以广见闻。同人集议于来年正月始月具一编,以供众览。公报系仆前所创行,汇辑编订,仍归仆专主。"③

《万国公报》

1889年2月,也即农历正月初一,《万国公报》复刊。中文名称依旧,英文名称由 *Globe Magazine*(直译《环球杂志》)改为 *A Review of the Times*(直译《时代评论》),表明报刊重心向"评论"即论学论政倾斜。

《万国公报》原为林乐知个人出版的报刊,复刊后尽管仍由林乐知主编,但已不是林乐知的独办报刊,而是广学会的机关报了。也就是说,复刊后的《万国公报》,已经由林乐知独办报刊,变成为在华西方人士一派的合办报刊,"尤其是在能干而活跃的李提摩太接掌会务之后,

---

① 《〈公报〉截止恭谢阅报诸君并定期起建中西大书院启》,《万国公报》第750卷,光绪九年六月二十五日(1883年)。
② 《同文书会年报1888》。转引自叶再生《中国近代现代出版通史》(第一卷),华文出版社,2002年版,第427—428页。
③ 《万国公报》第1册,光绪十五年(1889年)正月。

《万国公报》作为广学会的群体取向的议论机关的色彩,越发浓烈"①。除林乐知外,参加编辑和撰稿的传教士还有韦廉臣、李提摩太、慕维廉、艾约瑟、丁韪良、花之安、狄考文、潘慎文等,他们都是当时在华著名的传教士。而且,他们之间有着明确的分工,沈毓桂在《兴复万国公报序》中写道:"分任其事者为西儒韦君廉臣先生,慕君维廉先生,艾君约瑟先生,丁君韪良先生,花君子安先生,德君子固先生,而专司拟题乞文收卷编辑则林君主之。"②

据杨代春研究,《万国公报》稿源主要由以下八个部分组成:《万国公报》馆的编辑人员及广学会人员撰写或译述的文章;转录其他报刊上的文章;征文;学堂、书院、教会福音堂的课艺和课卷;谕旨、奏折、条陈;选录已刊刻的书籍;译述外报消息;外地投稿。其中编辑人员与广学会人员撰写或译述的文章,是《万国公报》稿件的核心部分。《万国公报》自改名至终刊,前后共刊登近 20 000 篇文章,其中编辑人员及广学会成员文章数量有如下表:

《万国公报》刊登编辑人员及广学会成员文章数量表

姓 名	数量(篇)	备 注
林乐知	790	《万国公报》主编,广学会成员
李提摩太	190	广学会总干事,曾于林乐知回国期间两度主理《万国公报》
韦廉臣	238	同文书会发起人
艾约瑟	201	广学会成员
慕维廉	147	广学会成员,曾于林乐知回国期间主理《万国公报》
花之安	89	广学会成员
季理斐	144	广学会成员,曾于林乐知回国期间主理《万国公报》。1907年林乐知病逝后,《万国公报》由其负责
高葆真	32	广学会成员
华立熙	23	广学会成员
陆 佩	29	曾于林乐知回国期间主理《万国公报》
丁韪良	11	广学会成员

---

① 朱维铮:《导言》,载李天纲编校:《万国公报文选》,生活·读书·新知三联书店,1998年版,第13页。
② 沈毓桂:《兴复万国公报序》,《万国公报》第1册,光绪十五年(1889年)正月。

续表

姓　名	数量（篇）	备　注
安保罗	7	广学会成员
李佳白	51	广学会成员
莫安仁	4	广学会成员
哲美森	3	广学会成员
沈毓桂	268	《万国公报》华人编辑
蔡尔康	56	《万国公报》华人编辑，撰文数未包括与传教士合作文章
任廷旭	15	《万国公报》华人编辑，撰文数未包括与传教士合作文章
范祎	10	《万国公报》华人编辑，撰文数未包括与传教士合作文章
袁康	17	《万国公报》华人编辑，撰文数未包括与传教士合作文章
德贞	76	襄办复刊后的《万国公报》

资料来源：杨代春《〈万国公报〉与晚清中西文化交流》，湖南人民出版社，2002年版，第32—33页。

既然《万国公报》性质发生变化，由林乐知独办报刊变成广学会的机关报，期数也就从头开始计算，而且由周刊改为月刊，每月15日出版。每期不再称"卷"而改称"册"。每期正文30页（有些期超过32页）。丙午年（1906年）正月第205册开始正文页码加至90页。售价几经调整，最低为每期洋银1角，全年洋银1元，最高为每期2角，全年2元[①]。

《万国公报》原件在国内许多图书馆有收藏，例如中国国家图书馆、北京大学图书馆、上海图书馆、浙江图书馆等，但是所藏均不全。台湾华文书局于1968年出版的影印本——《教会新报》6册与《万国公报》40册，为研究提供了很大便利。

三、复刊后的《万国公报》

1. 新的宗旨

复刊后的《万国公报》声称："专以开通风气，输入文明为宗旨。"《兴

[①] 订价详细变动情况，可参见杨代春：《〈万国公报〉与晚清中西文化交流》，湖南人民出版社，2002年版，第27—28页。

复万国公报序》写道:《万国公报》"首登中西互有裨益之事,敦政本也;略译各国琐事,志异闻也;其他至理名言,兼收博取,端学术也;算学格致,务各撷其精蕴,测其源流;形上之道与形下之器,皆在所不当遗也"。① 在这里,"对于传教士来说,最为不该忽略的一点,却没有直接提及,那就是'教事'。"②这与李提摩太为广学会设计的以传播西学为主的方针是完全吻合的。

1906年,也就是《万国公报》再次停刊前一年刊登的《〈万国公报〉特别广告》,表明它一直以来刊登的内容与复刊之初所设想的以传播西学而非西教为主的宗旨是一致的:"本报之内容,依杂志体例以发表惟一之政论时评学说为主,而介绍世界新事新物为辅,其尤重者务求识力独到,足为中国前途之方针。"③所不同的是,这时的《万国公报》比复刊时更强调"政论时评学说",以"足为中国前途之方针"。

《万国公报》的宗旨,从它的版面与内容安排上也可以看出来。复刊后的《万国公报》,版面有社说、评议政治和中外时事、光绪政要(上谕、臣工奏折摘录等)、各国新闻和电报辑要等。其中,最引人注目的内容是时评文章,尤其是对中国政治的广泛评议,影响既深且广。所以,这是一份以政论为主、新闻次之的综合性时事政治报刊。宗教文章并没有退出版面,如1895年12月第83册刊登的《欧华基督教益叙》《基督教有益于中国说》,1896年2月第85册刊登的《耶稣圣教入华说》。但是在《万国公报》极为丰富的内容中,宗教完全是可有可无的了。

2. 以介绍西学、发表政论和鼓吹变法为主要内容

第一,复刊后的《万国公报》广泛介绍西学。

"专以开通风气,输入文明为宗旨"的《万国公报》,很重视对西学的介绍,这也是广学会的基本工作,与广学会的宗旨是一致的。《万国公报》发表了许多文章论证科学技术的重要性,提出先进的科学技术是西方富强的重要原因。这些文章有:《论西学为当务之急》《推广西学说》

---

① 沈毓桂:《兴复万国公报序》,《万国公报》第1册,光绪十五年(1889年)正月。
② 朱维铮:《导言》,载李天纲编校:《万国公报文选》,生活·读书·新知三联书店,1998年版,第6页。
③ 《〈万国公报〉特别广告》,《万国公报》第205册,光绪三十二年(1906年)正月。

《泰西之学有益于中华论》《论格致为教化之源》《设广学会以期中国富强说》《拟广学以广利源议》《华官宜通西情说》《论铁路利益》《建仓储米不如推广铁路轮舟说》《中国创设铁路利弊论》《论机器之益》《论中国兴电报之益》等。其中《设广学会以期中国富强说》写道："考之西国有电线以通书信，而亿万里外如觌面矣。有铁路以运兵食，而百千里内如跬步矣。有开矿以搜地利，而油煤钢铁金银铜锡之质取之不禁用之不竭矣。有制造以济军械，而电船炮舰枪弹子药之多，攻无不克战无不胜矣。又有天文算术法，则可以知天之风雨晦明地之高卑远近。有公司股分，则裘既成于集腋，鼎亦举于众擎。凡此皆西国所由富强之术。"①

《海外闻见略述》则认为："机器有助于士农工商之动作"，以农耕为例，"三百年来，又竭心思，机巧百出，或犁耙田亩，或开垦荒地，或撒种敛谷，或割草获稻，皆用活机利器，农夫赖之，一人可耕百亩尚有余力。"②

《万国公报》所介绍的西学范围很广泛。它刊登了大量介绍西方自然科学的文章，包括天文地理、医药卫生、声光化电等多种学科。

天文学方面的文章主要有：《八星之一总论》《论日》《论行星》《论月》《论彗星》《土星考略》《益智会第二集：论月》《救护日月辨》等。

医药卫生方面的文章主要有：《论安提比林》《论近百年来医学之进步》《论微生物》等。第14、15册连载的《格致有益于国》，介绍了巴士德的微生物学。

声光化电方面的文章主要有：《电气考》《声学刍言》《益智会第四集：论电》《杂俎·电学发达》等。

对西方科学知识的介绍有许多是结合对西方科学家的介绍进行的。《瓦雅各先生格致志略》介绍了瓦特的生平及发明；《多尔敦先生化学志略》介绍了英国化学家道尔顿；《法拉特先生电学志略》介绍了法拉第在电学方面的贡献；《乃端先生志略》介绍了英国科学家牛顿及其"万有引力定律"。《续论近百年来医学之进步》介绍了伦琴发现X光的经过；《智能丛话·雷锭恩之价值》，提到了发现镭的居里夫妇。《格致学列传小叙》对15位科学家进行介绍。《德律风源流考》介绍了美国发明

---

① 南溪钓叟：《设广学会以期中国富强说》，《万国公报》第44册，光绪十八年八月(1892年)。
② 得一庸人：《海外闻见略述》，《万国公报》第22册，光绪十六年十月(1890年)。

家爱迪生,还写到了贝尔发明的电话。《译谭随笔·爱迪生与斯宾塞》,介绍了爱迪生一生的发明。《论一千九百零二年西国格致之进步》,介绍了马可尼发明的无线电报。《格致发明类征》,介绍了炸药的发明者诺贝尔及其诺贝尔奖。

介绍西方自然科学的文章还有:《格致新学》《格致源流说》《论数学》《振兴算学论》《西医汇抄》《治河建闸说》《亚细亚铁路图》《泰西修途新法》《电线铁轨之益相辅而成说》《纺织新法》《美国治河新法》,等等。

《万国公报》同时发表了很多介绍社会科学的文章,包括西方的民主政治、议会制度、政治模式等。李佳白的《列国政治异同考》,1903年2月开始在《万国公报》刊登,连载21期。该文将美、英、法、德、俄、日、中等国的制度,从国主之异同、中央政府地方政府之异同、议院之异同、民权之异同、土地人民之异同等方面进行两两比较。他在介绍美英等国的政治制度后指出:美国虽是世界上政治制度最优良的国家,但选官制度不够完善,美国总统四年一易,总统所选官员也随之而易;英国凡入部内之人,均为恒职,无大过即不能去之。故英国官职久而收其效,美国官职暂难见其功①。

林乐知的《美国治法要略序》写道:"盖美国最重者,为人民之自主与自治。自主自治者,无论在何种政体之下,皆人民所不可缺者也。人不至自主自治之地位,即不成为人。"②林乐知所译的《美国治法原理》,揭示了治法的根本:"国之有治法,为民而立,非为官而设也。故自总统而下一切之官,其操有治法之权,皆为人人所委托,而名之曰公奴隶。是以政府者出于民之欲自保,而立政府以保之,且必为民所承认。苟官之权不由于民,其能谓之公平而不暴虐乎。"③

《万国公报》还对西方民主思想进行了介绍。《欧美十八周进化纪略》,介绍了伏尔丹(伏尔泰)、虏骚(卢梭)、孟德斯鸠、提德卢(狄德罗)等法国启蒙思想家的思想,文章指出:"伏尔丹、虏骚、孟德斯鸠、提德卢、康道赛以及各种著述之人,皆著书立说,以排政治之专制,以斥教会之横暴。……综其大意,不过欲复得其人生固有之权利。久为暴君所

---

① 李佳白:《列国政治异同考》,《万国公报》第170册,光绪二十九年(1903年)二月。
② 林乐知:《美国治法要略序》,《万国公报》第167册,光绪二十八年(1902年)十一月。
③ 《美国治法原理》,《万国公报》第168册,光绪二十八年(1902年)十二月。

攘夺者,即平等自由之利益也。"①接着阐述了各位启蒙思想家关于权利与自由的思想。

1900年5月至1901年12月在《万国公报》刊载的斯宾塞的《自由篇》,提出:"上帝欲人得福,即欲人自由,此非一人之私理,而实天下之公理。亦非一时之变理,而实万世之常理也。""人之一生,无不以各得性命为正,而其要即在于自由。不与人自由,即不与人养生立命,其去戕人性命有几何哉!"②

此外,介绍西方社会科学的文章还有很多,例如:《东游纪略》《中西女塾记》《欧洲各国开辟非洲考》《论北方边防》《印度与英贸易日盛论》《赋税原理新谈》等。

熊月之评论道:《万国公报》"涉及西学的内容相当丰富,不但有关西学著作的连载,而且消息报道、时事述评中亦有西学内容"③。

第二,积极鼓动变新政。

正如《〈万国公报〉特别广告》所揭示的:《万国公报》"以发表惟一之政论时评学说为主",说明《万国公报》将发表政论、时评文章摆到了最重要的位置。

1894年甲午战争以前,《万国公报》发表的政论、时评文章,主要围绕着中国的科举考试与教育制度,认为科举取士压制人才,科举制度妨碍培植中国自强必需的有用人才,建议创设新式学堂,崇尚实学,教授近代所需的数理和中外史地等新学。所以,《万国公报》复刊后前几年的言论重心是敦促清政府改革教育,以及通商筑路兴煤矿等。

为了改革中国的教育制度,传教士们介绍了西方的教育体制。李提摩太撰写的《新学》,介绍了西方国家的分级教育制度。欧美国家的一些名牌大学,也被陆续介绍给中国读者。《养蒙正轨》介绍了西方的教育理论和教学方法。此外还有:《论考试之利弊》《宜仿西法以培人才论》《兴学校以储人才论》以及《论开煤矿之益》《论宜兴制造以广贸易》《论宜设商局以旺商务》等。

甲午战争以后,《万国公报》的言论发生了明显变化,对时政的评议

---

① 林乐知、任保罗:《欧美十八周进化纪略》,《万国公报》第188册,光绪三十年(1904年)八月。
② 马林译、李玉书述:《自由篇》,《万国公报》第139册,光绪二十六年(1900年)七月。
③ 熊月之:《西学东渐与晚晴社会》,上海人民出版社,1994年版,第395页。

主要围绕着"变新政",而且数量显著增加,范围明显扩大,评议范围包括政治、经济、外交、社会、教育各个方面,发出了"不变法不能救中国"的呼声。

传教士们认为,中日甲午战争的结局,颇能说明变法与守旧孰优孰劣,在这场战争中,蕞尔小国打败了老大帝国,这是维新对于守旧的胜利。李佳白的《中国能化旧为新乃能以新存旧论》写道:"日本与中国同处亚洲。往时,泰西各邦均不以平等之礼相待,日本深以为耻,痛改旧俗。近年颇能自拔,与欧美立约,斠若划一,无畸重畸轻之嫌。岂有他哉?讲求新法,知之明而处之当也。……对镜相照,中国毫无激发,何以安之若素也?佳白何敢谓西法之尽臻美善。第以俄罗斯取则于前,而日益强大,日本取则于后,而顿启封疆。独中国深闭固拒,以为非宜。"①

林乐知的《险语对》,列举了华人八大积习:"骄傲""愚蠢""恇怯""欺诳""暴虐""贪私""因循""游惰"。所以,甲午战败,"非日本之能败中国也,中国自败之也"②。在另一篇《〈文学兴国策〉序》中,林乐知指出:甲午战败,正是中国幡然变法之良机:"世无亘古不能变之法,人无愚昧不能明之心,国无积弱不能强之势","今中国如欲变弱为强,先当变旧为新"③。

英国传教士甘霖的《中国变新策》,也提出中国非改革不可的思想:"倘再因循自误,不从新学,将见邻国日起而昌大,中国反日下而衰颓。"④

那么,如何变法呢?《万国公报》发表了大量文章对此进行阐述。

李提摩太于1896年发表的《新政策》一文,提出改变中国现状的新法,"窃考中西各国治国之法,中国有四纲领":"一曰教民之法",具体为立报馆、译西书、建书院、增科目,"此四事者皆教民之善法,可以通上下之情,备中西之益";"二曰养民之法",具体为通道路、捷信音、开矿产、垦荒田、勤工作、造机器、开银行、铸银圆、保商贾、刻报单;"三曰安民之

---

① 李佳白:《中国能化旧为新乃能以新存旧论》,《万国公报》第97册,光绪二十三年(1897年)正月。
② 林乐知:《险语对》,《万国公报》第82册,光绪二十一年(1895年)十月。
③ 林乐知:《〈文学兴国策〉序》,《万国公报》第88册,光绪二十二年(1896年)四月。
④ 甘霖:《中国变新策》,《万国公报》第94册,光绪二十二年(1896年)十月。

法","欲安民有二法焉,一曰和外,二曰保内";"四曰新民之法"。这些新政策,"认真办理,期以二十年,内外之机阄可以平,中西之形迹可以化,天下万国至精至良已行已验之善法均可传之中国"。倘再迁延贻误,"虽上有尧舜之君,下有周孔之臣,亦断不能起此不能起之沉疴,延此不能延之生命矣"①。

卫道生的《论中国保民至要之法》,主张中国应采行西方议会制度:"西方诸国,无论君主与民主,每届二年或七年,凡有大故,必举议员,各省府县,推硕望焉。……中国若能仿行泰西之成宪,由省而推之府,由府而推之县,累合千百之众,皆得以取诸公中而用之。见有贤,佥曰荐,议事设以堂,去留定以限,上以备官府之咨,下以慰黎元之愿,吏治之廉弊于以知,民情之忧乐于以见,赋税辨重轻,出入有权变。"②

林乐知在《险语对》中提出的改革建议可归纳为:"意兴宜发越","权力宜充足","道德宜纯备","政令宜划一","体统宜整饬"③。

《万国公报》评论中国政治、鼓吹变法的文章还有很多,如:林乐知的《泰西新政备考》《滇事危言》《论真实为兴国之本》《各国机务汇志》《君民一体说》《操纵离合论》《以宽恕释仇怨说》《广学兴国说》,李佳白的《上中朝政府书》《中国宜广新学以辅旧学说》《拟请京师创设总学堂议》《推本穷源论》《改政急便条议》《新命论》《理财篇》,艾约瑟的《富国养民策》,李提摩太的《醒华博议》《行政三和说》《养民有法》,佑尼干的《论太平洋大舞台》,李修善的《崇实黜浮说》,福开森的《强华本源论》,华立熙的《为政以德论》,綦鸿逵的《藉西士以兴中国论》,以及王韬的《变法自强》《禁鸦片》,蔡尔康的《中华新政》,等等。

1894年出版的《万国公报》第69册、70册连载了孙中山以"广东香山来稿"名义撰写的《上李傅相书》,即上李鸿章书,这是孙中山第一次就国事发表意见,他想借李鸿章的重要地位推进改革。文中提出了一系列富国强民、变法维新的主张,他写道:

> 窃尝深维欧洲富强之本,不尽在于船坚炮利,垒固兵强,而在于人能尽其才,地能尽其利,物能尽其用,货能畅其流。此四事者,

---

① 李提摩太:《新政策》,《万国公报》第87册,光绪二十二年(1896年)三月。
② 卫道生:《论中国保民至要之法》,《万国公报》第91册,光绪二十二年(1896年)七月。
③ 林乐知:《险语对》,《万国公报》第87册,光绪二十二年(1896年)三月。

富强之大经,治国之大本也。我国家欲恢扩宏图,勤求远略,仿行西法,以筹自强。而不急于此四者,徒惟坚船利炮之是务,是舍本而图末也。

所谓人能尽其才者,在教养有道,鼓励以方,任使得法也。……

所谓地能尽其利者,在农政有官,农务有学,耕耨有器也。……

所谓物能尽其用者,在穷环日精,机器日巧,不作无益以害有益也。……

所谓货能畅其流者,在关卡之无阻难,保商之有善法,多轮船铁道之载运也。……

夫人能尽其才,则百事兴;地能尽其利,则民食足;物能尽其用,则材力丰;货能畅其流,则财源裕。故曰:此四者,富强之大经,治国之大本也。四者既得,然后修我政理,宏我规模,治我军实,保我藩邦,欧洲其能匹哉?①

第三,反映中外时局变化,关注世界大势。

《万国公报》非常重视对世界各国时事、新闻的介绍,它辟有新闻专栏,名为"各国近事""各西国近事"等,报道"大英国""大美国""大法国""大德国""大俄国""意大利国"等国际新闻,并发表评论,评析世界大势、国际时事。《万国公报》刊登的这方面的文章有:《中美关系略论》《华美俄三国将兴论》《亟宜防外患论》《闻英日联盟事感书》《中俄订约论》《俄国新筑西北里亚铁路说》《防俄杂说》《俄荣示险于天下尤险于华英论》《让台记》《东三省边防论》等。这些文章有利于开阔中国人的视野,有利于培养中国人对世界局势的关注、用世界眼光看问题的习惯。

尤其是《万国公报》围绕中日甲午战争的系列报道和评论,可视为中国近代报刊界对于时政热点问题进行报道分析的典型个案。1894年七八月间甲午战争爆发,9月出版的《万国公报》第68册迅速刊登了主编林乐知撰写的长篇时评《中日朝兵祸推本穷源说》,剖析了战争爆

---

① 《上李傅相书》,《万国公报》第69、70册,光绪二十年(1894年)九月、十月。

发的根源,同一期还刊登了《日本宣战书》。同年 11 月第 70 册,刊登了林乐知《中东之战关系地球全局说》,认为这是普法战争后又一关系地球全局的战争。同年 12 月第 71 册,又载林乐知著《中日两国进止互歧论》,从军事角度分析甲午战争。1895 年 2 月第 73 册,刊登了林乐知译的《英前使华威妥玛大臣答东方时局问》,并于同期开始暂停各国新闻报道,将腾出的篇幅用于报道甲午战争。1895 年 5 月第 76 册,刊登《追译中东失和之先往来公牍》;1895 年 6 月第 77 册,刊登《中东失和古今本末考》;1896 年 1 月第 84 册,刊登《中日条约元文》。

1896 年 4 月,林乐知将《万国公报》上刊载的有关中日战争的文章、奏折、诏令、往来函牍、条约,以及中外报章上有关中日战争的战讯等,汇成《中东战纪本末》八卷及《续集》四卷出版,一时引起极大震动,《万国公报》因此备受青睐,被视为新知识的重大来源。对此,《万国公报》自己也有报道:"中东战纪本末一书于本年春末夏初校刊问世,猥承诸君子不我遐弃,迄今七阅月之间全书三千部销售一空,即日命工重印。"①仆作《中东战纪本末》,初编甫出,万众争观,更有窃取以印行者。"②《中东战纪本末》竟然出现了盗版问题,以至美国驻上海领事提出抗议,"《中东战纪本末》多次再版至二万二千余册,仍供不应求,随之出现大量盗版,致使美国驻上海领事在 1896 年正式向清朝苏松太道提出抗议,要求帝国政府明令禁止盗印此书,这大概是近代中国有记录的第一桩涉外版权官司。"③

第四,介绍了马克思学说与达尔文学说。

1899 年 2—5 月,《万国公报》121—124 册连载了李提摩太译意、蔡尔康笔述的《大同学》,该文根据企德的《社会进化论》一书节译而成。它向中国人介绍了马克思及其学说:

> 欧洲百年以前,已有断断于二等之人类者,及至尽人操举官之权,足以限止乎旧法,又惜其未能善用,有权遂一如无权。而受苦

---

① 《中东战纪本末第二次印成出售并印售续编预启》,《万国公报》第 95 册,光绪二十二年(1896 年)十一月。
② 林乐知:《中东战纪本末三编弁言》,《万国公报》合订本第三十册,华文书局(中国台湾)影印本,1968 年版,第 19199 页。
③ 朱维铮:《导言》,载李天纲编校:《万国公报文选》,生活·读书·新知三联书店,1998 年版,第 24—25 页。

之佣人、失位人,与夫被盗之事主,依旧惨无天日也。但物极必反,间亦有图泄其忿者,合众小工而成一大力,往往停工多日,挟制富室,富室竟一筹莫展。似此举动,较之用兵鸣炮,尤为猛厉。其以百工领袖著名者,英人马克思也。马克思之言曰:纠股办事之人,其权笼罩五洲,实过于君相之范围一国。吾侪若不早为之所,任其曼延日广,诚恐总地球之财币,必将尽入其手。然万一到此时势,当即系富家权尽之时。何也?穷黎既至其时,实已计无复之,不得不出其自有之权,用以安民而救世。所最苦者,当此内实偏重,外仍如中立之世,迄无讲安民新学者,以遍拯此垂尽之贫佣耳。①

上文将马克思误为英国人。《大同学》后来再一次提到马克思:"试稽近代学派,有讲求安民新学之一家,如德国之马客偲,主于资本者也。"②

"马克思"的译名,就是由李提摩太与蔡尔康最先采用的,他们将马克思的"社会主义"译作"安民新学"。《大同学》最早向中国人介绍了马克思及其《资本论》的主要观点。

《万国公报》还向中国人介绍了达尔文及其进化论学说。1877年《万国公报》在一则消息中首先提到达尔文:"英国有一声名最大之格致先生,名达问,凡各国格致家无不知达问先生之名。"③1899年的《大同学》,则较详细地介绍了达尔文的进化论学说:"有若干之一节类,奄然而就死,乃有若干之二节类者生,抑自三节类者生,以尽灭乎二节类者之物。由是递死递升,递生递灭,爰有百千万节之物,而仍共趋于相争相进之一途。试观大海之游鳞,寥天之飞羽,与夫深山穷谷之兽族,历代以来,非弱肉而强食,即影铄而声销,要其相争不已之时,败而死者当不下恒河沙数,胜而存者,殆已偻指计矣。然物既战胜而生存,必较诸败且死之物弥多力亦弥多寿。……其迫而出于优生劣灭之一途。"④

1899年刊登的《各家富国策辨》,也涉及达尔文的生物进化论:"一类之中,必有出类,一群之内,必有超群,此争先则彼坐后,物之变化大

---

① 李提摩太译,蔡尔康述:《大同学》,《万国公报》第121册,光绪二十五年(1899年)正月。
② 李提摩太译,蔡尔康述:《大同学》,《万国公报》第123册,光绪二十五年(1899年)三月。
③ 《大英国事·庆祝格致先生》,《万国公报》第459卷,光绪三年(1877年)九月初七日。
④ 李提摩太译,蔡尔康述:《大同学》,《万国公报》第123册,光绪二十五年(1899年)三月。

抵类此。此达氏论性之意也。"①

第五,发表了一些有利于国计民生的文章。

《万国公报》第162册,刊载了《中国宜种树以开利源说》,文章批评中国乱砍滥伐,破坏森林,并详细论述了多种树的好处,建议中国政府采取措施禁止砍伐森林,保护环境,奖励植树以开辟利源。

林乐知的《论中国亟宜讲求农务》的文章,指出:"现在中国建设学堂以开士智,振兴轮船铁路以惠工商,而其间最要者为农务,独无人注意及焉。"②建议中国积极发展农业,"要之农务一端,关系甚大,乃人民衣食之本,而亦今日救贫之圣药"③。

《万国公报》刊登的有利于国计民生的文章还有一些,如:《论中国北方宜种竹木》《论沪上宜建生物囿》《开垦荒田议》《西北各省亟宜兴办蚕桑说》,等等。

以上即为复刊后《万国公报》的主要内容。一方面传输西学、西政、西艺等西方文明,另一方面发表评论、时政、学说,提出各种改革措施和建议,以达到广学会开放中国人的头脑、推进变法维新的目的。作为传教士报刊,最不该忽视的传播教义,已经变得无足轻重了。正如朱维铮所言:"属灵的直接说教,固然在版面上罕见,俗世的政治学术诸问题的相关文字,固然占据了几乎全部的篇幅,而其中居然时时出现与教义相悖的西方学说的介绍,例如达尔文主义乃至马克思学说的介绍,尤其令人诧异。"④

3. 为《万国公报》工作的中国人

《万国公报》除了有林乐知的主持,以及一批知名传教士的共同参加外,还仰仗于作为助手即中文编辑的中国人。"一般说来,对于那些出自传教士们的著作,口译之后似乎就要用文人整理,中国文人们在对著作的定稿和最后润色时起了关键作用。"⑤当时,为了符合中国人的

---

① 马林译,李玉书述:《各家富国策辨》,《万国公报》第121册,光绪二十五年(1899年)正月。
② 林乐知:《论中国亟宜讲求农务》,《万国公报》第164册,光绪二十八年(1902年)八月。
③ 同上。
④ 朱维铮:《导言》,载李天纲编校:《万国公报文选》,生活·读书·新知三联书店,1998年版,第6页。
⑤ 〔法〕谢和耐:《中国和基督教》,上海古籍出版社,1991年版,第73页。

书写习惯,传教士写的文章都使用文言文。尽管林乐知、李提摩太等人都精通中文,但要用文言表达得贴切、雅驯,符合中国人的口味,仍有相当的困难。正如梁启超所言:"故西人之旅中土者,多能操华言,至其能读书者希焉,能以华文缀文著书者益希焉。"①如果要将西方格致之学译成中文,那就更为困难了:"西人尝云:'中国语言文字最难为西人所通,即通之亦难将西书之精奥译至中国。盖中国文字最古最生而最硬,若以之译泰西格致与制造等事,几成笑谈。"②所以就采用传教士口述,由中国助手笔写出来的办法进行翻译。

林乐知聘用的《万国公报》中文编辑,有沈毓桂、蔡尔康、任廷旭、范祎等人。"他们都有旧学功底,了解西方概况,有的还曾留学美国,因此他们与林乐知等共同主持编译雠校,并直接分题作文,便极大地有助于刊物成为沟通中西的桥梁。"③正因为有这批颇具旧学功底的中文编辑的协助,才使得《万国公报》上传教士的文章明晓畅达且颇具文采。

传教士与中文编辑合作的具体做法是:"将所欲译者,西人先熟览胸中而书理已明,则与华士同译,乃以西书之义,逐句读成华语,华士以笔述之;若有难言处,则与华人斟酌何法可明;若华士有不明处,则讲明之。译后,华士将初稿改正润色,令合于中国文法。有数要书,临刊时华士与西人核对;而平常书多不必对,皆赖华士改正。因华士详慎郢斲,其讹则少,而文法甚精。"④

沈毓桂(1807—1907),字寿康,号赘翁,江苏吴县人。沈毓桂自己回忆说:"余交林君为之襄理报牍,在林君创行新报之五年。"⑤他是我国近代最早的报人之一,"学究中西,覃精坟典"⑥。除了做林乐知的助手,还在《万国公报》发表了268篇文章,如:《华美俄三国将兴论》《敏事慎言论》《泥古变今论》《洋场杂说》《兴复万国公报序》《救时策》《中西

---

① 梁启超:《变法通议》,《饮冰室合集》文集之一,中华书局1989年影印本,第56页。
② 傅兰雅:《江南制造总局翻译西书事略》,载张静庐辑注:《中国近现代出版史料·近代初编》,上海书店出版社,2003年版,第14页。
③ 朱维铮:《导言》,载李天纲编校:《万国公报文选》,生活·读书·新知三联书店,1998年版,第15—16页。
④ 傅兰雅:《江南制造总局翻译西书事略》,载张静庐辑注:《中国近现代出版史料·近代初编》,上海书店出版社,2003年版,第18页。
⑤ 沈毓桂:《辞万国公报主笔启》,《万国公报》第61册,光绪二十年(1894年)正月。
⑥ 孔繁焯:《题沈寿康先生〈匏隐集〉序》,《万国公报》第50册,光绪十九年(1893年)二月。

相交之益》《西学必以中学为本说》,等等。

1894年,沈毓桂以87岁高龄退休。1906年,前工部左侍郎盛宣怀向朝廷上奏折请求"褒扬"沈毓桂:"苏州府震泽县附贡生沈毓桂,……该员植品纯粹,潜研实学。光绪五年,与美国儒士林乐知在上海创建中西大书院,前后掌教十有八年。复与诸西儒共译格致探源及天文算学等书30余种。又创设《万国公报》,译登中外政事、学校、商务诸大端。当咸丰同治之际,中西隔阂,民知未开,该员已能烛理研几,以知觉为己任。五十年来不求闻达,现届九十七岁,计闻已及百龄。精神强固,励学不衰。呈请恳恩褒扬。"①同年,清政府"硃批沈毓桂著赏给二品封典,准其旌表"②。

沈毓桂退休后,由蔡尔康担任中文编辑。蔡尔康(1851—1921),字紫绂、芝绂、子弟,笔名缕馨仙史、铸铁庵主等,上海人,生员出身。"三岁而识字,十岁而读群经"③,曾在《申报》《字林沪报》担任中文主笔多年。1892年经沈毓桂介绍,受聘广学会,担任李提摩太记室,协助李提摩太翻译《泰西新史揽要》。1894年接替沈毓桂担任《万国公报》中文编辑。之后,由林乐知口授,蔡尔康笔述整理,两人合作撰写了大量"论说",也翻译了大量著作,而且为两人共同署名,如:"美国林乐知著 中国蔡尔康译""美林乐知述意 华蔡尔康纪言""美国林荣章译意 中国蔡缕仙造语""美洲林乐知荣章命意 亚洲蔡尔康芝绂遣辞"等,时人称为"林君之口,蔡君之手"。对于他们的合作,林乐知非常满意,他对蔡尔康说:"余之舌,子之笔,将如形之与影,水之与气,融美华于一冶,非貌合而神离也。"④在《中东战纪本末译序》中,林乐知又写道:"子弟,中国秀才也,每下一语,适如余意之所欲出。"除了林乐知,蔡尔康也曾与李提摩太合作,完成了一些译著。除了与传教士合作的文章,蔡尔康还为《万国公报》撰写了56篇文章。

此外,在《万国公报》协助林乐知编译的中国人还有任廷旭、范

---

① 《褒扬耆儒奏折书后》,《万国公报》合订本第四十册,华文书局(中国台湾)影印本,1968年版,第24981—24983页。
② 同上书,第24984页。
③ 蔡尔康:《送林荣章先生暂归美国序》,《万国公报》第109册,光绪二十四年(1898年)正月。
④ 同上。

祎等。

任廷旭，江苏吴江人。"他生卒年在所有的人名辞典中都无法查到，据《全地五大洲女俗通考序》，他称自己癸未（1883年）三月与美国传教士林乐知结识，成了林乐知的学生，时年逾三十，那么，他可能出生在1852年，以后他'发愤致习英文'，……后受洗入教，在广学会当译员，改署任保罗。林乐知称赞他'华英文理俱优'，及'长于翻译，于美日两国文学成法颇有见闻'。"①他曾随使出洋，到过美国。任廷旭在《读〈中东战纪本末〉三编谨跋其后》中写道："自随使本邦，派驻其华盛顿都城，得亲觇美洲新国之政俗。……回华以后，杜门养疴，著述自娱，谬承先生暨广学会督办李君提摩太先生延襄译书事宜，得随蔡芝绂征君之后，结文字缘。"②除了做传教士助手，任廷旭为《万国公报》撰写了15篇文章。

范祎（1866—1939年），又名范子美，号甐悔，苏州人。"范先生为前清孝廉，长才善驭，敷陈尤多。"③范祎具有较为深厚的国学功底，1900年他与林乐知结识，从而极大地改变了他的人生观。他自称："余自见林先生，从问欧美宗教学术政治文化，而余之思想乃大变。宋学固为迂腐，汉学亦甚支离。今林先生博我以世界之大观，启我以自然之奥理，予我以平等自由博爱之精神，西方文明，洵可艳羡，余何幸而得遇斯人乎。"④1902年范祎加入《万国公报》担任中文编辑，成为林乐知晚年重要的"代笔"。范祎在《万国公报第二百册之祝辞》一文中说："范祎承乏华文记者，于今三载。愧学识之窘陋与文采之弗彰，不足以有所裨助。私念幼而读书，嗜诗古文辞之学。年十七八，得宋元人之所作，而研究之，为性理之学。二十以后，得汉唐人及近世诸先辈说经之所作，而研究之，又为考据故训之学。三十以后，激刺于国势之日陵，悔儒述之迂疏寡效，乃更取算数物理之书而读焉，及与闻大道之要，覃精于天人一贯之奥。"⑤范祎单独为《万国公报》撰写的文章有10篇。

---

① 邹振环：《任廷旭与〈文学兴国策〉》，载《译林旧踪》，江西教育出版社，2000年版，第71页。
② 任廷旭：《读〈中东战纪本末〉三编谨跋其后》，《万国公报》第136册，光绪二十六年（1900年）四月。
③ 陈春生：《二十五年来之中国教会报》，《真光》第二十六卷第六号，1927年6月，第3页。
④ 《青年进步》第102册，民国十六年（1927年）四月，第67页。
⑤ 范祎：《万国公报第二百册之祝辞》，《万国公报》合订本第三十八册，华文书局（中国台湾）影印本，1968年版，第23614页。

可以说,《万国公报》的成功,与几位华人编辑的努力是分不开的。《万国公报》是林乐知等传教士与沈毓桂、蔡尔康等中国知识分子密切合作的产物。

除了这些中国助手,直接为《万国公报》写稿的中国人还有不少,例如:王韬发文 48 篇,郑观应发文 2 篇,胡礼坦发文 3 篇,宋恕发文 2 篇,康有为发文 1 篇,孙中山发文 1 篇(连载)①。"主要的著译,固然还是出自英美传教士及其华人助手的协作;但纯由华人完成的著译,以及选载中国士人的自发的或应征的来稿,也远比停刊前多得多,这当然也是它吸引中国读者的一大原因。"②

4.《万国公报》的发行

刚复刊时,《万国公报》印数不多,销量有限,更多的是免费赠送,"人鲜顾问,往往随处分赠"。除了《万国公报》,广学会的其他书刊,初期大半也是免费赠送的。

后来,《万国公报》改为鼓励销售。为了增加影响、扩大销路,《万国公报》采取了多种促销办法。

第一,经常刊登稿约、告白,多方宣传自己。如刊登在复刊后《万国公报》第 6 期的《广传公报》是如此推销自己的:"今乃有念于天下之大事变之博,所见异辞,所闻异辞,不有一书以辑其要,何足以知万国之强弱,中外之协和,交涉之推诚,事机之缓急哉。于是议复林君所辑《万国公报》,每月一出,每年十二册,收回工料银一元,价廉而书美,事半而功倍。……公报中之著论立说皆为中外名流,人所倾仰。首登中外互有裨益之事务,末译各国有关大局之新闻。事贵有征词,无泛设,其考证则有典有则,殚见博闻,其策论则批隙导窍,发聩振聋,诚为当世不可无之报。"③

第二,广泛设立代销处。为了推销《万国公报》,广学会决定"在上海设立一个发行中心,并在十八省省会和主要城市,以及其他商业中

---

① 杨代春:《〈万国公报〉与晚清中西文化交流》,湖南人民出版社,2002 年版,第 77—78 页。
② 朱维铮:《导言》,载李天纲编校:《万国公报文选》,生活·读书·新知三联书店,1998 年版,第 6 页。
③ 《广传公报》,《万国公报》第 6 册,光绪十五年(1889 年)六月。

心,如香港、横滨、新加坡、槟榔屿、巴达维亚等地,尽量设立一些代销机构"①。1898年时,在全中国及海外共设有代销处31个,第二年增加到35个②。

第三,将《万国公报》赠送给参加科举考试的士子。1889年,广学会将1 200份《万国公报》分送给在杭州、南京、济南和北京参加科举考试的考生③。1894年,广学会"额外印了五千册的《万国公报》在考生中散发"④。

第四,多次举行有奖征文。《万国公报》复刊第一年即举行征文,题目由韦廉臣拟:(1)格致之学泰西与中国有无异同;(2)泰西算学何者较中国为精。收到征文20篇,4篇得奖,分获奖金10元、7元、3元、2元。1894年再次举行有奖征文,题目由李提摩太拟:(1)振兴中国论;(2)维持丝茶议;(3)江海新关考;(4)禁烟檄;(5)中西敦睦策。收到征文172篇,70篇获奖,其中一、二等奖各5名,奖金分别为白银16两、12两;三、四、五等奖各10名,奖金分别为白银10两、8两、6两;六等奖30名,奖金为白银4两。

"应该说,用征文、赠书等方式吸引作者和读者,曾获得相当成功。……曾在《万国公报》上著论主张变法的,共一百五十余人,有的投文多达百余篇。"⑤

第五,征求"时新小说"。1895年,以鸦片之害、时文之害、缠足之害为主题征时新小说。共征到小说162篇,8篇获奖,第一名奖金50元⑥。

除了《万国公报》的促销手段,更重要的是其内容所具有的吸引力。鼓动变新政的内容,以及围绕时局变化而刊出的新闻内容,例如甲午战争前后,《万国公报》刊登了许多有关战事的新闻、评论,甚至还刊登了李鸿章提供的军中密电,吸引了大量读者。

---

① 《同文书会组织章程》,《出版史料》1988年第2期。
② 《万国公报》代销处具体分布情况,可参见杨代春:《〈万国公报〉与晚清中西文化交流》,湖南人民出版社,2002年版,第54—56页。
③ 《同文书会年报》第二次(1889年),《出版史料》1988年第2期。
④ 《同文书会年报》第七次(1894年),《出版史料》1989年第3、4期合刊。
⑤ 朱维铮:《导言》,载李天纲编校:《万国公报文选》,生活·读书·新知三联书店,1998年版,第21页。
⑥ 陈玉申:《晚清报业史》,山东画报出版社,2003年版,第29页。

其结果,《万国公报》发行量节节攀升,成为当时中国发行量最大的报刊,"每月在全国的重要官邸中流传"①。"每季的合订本,不仅为清全国督抚衙门订阅,而且引起日本和朝鲜的政府官员的注意。"② 1896年《万国公报》刊登的《请登告白》写道:"附启者,本馆自延请名流专办笔札以来,从每月一千本逐渐加增,今已几盈四千本。且购阅者大都达官贵介、名士富绅,故京师及各直省阀阅高门、清华别业,案头多置此一编,其销流之广,则更远至海外之美澳二洲。"③

1897—1907年《万国公报》发行量表

年　　份	每年发行量(册)
1897	约 60 000
1898	38 400
1899	39 200
1900	36 200
1901	25 000
1902	48 500
1903	54 400
1904	45 500
1905	27 622
1906	30 000
1907	22 300

资料来源:杨代春:《〈万国公报〉与晚清中西文化交流》,湖南人民出版社,2002年版,第58—59页。

可见,《万国公报》的高峰期,"每年售出数盈四五万","几于四海风行",创19世纪传教士中文报刊发行数的最高纪录。

5.《万国公报》的停刊

《万国公报》因鼓动变法以及变法运动在中国的逐渐兴起而声名大

---

① 《同文书会年报》第五次(1892年),《出版史料》1989年第1期。
② 朱维铮:《导言》,载李天纲编校:《万国公报文选》,生活·读书·新知三联书店,1998年版,第14页。
③ 《请登告白》,《万国公报》第94册,光绪二十二年十月(1896年)。

振,它把自己的命运与中国改革运动的命运紧紧地联系到了一起。

1898年6月11日,光绪皇帝下"明定国是"诏,宣布变法维新,中国的百日维新开始。也就是从1898年6月(光绪二十四年五月)的113期开始,《万国公报》开辟了"中朝新政"栏目,配合维新运动,刊登新政谕旨、新政措施等变法内容,为中国改革运动大造声势,如113期的《又议覆工部郎中条陈各省自开利源疏》、115期的《钦遵筹办京师大学堂事宜疏》《总理衙门遵议优奖开物成务人才事宜疏》。这时,中国的变法运动达到了高潮,《万国公报》也进入它最为辉煌的时期。

然而,中国的变法运动是短命的,只存在103天,史称"百日维新"。这同时意味着《万国公报》的"中朝新政"栏目也是短寿的。1898年10月的第117期,李提摩太在《万国公报》上发表了《新政诀》,当时"百日维新"已经失败:

> 今之欲民乐从君命者,先安内而和外;欲安内和外者,先备养民诸善法。欲备养民善法者,先得外国诸名师。欲得外国名师者,先化其畛域之见。欲化畛域之见者,先上顺乎天心。顺天心,在新民。
>
> 民新,而后天心顺;天心顺,而后畛域化;畛域化,而后外师得;外师得,而后养民善法备;养民善法备,而后外和而内安;外和内安,而后君命无扞格。
>
> 自往古以至于来今,壹是皆以养民为本,求新为诀。
>
> 忠臣难得,逸言易入。人死不可复生,民动不可复静。①

他劝清政府不要杀维新人士,"人死不可复生,民动不可复静"。117期的"中朝新政"栏目也是最后一期,从11月的第118期开始,这一栏目销声匿迹了。

百日维新失败后,守旧势力开始抬头,维新派受到挤压。《万国公报》也受到明显影响。尽管《万国公报》没有因此停刊,但它的锋芒明显减弱,鼓吹变法的文章锐减。

1900年前后,以义和团为代表的反洋教运动兴起,传教士的活动

---

① 李提摩太:《新政诀》,《万国公报》第117册,光绪二十四年(1898年)九月。

空间进一步被压缩。此后,《万国公报》对中国政治发表评论的时评文章逐渐减少,宣传基督教、传播教义的文章开始增加。尽管义和团事件后,清政府迫于形势,也采取了一些改革教育制度和政治制度的措施,例如废除科举、兴办新式学堂等,《万国公报》仍然保持了较好的销售势头,但其影响已明显减弱。

《万国公报》因鼓吹变法而声誉鹊起,又因变法失败不得不收敛锋芒、减少对变法的宣传而影响下降,这是不可避免的结局,也可以说是导致《万国公报》最终停刊的重要原因。

《万国公报》的停刊,还有其他原因。19世纪末,中国人自己创办的报刊大量出现,这些报刊,因为纯粹由中国人创办,更合乎中国读者的口味,其销售呈现出压倒《万国公报》的势头。例如梁启超任主笔的《时务报》创办后大受欢迎,"《时务报》的主笔梁启超、经理汪康年以及主要撰稿人,关于西学西政的知识,起初都来自《万国公报》和江南制造局、广学会的西人译著,因而刊物创办初期的言论,从内容到风格,都时时流露剥取《万国公报》的痕迹,也不奇怪。这曾引起林乐知等人的不满,……《时务报》初期的言论取向,与《万国公报》如出一辙。"①《万国公报》的优势没有了,一些读者重《时务报》而冷落《万国公报》也在所难免。因此,"当《时务报》盛行的两年里,《万国公报》在清帝国自改革思潮中的向导作用,几近丧失。"②

还有一个不应忽视的原因,"一旦中国人可以用留学生名义前往域外,一旦在域外在租界的中国人可以自办报刊各抒政见,那么传教士在中国论政的声音必将缩小,便是合乎逻辑的。1901年后,《万国公报》已在走下坡路。"③

戈公振从另一个侧面解释了停刊原因:"盖出资者多教士,主张尽登有关传教之文字,而普通阅者则又注重时事,故于政教二方面之材料,颇难无所偏重"④。

1907年5月,视《万国公报》为"余之产子"的主编林乐知去世,《万

---

① 朱维铮:《导言》,载李天纲编校:《万国公报文选》,生活·读书·新知三联书店,1998年版,第25页。
② 同上书,第28页。
③ 同上书,第29页。
④ 戈公振:《中国报学史》,三联书店,1955年版,第69—70页。

国公报》失去了主心骨。半年后,即 1907 年 12 月,《万国公报》悄然停刊,时光绪三十三年十一月,终刊号为 227 册①。

6.《万国公报》的影响

"晚清在华的西方人士所主办的中文报刊,曾对中国的学术和政治的实际运动,发生过重要影响的,首先要数在上海出版的《万国公报》。"②早在 1897 年就有读者给《万国公报》写信,提出"变法之端,皆广学会之所肇始"③。同期的传教士中文报刊《新学月报》则写道:"公报创行,已数十载,其时中国邸抄而外,别无报馆,兹编独汇六洲之要政,以当谋猷之入告,冀得风行海内,以作华报先声。迄今而各报之谈时务者,皆相继而起。回首当年,庶可谓不负作者苦衷乎。"④

《万国公报》从其前身《中国教会新报》开始,先后出版 39 年,累计出版近一千期,如果略去停刊时间,实际刊行仍有 33 年。它虽不是中国最早的传教士中文报刊,在上海也不是第一家,但其影响与作用超过此前所有的传教士中文报刊。它是传教士所办中文报刊中传播范围最大、影响最广、发行量最多的一份报刊。尤其是《万国公报》复刊至戊戌变法前后的一段时间里,它成了一家全国瞩目的中文报刊,产生了广泛的社会影响。

在《万国公报》存在的三十多年时间里,正值中国的大变革时代,中国经历了近代史上一系列重大的历史事件。配合这些事件的发生、发展,《万国公报》刊登了大量文章,尤其是它的时评文章,评论时政、鼓动改革、详细提出改革计划,在中国近代史上产生了重大影响,成了中国人了解世界的一个重要窗口。

---

① 另说为 237 册与 221 册。见宋应离主编:《中国期刊发展史》:"1907 年 12 月,出至 72 卷第 237 册停刊",河南大学出版社,2000 年版,第 26 页;朱维铮《导言》:"终刊号为第二三七册,时在 1907 年 12 月,当清光绪三十三年十一月。"李天纲编校:《万国公报文选》,第 7 页;许东雷:《广学会三十六年之回顾》:"光绪三十三年丁未(即 1907 年)林氏逝世,公报暂停,共积二百二十一册。"载《广学会三十六周纪念册》,上海广学会出版,1923 年。
② 朱维铮:《导言》,载李天纲:《万国公报文选》,生活·读书·新知三联书店,1998 年版,第 1 页。
③ 李董寿:《广学会有大益于中国论》,《万国公报》第 107 册,光绪二十三年十一月(1897 年)。
④ 《读万国公报》,《新学月报》,丁酉九月(1897 年)。

我们可以摘录当时的一些资料以佐证：

　　英国驻广州领事在与张之洞秘书的谈话中获悉,这位秘书和他的许多朋友都是这个杂志的订户,他们认为这是中文中从未见过的好杂志,总督自己也偶尔阅读这个杂志。①

　　《万国公报》是总理衙门经常订阅的,醇亲王生前也经常阅读；高级官吏们也经常就刊物所讨论的问题发表意见。②

　　有一位住在上海的翰林特别喜欢看我们的《万国公报》,他经常给在京城的翰林同僚们寄多达三十多份的《万国公报》。③

　　(浙江一个城市的几个士绅)每月订购《万国公报》六七份,轮流在这个城市的一些官员和士人中传阅。④

　　第一,《万国公报》是当时中国人新知识的重要来源。

　　《万国公报》在几十年时间里,不遗余力地宣传西学,内容包括西方自然科学、哲学、民主制度与民主思想、经济制度及经济学理论、教育制度与教育理论、空想社会主义等。许多知识的介绍在当时属于首次。它所介绍的自然科学相当全面,涵盖了各个学科,而且是最新成果。以化学元素介绍为例,19世纪70年代《万国公报》介绍的化学元素为64种,90年代随着新元素的发现增加到70多种,《万国公报》及时对新元素进行了介绍,20世纪初,《万国公报》又对最新发现的元素进行了报道。在社会科学方面,它广泛介绍了欧美的民主制度与民主思想,为中国人改革封建制度提供理论武器；它介绍的西方哲学,涉及各个不同哲学家的哲学思想及不同的哲学流派,对于改变中国人的思维方式有一定的作用；而教育制度与教育理论的介绍,对于深受科举危害的中国人来说无疑具有良好的启蒙作用,对晚清的教育改革有着不可低估的作用。此外,其他西学知识的介绍对晚清中国社会也有重要的影响⑤。正是通过《万国公报》,许多中国人了解了声、光、化、电等西方自然科学知识以及西方政治、经济、教育等各种学说与民主制度。"林乐知比其

---

① 《同文书会年报》第二次(1889年),《出版史料》1988年第2期。
② 《同文书会年报》第四次(1891年),《出版史料》1988年第3、4期合刊。
③ 《同文书会年报》,1895年。转引自陈玉申:《晚清报业史》,山东画报出版社,2003年版,第30页。
④ 《广学会年报》第十次(1897年),《出版史料》1991年第2期。
⑤ 杨代春:《〈万国公报〉与晚清中西文化交流》,湖南人民出版社,2002年版,第229页。

他人更清楚地看到,大众化的报纸的价值就在于帮助中国人民扩大知识面并使他们的世界观走向现代化。"①

第二,《万国公报》是中国近代知识分子认识世界尤其是近代西方世界的重要窗口。

首先,启迪了中国广大的知识分子。《万国公报》创办时期,正是中国自强、求富、兴办洋务之时。甲午战争中国惨败,朝野震惊,纷纷寻找救国图存之路。一部分先进的知识分子认为,仅仅学西方、办洋务是不够的,欲自强必先变法。《万国公报》刊登的介绍西学、评论时政、鼓吹变法的文章以及各种变法主张,正好适应了这一要求,从而使他们产生思想的裂变,"此后梁启超、汪康年辈办报于沪上,启迪民智,开通风气。促成社会与政治之变革,其间波澜一层层撼动,万国公报实属为主要动力之一。"②

其次,我国维新派也深受《万国公报》影响。维新派创办的第一份报刊即仿其名,取名《万国公报》。1895年强学会成立,李提摩太、李佳白等传教士都参加了这一旨在推动中国变法维新的组织。强学会出版自己的《万国公报》时,广学会为它募捐,筹得银子一万两。1895年12月广学会出版的《万国公报》第83册,用大量版面刊登了《强学会序》《强学会记》《上海强学会序》《上海强学会章程》,积极推动中国的变法维新运动。

康有为是《万国公报》长期而热心的读者,他参加过1894年的有奖征文活动,获得六等奖。康有为还拜访过李提摩太,他在《致李提摩太书》中,称赞他们"于中国事一片热心"。他的变法主张明显受到《万国公报》的影响,李提摩太在看了康有为的上清帝书后说:"余甚惊异,凡余从前所有之建议几尽归纳晶结,若惊奇之小指南针焉。"③

梁启超当过李提摩太的秘书。他编的《西学书目表》将《万国公报》列为最佳西书之一。他在《读西学书法》中写道:"癸未甲申间,西人教会始创《万国公报》,后因事中止。至己丑后复开,至今亦每月一本,中译西报颇多,欲觇时事者必读焉。"④

---

① 林语堂著,王海、何洪亮主译:《中国新闻舆论史》,中国人民大学出版社,2008年版,第74页。
② 赖光临:《中国近代报人与报业》,商务印书馆(中国台湾),1980年版,第92页。
③ 范文澜:《中国近代史》(上册),人民出版社,1947年版,第299页。
④ 梁启超:《读西学书法》,载黎难秋主编:《中国科学翻译史料》,中国科学技术大学出版社,1996年版,第640页。

谭嗣同也受到《万国公报》影响,他看了李提摩太发表在《万国公报》的《拟广学以广利源议》一文中所提中国失地、失人、失财的观点后,震动很大:"英教士李提摩太者,著中国失地失人失财之论,其略曰:'西北边地,为俄国陆续侵占者,可方六千里。此失地也,而知之者百无一人也。中国五十年前,人民已四百二十兆口,以西法养民之政计之,每岁生死相抵外,百人中可多一人,然至今初无增益也。此失人也,而知之者千无一人也。又以西法阜财之政计,每岁五口之家,可共生利一铤,然中国日贫一日也。此失财也,而知之者竟无其人也。'审是,则中国尚得谓之有士乎?嗣同深有痛于此,常耿耿不能下脐。"①

第三,《万国公报》对中国的变法维新运动有显著的推动作用。

从1889年《万国公报》复刊,至1898年戊戌变法失败,传教士在《万国公报》上发表了多达数百篇鼓动变法的文章,使之成为"影响中国领导人物思想的最成功的媒介",对中国改革思想的形成与改革运动的兴起起到了一种不容忽视的作用。

主编林乐知说:《万国公报》的目的在于"激励目前中国兴起的改革思想以及应付此种思想的需要而提供知识和意见"②。可见,《万国公报》目标明确,有的放矢,形成了很好的舆论氛围,这也是《万国公报》能在中国变法运动中起推动作用的一大原因。

1898年戊戌变法运动失败,当年的广学会年会曾经对此进行过总结,他们对中国的改革仍然抱有信心。会议主席哲美森在会上表示:"新法未曾遗弃中国,此次失败,不足为虑,此水势已成,一浪之过去,他浪必继起,后人必曰:此为中国觉醒之年。"③

第四,《万国公报》的影响不止限于中国,还扩至海外。

日本领事馆长期订购《万国公报》,并将其转寄国内,日本天皇及其内阁成员均为它的忠实读者。朝鲜政府也长期订购,朝鲜国王为了对主编林乐知表示敬慕之情,还将"锦绣屏风"馈赠给他。

《万国公报》之所以能产生如此大的影响,与当时中国社会向西方

---

① 谭嗣同:《思纬壹壹台短书——报贝元徵》,《谭嗣同全集》,三联书店,1954年版,第425页。
② 《同文书会年报》第二次(1889年),《出版史料》1988年第2期。
③ 转引自叶再生:《中国近代现代出版通史》(第一卷),华文出版社,2002年版,第416—417页。

学习、救亡图存的形势以及客观条件所限有关。当时无论是洋务派官员、开明知识分子还是康有为、梁启超等维新派人士,他们倡导向西方学习,但不懂西文,也没有机会出国亲自考察,造成了他们对传教士中文报刊以及所介绍的西学的依赖,他们对西方的了解都源于《万国公报》等西人创办的书刊,《万国公报》成了他们了解西方的一扇窗口。戊戌变法前夕,香港《中国邮报》记者采访康有为,询问他是如何得知世界形势的,康有为回答是从李提摩太、林乐知二人的译著中得到的,这当然包括《万国公报》。他们如饥似渴地从包括传教士在内的西人书刊中汲取养分,再变成拯救中国的图存之策。

　　同时,《万国公报》的读者对象明确。他们选择上层人物为报刊的主要读者,在高层官吏与士大夫中开展活动,而这一策略的采用,正是《万国公报》的主办者研究了中国社会各阶级的特性后制定的。他们认为:"在那时候宣传福音是用一种普遍的方法:在街上演讲,在教堂演讲等方法。但是这些方法之向高等华人宣传基督的真理是没有用的。如果打算向他们宣传,必须另用方法。这个方法就是用文字宣传。"①

　　《万国公报》的主编和参加编辑、撰稿的主要人员都是当时著名的传教士,他们千方百计结识中国权贵,并收到很好的效果。这些传教士与清政府的许多重要官员和著名知识分子保持着很好的关系,例如李提摩太与李鸿章、张之洞、曾国荃、丁宝桢、翁同龢等人有广泛的接触。他们经常向清政府的这些"领袖人物"赠送《万国公报》与其他书刊,请他们为广学会出版的书写序。他们之间的良好关系还可从下面的例子得到证实:洋务派官员张之洞先后四次给广学会捐款,累计达八千两银子;李鸿章将甲午战争期间"军中往来之电报底稿"提供给《万国公报》刊登,这一具有重要价值的资料的刊登,更使《万国公报》影响倍增;李鸿章的私人秘书当过广学会的董事,李鸿章还为广学会出版的一部书写序,等等。

　　《万国公报》施行的上层路线,甚至包括光绪皇帝。他们除了向中国的达官贵人送书刊,也向光绪皇帝送书刊、呈建议,最终光绪皇帝成

---

① 莫安仁:《广学会过去的工作与其影响中国文化之势力》,载《广学会五十周纪念短讯》第二期,上海广学会出版,1937年2月,第5页。

了这些书刊的读者,"在一八九八年,前清光绪皇帝为欲改革政治,曾向广学会定购书籍多种"①。光绪皇帝保存有全套的《万国公报》与广学会出版的 89 种书籍。

在上层人物中开展工作,是广学会奉行的政策,作为广学会机关报的《万国公报》,理当推行这一政策,并取得卓越的成效。可以说,广学会是上层路线的倡导者,《万国公报》是上层路线的实施者。《万国公报》以及广学会在中国高层官吏中制造舆论,更扩大了它们的影响。上层路线的成功对《万国公报》影响维新运动的推动作用有着相当紧密的关系。

---

① 季理斐夫人著,叶柏华译述:《广学会为中国妇女及儿童做了些什么工作?》,载《广学会五十周纪念短讯》第四期,上海广学会出版,1937 年 4 月,第 10 页。

第八章 《中西闻见录》与《格致汇编》

一、19世纪下半叶传教士中文报刊的特点

传教士创办中文报刊的最初目的是宣传宗教、传播教义，这一宗旨在第一个中文近代报刊《察世俗每月统记传》中有十分鲜明的体现。1823年创刊的另一个传教士中文报刊《特选撮要每月纪传》，也是典型的宗教报刊，以传播基督教教义为最高使命。

1833年《东西洋考每月统记传》创刊后，传教士中文报刊的发展进入了一个新的阶段。从这一时期开始，它们逐渐偏离传教士中文报刊的初衷，把重点从传教转至宣传西学。在此期间与以后，传教士所办中文报刊普遍把主要篇幅用于宣传西学。无论是鸦片战争以前的《天下新闻》《各国消息》，还是鸦片战争以后的《遐迩贯珍》《中外新报》《六合丛谈》，尽管具体的办刊方针有差异，但总宗旨是一致的，这就是以传播西学、增广见闻而非传播西教为主旨。根据现存的报刊资料，《特选撮要每月纪传》闭刊以后，至1868年《中国教会新报》创刊前，传教士没有创办过以刊登宗教为主要内容的中文报刊。

1868年《中国教会新报》创刊后，传教士中文报刊出现了新的变化：传教士创办的以宣传基督教为主要内容的宗教性报刊再度出现。也就是说，这之后传教士中文报刊出现了分野：一部分传教士继续兴办世俗报刊的同时，另一部分传教士则重新创办了宗教报刊。这种现象的产生，既反映了传教士内部在办刊方针上分歧的存在，也影响了传教士中文报刊最后的发展方向与归宿。

传教士中文报刊出现这种变化是有原因的。这些报刊介绍西学的主要目的，是通过对西学的传播，达到传教的目的。但结果呢？中国人

接受了他们所传的西学,却未接受他们所传的西教。维新派就对传教士"将一切事物归功天主"的"谬说"进行过驳斥,认为可以救世救国的宗教不是基督教,而是孔教,提出中国"庶政变、学变",而教不可变。维新派抬出儒教以"塞异端",与基督教相抗衡。

"传教士传播西学,其主观动机是为了耶稣基督最终能征服中国。而实际上,国人接受了他们传播的西学,对其夹带兜售的基督教并无兴趣。主观动机与客观效果的最终背道而驰,这或许是传教士们自身没有想到的。"[1]中国人仅仅对西学感兴趣而对基督教并无兴趣的现实,使一部分传教士对办刊方针产生了怀疑。19世纪七八十年代,传教士内部关于办刊方针的争论明朗化,这种争论集中体现在1877年的传教士大会上。

1877年5月,在华基督教传教士大会在上海召开,"有二十九个传教差会的一百二十六名传教士出席,他们代表着当时在华的四百七十三名传教士"[2],当时在上海的著名外国传教士韦廉臣、林乐知、艾约瑟、傅兰雅、丁韪良、狄考文等都参加了这次会议。这次会议对于传教士在中国开展的各项活动展开了讨论,包括传教士中文报刊问题。是否应该继续出版世俗报刊,是否应该通过这些报刊向中国人传授西学知识,传教士分成了针锋相对的两派,展开了激烈的争论。这是传教士长期以来关于办刊方针问题上不同意见的反应与公开化,它对传教士中文报刊的发展产生了影响,传教士中文报刊出现了分野:一部分报刊继续传播西学的同时,另一部分报刊开始宣传西教。

这里需要说明的是,19世纪六七十年代以后,出现了世俗报刊与宗教报刊并存的局面,这一现象并不意味着这两类报刊在当时是平分秋色的。直至19世纪末,世俗报刊占有很大的优势。诸如《中国教会新报》,尽管是鸦片战争后出现的第一个宗教报刊,但它在1874年更名为《万国公报》后,演变成为世俗报刊,而且它把传教士中文报刊对世俗社会的影响推向了顶峰。《万国公报》虽不是中国最早的传教士中文报刊,但其影响与作用超过此前与此后所有传教士中文报刊。

---

[1] 杨代春:《〈万国公报〉与晚清中西文化交流》,湖南人民出版社,2002年版,第230页。
[2] 姚民权:《上海基督教史(1843—1949)》,上海市基督教三自爱国运动委员会、上海市基督教教务委员会出版,上海市出版局准印证(93)153号,1994年,第73页。

除前面介绍的几份传教士中文报刊，19世纪下半叶传教士还创办了为数不少的中文报刊。本书选取其中具有代表性的报刊，分几章进行介绍。

二、《中西闻见录》

1.《中西闻见录》创刊背景

1871年冬，在北京的外国人商讨出版中文报刊事宜，对此，香港报纸曾有报道："闻西人之侨居京师者，现拟倡设汉文日报，意欲使华人增广见闻，扩充智虑，得以览之而获益。曾于去年十一月中聚众集议商酌是款。"①

在此背景下，1872年8月，《中西闻见录》在北京创刊，它尽管不是传教士所拟创设的汉文日报，却是北京的第一个中文近代报刊。外国人的办报活动突破了清王朝的最后禁区，进入了它的核心区域。

《中西闻见录》为中文月刊，每月一期，每期正文50多页到60页不等。1872年8月创刊，1875年8月停刊，这样算下来应为37期，但1874年8月未出，1874年9月第25号上有一个说明："本局主人前月避暑出外，故少一本，顺此通知。"所以共刊出36期。收入文章800多篇，约55万字。

《中西闻见录》由京都（北京）施医院出版发行，美国传教士丁韪良、英国传教士艾约瑟主编，后来艾约瑟离去，完全由丁韪良负责。

丁韪良（William Alexander

《中西闻见录》创刊号

---

① 《西人在北京办报的集议》，转引自方汉奇主编：《中国新闻事业通史》（第一卷），中国人民大学出版社，1992年版，第362页。

Parsons Martin，1827—1916），美国长老会传教士。1850年来华，在宁波传教。第二次鸦片战争时期任美国公使列维廉的翻译。1864年来到北京，建立美国长老会北京布道会，办了教会学校"崇实馆"（今北京第二十一中学前身）。1865年丁韪良被聘为京师同文馆英文教习，1867年同文馆再聘他为国际法教习，他同时在京都施医院供职。1869年由海关总税务司赫德推荐，升任同文馆总教习（相当于校长职务），直至1894年。担任总教习后，丁韪良对同文馆进行

丁韪良

了改造，除了先前开设的外语、数学、国际法、天文、物理和化学课外，又增开了生理学、医学等西学课程，并于1871年添设了化学馆，1878年添设了天文馆，1888年添设了格致馆，西学教育规模不断扩大①。此时的同文馆已经成为有别于中国传统旧式学堂而具有比较完整和系统的教育体制的近代新式学校。同文馆先后聘请过54名外国学者担任英文、法文、德文、日文、化学、天文、医学等教习，聘请过32名中国学者，担任中文和算学教习②。丁韪良自己在同文馆亲任英文、国际法、富国策、格物等教习，他还担任清政府国际法方面的顾问，1898年光绪皇帝授予丁韪良二品顶戴。同年，京师大学堂成立，丁韪良被聘为京师大学堂总教习，实际上成了北京大学的第一任校长。1898年9月24日的《纽约时报》发表了题为《中国的帝国大学——美国人丁韪良博士被任命为校长》的文章，报道了这一消息。1900年义和团运动爆发，丁韪良一度返回美国。再回中国后，主要从事教会活动，并撰写回忆录。1916年12月丁韪良在北京逝世，终年89岁，与妻子同葬于西直门外的一块墓地。

丁韪良是清末在华外国人中著名的"中国通"。在同文馆任职期

---

① 孙邦华：《简论丁韪良》，《史林》1999年第4期，第86页。
② 熊月之：《西学东渐与晚清社会》，上海人民出版社，1994年版，第310页。

间,主持翻译了《万国公法》四卷、《西学考略》二卷、《格物入门》七卷。此外他还著有《花甲忆记》《北京之围》《中国人对抗世界》《中国人之觉醒》等著作。《中西闻见录》是丁韪良担任同文馆总教习期间编辑出版的中文报刊。

丁韪良是个有争议的人物,在美国,在中国大陆和台湾,对他有各种不同的评价①。

《中西闻见录》影印本,由南京古旧书店根据南京图书馆所藏底本于1992年印制发行,共四册,国内许多图书馆有收藏。此外,国家图书馆、北京大学图书馆等藏有《中西闻见录》部分原件。

2. 创刊宗旨

《中西闻见录》创刊号,刊登了《中西闻见录序》,揭明了创刊宗旨:

> ……西国之天学地学化学重学医学格致之学及万国公法律例文辞,一切花草树木飞禽走兽鱼鳖昆虫之学,年复一年,极深研几,推陈出新,义理有非言语所能尽者。若非多译各书,中国人何由尽知乎。夫西国诸法有益于中国非小,自嘉庆年间种牛痘法,已由广东传遍中国各省,活人无算,此一明证也。中国人于外国学问及一切器具并各国风俗,果能博见广识,择善而从,未始不可为他山之助。兹印行中西闻见录,每月一次,其书内所论者乃泰西诸国创制之奇器,防河之新法,以及古今事迹之变迁,中西政俗之同异。盖土域疆界各国大有变更,流风遗俗阅世亦多移易。览万国图说天下地皆了然于胸,中述海外奇闻宇内事,俱恍然于耳前矣。凡新法奇器珍禽异兽并万国舆地俱绘有图式,以便查阅,按月分续,公诸同好。②

可以看出,这是一份以传播西学尤其是西方科学知识为主要内容的综合性报刊。每期开篇的一段话,也是对创刊宗旨的进一步说明:"《中西闻见录》系仿照西国新闻纸而作,书中杂录各国新闻近事,并讲天文、地理、格物之学。每月出印一次,如中西士人有所见闻,或自抒议

---

① 参见傅德元:《丁韪良研究述评(1917—2008)》,《江汉论坛》2008年第3期。
② 《中西闻见录序》,《中西闻见录》第1号,1872年8月。

论亦可,写就送至米市施医院诸先生处选择,可登则登之。庶集思广益,见闻日增焉。"

3. 偏重科学的综合性报刊

由创刊宗旨决定,《中西闻见录》是一份偏重科学的综合性报刊。它完全不登宗教文章,甚至很少借介绍科学之机宣传上帝的威力。它主要介绍西方科学技术、文化、新闻时事,同时刊登寓言故事、杂记,以增加报刊的可读性。

下面是《中西闻见录》的两期目录:

第一号,1872年8月(同治十一年七月)

《中西闻见录序》
《论土路火车》(附图)　　　　　　　　〔美〕丁韪良
《泰西河防》(未完)　　　　　　　　　〔英〕艾约瑟
《地学指略》(未完)　　　　　　　　　〔英〕包尔腾
《西国数目字考》(未完)
《交食解(天文馆课)》(附图)
《俄人寓言》　　　　　　　　　　　　〔美〕丁韪良
《法人寓言》
《某客问旱磨》
《答某客问旱磨》　　　　　　　　　　〔美〕丁韪良
《某客论读书法》(二则)
《上海近事》　　　　　　　　　　　　〔美〕丁韪良
《日本近事》　　　　　　　　　　　　〔美〕丁韪良
《英美近事》
《阿尔兰近事》
《伊大利亚近事》

第二十四号,1874年7月(同治十三年六月)

《彗星论》(附图)　　　　　　　　　　〔美〕丁韪良
《雷图科谬》　　　　　　　　　　　　刘业全
《论运血之器》(附图)　　　　　　　　〔英〕德贞
《中西各国煤铁论》(续完)　　　　　　佩福来译

《杂记》 〔美〕丁韪良
　《父狂子顽》
　《马车铁路》
　《劝婪改过》
《各国近事》 〔美〕丁韪良
　《英国近事》
　　《救生公局》
　　《妄证拟罪》
　　《阿鄯金羊》
　《西班牙近事》
　《日本近事》
　《福州近事》
　《拟设电线》
　《上海近事》
　《新设报局》
　《美国近事》
　　《探访海底》
　《又日本近事》
　　《禁人助战》
　《俄国近事》
　　《君游英国》
　《又美国近事》
　　《观察金星》
　《阿非利加近事》
　《草中碍路》

从上述目录可以看出，对科技知识、工艺技术等的介绍是《中西闻见录》的首要内容，开篇的四五篇文章均为这方面的内容。《中西闻见录》刊登的介绍西方科技知识的文章非常多，除上述两期目录所列外，还有：《论玻璃》《考数根法》《星学源流》《蒸汽机印安折叠法说略》《火轮船源流考》《泰西制铁之法》《希腊数学考》《天时雨易异常考略》《铁索运物》《论煤铁出处及运行法》《牛痘考》《蒸气论》《防地震法》《金星过日》《论煤铁出处及运行法》《印书新机》《论光远近乘方转比》《飞车测天》《脉论》《救生船略》《光热电吸新学考》《救火云梯》《电报论略》《火器新式》《论光之速》等。相对于《遐迩贯珍》《六合丛谈》等报刊,《中西闻见录》对科技知识的介绍更为重视,所占篇幅也大得多。有些知识还非常实用,例如《泰西河防》,详细介绍西方预防水灾之法,"时北方多雨,河决屡见,该报关于预防水灾之法,言之綦详,故颇为学者所称道"[①]。对当时的中国人而言是非常有用的知识。

《中西闻见录》也刊登难题解说、科学趣闻以及试题。这方面的文章有:《天文馆难题》《天文馆难题图说》《算学难题疑问》等。试题如:《壬申年同文馆岁考题》《同文馆壬申岁试英文格物第一名试卷》《同文馆壬申岁试汉文格物第一名试卷》《同文馆四月月课医学试卷第二名》《同文馆癸酉岁试汉文格物第一名试卷》《同文馆月课格物试卷》《同文馆课作:格物测算题》等。

科技知识介绍之后,是寓言、杂记、奇闻趣事等,例如:刊登在第1号的《俄人寓言》《法人寓言》,第21号的《寓言五则》(《驴驮圣物》《金卵鸡》《忘恩狼》《狐狸观葡萄》《戏物示警》);刊登在第2号的《瓦尔巴雷瘦城奇闻》,第3号的《卖驴丧驴》;刊登在第12号的《杂记四则》(《义女遭患》《冒寒拯饥》《危身救人》《奸徒现报》),第18号的《杂记五则》(《火轮车安危考略》《浚河泥船》《英车列爵》《制造钢笔》《英京报房》)等。

《中西闻见录》也有少量论说、历史等社会科学内容,如《某客驳某客论读书法》《元代西人入中国述》《英京书籍博物院论》《德国缘起择要》《米利坚即美国志序》《亚里斯多得里传》《正本清源论》《爱敬为学术治道纲要》等。

新闻列于每期最末,置于"各国近事"栏目中。创刊号未设"各国近事"栏目,而是直接列出各地新闻,从第2号开始设"各国近事"栏目。新闻所占篇幅较多,每期在10—18页不等。总的来说,有关科技知识的内容后期篇幅稍有削弱,而新闻内容后期有所加强,这从所列两期目录也可以看出来。作为偏重科技的综合性报刊,《中西闻见录》的新闻表现出了科技报刊的特性——它的许多新闻与科技有关,例如:《日本电线火车》《补防牛疫法》《地油井泉》《英国农器新法》《载树引雨》《新设

[①] 戈公振:《中国报学史》,三联书店,1955年版,第70页。

电报》《南海电报》《玻璃织衣》《探访海底》《探觅北极》《取水备粮新法》《由海运茶》《增设新报》《陆路电线》《觅路通云南》《新设电线》《修复兵船》《过海观星》《新造铁路》《寻觅铁山》《测天远镜》《新制电机》《设陆路电线》《探访冰洋》《新法开矿》《探寻北极》《海底隧道》,等等。上文所列第24号目录,也有多篇新闻与科技相关。

4. 停刊及其影响

《中西闻见录》撰稿人以传教士居多,其中主编丁韪良撰稿71篇,艾约瑟撰稿25篇,德贞撰稿17篇,包尔腾撰稿6篇。也有不少中国学者为该刊写稿,包括李善兰、刘业全、余魁文、朱格仁等,其中李善兰为中国数学家,他也是京师同文馆教习,在《中西闻见录》发表了《考数根法》《星命论》《天文馆新术》等数学、天文学文章共13篇。

《中西闻见录》每期印千份,多为免费赠送,读者主要是官绅学界及"帝国最高级官吏"。

1875年8月,《中西闻见录》停刊。1875年8月第36号末尾,《中西闻见录》刊登了《闻见录公局告白》:"启者:本录自同治十一年秋间,始行刊印,于今已历三载,流布渐广,蒙四方文人学士转相购阅,更兼时有惠寄大稿嘱登录中者亦复不少,殊属幸事。兹拟暂停数月,自明年正月另起可也。特白。"①可见,当时是打算"暂停数月",结果却成了终刊号。

《中西闻见录》停刊后,丁韪良将刊发在该刊的文章,"择其体要"编成《中西闻见录选编》4卷,于1877年重新出版。

对于《中西闻见录》,我国学者在两方面给予了充分肯定。

第一,在西学传播中的作用。"在'西学'输入的书刊中,这是一部较为系统也较全面地反映当时西方科学技术与政治、法律、社会新闻等的综合性刊物,在中国近代科技史、法律发展史及新闻学史上,有着显著的地位。此书出版,即在全国产生较大的影响,各地纷纷效仿,类似的刊物开始大量出现。"②

第二,在北京出现的第一份近代报刊的意义。"从该刊出版情况

---

① 《闻见录公局告白》,《中西闻见录》第36号,1875年8月。
② 田涛:《〈中西闻见录〉、〈格致汇编〉影印本序》,《中西闻见录》,南京古旧书店影印本,1992年版,第2页。

看,在北京办一份近代报刊是很艰难的。不过,该刊的出现,却宣告了一个重要的事实,即外国人在华办报的最后一个禁区被突破了。既然天朝的首都都允许外国人出版报刊,那么就意味着整个中国都向他们开放了。"①

三、《格致汇编》

1.《格致汇编》的创刊与两度复刊

1876年2月,《格致汇编》在上海创刊。创办人为英国传教士傅兰雅,他同时又担任主编与主要撰稿人,我国化学家徐寿具体负责集稿和编辑工作。由上海格致书院发售,铅活字印刷。

傅兰雅(John Fryer,1839—1928),出生于英国海德镇一贫穷牧师家庭。1861年被英国圣公会派到香港,担任香港圣保罗书院院长,两年后担任北京同文馆英文教习,1866年担任《上海新报》主编。1868年任职于重要洋务机构江南制造局翻译馆,从事西方科技著作的翻译工作,直至1896年。傅兰雅非常重视这项工作,他认为翻译西方科技著作,"可大有希望成为帮助这个可尊敬的古老国家向前进的一个有力手段","能够使这个国家踏上'向文明进军'的轨道"②。在长达28年的时间里,他与中国同事一起,翻译的科学著作多达77种,包括:《法律医学》《开煤要法》《化学鉴原》《化学鉴原补编》《化学分原》《化学考质》《西国名菜嘉花论》《国政贸易相关书》《佐治刍言》《海防新论》等,"是清末西学翻译与引进数量最大、涉及学科最广的一人"③,被誉为西学传播大师。在江南制造局任职期间,傅兰雅参与创办了格致书院,这是我国第一所培养科技人才的书院;1876年创办了《格致汇编》,这是近代中国第一份完全以科技知识为内容的报刊;1885年创办了格致书室,这是近代中国第一家科技书店,不仅销售几百种科学技术译著,还代售

---

① 方汉奇主编:《中国新闻事业通史》(第一卷),中国人民大学出版社,1992年版,第365页。
② 顾长声:《从马礼逊到司徒雷登——来华新教传教士评传》,上海人民出版社,2000年版,第213页。
③ 田涛:《〈中西闻见录〉、〈格致汇编〉影印本序》,《格致汇编》,南京古旧书店影印本,1992年版,第4页。

地图、人物画像、仪器、印刷铜模、印刷机等。清政府为表彰傅兰雅的业绩,授予他三品官衔,并授予三等第一宝星。1896年傅兰雅离开江南制造局,去美国定居,期间,几次重访中国,还捐资在上海创办盲童学校。傅兰雅一生中最重要的时光是在中国度过的。

傅兰雅创办的《格致汇编》,前后跨度17年,但实际刊行为7年,中间曾两度停刊、复刊,具体可分为三个时期。

《格致汇编》

第一时期:1876年2月—1878年3月,这一时期为月刊。《格致汇编》出版两年后的1878年4月,傅兰雅回英国,《格致汇编》暂停出刊。停刊前的1878年2月,傅兰雅刊登了《格致汇编拟停一年告白》,解释停刊原因:"启者:《格致汇编》一书,本馆已辑二年,共刊二十四卷。幸蒙各口岸阅者年盛一年,而问事与寄稿者亦属不少,故辑此书甚为畅怀成趣之事。盖承诸君之雅教,真乃本馆之辅助。然作此书虽为灯下辛苦之工,无利失本之事,而心中亦乐为之不倦。惟因家中内眷久不服上海之水土,常有贱恙,无奈必送回本国。"①

第二时期:1880年4月—1882年1月,这一时期亦为月刊。1880年4月《格致汇编》复刊,但在出版两年不到的1882年1月再次停刊,这次停刊的主要原因是事务繁忙。

第三时期:1890年春—1892年冬,这一时期为季刊。在停刊8年后的1890年春,《格致汇编》再次复刊。复刊后傅兰雅刊登了《格致汇编馆告白》,解释了这几年停刊复刊的原因:"《格致汇编》之作始于光绪二年,连辑两套。及光绪四年请假回国,无人瓜代,因而两阅寒暑,未能续辑。嗣经诸友劝续,义难固辞,于光绪六年重理旧章。复刊二年至

---

① 傅兰雅:《格致汇编拟停一年告白》,《格致汇编》1878年2月。

此，格致汇编已成四套矣。后因事忙直停至今，已阅八载。前四年者多经售楚。暇辄校正重印，间有重印二次者，于此可见格致之学亦华人之所喜好也。数年来西国格致之学日新月异，视前辑者已成陈迹矣。苟不随时译公同好，大失辑《格致汇编》之本心。况有远近诸友佥愿劝续声不绝耳，并蒙数西友允为帮译一二，无已，仍于灯下日译若许，积印成编。"①

这次复刊后《格致汇编》由月刊改为季刊。月刊时每期正文20多页至30多页不等，改季刊后每期篇幅增加到一百页左右，所以期数减少，一年的总页码与前差不多。

1892年冬季，刊出《格致汇编馆特白》，再一次宣告停刊："是编虽不敢居于有功，然亦未尝非开人之先导也。本欲照前辑著，惟明年美国开赛博物大会，本馆拟往一观，详究其格致工艺诸事，增广见闻，笔之记录，回华时印诸汇编，以公众览。往返需数阅月，编辑无人瓜代，不得已而拟暂停一年，阅者祈幸谅焉。"②

傅兰雅在文中所说"拟往一观"的美国"赛博物大会"，是于1893年在美国芝加哥举办的世界博览会。《格致汇编》本打算"拟暂停一年"，但这一期却成了终刊号，以后再未有复刊。

所以，《格致汇编》从1876年2月创刊，至1892年冬季终刊，前后17年，实际刊行7年，前4年为月刊，后3年为季刊。

《格致汇编》影印本，由南京古旧书店根据南京图书馆所藏底本于1992年印制发行，共六册。此外，浙江图书馆、国家图书馆、北京大学图书馆等收藏有部分原件。

2.《格致汇编》与《中西闻见录》之关系

《中西闻见录》与《格致汇编》，"这两部书籍不但代表了当时南北两大城市'西学'引进的成果，并且因其联袂成书而成为姐妹篇，倍受后人推崇。"③但对于这两个刊物之间的关系，报史学界存在着不同看法。

第一种看法，《格致汇编》由《中西闻见录》更名而来，实为同一报

---

① 《格致汇编馆告白》，《格致汇编》1890年春。
② 《格致汇编馆特白》，《格致汇编》1892年冬季。
③ 田涛：《〈中西闻见录〉、〈格致汇编〉影印本序》，《格致汇编》，南京古旧书店影印本，1992年版，第3页。

刊。持这种观点的人比较多,如戈公振:《中西闻见录》于"光绪二年(一八七六年),易名《格致汇编》,发行于上海,由英人傅兰雅主持"①。倪延年:1876 年 2 月,"由原在北京出版的《中西闻见录》改名、并换了主编的《格致汇编》在上海创刊,该刊由英国人傅兰雅编辑,格致书堂发售。"②叶再生:《中西闻见录》于"光绪二年正月(1876 年 2 月)移上海,改由英传教士傅兰雅自费编辑出版,由傅主持的格致书院发行,并改刊名为《格致汇编》"③。李焱胜:"其前身是《中西闻见录》,1876 年 2 月迁上海出版时易名为《格致汇编》。"④

第二种看法,《格致汇编》是《中西闻见录》的补续。持这种观点的人如宋应离:《格致汇编》"是《中西闻见录》的补续,但在内容和编排上作了较大改动"⑤。《影印说明》:"《格致汇编》是清末刊行的、较早向国内介绍十九世纪西方先进科学技术的期刊之一,是《中西闻见录》的延续。"⑥

对于把《中西闻见录》和《格致汇编》视为名称不同的同一报刊,即第一种观点,有学者表示了不同意见。方汉奇提出,"把这两个刊物看成是名称不同的同一刊物,是不对的"⑦。笔者赞同这种意见,认为把它们视为同一报刊尚缺乏足够的证据。《格致汇编》是《中西闻见录》的补续,有延续性,《格致汇编》每一期封面均题"是编补续中西闻见录",说明两者之间存在延续关系。而且,《中西闻见录》"停刊后所有订户及撰稿人,都转到傅兰雅在上海筹办的《格致汇编》"⑧,也说明了它们之间存在延续关系。但不能因此视为同一报刊,对此,田涛的解释颇能说明问题:"由于傅兰雅曾在同文馆工作,因此他主编的《格致汇编》是《中西闻见录》的延续,其宗旨相同,体裁相近,但内容则有所更新,除原有的政论文章、海内外见闻外,加强了对于物理学、化学、数学、天文、地理、机械制造等专门学科的介绍。后人曾认为《格致汇编》是《中西闻见

---

① 戈公振:《中国报学史》,三联书店,1955 年版,第 70 页。
② 倪延年:《中国古代报刊发展史》,东南大学出版社,2001 年版,第 298 页。
③ 叶再生:《中国近代现代出版通史》(第一卷),华文出版社,2002 年版,第 161 页。
④ 李焱胜:《中国报刊图史》,湖北人民出版社,2005 年版,第 12—13 页。
⑤ 宋应离主编:《中国期刊发展史》,河南大学出版社,2000 年版,第 29 页。
⑥ 《格致汇编影印说明》,《格致汇编》,南京古旧书店影印本,1992 年版,第 1 页。
⑦ 方汉奇主编:《中国新闻事业通史》(第一卷),中国人民大学出版社,1992 年版,第 365 页。
⑧ 同上。

录》的更名,其实这个看法是不正确的。这两种刊物是前后连接,甚至是有延续性的,这只是当时引进与翻译'西学'的中心从北京移到上海的客观现象表现,这是两种不同的刊物,其印刷、装订和编译方法的区别也十分明显。《格致汇编》采用了在上海刚刚兴起不久的铅字排印技术,配有大量英式铜版插图。在编辑人员的组成上,由于吸收了一些中国人士参加,使译文更加准确流畅,翻译质量也在《中西闻见录》之上。"①

3. 创刊宗旨

关于创刊宗旨,徐寿等人为《格致汇编》所作的序言有很好的揭示。1876年创刊时,徐寿所作《格致汇编序》写道:

> ……是书名曰汇编,乃检泰西书籍并近事新闻,有与格致之学相关者,以暮夜之功,不辞劳悴,择要摘译,汇集成编,便人传观,从此门径渐窥,开聪益智,然后积日累功,积少成盈,月计之不足,年计之有余。②

1890年春复刊时,汪振声所作《续辑格致汇编序》写道:

> 见英国傅兰雅先生所辑《格致汇编》,如言天文则推测日月五星之运行,言地理则考辨山川各物之形类,推而至于民生日用之常经,与夫各国制造之新法,无不探原穷本,殚见洽闻,有图有说,令人一目了然。……不独文人学士可资博物之功,即农工商贾者流由此精于术艺,亦足令风气广开,为中国富强之根本。③

可见,《格致汇编》"乃检泰西书籍并近事新闻,有与格致之学相关者,……择要摘译,汇集成编",其目的是"令风气广开,为中国富强之根本"。这是一份以介绍西方科学知识为宗旨的报刊,也是近代中国最早的一份以介绍声光化电等科学知识为中心内容的科普报刊。"格致"一词得自《礼记·大学》中的一句话:"致知在格物,物格而后知至。"到了

---

① 田涛:《〈中西闻见录〉、〈格致汇编〉影印本序》,《格致汇编》,南京古旧书店影印本,1992年版,第4页。
② 徐寿:《格致汇编序》,《格致汇编》1876年2月。
③ 汪振声:《续辑格致汇编序》,《格致汇编》1890年春季。

晚清，"格致"一词已相当流行，专指从西方传入的声、光、化、电、农、矿、工等西方科学技术，但将"格致"一词用于刊名，在众多近代报刊中《格致汇编》是第一份。在傅兰雅看来，格致是代表科学技术的一个词，傅兰雅创办《格致汇编》的目的，就是要在中国传播通俗实用的科学知识。

4．汇编格致之学

作为中国近代第一份科普报刊，《格致汇编》完全以介绍西方科学知识为内容。它所介绍的科学知识非常全面，包括数学、物理学、化学、生物学、天文学、地质地理学、医学、工业、农业、商业等各学科、各行业的理论、方法、技术和应用，机械工程类文章常附以插图。

《格致汇编》所刊登的介绍西方科学技术的文章数量非常多，涉及学科门类很广泛。综合性科学技术方面，有《格致略论》（连载12期）、《格致理论》《论格致之学》《格致新法总论》等。科学仪器方面，有《算图器说》《新式算器图说》《大千里镜》《美国极大天文镜图说》《新创记声器图说》《化学器具说》《最大热度之表》《测量器具说》《格致释器》《自记测风器》等，每篇文章都配上图，是中文报刊第一次有关科学实验仪器的系列介绍。数学方面，设有"算学奇题"专栏，内容涉及加、减、乘、除、乘方、开方、公倍数、公约数、平面几何、三角函数、二元一次或一元二次方程等，方式上常采用上一期出题、下一期解题的趣味数学题的形式。如1876年2月的"算学奇题"有八则，其中三则是：

> 某人言有田一块，为三角形，一面长一百丈，一面长五十丈，一面长四十五丈，若将此田出卖，每亩价银二十五两，问需银若干。此题明算家不烦推算而知。①
>
> 有贼偷酒一坛，内有酒八斤，要平分，苦无秤称之，只有两小瓶，一容五斤，一容三斤，或可想法以此两器均分，请问如何分法。②
>
> 某人有树十九颗，要种成九行，每行须有树五颗，请问如何种法。③

---

① 《格致汇编》1876年2月。
② 同上。
③ 同上。

题目较浅,贴近百姓生活,让读者参与其中。物理学方面,介绍了物质形态、物质运动、万有引力以及电学原理、光学原理等知识,如《电学问答》《论电》《论光》《光理浅说》等。化学方面,介绍了物质的64种元素以及水、酸、碱等,还介绍了多种化学仪器的性能与用途。天文学方面,有《测月新论》《潮汐论》《潮汐致日渐长论》《论土星》《彗星无关灾侵说》《答日距地远近论》等。地理、地质、矿产开发方面,有《地理初桄》《格致理论:地球大体》《地学稽古论》《钻地觅煤法》《西国开煤略法》《化分中国铁矿》《矿石辑要编》《地球奇妙论》等。生物学方面,有《地球养民关系》《虫学略论》《西国名菜嘉花论》等,前两篇介绍地球上动植物的分布、各类昆虫的构造、生活习性及其与人类的关系,后一篇介绍西方蔬菜、花卉的种植方法。医药学方面,有《医学论》《论牙齿》《论新译西药略释》《救溺新法》《论脉》《论舌》《论呼吸气》《痰饮辨》《洗胃新法》《化学卫生论》等。工艺技术方面,介绍非常广泛,生产方面有棉花工艺、纺纱机、织布机、凿石机、漂染、印布、造瓷机、钻地机、抽水机、弹花机、造针机、造扣子机、造纸、造火柴、造玻璃、石印技术、印书机器、炼钢、炼铁、锅炉、电气镀金、凿石机;日常生活方面有啤酒、汽水、制冰器、磨面机、吹风器、传声器、养蜂、碾米、制糖、打米机、打字机、幻灯机、电灯、电话、留声机、照相机、灭火器;军事方面有火药、水雷、造炮等。

此外,《格致汇编》还介绍了农艺学、园艺学、植物学、植树造林、沙地种植、植物病害等方面的知识。

《格致汇编》的栏目设置,以刊登长篇译著为主,这些译著常常多期连载。长篇译著之外又设了几个颇具特色的专栏,除上文提到的"算学奇题"栏,还有:

"互相问答"栏。它采用问与答的形式,解答读者来信中提出的有关科技疑难问题,搭起了编者与读者之间的桥梁。如1876年创刊号的"互相问答"栏,其中一则是这样写的:"有客来书问,今年家中之水缸因冻冰而裂碎数只,不知其水冻冰时缘何能使缸裂,请道其详。答曰:水冻冰时其冰之体比水之体更大,凡水九立方寸,冻冰后则为十立方寸,而因缸体质硬,不肯让水之涨,则缸自然必裂。如缸之体质能让水涨,缸则不裂,若将水加热,水体亦涨,但仍为流质,故能向上而涨也,而其器不裂。惟加冷时,则水面上先冻冰一层,令底下之水不能向上而涨,如是其涨力必向横撑,故用贮水之器于天寒时,难免有冻冰裂开之虞。"①

"格物杂说"栏。这是介绍科学小常识、报道科技新闻和轶事的栏目。如1876年5月的"格物杂说"栏目,有这样一些内容:《蜘蛛生丝》《显微镜辨血》《曝育驼鸟》《近来伦敦造新式民房》《脚踏车与马相比赛》《动物活埋不死》《楼梯巧法》《玻璃镜面摆银法》《电人伎俩》。

《格致汇编》偶尔登载科学家传记,如1880年8月的《西国植物学家立尼由司》,1892年夏季的《汽机师瓦特传》等。

作为科普刊物的《格致汇编》,有时也登载一些论说文章,如《拟请中国严整武备说》,从1878年2月开始刊登,以6期篇幅连载。《俄国志略》从1880年6月至1880年9月4期连载。另外还有1881年1月的《俄国边界图并中俄条约说》,1890年春季的《中国防务亟宜讲求整顿以保利源说略》《查得日本整顿防务大概情形说略》,以及从1890年春季开始连载的《华语考原》。

《格致汇编》有时也摘登其他报刊文章,如刊登于1857年6月《六合丛谈》第1卷第6号的韦廉臣文章《格物穷理论》,在1881年4月的《格致汇编》再次刊出,上书"摘录《六合丛谈》韦廉臣稿"。

5.《格致汇编》的发行与影响

《格致汇编》出版后,受到读者广泛欢迎,很快销售一空。"初刊时,《格致汇编》每期印刷3 000册,后因供不应求,又增印经常重印几次。据说,该杂志发行量高达每月4 000份。"②《格致汇编》的发行范围非常广泛,"据统计,《格致汇编》在国内外共有51个代销处,订阅者分布在上海、浙江、江苏、广东、福建、山东、湖北、天津、辽宁、安徽、直隶、江西、北京、香港等省市。"③按照《格致汇编》封底英文说明,还远销至纽约、伦敦、横滨、新加坡、澳门等地。

《格致汇编》是中国近代第一份科普报刊,也是清末众多报刊中引进西学最具代表性的报刊,对于科学在中国的普及起到了重要的引导

---

① 《格致汇编》1876年2月。
② 转引自郝秉键:《上海格致书院及其教育创新》,《清史研究》2003年第3期。
③ 同上。

作用,在中国近代科学技术发展史上占有重要地位,并对西学在中国的本土化发挥了作用。《申报》评价它:"其价甚廉,其书甚美,……其中所言皆论有益于人生之事,中西讲求格致之人所可取法者也。"①梁启超称赞它:"嗣在上海续翻《格致汇编》,前后七年,中经作辍,皆言西人格致新理,洪纤并载,多有出于所翻各书之外者,读之可增益智慧。"②

---

① 《申报》第1173号,清光绪二年正月三十日(1876年)。
② 梁启超:《读西学书法》,转引自黎难秋主编:《中国科学翻译史料》,中国科学技术大学出版社,1996年版,第640页。

第九章 《郇山使者》/《闽省会报》/《华美报》与《教报》/《华美教报》/《兴华报》

一、从《郇山使者》到《兴华报》的演变历程

《郇山使者》/《闽省会报》/《华美报》与《教报》/《华美教报》/《兴华报》(以下简称《郇山使者》系列刊)大概可称是在刊名变更、刊物整合、刊期变化等方面最为丰富的传教士中文报刊。

《郇山使者》系列刊首创于福州。历史上福建一直是西方传教士纷至沓来之地。"福建虽然地处偏壤，基督教传播的程度却不亚于外省。……遍布八闽的教堂之多、建筑速度之快，为其他省各教区所不多见。"①在传教过程中，传教士们较早地在福建地区开始了书刊出版活动。1859年，由美国传教士怀德发起，美以美会在福州成立美华书局，"这是近代早期福建地区最大的图书出版机构"②。19世纪50—60年代，传教士在福建创办了一批英文报刊，如《福州府差报》《福州捷报》《福州每日回声报》《福州广告报》《厦门钞报》等③。经过传教士们多年的经营，近代时期在福建逐渐形成了福州、厦门、莆田等几个基督教报刊与书籍出版中心。

---

① 何绵山：《福建宗教文化》，天津社会科学院出版社，2004年版，第154—155页。
② 张雪峰：《晚清时期传教士在福建的出版活动》，《出版史料》2005年第1期，第114页。美华书局的创办时间，还有"19世纪60年代初"等不同说法，见陈林：《近代福建基督教图书出版考略》，海洋出版社，2006年版。
③ 张雪峰：《晚清时期传教士在福建的出版活动》，《出版史料》2005年第1期，第117—118页。

第九章 《郇山使者》/《闽省会报》/《华美报》与《教报》/《华美教报》/《兴华报》

1874年11月11日，福州美以美会在福州创办了中文报刊《郇山使者》。《郇山使者》创刊的具体时间报史学界说法不一，李颖在其研究论文中依据季理斐、力维贤等人的记述，推论应该是1874年11月11日创刊，不过在文章中她也认为，关于《郇山使者》的创刊时间，"上述的史料出现了自相矛盾之处"①。

《郇山使者》之后是《闽省会报》。两刊的关系，多数报史学家认为是《郇山使者》更名为《闽省会报》；但也有新闻史论著认为，《闽省会报》是一份独立于《郇山使者》之外的报刊，如方汉奇主编的《中国新闻事业通史》中的说法："1876年，另一种宗教刊物《闽省会报》出版"②。有的研究资料则回避了两刊之间的关系，如《福建省志·新闻志》中的说法："《闽省会报》于清光绪二年（1876年）六月在福州创刊，为16开20页左右的小册子，月刊。"③在《闽省会报》与《郇山使者》两刊的接续关系上，笔者注意到有一条重要的佐证材料：范约翰1890年编撰的《中文报刊目录》中，是将《郇山使者》与《闽省会报》两份刊物合并编目，也就是说范约翰将两刊视为同一份报刊。考虑到范约翰正是生活在那个年代，他本人也是个著名报人，主办了多份报刊并与不少报刊保持着联系，因此，笔者倾向于认定《闽省会报》沿续了《郇山使者》。

《郇山使者》更名为《闽省会报》的时间，过去多认为是在1876年，但李颖经过考证后发现："在1876年1月出版的《万国公报》第370卷中，我们查找到其选自《闽省会报》上的消息《天竺国事》，标有'选十一月初一日闽省会报'的字样，由此可见，至迟在农历1875年11月1日《郇山使者》已经改称《闽省会报》。"④这一证据也表明，《郇山使者》存在还不到一年时间就更名为《闽省会报》了。

《闽省会报》出刊20多年后，"1898年，《闽省会报》与 The Central

---

① 李颖：《〈闽省会报〉初探》，《福建师范大学学报（哲学社会科学版）》2003年第3期，第27—28页。
② 方汉奇主编：《中国新闻事业通史》（第一卷），中国人民大学出版社，1992年版，第371页。
③ 福建省地方志编纂委员会编：《福建省志·新闻志》，方志出版社，2002年版，第10页。
④ 李颖：《〈闽省会报〉初探》，《福建师范大学学报（哲学社会科学版）》2003年第3期，第28页。

Christian Advocate 合并，改称《华美报》(Chinese Christian Advocate)"①。《华美报》于1898年1月正式创刊，由美华书局印刷兼发行。

1904年3月(光绪三十年正月)，美以美会的《华美报》与上海监理会的《教保》两刊合并。《教保》1900年创刊于上海，系林乐知主编的监理会机关刊物，是与《华美报》同时存在的一份传教士中文报刊。两刊合并后刊名更改为《华美教保》，出刊地定在上海。这样，《郇山使者》系列刊的出版地点，通过《华美报》与《教保》的合并，从福州转移到了上海。

1910年，《华美教保》又更名为《兴华报》，周刊，每年的农历春节期间停刊两周，全年共出五十期。第一次世界大战期间，《兴华报》曾有一段时间改为英文刊物，战争结束后又恢复中文。

1938年，《兴华报》停刊②。

二、福州办刊时期

1.《郇山使者》

1874年11月11日创刊的《郇山使者》(Zion Herald)成为这一系列刊的源头。《郇山使者》刊名中"郇山"是锡安山(Mount Zion)的另一种汉译名称，锡安山位于耶路撒冷城南部，"《圣经》多以锡安代表耶路撒冷城。……锡安之名……常见于基督教文献和赞美诗，代表天国或众人信仰一致而相亲相爱的教会。"③

《郇山使者》为月刊，由美国美以美会的传教士创办。究竟是美以美会的哪一位传教士创办了《郇山使者》，存在着不同说法：其一，由武

---

① W. N. Lacy, *A Hundred Years of the Protese missionaries of China*, New York, 1948. 转引自李颖：《〈闽省会报〉初探》,《福建师范大学学报(哲学社会科学版)》2003年第3期，第28页。

② 关于《兴华报》停刊时间，许多著述都语焉不详。笔者在查阅原件时也未曾见到《兴华报》的终刊号。此处的停刊年份，见叶再生《中国近代现代出版通史》(第一卷)，华文出版社，2002年版，第912页。

③ "锡安"词条,《简明不列颠百科全书》(第8卷)，中国大百科全书出版社，1986年版，第477页。

林吉创办,黄乃裳主笔①;其二,由普卢姆创办,聘黄乃裳为主笔②。由于原件的佚失,现在已经难以考证究竟是谁创办了《郇山使者》,但是武林吉、普卢姆和黄乃裳这三人都是传教士中文报刊创办历史上的重要人物。

武林吉(Franklin Ohlinger,1845—1919),号迪庵,出生于美国俄亥俄州,1870年受美国卫理公会派遣来到中国福建传教,1871年负责美以美会在福建的教务。19世纪70—80年代,武林吉主要精力集中在宗教出版和教育方面,主编和翻译出版了大量的宗教书籍,参与创建了福州美华书院并担任第一任校长。1887—1893年他受派赴朝鲜传教,在朝鲜期间主办出版了《朝鲜丛报》。从朝鲜回中国之后,他又先后担任过《华美报》与《华美教保》的主笔。

普卢姆(Nathan J. Plumb,?—1899),美国传教士,在中国近代传教史和报刊史上他还有一个更为人们熟知的中文名——李承恩,因此在许多资料中都说是李承恩创办了《郇山使者》。普卢姆在1870年与武林吉一起来到福建传教。一些资料显示他在其后的《闽省会报》和《华美报》中也可能承担了重要工作③。同时,普卢姆对于在中国开办教会学校素有研究,1890年他在新教第二届在华传教士大会上,做了《教会学校的历史、现状与未来的打算》的报告,阐述了教会学校应该如何在传教区发挥开辟道路尖兵的作用,提出在中国的高等教育中,英汉双语并用开展教学的主张④。值得一提的是,普卢姆夫人也热心于报刊事业,福州版的《小孩月报》正是由她创办。

黄乃裳(1849—1924),福建闽清人,字绂丞,号慕华,晚号退庵居士,1866年在家乡接受美以美会传教士洗礼皈依基督教。黄乃裳因为率众垦殖南洋、参与百日维新、投身辛亥革命等等活动业绩,被誉为中

---

① 王治心:《中国基督教史纲》,青年协会书局,民国二十九年(1940)版,第297页。
② 福州百科全书编辑委员会编:《福州百科全书》,中国大百科全书出版社,1994年版,第591页。
③ 潘群的著述中称李承恩担任过《闽省会报》主理,载潘群主编:《福建新闻史稿1858—1949》,福建人民出版社,2004年版,第7页;陈林的论文中称李承恩担任过《华美报》主编,陈林:《福州"美以美会年议会录"初探》,载张先清编:《史料与视界——中文文献与中国基督教史研究》,上海人民出版社,2007年版,第201页。
④ 《在华新教传教士一八九〇年大会记录》,转引自董宝良:《中国近代教育史纲(近代部分)》,人民教育出版社,1990年版,第343页。

国清末民初的华侨领袖、民主革命家、教育家。同时他也可称得上是著名报人,"他一生办报7次,在福州办4次(《郇山使者报》、《福报》、《左海公道报》、《伸报》);在厦门办报1次(《福建日日新闻》,后改为《福建日报》),在新加坡办报2次(《星洲日新报》、《图南日报》)。"①《郇山使者》创刊之际,黄乃裳被聘为主笔,《郇山使者》更名为《闽省会报》后他仍然是主撰之一,前后历十余年,是他办报经历中就职时间最长的报刊。

《郇山使者》由于迄今没有原件发现,因此关于该刊的面貌研究者们只能依靠相关的历史记述进行一些侧面的研究,例如李颖认为,"《万国公报》1875年的若干卷宗上选载了《郇山使者》几则新闻,为我们考证《郇山使者》最初的情形提供了原始的依据。……其一,尽管《郇山使者》月刊最初是以宗教性的面目出现在世人面前,但它对时事仍然是十分关注的……。其二,《郇山使者》出版以后,它很快就和当时中国最大的教会中文报纸《万国公报》取得了联系。……所以尽管《郇山使者》是一个区域性的月刊,但影响范围并不是仅仅限制在福州地区,而是经由《万国公报》传播到全国各地。"②虽然《郇山使者》在中国报学史上留存的印痕并不清晰,但它依然被研究者认为,"在福建基督教传播史和中国近代新闻史上占有重要的地位,该报的出现标志着福建近代报业的正式开始。"③

2.《闽省会报》

《郇山使者》在1875年更名为《闽省会报》(*Fuhkien Christian Advocate*),《闽省会报》的主理长期由施美志担任。

施美志(George B. Smyth,1854—1911),字志庵,美国美以美会传教士,1878年来华,曾经主持过福州的英华书院,他在英华书院创建了中国最早的基督教青年会组织。施美志在美以美会内部口碑很好,说他"既至中国,语言文字靡不精心研究。虽国中博学鸿儒无以为过。闽

---

① 王植伦主编:《福建新闻志·报纸志》,福建人民出版社,1997年版,第362页。
② 李颖:《〈闽省会报〉初探》,《福建师范大学学报(哲学社会科学版)》2003年第3期,第28—29页。
③ 游莲:《美以美会传教士武林吉研究》,中国知网,中国优秀硕士学位论文全文数据库,第45页。

之士大夫钦仰其风,罔不乐与交游,以一瞻其言论风采为荣"①。

据有关学者的粗略统计,近现代时期福建教会所办的各种报刊约69种②。在众多的报刊中,《闽省会报》"发行量在晚清福建各种报刊中位居第一,主要阅读者除了教会信徒之外,还拥有为数不少的在榕士大夫、地方政府官员、学堂、书院学生和各国领事馆职员等"③。《闽省会报》存续历史长达20多年,印刷精美,虽然是教会所办,其内容却具有很强的世俗性,涵盖了国际国内时政要闻、社会生活民情民俗、文学

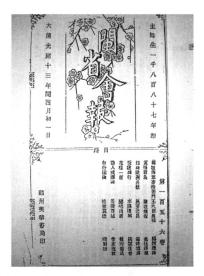

《闽省会报》

典故奇闻逸事、天文地理科技常识,"在八闽产生了省内其他报刊无法比肩的影响"④。在其办刊历史中,《闽省会报》逐渐形成了自己的一些特色。

其一,注重新闻报道。《闽省会报》登载的内容虽然较为庞杂,但新闻则是其重头戏,占据了最大量的版面,内容亦十分丰富,涉及国际新闻、国内新闻、教会事务、社会民生等各个方面和各个层次。《闽省会报》的国际新闻常冠以"西电汇录""西报纪余""西报近事""外洋消息"等标题,以综述的形式向读者报道世界各地的近闻。《闽省会报》将国内新闻一并设置在"各国新闻"栏目之中,并没有特设专门的国内新闻栏目,这是其与许多报刊在处理国际新闻和国内新闻时的相异之处。

---

① 《美以美教会年录》,福州美华书局,1898年版,第38页。转引自陈林:《福州"美以美会年议会录"初探》,载张先清编:《史料与视界——中文文献与中国基督教史研究》,上海人民出版社,2007年版,第196页。
② 参见《福建教会报刊一览表》,林金水主编:《福建对外文化交流史》,福建教育出版社,1997年版,第442—445页。
③ 徐斌:《从〈闽省会报〉的报道看刘铭传台湾建省》,载福建师范大学闽台区域研究中心编:《闽台区域研究论丛》(第六辑),中国环境科学出版社,2008年版,第147页。
④ 高黎平:《围绕〈闽省会报〉中译介的考察》,《宁德师专学报(哲学社会科学版)》2005年第4期,第40页。

《闽省会报》新闻报道的视域相当宽泛,上至朝廷要事,下至里井琐屑,都在报道范围之内,对于一些重要的新闻事件,《闽省会报》则不吝篇幅予以报道,这也给后人的研究留下了很多珍贵的历史资料。例如1886年8月北洋水师曾由丁汝昌率领"定远""镇远""威远""济远"四舰出访日本,期间北洋水师的官兵在长崎与当地警察和市民发生了大规模的斗殴,双方伤亡数十人,史称"长崎事件"。9月28日出刊的第148卷《闽省会报》发表了《长崎肇事细情》和《会讯长崎案记》两篇报道,以4页的篇幅对事件经过、审理过程以及中日两国的外交交涉等进行了详细报道。又如1889年即光绪十五年,光绪皇帝大婚,《闽省会报》以连载的方式对皇家婚礼进行报道,文中对婚礼的过程、完备的礼仪和奢华的妆奁等都有细致的描写①。

其二,关于台湾的报道是《闽省会报》最鲜明之特色。在通讯技术手段相对落后的近代时期,大陆民众要获取台湾的信息是不易的。而福建由于地理位置以及闽台历史上的交往关系,两地民众联系频繁,《闽省会报》利用其得天独厚的条件,刊登了大量来自台湾的消息。《闽省会报》的台湾报道,多以"台岛近闻""台事汇录"等标题出现,"大部分报道都属于编者独家采访而来的信息"②,《闽省会报》因此成为"唯一一份存续较久、容量大、内容多、涉及面广的闽台信息刊物,……其中对台湾的报道是晚清福建缙绅阶层、教会信徒以及一般百姓适时了解台湾岛内社会状况的重要媒介"③。尤其是19世纪80—90年代,台湾经历了由台湾道升格为省、刘铭传经营台湾、《马关条约》割让台湾、台湾军民反对割台斗争等一系列重大的历史事件,"《闽省会报》留下了许多详实而具体的记载"④。"这些报载亦为我们今天研究和考察近代台湾社会及闽台关系提供了不少珍贵的原始资料。"⑤

---

① 见《大婚盛仪》,《闽省会报》第180卷,光绪十五年四月初一(1889年4月30日);《续大婚盛仪》,《闽省会报》第181卷,光绪十五年五月初一(1889年5月30日)。
② 徐斌:《从〈闽省会报〉的报道看刘铭传台湾建省》,载福建师范大学闽台区域研究中心编:《闽台区域研究论丛》(第六辑),中国环境科学出版社,2008年版,第148页。
③ 同上书,第154页。
④ 李颖:《〈闽省会报〉初探》,《福建师范大学学报》(哲学社会科学版)2003年第3期,第30页。
⑤ 徐斌:《从〈闽省会报〉的报道看刘铭传台湾建省》,载福建师范大学闽台区域研究中心编:《闽台区域研究论丛》(第六辑),中国环境科学出版社,2008年版,第154页。

其三，福建偏于东南一隅，在当时中国政治经济生活中地位并不突出，如何使作为一份区域性报刊的《闽省会报》能够在全国范围内具有一定的影响，《闽省会报》有一个很有特色的做法，即与位于政治经济中心的城市的传教士中文报刊和其他报刊建立密切联系，"它常摘载上海报刊的稿件，而它的新闻与文章也常被上海报刊转载"①。《闽省会报》转载较多的是《申报》和《万国公报》的文章，经常可以看到以"申报称""录申报""选申报"等标题出现的新闻报道。作为同是传教士主办的中文报刊，《闽省会报》与当时极负盛名的《万国公报》建立了密切的联系，《闽省会报》的文章屡次被《万国公报》转载，通过这些方式，"其影响的范围不只是局限在福州或福建地区，而是通过后者传播到全国各地。"②

3.《华美报》

1898年1月，《闽省会报》与 The Central Christian Advocate 合并，改称《华美报》。《华美报》的主撰人员，报史学界有不同说法。

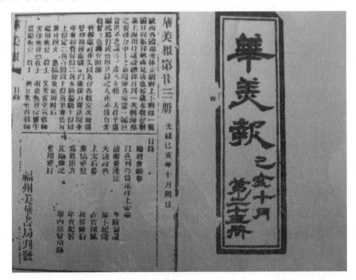

《华美报》

---

① 方汉奇主编:《中国新闻事业通史》(第一卷),中国人民大学出版社,1992年版,第371页。
② 高黎平:《围绕〈闽省会报〉中译介的考察》,《宁德师专学报(哲学社会科学版)》2005年第4期,第41页。

《华美报》兴办之初,"以施牧师美志才学卓著司理其事故"①,根据这一记载,是《闽省会报》的主理施美志延任了《华美报》的主理。1899年施美志因病回国,美以美会安排了《华美报》的新主理:"1901年年议会录派司单明确记载:'《华美报》主理:蔚利高,副理:黄治基。'"②

蔚利高(M. C. Wilcox,生卒年不详),美国美以美会传教士,长期在福州传教办学。

黄治基(1866—1928),字尧臣,福建福清人,入教后在闽清和福州一带布道办学。担任《华美报》副理,1905年又调上海在《华美教保》任职。晚年赴南洋一带兴办实业和创办报刊。

《福建省志·新闻志》则提供了另外一种说法:"该报主理为勒锡,主理托事由美以美教会福州教区所属福州、兴化、南京、北京、四川五地教会各一人担任。"③

上述资料均未提到武林吉。根据著者的查阅,一些资料中提到武林吉也主办过《华美报》。其一,王治心在他的《中国基督教史纲》中说:"美以美会武林吉在福州办有《华美报》。"④王治心曾经担任《华美报》的后续报刊《兴华报》编辑十余年,他的说法应该得到重视。其二,李逢谦在《〈兴华报〉二十四年略史》一文中称:"美以美会有一位武林吉先生,美国人,在福州传教,办有《华美报》。"⑤

《华美报》为月刊,作为直接继承《闽省会报》的一份报刊,《华美报》第20册(光绪二十五年七月出版)刊载的缘起说:"客岁本教会联集上海,用特仪设总报月刊一次,辑海邦之要务,合中土之新闻。"⑥《华美报》除刊登有关宗教的文字外,同样也刊载一些时闻、论著。"⑦

---

① 《美以美教会年录》,福州美华书局,1898年版,第38页。转引自陈林:《福州"美以美会年议会录"初探》,载张先清编《史料与视界——中文文献与中国基督教史研究》,上海人民出版社,2007年版,第196页。
② 陈林:《福州"美以美会年议会录"初探》,载张先清编《史料与视界——中文文献与中国基督教史研究》,第197页。
③ 福建省地方志编纂委员会编《福建省志·新闻志》,方志出版社,2002年版,第11页。
④ 王治心:《中国基督教史纲》,青年协会书局,民国二十九年(1940)版,第299页。
⑤ 李逢谦:《〈兴华报〉二十四年略史》,《真光杂志》第二十六卷第六号,1927年6月,第9页。
⑥ 福建省地方志编纂委员会编:《福建省志·新闻志》,第11页。
⑦ 潘群主编:《福建新闻史略1858—1949》,福建人民出版社,2004年版,第8页。

三、上海办刊时期

1.《教保》

1900年1月,上海监理会创办了《教保》。该刊系月刊,由林乐知担任主编,华美书局承印发行,出版地在上海。

《教保》在中国近代报刊史上很少被提及,报史学界对之几乎没有研究。究其原因,一是该刊存在的时间只有四年,很容易湮没在中国近代报刊的瀚海之中;二是《教保》原件的存世量很少,就连《教保》的所在地上海,都已寻找不到该刊的原件。笔者于国内仅在北京大学图书馆和南京图书馆发现了《教保》的少量原件。

关于《教保》之刊名,林乐知专门在创刊号上做了长篇释义,摘录如下:

《教保》

> 本报为本监理公会所立,不成为教报,而称为教保。教报教保,音同字异,义亦各殊,……查教保二字之报名,不自本报始,始于美国美以美会及本监理会所刊之教报。……本报窃取美国教报之义,亦以教保二字命名,……按本报之以保字命名,初非有攻讦他人,保护一己之意,不过为保教起见耳。以教为保之具,故以保为报之名。教诲教导教养,皆足自保;保身保家保国,莫不由教。……凡阅此报者,当知此报之关系世道人心,教术民俗,非寻常新报之可比。西国教报,特易报字为保字,确有见地。保身保家之说,尚为常人所能知,以教保国之说,则非深于此道者不能喻矣。……本报虽为本监理公会独立之报,但无自求私益之心,实欲

广教益于世人耳,亦无求胜他会之心,实欲求教诲于他山耳。

本报总主笔林乐知识①

由于林乐知的大量精力投入《万国公报》之中,因此,《教保》的编撰,林乐知采取了总主笔之下分栏目的主笔负责制,林乐知称之为"各门襄理主笔"②,林乐知在创刊号上对各分栏目的主笔也都做过介绍:"本报所记,分门别类。首列论说,次列来稿,及一切箴规训语。有总主笔,承公会谬举鄙人充其选。又有各门类之主笔,如益赛会主笔,则为中西书院刘乐义先生;圣日功课主笔,则为长老师步惠廉先生;天道门讲解圣经主笔,则为中西书院教习文乃史先生。专讲女训门主笔,则为女播道会。苏州卜医生小姐,讲解孩训。喻说主笔,则为南翔高、雷两小姐。皆足以匡余之所未逮者也。"③

《教保》是一份宗教内容与世俗内容并重的报刊,其宗教内容并不像某些传教士报刊那样注重宣教和传道,而是侧重于动态性新闻报道,主要刊登各地宗教团体的活动情况、教会仪式的举办信息等内容。以1900年第二册的《教保》为例,这一期刊登的动态性宗教新闻内容有:《北京公理会议议事会纪略》《福州美以美会年会纪略》《美以美公会考问章程》《英国幼徒会纪略》《基督教徒会近闻》《花牧师逝世述哀》《上海连环季会日期》《监理公会苏州连环季会日期》等。《教保》对基督教青年会(早期称为幼徒会)的活动尤其给予了特别关注,几乎每期都有各地青年会的活动新闻报道。

《教保》的世俗性内容亦注重时政新闻与评论。《教保》创办之时,正值义和团进入高潮及庚子事变,《教保》大量登载相关报道,并发表时评,阐述编者的见解。1900年7月第七册上的文章,围绕当时朝野对义和团是剿还是抚的争论指出:"……中国政府,主先抚后剿之说,未始非仁人之用心,但不合于今日之时势。今日拳匪之行径,以灭西人、毁教堂为宗旨,动辄牵召外侮,非寻常匪乱可比。此次外兵一动,不幸而倾覆国家,自速瓜分之祸,实为意中之事。即幸而获安,其赔偿之款,亦

---

① 林乐知:《教保释名》,《教保》第一册,1900年1月,第1—2页。
② 《教保》第一册,1900年1月,封底。
③ 林乐知:《教保释名》,《教保》第一册,1900年1月,第2页。

必非甲午日本赔款之可比矣。乃犹妄思招抚，不愈见当国者之发痴乎。"①

待到八国联军攻陷北京，慈禧裹胁光绪出逃西安，《教报》针对当时的局势又发表了林乐知的长篇时评，讨论中国的应对方针与前途，并提出解决之策，流露出对维新派的明显好感和对光绪借机亲政的期望："西后以下诸人，所为助匪拒外之事，虽至愚之人亦知其必不可矣。所谓国家将亡，必有妖孽者，真若而人之谓矣。甲午中日之役矣由此等人掌权，前车不远，可以为鉴。……且今日为皇上亲政中国维新之绝好机会，有力者起而提倡于上，四方豪杰有志之士必能奋兴而辅助之，使底于成功以行戊戌之新政，此因势利导之事，易于见功者也。苟仍前束手观成败，吾知此后必多二事……"②

《教报》对于民众的社会活动也给予了一定的关注，例如《教报》曾刊载了这样一条消息："中西书院于4月12日晚举行爱国演讲会，信教与不信教学生均得上台演说爱国之忱，本拟八时半结束，因演说者滔滔，至九时半方息，一百余师生静听无哗。"③

《教报》的报刊风格更趋向贴近社会现实，行文"期于雅俗共赏，故措辞以浅显为主"④。这里有一个很有意思的例子：《教报》1900年第九册刊载了一篇林乐知的译作《论印度古今妇女地位》，林乐知特别在文末说明这篇文章"已刊于六月分(份)《万国公报》中，因文理过好，恐浅学家无从索解，未能雅俗共赏。兹特就原文，改作浅显文字，再登本报，务使略能识字之妇孺，亦可相悦以解"⑤。此例足可证林乐知的良苦用心。林乐知本人与办《万国公报》不同的是，并没有自己动手撰写大量文章，因此，"当年上海《字林西报》曾评介说：'《教报》多各处之新闻，少主笔之撰述，颇合新报体裁，较其它教会报章新奇，足动人观览之兴。"⑥

《教报》仅办了4年，即与《华美报》合并。

---

① 《北方拳匪近闻》，《教报》第七册，1900年7月，第13页。
② 林乐知：《论中国目前自全之策》，《教报》第十册，1900年10月，第2—3页。
③ 《教报》第四十二册，1903年6月，第59页。
④ 《教报》第九册，1900年9月，封底。
⑤ 《教报》第九册，1900年9月，第5页。
⑥ 姚民权：《上海基督教史(1843—1949)》，上海市基督教三自爱国运动委员会、上海市基督教教务委员会出版，上海市出版局准印证(93)153号，1994年，第33页。

2.《华美教保》

1904年3月,福州美以美会的《华美报》与上海监理会的《教保》两刊合并为《华美教保》(*Christian Advocate*),出版地定在上海,从此,《郁山使者》系列刊的出版地由福州转移到了上海。

《华美教保》创刊号

有学者提出,《华美教保》是由"林乐知与美以美会的武林吉分别在沪、榕两地主编"①。这种说法与事实有出入。《华美教保》并不是分在上海与福州两地办刊,刊社所在地是上海。创刊之时,先由林乐知兼任主理,当时林乐知事务繁巨,确实有点力不从心,但还是接手了《华美教保》,为此他在创刊号上特地做了申明:"然而报务不可中辍,不得已暂由仆先出华美教保之月报,以补其缺,俟美以美会调派有人,再行商办礼拜报以副阅者之厚望。惟是独力难支,料亦难寻,正与以色列人当日在埃及所作之苦工无异。阅者谅之。"②

林乐知分身乏术,希望"美以美会调派有人",调派的这个人就是武林吉。在1904年12月出刊的《华美教保》上,林乐知和武林吉分别发表了告白与启事。林乐知的告白称:"本报……暂由本人独办。现由美会另派武君林吉为本报主笔。武君前为福州华美报主笔③,堪称熟办,且来华年久,于中国情况尤为谙习,刻已来沪将本报设法扩充。仍由美会与监理会合办,归武君林吉主笔,而鄙人助之。"④而武林吉的启事则

---

① 姚民权:《上海基督教史(1843—1949)》,上海市基督教三自爱国运动委员会、上海市基督教教务委员会出版,上海市出版局准印证(93)153号,1994年,第35页。
② 林乐知:《华美教保先出月报告白》,《华美教保》甲辰正月(1904年3月)第1册,第24页。
③ 林乐知的说法也证明武林吉确实担任过《华美报》主笔。
④ 林乐知:《本报告白》,《华美教保》甲辰十月(1904年12月)第10册,第24页。

表示:"已而得接办上海报务消息,……仆闻之不觉忻然,以谓自今得所藉手,可以播扬真理于广众矣。然以学殖荒落,则又皇然惧不足以塞同人之望。幸林乐知先生仍许相助,怯虑之情乃得稍解。……至于接办,以十一册为始。"①

这样,《华美教保》创刊伊始,形成了武林吉主理、林乐知协办的强大主编阵容。这一阵容维持时间约3年左右,"1907年林乐知去世和武林吉返美,以后由潘慎文接任主编"②。

《华美教保》创刊时为月刊,"每月十五号为发行之期。其内容分为十门:一、论说及讲论;二、译谈随笔;三、上谕奏折;四、益赛会公祈题及近闻;五、青年会近闻;六、中国要闻;七、各国近事;八、教务新闻;九、女播道会近闻;十、杂录。"③

从其栏目设置与刊载内容来看,《华美教保》以宗教性的内容和中外时政新闻为主,基本秉承了《华美报》与《教保》的风格。在《华美教保》时期,其所刊载的格致类的科学内容日渐式微,这实际上也反映了进入20世纪之后传教士中文报刊总体风格的演变轨迹。随着时代的变迁,传教士们或者报刊的主笔们,对西学作用和影响的看法也在发生着变化。武林吉的文章《格致不足以教化》中,反映了这一走向:"虽以其智,制迅速之火车,革单轮力挽车之迟钝,免远行者久坐厌闷,并易笨重之肩舆,免抬肩舆者流汗伤肩。究其种种制造,毫非恤远行及抬肩舆者之辛苦,惟冀火车揽载多人,可获重利也。又有极深之化学,便利于种麦及割麦打麦制粉等事,亦非体恤食面者之心,亦但望其所制之面包远胜于人,价值亦廉。……及格致之事也,若无教道,则人心之凶暴,无异如兽类。……格致者,既能教人行印度之途,制祸人之鸦片,并能教人备船载此毒物,以入广东之澳门,不致触礁;且能使此物普遍于四百兆之人民。"④

这篇文章的观点,反映了传教士将西学逐渐从中文报刊里淡出的一种思想趋向。既然格致之术不足以承担教化之重任,最后的拯救之

---

① 武林吉:《接办华美教保启》,《华美教保》甲辰十月(1904年12月)第10册,第24页。
② 姚民权:《上海基督教史(1843—1949)》,上海市基督教三自爱国运动委员会、上海市基督教教务委员会出版,上海市出版局准印证(93)153号,1994年,第35页。
③ 林乐知:《华美教保先出月报告白》,《华美教保》甲辰正月(1904年3月)第1册,第24页。
④ 武林吉:《格致不足以教化》,《华美教保》丙午十二月(1907年1月)第36册,第15—16页。

路就只能依靠宗教了:"岂知真正之平等自由,从无陵上傲下,以及行刺暴动之举也。若然各国之宗教,固不容遽废,必俟有犹善之圣教传于其地,其本教始可废也。"①

清末宪政改革呼声甚高,政坛风云变幻,《华美教保》对中国政治的变革依然保持着相当的热情,1907年2月出刊的《华美教保》刊登了林乐知的长篇政论文章《立宪为中国安危存亡之本》,反映了刊社的基本观点。文章开篇阐述了宪政对于美国走上强国之路的作用,认为中国在政治上不可再闭关自守错失机会了:"无如欧风美雨相逼而来,文明之光照耀于神州大陆。今中国不能不自觉相形之见绌,而有动于其心。自通商五十年以还,各差等更显优胜劣败为易见之结果。于是震动之情,由小波之涟漪,渐沸而成大潮流、大风涛。"②

林乐知在文中还具体讨论了立宪的形式:"若夫立宪国与共和国之分,在一有君主之名,一无君主之名,其实无殊也。全国之政治,在两议院之掌握,而两议院又为人民所公举公选者,此亦何必无君主之名而后为佳乎。矧有宪法,则人民之权利证书自必明定,而使完全无缺。无共和无立宪之分,则有利人民者,此矣。"③

中国的近代报刊业起源于传教士中文报刊,传教士中文报刊的组织结构,报刊社的管理机制等的发展与完善对于中国报刊业态的演变沿革具有重要意义。譬如早期的传教士中文报刊在刊期的标识上极为混乱和随意,卷、册、期等概念交替使用或混合使用,甚至干脆连出刊日期都不标,一般的报刊也不注明主编(主笔)等,这都给今人的研究带来了很多困难。后期的报刊则逐渐走向规范和明确,从《华美教保》我们可以发现中国近代报业在其发展过程中管理机制的逐步成型。先看一篇武林吉撰写的《本报告白》:"本报司事诸君,各有界限,望购报及惠稿诸君勿仍前含混,致所惠之稿遗失,或所购之报莫到也。盖本报主理,悉仆与林君乐知,专主译著及审定应登何稿。故诸君惠稿者,务宜寄交于仆。主笔系张广文绍尧,专司编纂及校对之事。至领印本报及批售本报,系华美书局之专责。诸君欲购本报者,务必致书,直向该局主理

---

① 武林吉:《格致不足以教化》,《华美教保》丙午十二月(1907年1月)第36册,第17页。
② 林乐知:《立宪为中国安危存亡之本》,《华美教保》丙午十二月(1907年1月)第36册,第2页。
③ 同上书,第4页。

力君为廉处订购。"①

武林吉的这篇《本报告白》很有价值,它向我们展示了此时报刊社的组织机构和基本职能:

主理:负责译稿、撰稿、审稿、定稿,也就是主编和主要撰稿人。

主笔:负责编稿、校对,也就是编辑和编务。

华美书局:负责印刷、发行,也就是印刷厂和发行部。

这个组织架构的基本框架非常清晰,各司其职。这里面需要注意的一点是:"主笔"一职在许多报刊中的地位通常就是主编或主要撰稿人,但是不能一概论之,至少在这里,"主笔"实际上指的是编辑和编务,不过有时武林吉和林乐知也自称为主笔,因此需要从当时的具体情况来分析他们的具体职位和工作性质。至少对于《郇山使者》系列刊,他们有着从《郇山使者》时期就开始形成的主理与主笔架构的传统。

3.《兴华报》

1910 年,《华美教保》又更名为《兴华报》。《兴华报》创刊时由师图尔主理。师图尔(G. A. Stoart,另一中文译名为司徒尔,1859—1911),美国马里兰州人,获医学博士学位。1888 年师图尔夫妇来华,在南京和芜湖从事医务和传教。1898 年师图尔任南京汇文书院(今南京大学前身之一)院长。师图尔译著甚多,"尤以译《本草纲目》为英文,为世之所珍"②。

师图尔担任《兴华报》主理仅一年就去世了,此后刊物由潘慎文主理。潘慎文主理期间形成了以华人为主体的编辑班底,他聘王治心为

《兴华报》

---

① 武林吉:《本报告白》,《华美教保》丁未五月(1907 年 6 月)第 40 册,第 64 页。
② 《南大百年实录(下)·南京大学史料选》,南京大学出版社,2002 年版,第 10 页。

编辑。1917年之后由李逢谦主持笔政,罗运炎担任编辑①。

《华美教保》演变为《兴华报》后,刊期由月刊改为周刊。刊名也发生过《兴华周刊》《兴华报》等变化。

《兴华报》创刊不久即逢民国建元,因此刊社将办刊主旨定位于传教义、开民智:"本报命名兴华,以阐扬真道为兴华之元素,以灌输智识为兴华之橐钥,以主持清议为兴华之鞭策,以黄种同胞悉皈基督为兴华之究竟。"②

在《本报祝词》中进一步表达了刊社所关注的问题:"窃谓近今选举议员纷纷举行,一切新政百端待理。然而蒙藏风云果尽消弭乎?借款财政果已裕如乎?实业问题果能振兴乎?至于学校果否林立人才果否辈出?人民生计果渐裕?知识程度果大进?……书报之刊,所以增进其智识也。所以为吾同胞新事业、新政治、新学术、新理想之绍介,而速之以日进为文明者也。"③

《兴华报》生存的年代已是民国时期,因此编辑者对民国的时局演变给予了极大关注。例如民国二十六年(1937)1月20日出版的第34卷第一期,此时正值西安事变之后,该期用了大量的篇幅,登载与西安事变有关的时政内容。如"社言"栏目文章《蒋委员长对张杨训话的意义》,"史料"栏目文章《陕变解决的前前后后》《蒋委员长对张杨的训话》《张学良请罪书》《军委会军法会审判决张学良处徒刑十年》,"教讯"栏目文章《基督教会电传全国教堂为蒋委员长代祷!并电慰蒋夫人!电促张学良悔悟!》,"中外新闻栏目"亦刊登大量涉及西安事变的新闻报道。这一期几乎成了西安事变专号。

《兴华报》时政文章和新闻观点,试图尽力表现出中性的倾向。20世纪30年代的世界,各种思潮风生水起,国际关系纵横捭阖,政府的外交能力受到考验。《兴华报》为此在1937年第一期的"社言"栏目发表《自力更生》一文称:"国际方面,现有两个明显的阵线,形成一种对垒的样子:一为'人民阵线',一为'国民阵线'。前者左倾,后者右倾。……目下中国处境,正介两大之间,一即代表'人民阵线'的苏俄,一即代表

---

① 王治心:《中国基督教史纲》,青年协会书局,民国二十九年(1940)版,第299页。
② 《本报紧要广告》,《兴华报》,民国二年(1913)一月八日,第1页。
③ 《本报祝词》,《兴华报》,民国二年(1913)一月八日,第3页。

'国民阵线'的日本。甲欲联我以抗乙,乙欲联我以制甲,'事齐乎,事楚乎,'稍一不慎,即有做西班牙第二的危险。这些阵线说穿了都不过是国际间的一种利害的偶合,当真是思想的协调吗?一旦利害变迁,各国还是各国,绝不会牺牲自己以救他人。所以,我们要万分小心,不要上他们的老当,免致中国变成左右对垒的西班牙,陷统一局面于分裂。"[1]

《兴华报》宗教性内容的主要栏目为:"讲坛选粹""逐日灵修"(通过对圣经和其他经典的诠释,进行修行)、"教讯"等。宗教内容的比重逐次下降,有时甚至成为点缀。随着宗教类文章的大量减少,治家之道的生活类文章逐渐增多,例如《兴华报》开设的"现代家庭"栏目,其主旨为"解决家庭困难,指导家庭生活"。该栏目1937年各期曾刊载的内容有:《为母之道、选择怎样的理想对象》(第一期);《父母教育——一个好榜样》《痧症常识》《儿童教育的基本问题》(第二期);《父母教育——两大缺点》《父亲的责任》《怎样使用女佣》《家庭应有正当娱乐》(第四期);《家庭应备药品常识》《主妇在家庭里的职务》《父母教育与儿童心理卫生》(第五期),等等。这些栏目的开设与文章的刊载使刊物更接近于平民的日常生活。

《郇山使者》系列报刊前后绵延64年,历经更名、合并、出版地变迁、语种改变等等诸多变化,这不仅在传教士中文报刊史上,即便是在整个中国报刊史上,也是一个很特殊的现象。

---

[1] 《自力更生》,《兴华报》,1937年1月20日,第43卷第1期,第1页。

第十章　以儿童与青年为主要对象的传教士中文报刊

一、《小孩月报》

1. 范约翰其人及其主要活动

《小孩月报》的主办人范约翰(John Marshall Willoughby Farnham,1829—1917①),是美国基督教长老会派往中国的传教士。1860年3月,范约翰和妻子范玛利到达上海后,在南门外陆家浜边的一间民屋内设立清心书院(当年建立男塾,今上海市南中学前身,次年又创办女塾,今上海市第八中学前身),范约翰自任校长,夫妇俩兼任教师②。学校开办初期,学生多是因太平天国战乱避难来沪的难民儿童。学校的经费主要由美国教会承担,据《清心两级中学校七十周年纪念册》记载:"本校为纽约长老会所创立,凡校中一切开支,向由该会供给。"③上海第一长老会的教堂长期设在清心书院内,信徒也大多是清心书院的师生。

范约翰在上海的出版事业与他主持的清心书院紧密相关。19世纪七八十年代,范约翰在上海陆续创办了《圣书新报》《小孩月报》《画图

---

① 范约翰的出生年有1829年和1830年两种说法。
② 女教士娄离华太太(Mrs. Lowrie)在美国组织远东救济会,在经济上对学堂的创办给予了大力的支持,因此,学校创建初期初名 Lowrie Institute,译名娄离华学堂。资料来源:《清心两级中学校七十周年纪念册》,转引自上海市南中学网站: http://shinan.hpe.cn/history.asp。
③ 《清心两级中学校七十周年纪念册》,转引自上海市南中学网站: http://shinan.hpe.cn/history.asp。

清心书院

新报》等报刊。《小孩月报》封面上即标明"上海南门外清心书院发"。

范约翰在其从事报刊事业的经历中,有两项工作对于中国近代报刊的发展以及研究工作具有重大意义:

第一,引进西方先进印刷技术和机械,推动中国报刊印制质量的提高。

清心书院创办不久,美国发生了南北战争,来自美国教会方面的捐款大为减少,范约翰将学校改为半工半读制,换取收入以维持学校的正常运转,这其中就包括自办印刷厂,清心书院成为当时仅有的几家由外国人所办的机械活字印刷机构。19世纪70年代范约翰引进了西方先进的机械式活字印刷机,在印刷业上引领了风气之先。在同时代的报刊中,《小孩月报》的印制质量非常出色,"报中附印精铜图,阅者见所未见,莫不称奇赞扬"①。由于"清心书院拥有较佳的印刷设备,这在《小孩月报》的印制质量上充分地体现出来,除字体清晰以外,配置有大量精美的插图更显示了它的特色。这些图采用了西洋的透视法与明暗法,大都形象凸显,黑白分明,轮廓清朗,有立体感,比晚清滥印的木版

---

① 《清心两级中学校七十周年纪念册》,转引自上海市南中学网站:http://shinan.hpe.cn/history.asp。

书中眉目不清的模式化'绣像'富有吸引力"①。同时,由于使用了乐谱活字版,《小孩月报》也成为中国最早刊载带乐谱赞美诗的报刊。

第二,范约翰对19世纪的中文报刊进行了全面调查,并编制了《中文报刊目录》。

1890年5月,在上海召开了在华基督教传教士第五次代表大会,范约翰在大会上做了《论报刊》的报告,他通过详细调查,编制了一份《中文报刊目录》,该目录对19世纪所创办中文报刊的中英文名称、主编、出版地、创刊和终刊时间、发行份数、报刊性质、报刊形制等,都详为记载,因此"范氏《目录》是中国近代早期新闻史的一份极可宝贵的史料"②。

范约翰

2. "榕版""穗版""沪版"《小孩月报》关系辨析

根据范约翰编撰的《中文报刊目录》记载,1874—1875年间,在中国大陆先后出现了三份名为《小孩月报》的同名报刊,其一是1874年2月创刊于福州(笔者称其为"榕版")的《小孩月报》(The Children' News),主编是普洛姆夫人与胡巴尔夫人(Mrs. Plumb 与 Mrs. Hubbard);其二是1874年2月创刊于广州(著者称其为"穗版")的《小孩月报》(The Child's Paper),主编是嘉约翰(Dr. J. G. Kerr);其三是1875年5月由范约翰在上海(著者称其为"沪版")创办的《小孩月报》(The Child's Paper)。榕版《小孩月报》在范约翰1890年编纂的《中文

---

① 胡从经:《关于〈小孩月报〉》,载《晚清儿童文学钩沉》,少年儿童出版社,1982年版,第48页。
② 文中所述的范约翰《中文报刊目录》及其研究见周振鹤《新闻史上未被发现与利用的一份重要资料——评介范约翰的〈中文报刊目录〉》,《复旦学报》(社会科学版)1992年第1期;周振鹤《范约翰和他的〈中文报刊目录〉》,宋原放主编,汪家熔辑注:《中国出版史料·近代部分》(第一卷),湖北教育出版社、山东教育出版社,2004年版,第89—102页。

报刊目录》中有存目,终刊时间不详;穗版《小孩月报》仅办了几个月。榕版《小孩月报》与穗版《小孩月报》这两份报刊迄今为止国内未见过对其专题研究的文章。

真正在传教士中文报刊和中国儿童报刊发展史上产生较大影响力的,是范约翰主办的沪版《小孩月报》。但这份报刊究竟是不是与榕版或穗版的《小孩月报》有承继关系,学界说法不一:其一,上海的《小孩月报》由福州迁来。例如《中国近代现代出版通史》写道:《小孩月报》"创刊于福州,创办人为普洛姆太太和胡巴尔太太。1875 年 3 月,由范约翰接办和主编,并移至上海,由上海清心书馆发行"①。其二,上海的《小孩月报》由广州迁来。《晚清报业史》写道:《小孩月报》"1874 年发刊于广州,美国传教医师嘉约翰创办,次年由范约翰接办,移至上海出版,清心书院发行"②。

范约翰在《小孩月报志异序》中写道:"向有小孩月报一则,今友人嘱予续成此报。"③这句话说明沪版的《小孩月报》与某一家《小孩月报》确有一种承继关系,但接续的是哪一家《小孩月报》,虽然该序言中未有说明,不过笔者依据目前所查证的资料,认为是可以明确这个问题的:第一,范约翰编撰的《中文报刊目录》在穗版《小孩月报》条目的备注中注明——1874 年 10 月停刊迁上海——已经明确表达了两刊之间的关系④。第二,穗版《小孩月报》与沪版《小孩月报》的英文名都是 The Child's Paper,而榕版《小孩月报》的英文名是 The Children' News⑤。第三,榕版《小孩月报》是本地方言报刊,具有很强的地域性:"本报《小孩月报》特用榕腔刻成,缘教中会友不识文理者多,若诸传道阅读是报,则易于识悟也。"⑥第四,也是非常关键的一点,就是榕版《小孩月报》的

---

① 叶再生:《中国近代现代出版通史》(第一卷),华文出版社,2002 年版,第 162—163 页。
② 陈玉申:《晚清报业史》,山东画报出版社,2003 年版,第 13 页。
③ 《小孩月报志异序》,《小孩月报志异》,上海图书馆缩微胶卷,胶卷号 J - 0944,第 0006 页。(笔者说明:由于馆藏的《小孩月报》原件有残损,无法注明刊期的引文,笔者标注馆藏的胶卷号,能够看清刊期的,笔者标注具体的刊期。)
④ 范约翰:《中文报刊目录》,载周振鹤《新闻史上未被发现与利用的一份重要资料——评介范约翰的〈中文报刊目录〉》,《复旦学报(社会科学版)》1992 年第 1 期。
⑤ 同上。
⑥ 《美华书局报单》主理力维廉报,载于《美以美教会年录》(第 22 次　福州),1898 年。转引自赵广军《"上帝之笺":信仰视野中的福建基督教文字出版事业之研究(1858—1949)》,中国知网,中国优秀硕士学位论文全文数据库,第 110 页。

出刊时期。先看《福建省志·新闻志》的说法:"光绪五年(1879年)普卢姆夫人去世后,该报由许志高夫人、娲女士、唐女士相继主撰。"①这段材料说明榕版《小孩月报》1879年以后还在出刊。再看赵广军整理的教会书社报告资料:在光绪二十一年(1895年)"榕腔《小孩月报》每月发出二千五百本,较前增有一千七百本",到光绪庚子年间(1901年),由于"去年(1900年)甚多阅报之人为北方拳匪之害,而中止者甚多",《小孩月报》的发售量"每月仅售五百本"②。由此我们得知,榕版《小孩月报》的存在时间一直延续到20世纪,已经远远超出沪版《小孩月报》1875年的创刊年份,也就是说,沪版《小孩月报》不可能成为榕版的接续报刊。

在早期的新闻史著作中,对榕、穗、沪三地的《小孩月报》都有所论及的,是时任燕京大学新闻系教授的美国学者白瑞华于1933年出版的英文著作 *The Chinese Periodical Press*(《中国报纸》)。白瑞华认为:榕版《小孩月报》是由普洛姆太太和胡巴尔太太创办,"这是每月出版的散页出版物,其中包括圣经故事、短篇小说、格言和版画圣经图片。这本刊物用福州方言出版,到了1882年,发行量达到了650份,之后又有所增加。"③而穗版《小孩月报》由美国的传教士医生嘉约翰(John Glasgow Kerr,1824—1901)于1874年2月创办,但"很少有读者,之后范约翰在上海接管了《小孩月报》,并把它带入全盛时代"④。

以上这些材料可以证明,沪版的《小孩月报》是与穗版的《小孩月报》形成了承继关系,榕版的《小孩月报》则自成一系。当然,这究竟是一种什么样的承继关系,仅仅是刊名?抑或印刷设备?抑或办刊宗旨及至内容?等等,由于穗版的《小孩月报》已佚,因此这些问题无法得出进一步的结论。

正由于几乎在同时期出现了三份同名的《小孩月报》,使得国内一

---

① 《福建省志·新闻志》同时对福州的《小孩月报》有简要的介绍:"该报为月刊,散页,折而不订,主要内容包括圣经故事、小说、童话、箴言,插有石印图画,用福州方言编写,文字浅近易读。"方志出版社,2002年版,第10页。
② 《美华第二十五次年会录》(福州)1901年,福州美华书局排印。转引自赵广军《"上帝之笺":信仰视野中的福建基督教文字出版事业之研究(1858—1949)》,中国知网,中国优秀硕士学位论文全文数据库,第128—129页。
③ Roswell S. Britton, *The Chinese Periodical Press 1800-1912*, Shanghai,1933,p.56.
④ 同上。

些新闻史、报刊史、出版史的研究著作在介绍《小孩月报》时或者含混不清,或者张冠李戴。例如《中国新闻学之最》一书,完全把榕版《小孩月报》与沪版《小孩月报》混同起来。书中的《中国第一个儿童刊物》一文中说"普卢姆太太出版了中国第一份儿童刊物《小孩月报》",这说的是榕版的《小孩月报》;"《小孩月报》封面印有'小成孩子德 月朔报嘉音'两行字",这其实是沪版《小孩月报》的封面;"文中使用福建口语",这又是榕版《小孩月报》了;"连载的《游历笔记》一文,图文并茂地介绍了明治维新后日本城乡的变化。"①这说的又是沪版《小孩月报》的内容了。

《小孩月报》创办的第一年出现了《小孩月报》与《小孩月报志异》两个版本。据葛伯熙考证:"《小孩月报志异》是《小孩月报》第一卷第一至十二期的普通版。由于第一卷的文词较深,不适合儿童阅读,经读者提出意见和建议后,范约翰就将第一卷译成官话,名曰《小孩月报志异》随同《小孩月报》发行。"②

《小孩月报》于1881年5月改名为《月报》,1913年又改名为《开风报》。虽然《小孩月报》本身的历史只有6年,但它的后续报刊存在了相当长的时间。《二十五年来之中国教会报》一文对之做了介绍:"至一九一三年,即民国二年,因上海中国圣教书会与汉口英教士杨格非所办之圣教书局合并,因改《月报》之名曰《开风报》,所以开通风气也。至一九一五年,即民国四年,又与主日学会合并。因欧战关系,于以停版。统计出版为四十一年云。"③

《小孩月报》

---

① 方汉奇、李矗主编:《中国新闻学之最》,新华出版社,2005年版,第45页。
② 葛伯熙:《〈小孩月报〉考证》,《新闻研究资料》总第三十一辑,中国新闻出版社,1985年版,第170页。
③ 陈春生:《二十五年来之中国教会报》,《真光》第二十六卷第六号,1927年6月,第9页。

《小孩月报》原件,收藏于上海图书馆、浙江图书馆。

3. 内容与报刊风格

虽然穗版和榕版《小孩月报》的创刊时间更早一些,但毫无疑问,范约翰沪版的《小孩月报》是中国近代史上第一份有影响力的少儿报刊。范约翰在刊物封面上印有"小成孩子德 月朔报嘉音"字样,这十个大字一来巧妙地将《小孩月报》的刊名镶嵌其中,二来说明了出刊日期即每月的初一日,第三又扼要地阐述了办刊的宗旨。

范约翰阐明其办刊目的为:"俾童子观之,一可渐悟天道,二可推广见闻,三可辟得灵机,四可长其文学。"① 为适应少年儿童这一读者群体的阅读要求,《小孩月报》采用近乎白话文的文体,遣词用句非常平实,对此范约翰特地做出声明:"兹奉诸友人来信,嘱余以后删去深文,倘能译成官话更嘉,以便小孩记诵。余亦深然之。今后刊印,浅语叙事,不尚文藻,辞达而已,阅者谅之。"②

《小孩月报》的内容主要由这样几种类型的文章构成:

文学类:包括儿童故事、童话、寓言、成语、诗歌等。这一类作品一是来源于对西洋儿童文学作品和寓言进行编译。正是通过《小孩月报》的刊载,国人领略到了伊索、拉封丹、莱辛等名家名作的风采;二是来源于分布在中国各地的传教士和中国信徒们的投稿,《小孩月报》通常会在这一类文章后注明"杭省郝教师来稿""粤东那教师来稿""山东登州府牌坊书院学生王桂"等作者信息。"这些作品虽然难免有模仿的痕迹,但却是近代中国人自己尝试儿童文学作品的开端。"③

科普类:包括对天文、气象、生物、工程技术等科技知识的介绍文章。

游戏类:主要有"小戏法"一类栏目。

宗教类:常设的栏目有根据圣经讲述基督教历史的"圣经古史"栏目,以及赞美诗、祷告文、圣歌等。

新闻类:这类文章主要是对教会活动进行报道的"教事近闻"。但

---

① 《小孩月报志异》,上海图书馆缩微胶卷,胶卷号 J-0944。
② 同上。
③ 胡从经:《关于〈小孩月报〉》,载《晚清儿童文学钩沉》,少年儿童出版社,1982 年版,第 46 页。

也刊载一些时政与社会新闻,如1877年3月的《小孩月报》刊登了有关国内发生自然灾难的时政新闻,有图有文地介绍当年自然灾害状况及赈灾情况,反映了灾民的生活困境并动员捐款①。《小孩月报》的时政与社会类新闻通常是选登其他报刊的新闻内容。

通告广告类:这一类内容包括宗教团体的宣传通告、书刊广告等。

4. 传播西学与传播西教

作为由外国传教士主办的一份中文儿童报刊,《小孩月报》体现出了童趣性与宗教性相结合的特点,它一方面通过传播西学启蒙开智,另一方面又通过传播西教发展信徒。

第一,传播西学与启蒙开智。

《小孩月报》如同当时传教士们办的其他中文报刊一样,在传播西学也就是介绍普及近代以来西方世界科技成果方面是不遗余力的,"竭力将当时较为先进的西方文明以生动明易的形式灌输给少年读者"②。《小孩月报》所选取的科技内容,一般为儿童所容易接受的生物和生活知识,同时也是19世纪时期的中国儿童所难以接触或见到的。如第一年《小孩月报》各期中刊载了许多这类文章,地理知识有《地球说略》《乘轻气球游地球说》《冰山》《论潮汐》等;生物知识有《犀牛》《鸵鸟》《袋鼠》等;工程技术知识有《论电报》等。

在这方面,《小孩月报》最有特色的是连续多期以图文并茂的方式刊载介绍普及西方医学和人体解剖学知识的文章。由于这一学科的内容与中国传统的中医有很大的区别,在19世纪70年代的中国尤其是一份以儿童为读者对象的报刊,登载这类文章时编辑者煞费苦心地做了一些铺垫与遮掩。

《小孩月报》并不是直白的采用"人体解剖学"之类的学科名称,从光绪三年四月(1877年)开始,《小孩月报》开设"省身指掌"这一栏目,栏目从名称上看似乎与中国传统的经络学说有关,同时还与"省身指掌"栏目相配合开设了"保身良法"栏目,这一栏目的名称与中国人养身

---

① 《灾民情形》,《小孩月报》二十二号,光绪三年孟春之月(1877年3月)。
② 胡从经:《关于〈小孩月报〉》,载《晚清儿童文学钩沉》,少年儿童出版社,1982年版,第46页。

之道很贴近,其内容是一些日常养身和卫生常识的道理,强调"人生讲究身体乃至要之事,凡欲身体好者,有数件事不可忽略,即如居处要清洁,衣服四时要相宜,饮食要易于消化等事"①。

"省身指掌"开篇内容为牙龈与口腔知识,这些内容和与之相配的器官图画是国人易于接受的。从光绪三年九月(1877年)开始,《小孩月报》以图文介绍胃与肠的知识与解剖学知识。之后直到光绪七年一月(1881年),"省身指掌"栏目分别介绍了口腔、胃液、胆、肠道、肝脏、脾脏、脊柱、心脏、血管、骨骼、肺与气管呼吸、声带与发音系统知识。在《小孩月报》这种面向少儿的报刊里,运用西医解剖学知识对人体内脏进行图示与讲解,在19世纪70年代无疑是很有震撼力的,其中所介绍的内容有些是当时世界医学界具有一定前沿性的成果。例如光绪四年四月(1878年)刊载了关于白血球和红血球(文中称之为"血白饼"和"血红饼")的知识,而西方医学界也仅仅是在19世纪中叶才弄明白红血球与白血球的功用。

第二,传播西教与发展信徒。

《小孩月报》在传播西学的同时,保持着相当浓厚的宗教气息,表现出一种强烈的传道说教倾向,可以说仍然是一份具有极强传播西教倾向的报刊。《小孩月报》有许多纯宗教内容的文章,如几乎每期必有的栏目"圣经古史",以及经常出现的"教事近闻"、赞美诗、祷告文等。而且,作为兼事教育事业的范约翰,懂得教育原理,在办刊过程中非常善于巧妙地将童趣性、知识性与宗教性进行糅合。《小孩月报》除了纯粹的科普文章以外,在其最惯常运用的故事、童话等文体中,经常蕴涵说教或宗教哲理。在许多故事后,用"救主云"的编者按语方式,阐述编者的观点。

《小孩月报》几乎每期必有的"游历笔记"栏目,也是以对宗教遗址、圣城、宗教历史人物的活动地等为主要内容。例如1880年《小孩月报》连续8期以游记的体裁,详细介绍了分布在巴勒斯坦地区(包括今以色列境内)犹太教和基督教的各处圣地,如耶路撒冷、伯利恒、加沙、西奈地区等。

在基督教知识的传播方面,《小孩月报》的做法也尽量贴近儿童心

---

① 《小孩月报》二十四号,光绪三年(1877年)季春之月,第5页。

理特点,例如从光绪六年四月(1880年)开始,《小孩月报》针对14岁以下的读者,开展了圣经知识与基督教知识的有奖征答活动,一年中回答最好的,可获得奖金洋钱五元。有奖征答的问题主要来自《小孩月报》的"圣经古史"栏目,第一次的征答问了以下三个问题:

> 以色列人作金牛除摩西之外还有一个什么人不肯拜他?
> 睡在罗腾树下有天使两次唤他起来吃的是什么人?
> 以色列仆被牛触死牛主该当赔银多少?在什么书有什么事情也讲这些银子?①

《小孩月报》还直接通过报刊在少儿中发展信徒。《小孩月报》曾刊载了关于小孩圣经会的入会启事:

> 本馆谨启:
> 启者:小孩圣经会,在英伦敦早已设立,入会者众。今中国亦已仿设。入会者虽不若伦敦之多,然而亦有其人也。如有贵门人、暨令郎令爱等,愿入此会而依小孩月报每月所定之圣经而诵读者,可按后所列之单,填年岁、居处、姓名,而托各西教士代致于上海管理支会事宜之代尔齐尔先生可也。②

5. 对《小孩月报》的评价

《小孩月报》创刊不久,即引起社会的关注。《申报》曾刊登一则《阅小孩月报纪事》的文章,反映了读者对它的评价:"沪上有西国范牧师创设小孩月报,记古今奇闻轶事,皆以劝善为本。而其文理甚浅,凡稍识之无者,皆能入于目而会于心,而其中有字义所不能达之处,则更绘精细各图以明之。尤为小孩所喜悦,诚启蒙之第一报也。"③

20世纪80年代以来,国内研究者对《小孩月报》进行研究的同时,给予一些积极的评价,认为《小孩月报》"在传播西方的民主思想、科学知识以及西洋文学方面,也起了相当的启蒙作用"④。

---

① 《小孩月报》第六年第一卷,光绪六年(1880年)四月,第7页。
② 《小孩月报》第六年第六卷,光绪六年(1880年)九月,第5页。
③ 《申报》第2061号,戊寅年十二月十七日(1879年1月9日),第3页。
④ 胡从经:《关于〈小孩月报〉》,载《晚清儿童文学钩沉》,少年儿童出版社,1982年版,第45页。

从中国近代报刊发展史的研究层面上,《小孩月报》有两个特点是其他传教士中文报刊所不具备的,并因此凸显《小孩月报》在中国报刊史上的地位:

第一,《小孩月报》是我国近代历史上第一份产生了较重大影响的儿童报刊,也是最早的画报。

第二,《小孩月报》文章题材的选择,栏目版式的设置,行文用语的风格,奠定了之后中国少年儿童报刊的基本范式。它对西洋儿童文学进行了大量的编译,对近代之后中国儿童文学的发展也作出了贡献。

二、《学塾月报》/《青年会报》/《青年》与《进步》/《青年进步》

在对该报刊系列进行介绍以前,先做一点说明:本书基本上以报刊创刊时间先后为顺序进行章节设置,因此,《学塾月报》/《青年会报》/《青年》与《进步》/《青年进步》系列报刊,虽然其刊社活动与报刊影响主要发生在20世纪上半叶,但由于其创刊于19世纪末,我们仍以创刊年代为准将其列入19世纪下半叶的报刊进行介绍。

1. 从《学塾月报》到《青年进步》的历史沿革

基督教青年会1844年诞生于英国伦敦,1855年在巴黎成立了基督教青年会世界协会,之后在世界各地迅速发展。中国的基督教青年会组织最早出现于19世纪80年代中期的教会学校,到1896年已在27所大学内建立了基督教青年会组织。1896年11月3—4日,来自中国各地的"大学校长16人,前任校长1人,教育事业的宣教师10人,以及中国教员9人"①在上海召开了第一次全国代表大会,成立了全国性的中华基督教学塾青年会,首任会长为美国传教士潘慎文,总干事为美国传教士来会理。1902年青年会第四次全国代表大会"去掉了'学塾'二字,使青年会成为包括社会各界青年的宗教组织"②。其全国机构的

---

① 〔美〕来会理:《中国青年会早期史实之回忆》,见赵晓阳整理:《中国基督教青年会初期史料选》,刊载于《近代史资料·总109号》,中国社会科学出版社,2004年版,第127页。
② 赵晓阳:《基督教青年会在中国:本土和现代的探索》,社会科学文献出版社,2008年版,第13页。

名称,最初叫"中华基督教青年会总委办",1913年改名为"中华基督教青年会全国协会组合",1915年最后更名为"中华基督教青年会全国协会"①。会址均设在上海。

出版是青年会非常重视的工作内容,青年会第一次全国代表大会召开时,"决定一条议案:'编印适用书报以促进学生宗教生活。'"②1902年,成立了青年会总委办书报部,负责青年会的出版工作。

1897年2月创刊的《学塾月报》是青年会最早创办的报刊。由于目前在国内图书馆尚未查阅到《学塾月报》的原件,因此关于《学塾月报》的情况,研究者们主要的依据是后来基督教青年会人士的回忆,而这种回忆可能与事实会有出入。例如《学塾月报》的篇幅,《进步》和《青年进步》的主编范子美曾在他的回忆文章中说:"《学塾月报》,每期仅有一页。"③由于范子美的身份,因此这一说法为很多研究者所引用④。关于《学塾月报》的基本情况,著者在查阅早期的《青年会报》时,在1904年第一期的《青年会报》上发现了一篇题为《本报历履》的文章,其中记载了《学塾月报》的创刊时间、刊期、篇幅和主要内容:

> 当丁酉年正月,为本报第一次出报之期,尔时称曰《学塾月报》,每月一册,每册七页,报中所载,仅及圣经学课、并西国青年会事务而已。⑤

《本报历履》这篇文章用极少的笔墨,浓缩了《学塾月报》的基本信息,发表的时间是距离《学塾月报》更名为《青年会报》仅仅两年之后的1904年,而范子美的回忆文章是写作于1935年,两相比较,著者认为《本报历履》的可信度应该更高。

由于庚子事变,《学塾月报》曾暂停出刊。1902年3月(光绪二十八年二月),《学塾月刊》改名《青年会报》重新出刊,每年出刊6期(后改

---

① 陈秀萍编著:《沉浮录——中国青运与基督教男女青年会》,同济大学出版社,1989年版,第9—10页。
② 王治心:《中国基督教史纲》,青年协会书局,民国二十九年(1940年)版,第295页。
③ 范祎海:《青年会对于文字之贡献》,《中华基督教青年会五十周年纪念册》,第34页。范子美又名范祎,号祎海,参见第七章《万国公报》对范祎的介绍。
④ 见陈秀萍编著:《沉浮录——中国青运与基督教男女青年会》,同济大学出版社,1989年版,第17页;赵晓阳《基督教青年会在中国:本土和现代的探索》,第219页。
⑤ 《本报历履》,《青年会报》第七年第一册,光绪三十年正月(1904年2月),第17—18页。

为 8 期),由来会理任主笔。月销量约 1 700 册。

1906 年 2 月(光绪三十二年正月),《青年会报》更名为《青年》。《青年》为月刊,但每年暑期两个月停刊(或者只是象征性地出版几页),故一年正刊只有 10 期。

《青年》以中英文两个版本同时发行,其广告词称:"《青年》分为中文和英文两种版本出版。中文版于每月一日出版……英文版每月出版。"①"凡英文学有根柢者,亟当购阅合宜之英文报,以资观摩。"②

1911 年 11 月 1 日,青年会书报部在继续出版《青年》的同时又创办了《进步》月刊。《进步》月刊属于大型期刊,初创时每期正文 54 页,此外还有全页照片 5 页(照片中甚至还有彩印照片),插图照片若干幅,全页广告若干页,半页广告若干页,每期的总页数约在 70 页左右。不过《进步》的页码编排不尽合理,它是以文章来编排页码,一篇文章结束后,下一篇文章又从第一页开始编排新的页码,对于读者查阅文章而言颇为不便。

1917 年 3 月,《进步》与《青年》两刊合并成《青年进步》。《青年进步》仍为月刊,每年的暑期停刊两个月,故全年共出 10 期。原来的《青年》与《进步》是 32 开本,《青年进步》改为 16 开本,每期正文部分约 52 页,广告约 10 余页,照片约 2 页,加上版权页、目录页英文部分,每期约在 70 页左右。自 1930 年 9 月第 135 册起,《青年进步》再次改版,照片和广告页有所减少,但正文页每期增至约 140 页,被称为"月出一巨册"③。

1932 年"一·二八事变"发生,《青年进步》受此冲击,第 2 期延至 5 月份出刊,这也成为《青年进步》的最后一期,共出了 150 期。《青年进步》停刊原因,通常认为是受一·二八事变的影响。著者认为这固然是重要原因,但并不是唯一原因。实际上经济因素对于《青年进步》最终停刊也起了重要作用。该刊每期厚达 100 多页,而定价并不高,中国大陆及日本,每期一角五分,一年为一元五角,并且该价格包括邮资在内。笔者在查阅原件时发现,从《青年》和《进步》时期,再到《青年进步》时

---

① 《青年》第十六卷第九册,民国二年(1913)十月一日,封底。
② 《青年》第十六卷第三册,民国二年(1913)四月一日,广告页。
③ 王治心:《中国基督教史纲》,青年协会书局,民国二十九年(1940 年)版,第 299 页。

期，编辑部经常在刊物上发布《本刊启事》《阅者注意》之类的文字，这些文字都只有一个内容，就是一再说明由于不少订阅者拖欠订费现象十分严重，甚至有人拖欠时间已长达两三年之久，报刊社赔钱经营，亏空巨大，希望拖欠刊费者尽快还款。因此，经济因素恐怕是《青年进步》难以为继的重要因素之一。

一些著述称《青年进步》后来改为《年华》或《年华周刊》，由潘光旦继续主办①。但范子美本人的回忆是这样说的："一九三二年的秋天，发行《华年》周刊，由潘光旦先生主任，可惜不到一年半光景，以经济不充，又决议停止，归潘先生收回自办。"②从这段文字看出：第一，这份报刊的名字究竟叫《华年》还是《年华》，范子美与他人的记述说法不一；第二，这份报刊应该是在《青年进步》停刊后重新创办的一份新的报刊，与《青年进步》似乎并不存在接续关系；第三，这份报刊办不下去的原因是缺乏资金，这也从一个侧面印证了《青年进步》停刊的原因。

2. 从《青年》到《青年进步》的华人编辑群体

虽然中华基督教青年会由西方传教士创办，全国机构的负责人也是西方传教士，但是青年会的书报部"它有一个特点，我们不能不注意的，就是始终由中国人负编辑的全责，不若上述的机关，以西人为主体，华人只处于辅佐的地位"③。曾在青年会书报部任职多年的谢扶雅回忆说："协会各部无不有西干事相助为理，独书报部始终是中国人清一色，每年出版计划，由部中制定后提请协会年会讨论通过实行。"④因此，尽管中华基督教青年会是一家由西方传教士创建并担任领导人的教会组织，但是该组织旗下书报部的构成却是全华人编辑班底，这是青年会所主办的报刊与其他传教士报刊的一个重要区别，在传教士报刊

---

① 主要说法有："自范氏告老，该报遂改为《年华》，而变为潘光旦个人主持的周刊。今则《年华》停办。"见王治心：《中国基督教史纲》，青年协会书局，民国二十九年（1940 年）版，第 299—300 页。"以后《青年进步》改名为《年华周刊》继续出版，亦因经济原因于 1933 年停办。"见赵晓阳《基督教青年会在中国：本土和现代的探索》，社会科学文献出版社，2008 年版，第 110 页。
② 范丽海：《青年会对于文字之贡献》，载《中华基督教青年会五十周年纪念册》，中华基督教青年会全国协会编印，1935 年，第 37 页。
③ 王治心：《中国基督教史纲》，青年协会书局，民国二十九年（1940 年）版，第 294 页。
④ 谢扶雅：《纪念谢洪赉百年冥寿》，见《生之回味》，道声出版社（中国台湾），1979 年版，第 166 页。

史上亦是特点鲜明、独树一帜的。从《学塾月报》到《青年进步》的35年历史中,除了早期的《青年会报》曾由美国传教士来会理以青年会总干事的身份兼任过短时期的主笔,在影响最为显著的《青年》《进步》和《青年进步》时期,均由华人编辑群体担纲。

从《学塾月报》到最后的《青年进步》整个发展过程中,有两位人物作出了重大贡献,这就是谢洪赉与范子美。

谢洪赉(1873—1916),字鬯侯,别号寄尘,晚年自署庐隐,浙江人。谢洪赉的父亲是基督教长老会的牧师,母亲也是基督徒,父母的影响对谢洪赉成长影响很大。1892年19岁时,谢洪赉进入由基督教监理会开办的苏州博习书院(东吴大学的前身)学习,院长正是潘慎文,谢洪赉颇受潘慎文赏识。1895年谢洪赉以第一名成绩毕业时,正值潘慎文就任上海中西书院院长,"谢洪赉随之到该院图书馆任管理员。翌年升任教授"①。

谢洪赉1903年加入青年会书报部,先担任《青年会报》的副主笔,再接任更名后的《青年》主笔,他对报刊的发展作出了很大的贡献。"1909年,《青年》的销量达3 700份,1911年,则增至7 000份。"②

谢洪赉因患肺结核病于1916年43岁时英年早逝。"作为一名作家、编辑和翻译者短短的一生,他始终努力不懈,用中英两种文字,写下了不下二百种英文、中文书籍、小册和文章。"③

范子美当年以范祎之名辅佐林乐知编辑《万国公报》,此时他更多的是以范子美之名或丽诲之号从事报刊活动。范子美有着较为丰富的报刊从业经历,除《万国公报》外,他曾先后在《苏报》《实学报》《中外日报》和《通学报》从事过报刊活动。

范子美曾在中西书院兼职,因而成为谢洪赉的同事,受谢洪赉的邀请,他开始参与青年会书报部的工作。1911年9月,范子美应中华基督教青年会全国总会总干事巴乐满的邀请,担任《进步》主编。1917年3月,《进步》与《青年》合并成《青年进步》,范子美继续担任主编的工

---

① 卓新平主编:《中国基督教基础知识》,宗教文化出版社,1999年版,第228页。
② 赵晓阳:《基督教青年会在中国:本土和现代的探索》,社会科学文献出版社,2008年版,第110页。
③ 〔美〕包华德主编,沈自敏译:《中华民国史资料丛稿·译稿·民国名人传记辞典》(第五分册),中华书局,1980年版,第94页。

作,直到1932年终刊。正是在这一岗位上,范子美达到了其事业的巅峰。

范子美主编《进步》时还有一位重要的助手奚若。奚若(1880—1915年),字伯绶,江苏吴江人,与范子美为苏州同乡。有关奚若的资料不多,目前所知的是他毕业于东吴大学后又曾在该校任教。后来进入商务印书馆编译所担任编辑和翻译工作,主要工作是编译中学教材。他还担任了商务印书馆主办的文学刊物《绣像小说》的编辑。虽然《进步》创刊时期有一个编辑群,但版权页上编辑者一栏仅标有两个人名——东吴:范祎 奚若。可见他在《进步》初创时期的重要地位,可惜奚若亦是在35岁时即英年早逝。

作为大型刊物的《进步》与《青年进步》,是在一个完整而有效的编辑、编务、发行体系中保障其正常运作的。笔者依据《青年进步》1926年各期版权页上登载的相关内容,展现一下其报刊社的组织结构和运行机制。

《青年进步》的发行者:青年协会书局,也就是早年的青年会书报部。

《青年进步》的组织架构由编辑部和庶务部组成。

编辑部由4位编辑干事负责:胡贻毅、范子美、应元道、谢扶雅。范子美地位最为重要,"投稿函件请寄本社范子美君"。编辑部管理着一个阵容强大的"撰述委员"亦即撰稿人队伍,名单均开列在刊物上:赵紫宸、陈霆锐、招观海、洪煨莲、徐宝谦、简又文、刘廷芳、李荣芳、罗运炎、来会理、梅贻琦、乐灵生、沈嗣庄、王治心、余日章、谢颂羔。

庶务部由3人负责:总经理张锡三,负责发行业务,"订购函件请寄本社张锡三君";广告经理李化民,负责广告业务,"广告函件请寄本社李化民君";助理干事汪成荣。

考察《青年进步》报刊社的组织架构,对于研究者探寻中国报刊业态的演变具有重要意义。

3.《青年会报》/《青年》

《青年会报》由《学塾月报》更名而来,英文刊名为 China's Young Men。第一年(1902年)出刊6期,从第二年(1903年)开始改为每年8

期:"每年按西历二、三、四、五、九、十、十一、十二,诸月,月刊一册。"①

《青年会报》的首任主笔是来会理。来会理(Lyon, D. Willard, 1870—1949),他的父母是美国长老会在华传教士,来会理出生于中国宁波,以后他返回美国接受学校教育。"1895年10月5日,来会理受北美协会和学生志愿海外运动派遣来到中国,成为中国青年会第一名外籍专职干事。"②1896年起担任中国基督教青年会总干事。

来会理在近代中西文化交流史上还有一项重要贡献:他于1895年来华时首站是天津,他把1891年刚刚在美国诞生的篮球运动介绍给天津青年会的中国学生们,从此,这项运动正式进入中国并逐渐成为在中国最有影响力的体育项目之一③。

《青年会报》创刊号

《青年会报》的读者对象和办刊目的,据主笔来会理所称:"创立此报之原意,为助各处之青年会并散居各处之青年人有所观感,藉资攻琢。"④《青年会报》的风格与《学塾月报》相类似,是一份以宗教性内容为主的报刊,尤其对于各地青年会的消息动态,报道与介绍尤为详细。以1902年的《青年会报》创刊号为例,这一期登载了三个方面的内容,其一是关于基督教经典著作的讲解;其二是上海、广州、香港、福州等地青年会的活动报道,以及中国各地书院学生加入青年会的人数统计资料;其三为圣经学课。虽然后来《青年会报》增加了"列国要电"等少量的新闻内容,但纯宗教性内容始终占据了绝大部分篇幅。可以想见,这样一份单纯传经布道的报刊对处于20世纪初叶社

---

① 《青年会报》第七年第一册,光绪三十年正月(1904年2月),封面。
② 赵晓阳:《基督教青年会在中国:本土和现代的探索》,社会科学文献出版社,2008年版,第100页。
③ 董尔智:《对篮球运动传入中国的一点考证》,中国体育史学会编:《体育史论文集》(三),1987年版,第145—146页。
④ 来会理:《本报小启》,《青年会报》第一册,光绪二十八年二月(1902年3月),第13页。

会大转型期间的中国青年而言,其影响力是十分有限的。传教士们希望借助报刊对中国青年一代传输西学西教的愿望也难以实现。

《青年会报》办刊4年之后,1906年2月更名为《青年》,英文刊名仍为 China's Young Men。这次更名不仅仅是报刊名称的改变,更是报刊整体风貌内容的脱胎换骨。主办者在更名之际表达了强烈追随时代变迁的意愿:"兹值新政勃兴、旧俗骤革时代,本报益愿贡其所能,以效曝献之忱。"①

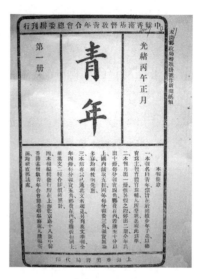

《青年》创刊号

同时,《青年》将中华基督教青年会培育青少年的基本主张——德育智育体育——作为报刊的主旨:"本报名曰《青年》,宗旨在于培植少年子弟,以德育为主,智育体育为辅,凡所登载,悉视此为准。"②

之后,《青年》进一步明确其对主旨与风格的追求:"本报以警醒今世少年阐扬唯一真理为目的。推勘务极精详,资料必期宏富,格言、名论、故事、传记皆浅显而有趣味,新颖而合实用。"③

从《青年会报》到《青年》的报刊风格内容大变革,主笔谢洪赉居功至伟。作为中国的基督教徒,首先他非常清楚什么样的文章符合中国人的口味:"……编辑事宜,必须悉由中国人士主持。盖中国人之心理,惟中国人能知之。中国人之习惯,好尚,亦惟中国人能明瞭。出版刊物而不求适合中国人之需求,不免有扞格抵牾之弊,劳而无功。"④其次,他十分了解应该如何将传经布道与中国青年对个人前途的希冀和民族命运的抱负相结合:"洪赉自己亦写过《基督教与大国民》。这便表明青

---

① 《本报小启》,《青年》第一册,光绪丙午年正月(1906年2月),第1页。
② 《本报简章》,《青年》第一册,封面。
③ "《青年》广告",《进步》第一卷第一号,1911年11月1日,广告插页。
④ 谢扶雅:《纪年谢洪赉百年冥寿》,载《生之回味》,道声出版社(中国台湾),1979年版,第165—166页。

年会在清末民初的时代使命,不拘拒于'主啊主啊'的宣讲福音,欲在能本耶稣基督的精神,对当前中国及整个社会加以改进,指示一般青年知识分子为国宣劳,为神服役。"①

《青年》每期正文约30页,相比《青年会报》时大大扩充了世俗类、时政类内容。在原有的"图画""社说""来稿""译件""青年会新闻""播道论"6个栏目的基础上,又增加了5个栏目,这5个栏目的名称和内容是:

一曰"德育故事",演以白话,庶童子亦能领会;

二曰"时局要览",综括国内外大事,使阅者一目了然(为内地人士起见);

三曰"书林撷华",评论青年合用书籍,所以引起阅读佳著之心思;

四曰"互相问答",凡关于本报内容、青年德育、青年会办法,三项事情驰书下问者,本馆当竭其所长,谨为答复;

五曰"杂俎",内分"新箴言""豪杰须眉""益闻汇纂"诸子目,随时登载,且于译件之中,惟采关于德育智育体育实际之文字、崭新之著作,以饷吾同志。②

以《青年》创刊号为例,世俗类时政类相关的内容有:

长篇译文《美国大富豪之自述》,该文编译自美国钢铁大王和慈善家贾南畸(今译安德鲁·卡内基)的自传。这是一篇励志类的文章,译者在前言中称:"吾今译之,愿读者之神经,为所激刺,立志效此翁之勤俭营生,更能效其不贪为实,博施济众也。"③

《运动新说》,这是一篇从运动的角度介绍人体生理变化的文章。

《让坐缘》,作者特别注明该文系"儿童德育故事",文笔浅显。

"时局要览",分为"国内之部"和"外国之部",内容为国内外时政新闻。

据此,《青年》变身为集传教布道、政论学术、时政新闻、科技知识、

---

① 谢扶雅:《纪年谢洪赉百年冥寿》,载《生之回味》,道声出版社(中国台湾),1979年版,第166页。
② 《本报小启》,《青年》第一册,光绪丙午年正月(1906年2月),第1页。
③ 师范:《美国大富翁之自述》,《青年》第一册,第10页。

生活常识等内容于一体的综合性报刊,开始成为青少年能够接受并喜闻乐阅的报刊。随着影响的扩大,《青年》的销量逐渐增长,1906 年《青年》更名时,月销量为 2 200 册,1910 年时"销数每月已逾六千,较去年几增其倍"①。刚更名时,《青年》没有广告,而数年后整幅的广告页就达 10 余页。

4.《进步》

《进步》是中华基督教青年会在《青年》创刊 5 年之后另行创办的报刊,其英文刊名为 Progress。《进步》的创办是青年会在《青年》的基础上,进一步显示其与时代发展前进相接轨的意愿:"中国自秦汉以来,二千余年进化之迟,已无复加。幸此时各国大势均在由(原文如此,似应为"犹"字——引者注)豫之际,而又闭关独立,不与世界相沟通,尚无害也。今则门户洞开,毫无隔阂。而全球竞走之速率,几于绝尘而奔。苟不迅起疾追,即将瞠乎莫及。祸变之至,岂有幸哉?本杂志欲以进步思想,鼓励吾国人民,故以此二字为定名,亦以此为唯一之宗旨焉。"②

《进步》的办刊风格与主笔范子美密切相关。"范为逊清拔贡,国学淹通,具有极前进的新思想;吸引各地道同志合即熟娴旧学新知之士,为文讨论一般文化问题,社会问题,并评论时政。"③范子美既有着深厚的国学功底,又饱受西学熏陶,可谓学贯中西,这对于《进步》的办刊走向大有影响。他对于刊物的基本追求是:"《进步》杂志编辑的任务,要在用优美的文字,发表新颖的思想;使读的人从文学的感动上得到思想的革新,于以

《进步》创刊号

---

① 《青年》第十三年第一号,宣统庚戌年元月(1910 年 2 月),第 5 页。
② 《进步杂志简章》,《进步》第一卷第一号,1911 年 11 月 1 日。
③ 谢扶雅:《纪念谢洪赉百年冥寿》,载《生之回味》,道声出版社(台湾),1979 年版,第 166 页。

扩充他的知识,崇起他的道德,完全他的人格。"①

根据《进步杂志简章》的介绍,《进步》的文章依性质分为两类:"著论"与"迻译"。"著论"是论文或评论:"取本社之意见,或研究所得之学理而贡献之,而发表之,谓之著论。""迻译"是翻译或编译:"读东西书报,选其有关系者而绍介之,而推阐之,谓之迻译。"②

《进步》不太注重栏目的设置,而是依文章内容分为四个主要方面,即所谓"不分类之分类":"内政问题""外交问题""社会风俗个人品性""科学发达实业进行"。

除了上述四类文章外,其余的文章"有曰文苑,有曰小说,有曰杂评,有曰丛译,以及插画图片,因有而有"③。

《进步》大量刊登政治制度、法律知识、学术思想、科技发展、世界风貌、卫生常识等内容的文章。主笔范子美还为自己特设了栏目"詷誨堂随笔",几乎每期刊载,大都为一些国学内容。作为基督教青年会的报刊,《进步》虽然很少出现直接以宗教说教为主要内容的文章,但其观察问题的视角被一些研究者认为仍然具有宗教的色彩:"这份新期刊的宗旨是试图用基督教的立场与观点来讨论中国的社会问题,同时又避免与那些对基督教尚不太了解的社会人士形成对立。"④

《进步》与《青年》这两份刊物的办刊风格和读者对象是有所区别的。《青年》登载的文章是宗教与世俗内容并重,有的时段甚或更偏重于宗教内容,而《进步》则宗教内容极少,属于世俗类报刊;《青年》的读者对象其年龄层比较宽泛,可以向下覆盖到中小学生,《进步》的文章内容则更具有学术气,主要是供大学生和有较高文化水平的读者和学者阅读。因此,两刊具有一定的互补性。

1917年3月,《进步》在出版64期后,与《青年》合刊为《青年进步》。

---

① 范丽海:《青年会对于文字之贡献》,《中华基督教青年会五十周年纪念册》,中华基督教青年会全国协会编印,1935年,第36页。
② 《进步杂志简章》,《进步》第一卷第一号,1911年11月1日。
③ 同上。
④ 〔美〕何凯立著,陈建明、王再兴译:《基督教在华出版事业(1912—1949)》,四川大学出版社,2004年版,第107页。

5.《青年进步》

1917年3月，合刊后的《青年进步》创刊，其英文刊名为 Association Progress。《青年进步》可谓是汇集了《青年》与《进步》两刊的特点。它既保持着《青年》的宗教与启蒙基调，也充溢着《进步》的学术与科学气息，编者尽可能地将这两个有一定区别度的刊物糅合为一体。

就宗教性而言，作为中华基督教青年会的机关刊物，《青年进步》登载的宗教内容中一般并不是直接的宣经布道，而主要是围绕基督教青年会展开。《青年进步》几乎每期都用较多的篇幅，刊登青年会的历史、青年会的重要人物传记、会务研究、各地青年会活动信息等内容。它通过强调和宣传青年会的重要性，间接地表达着宗教对于社会发展的意义："近年以来，青年会所作之工，已大有感动于吾国上流社会之中，而所谓三育者融洽于人心风俗间，视前二十年不啻霄壤之隔矣。民国改造政治革新，共和国之主权操诸人民，人民程度之优劣操诸社会之教育，则青年会者，将为今日至重要之一种会社。"①

《青年进步》创刊号

就世俗性而言，《青年进步》更多的篇幅是登载非宗教文章，它的内容非常丰富，包罗万象：

> 内容分为十门：一曰德育门。凡论宗教道德伦理哲学，有益吾人德性修养者，皆属焉。二曰智育门。凡政治理论，教育之本原，以及科学实业，皆属焉。三曰体育门。凡公众卫生，个人卫生，

---

① 俪海：《青年进步发刊辞》，《青年进步》第一册，民国六年（1917）三月，第2—3页。有的书籍在引用该发刊辞时，误将作者俪海写成"丽海"，见李楚材辑：《帝国主义侵华教育史资料·教会教育》，教育科学出版社，1987年版，第378页。

与夫病理之发明,及一切运动游戏之要则,皆属焉。四曰社会服务门。凡人事交际之要端,及改良风俗,励行慈善事业,皆属焉。五曰会务门。则所以发明青年会之宗旨与其办法,干事员之练习,以及其他,是也。六曰经课门。则所以阐明基督教之经义与教旨,是也。七曰通讯门。如城市青年会消息,学校青年会消息,个人消息,欧美会务消息,均入之。八曰记载门。如国内大事,国外大事,并捃拾时论之可采者,均入之。九曰杂俎门。有文苑、有笔记、有故事、有小说,均入之。十曰附录门。以新书绍介、来函答问综焉。①

《青年》与《进步》两刊在合并之后,由《进步》的主编范子美担任《青年进步》主编,因此,他得以用其对社会和时代的认识,确定《青年进步》的办刊主旨,引导着《青年进步》的思想倾向。1924年1月,范子美发起成立了"国学研究社",他以《青年进步》作为重估中国文化价值的平台,在调整昔日偏重西方文明的路线同时,对中国价值及文化予以相同的重视。"此时在他眼中,基督教与中国文化不再是对立的矛盾,而是互补与协调的关系,并以此作为基督教'本色化'的核心价值。"②

通过对《青年进步》的研读,著者认为在对待社会政治思潮以及思想意识方面,作为新教系统的《青年进步》,其政治立场较之天主教系统的报刊,似乎更偏向中性化一些,宽容度更高一些。以如何看待新兴的苏联社会主义政权为例,《青年进步》与天主教系统的《圣教杂志》《圣心报》就存在着相当大的差别。天主教系统的报刊一般对苏联采取十分排斥的态度,如《圣教杂志》公开表示:"苏维埃之宣传共产,不遗余力,而受其毒者中国尤甚,另外关于社会经济之制度,发生不少影响,本社为攻斥此等谬理,并与人以正确之思想,本志上有经济思想史概观之刊载,分登多期。"③《圣心报》对苏联亦有很激烈的抨击(参见《圣心报》一节)。而《青年进步》则温和得多了,其所刊载的关于苏联的文章,对苏联则更愿意持一种考察的态度,甚至不乏欣赏的含义。如1926年刊登

---

① 葸海:《青年进步发刊辞》,《青年进步》第一册,第3页。
② 见"范子美"词条,《华人基督教史人物辞典》,http://www.bdcconline.net/zh-hant/stories/by-person/。
③ 徐宗泽:《二十五年之〈圣教杂志〉》,《圣教杂志》第二十五卷第十二期,1936年12月,第719—720页。

徐庆誉的苏联考察观感称:"以我个人在俄观察的经验,我觉得俄国既不是好似天堂,也不是坏似地狱。俄国是一个有主义而兼有组织的新国家,很值得我们研究。"①

而有些译文,实际上是在为苏联说好话了:

> 经历了这许多个月的饥馑与失望以后,俄罗斯的革命却表示出一种何等生动的气象啊! ……回溯俄罗斯在十一月暴动以前,好像是在另一个时代,几乎是不可设想的守旧啊。②

> 苏俄政府现已基础稳固。吾人无论如何讥评俄国现政府之荒谬,总之现政府之措施,仍必远胜于俄皇时代之恶政也。吾人九年以来,每谓苏俄现政权早晚必倒,不知九年以来,苏俄政府反日进于巩固。时至今日,愿回复俄皇政治或克伦茨基政治者,仅少数人而已。③

对于从《学塾月报》到《青年进步》这一系列报刊的研究,国内还没有专题性的论文,但在一些对基督教青年会和基督教出版史的研究成果中,对之进行了介绍和研究。其中比较重要的成果有:赵晓阳著《基督教青年会在中国:本土和现代的探索》;陈秀萍编著《沉浮录——中国青运与基督教男女青年会》;美国何凯立著,陈建明、王再兴译《基督教在华出版事业(1912—1949)》等。

---

① 徐庆誉:《我之苏俄观察》,《青年进步》第九十八册,民国十五年(1926)十二月,第83页。
② John Reed 著,张祖翼译:《苏俄革命的回忆》,《青年进步》第一百三十五册,民国十九年(1930)九月,第91页。
③ 〔美〕艾迪博士著,哲衡译:《苏俄之观察与感想》,《青年进步》第九十九册,民国十六年(1927)一月,第57页。

第十一章 天主教报刊

一、《益闻录》/《格致益闻汇报》/《汇报》

1.《益闻录》的创办

1878年,上海天主教会创办了《益闻录》,报馆设在上海徐家汇,由著名的天主教土山湾印书馆承印。土山湾是旧地名,今已不存,大致方位在今上海徐汇区漕溪北路蒲汇堂路西北一带,当时占地面积约80亩。上海开埠之后,以徐家汇为核心形成了方圆十几里的天主教社区,建起了天主堂、修道院、公学、藏书楼、圣母院、博物院、天文台等各类建筑。土山湾印书馆原是教会开办的孤儿院所附设制作宗教用品和印刷书籍的工场,以后逐渐发展为上海著名的印刷出版机构。土山湾印书馆"是中国天主教最早、最大的出版机构。该馆主要出版宗教书刊、经本、图像、年历、教科书以及中、英、法、拉丁文书籍。此外,还承印法租界工部局的文件、报表、通告等,印制一些附有地图和照片的有关中国气象、地质、水文、风俗民情的著作、资料"①。

《益闻录》由华人天主教徒李杕主持。李杕(1840—1911),原名浩然,字问舆,后改称问渔,别署大木斋主。江苏南汇(今上海浦东)人。李杕早年攻读经史,国学根基深厚,以后入徐家汇圣依纳爵公学,专习拉丁文、哲学和神学。

李杕的经历和学识使他成为当时学贯中西的奇人。作为报人,他不仅担任《益闻录》主编,1887年又兼任上海天主教会另一重要报刊

---

① 宋原放等主编:《上海出版志》,上海社会科学院出版社,2000年版,第224页。

《圣心报》主编,一身兼两大报刊主编;作为教育家,他于1906年至1907年担任震旦学院院长兼哲学教授;作为著述家,他著书18部,译著40部,编著5部。当然,主编《益闻录》是他后半生事业的根基,从创刊开始,"李杕一手主持该报直至去世……其毕生致力于报业及其介绍西学,办报经验颇有可借鉴之处"①。

《益闻录》创刊号　　　　　　　　　　　《益闻录》

2.《益闻录》/《格致益闻汇报》/《汇报》刊名与刊期的演变

《益闻录》自1878年创刊至1911年终刊,在其33年的历史中,刊名与刊期几经变化,形成了《益闻录》/《格致益闻汇报》/《汇报》(以下简称《益闻录》系列刊)的演变轨迹,主要有以下几个发展阶段:

第一,《益闻录》时期:1878年12月16日—1898年8月13日。

《益闻录》创刊于1878年12月16日,但亦有著述称其1879年3月16日创刊②,这主要是因为《益闻录》在创刊时期最初几期刊物的排

---

① 葛伯熙:《益闻录·格致益闻汇报·汇报》,《新闻研究资料》总第三十九辑,中国社会科学出版社,1987年版,第195页。
② 这一说法在较多的著述中存在。如宋原放等主编:《上海出版志》,上海社会科学院出版社,2000年版,第224页;阮仁泽、高振农主编:《上海宗教史》,上海人民出版社,1992年版,第708页。

序所引起的。1878 年 12 月 16 日(光绪四年十一月廿三日)《益闻录》第一号出版,是为半月刊,报馆从第一号到第四号连续四期刊登《本馆告白》阐述了办刊宗旨,到 1879 年 3 月 1 日为止,共出了 6 期《益闻录》。1879 年 3 月 16 日(光绪五年二月廿四日),本该是排序第七号的《益闻录》又重新以第一号的排序出刊,报馆并且又发表了一篇《益闻录弁言》阐述办刊宗旨,这就给人形成了《益闻录》似乎创刊于 1879 年的表象(见《益闻录》图片)。对这一现象,研究者葛伯熙将最初的六期《益闻录》称为"试刊"。虽然《益闻录》的主办者并没有标出"试刊"字样,但通过对这几期刊物的研读,笔者认为这一提法是合理的。

1879 年 8 月 16 日(光绪五年六月廿八日)第十一号开始,《益闻录》改为周刊。

1882 年 5 月 3 日(光绪八年三月十六日)第一百五十号起,《益闻录》改为每周出两期。

《格致益闻汇报》

《益闻录》出刊至 1898 年 8 月 13 日(光绪二十四年六月二十六日),计一千八百号。

第二,《格致益闻汇报》(*I-Wen-Lou et Revue Scientifique*)时期:1898 年 8 月 17 日—1899 年 8 月 5 日。

1898 年 8 月 17 日(光绪二十四年七月初一日),《益闻录》与《格致新报》合并,改名为《格致益闻汇报》,刊期仍是每周出两期,编号从第一册第一号重新开始排序。"《格致新报》是天主教会出版的一种科技报,1898 年 3 月 13 日创刊,白毛太纸单面铅印。设有论著、答问、格致新义、时事新闻等栏目。同年 8 月出满 16 期后,17 日就与《益闻录》合并,更名另起编号。"①

---

① 葛伯熙:《益闻录·格致益闻汇报·汇报》,《新闻研究资料》总第三十九辑,中国社会科学出版社,1987 年版,第 193 页。

合刊后的《格致益闻汇报》在一段时期内，仍然保持着两馆分立的格局。《格致益闻汇报》在封面上标明"本馆开设上海徐家汇"与"格致报馆在上海新北门外天主堂街第二十九号门牌"（上海天主堂街即今上海南市区梧桐路）的字样。也就是说实际上两家报馆依然存在，共出一刊，但是合刊后的编务报务是以益闻报馆为主的："本报益闻录开设已二十年矣，今秋与格致报合并，取名汇报，仍由本馆经理。"①这种两馆共出一刊的现象维持了约一年。

《格致益闻汇报》出到九十九号（1899年8月5日，光绪二十五年六月廿九日）。

《汇报》

《汇报/时事汇录》

第三，《汇报》时期：1899年8月9日—1911年8月。

1899年8月9日（光绪二十五年七月初四日），《格致益闻汇报》更名为《汇报》，对于这一更名，《汇报》发表《本馆告白》给予解释："本届自七月初一起，因格致馆主公务殷繁，不能兼理报政，爰议将报务全归益闻馆办。此后改名汇报馆，一切函件请书汇报馆收字样寄送本馆，或寄

---

① 《格致益闻汇报》第三十三号，1898年12月7日，第264页。

法租界天主堂转寄。"①

从这一告白中可以看出,随着格致报馆的退出,《汇报》改变了由两馆共出一刊的格局,由原益闻录报馆独立经营,虽然刊名由《格致益闻汇报》更名为《汇报》,但刊期和页码仍然接续,首期《汇报》刊期为第一百号,页码为第七百九十三页,完全接续了第九十九期的《格致益闻汇报》。

《汇报》在其发展过程中,又发生了分刊与合刊的变化。

1908年2月8日(光绪三十四年正月初七),《汇报》分刊,以两刊形式出刊:

一刊为《汇报/时事汇录》,分为时政与新闻两大栏目,每期八大张,每周出两期。

另一刊为《汇报/科学杂志》,正式出刊的时间是1908年2月16日(光绪三十四年正月十五),半月刊,16大张。分为"科学杂志"与"修身西学"两大栏目。其中"修身西学"到第十二期为止,第十三期以后为纯科学栏目。

分刊持续了一年时间。《汇报/科学杂志》出至1909年1月21日第二十四期结束。1909年2月5日(己酉正月十五日,第十二年第一期),两刊再次合为一刊,刊名回归为《汇报》。值得关注的是从《汇报》合刊后第三期开始,主办者将刊期序号改为第三十一年第三期,以示与《益闻录》的延续关系,并刊发了《本馆特别广告》,向读者介绍从《益闻录》到《格致益闻汇报》再到《汇报》之间的历史演变关系。

1911年6月8日李杕去世,他的去世竟然使《汇报》难以为继:

《汇报/科学杂志》

---

① 《本馆告白》,《汇报》第一百号,1899年8月9日。

"《汇报》之停刊,因主持该报之李问渔司铎逝世故。"①1911年8月22日,《汇报》宣布:"本馆创行三十余年,承诸君青眼频加,报务日形发达,中间由《益闻录》,改名《格致益闻汇报》,改名《时事科学汇报》,卒名《汇报》,虽再三屡改,不外乎益闻及科学宗旨也。今本报别有事故,定于七月初一停版阅报,……从此投笔言别。"②

1912年《圣教杂志》创刊,该杂志宣称与《益闻录》有接续关系(见《圣教杂志》一节相关内容)。

上海图书馆收藏有从创刊至终刊的全部《益闻录》系列刊。

3.《益闻录》系列刊性质与内容的演变

在《益闻录》系列刊33年的历史中,不仅刊名刊期发生了变化,其性质和内容也随着发生了显著变化。《益闻录》系列刊从最初的一份主要登载宗教内容的报刊,发展为以登载时事、介绍西学见长的报刊,又演变为包括新闻、科技、宗教、综合性内容多刊种的大型报刊。《益闻录》系列刊的历史变迁及其主编者在这一变迁中所表现出来的新闻主张,对中国新闻报刊史具有很高的研究价值。

《益闻录》在其创刊时发布的《本馆告白》是这样阐述其办刊宗旨的:

> 启者:新闻报之传行于中国盖有年矣,其论学问、言国是、辩道义、述风谣,有益于身心性命,文学见闻实非浅鲜,惟篇幅有限,蜂采或遗。而吾教之事宜,未能详述。缘是本书馆摘录中西各报每月两次布闻,删其烦,录其要,事关吾圣教者,特为记及,使在教诸信人或可以为日进功修之助。③

这篇《本馆告白》反映出《益闻录》最初的创刊动机主要是为教徒服务的,因此在创刊初始的六期试刊里,《益闻录》登载的内容以偏向于宗教为多,有关教皇谕旨、教人行踪、教堂活动、教会事宜等内容约占到三

---

① 徐宗泽:《二十五周年之〈圣教杂志〉》,《圣教杂志》第二十五年第十二期(1936年12月),第706页。
② 《本馆辞别》,《汇报》第三千一百六号,1911年8月22日。
③ 《益闻录》前四期的试刊均刊登了《本馆告白》,文字内容略有出入。该《本馆告白》选自《益闻录》第二号,1879年1月1日。

分之二的篇幅。但是当试刊阶段结束《益闻录》正式出刊时,《益闻录》的风格却开始发生改变,宗教内容急剧减少,新闻时政等内容大幅增加。以正式出刊的第一号《益闻录》为例,涉及时政的内容有"谕旨恭录""枢机大臣朝贺新岁""摘译香港某司铎书""摘译泰西各报""京报选录"等;涉及科技的内容有"地体浑圆说"等;还有其他一些诗歌、故事等内容;这一期里真正直接涉及宗教内容的,只有"教事汇登"这一栏目。

具有研究价值的是,《益闻录》不仅在其创刊的初期已经显露出以刊载新闻内容为主的倾向,而且还有其主编者阐述的新闻观。

19世纪后半叶,由传教士们引领的创建报刊之风在中国大地盛行,新闻栏目逐渐成为报刊的重要栏目。但是,新闻作为一种由外来文化引入的文学体裁,编辑者和早期的报人们对新闻这种体裁显得有些不知所措,习惯地以中国传统文化的方式来处理新闻。因此在中国近代报刊史的初期,许多报刊中的新闻往往被处理成为中国人所熟悉的稗史志异、市井风闻之类的文字。针对这种状况,在正式出刊的第一号《益闻录》中,主编者发表了《益闻录弁言》:"近已创立新闻者,殆皆追慕古风,殷然有望治之心,不徒资谈笑、志怪异而已也。考汉司马迁作史记,自五帝迄货殖,其间纪表纪传,备言天地阴阳,家国伦纪,人品物类,贯穿经传,包括百家,而究以褒贬,核断劝奖,箴戒为法,详前人所未详,明后人欲所明。是书者,益于性命,益于邦家,推广万事万理,无不于此大有赖焉。故是录之名以'新闻'者,亦愿参司马公之意义,而效太史氏之阐发也。"①

这篇文字阐述了《益闻录》主办者的办刊思想,表达了直涉时政的鲜明立场,尤其提出以司马迁治史的风格与气度对待新闻的这样一种新闻观。因此,《益闻录弁言》对于研究中国近代报刊新闻思想的演变很有价值。"观其数语,言简而意赅。通古明今,见仁见智。其办报思想,昭然若揭。在光绪初年,能发此言论,堪称难能可贵了。"②

《益闻录》系列刊的新闻立场和价值取向在办刊过程中逐渐表露出

---

① 《益闻录弁言》,《益闻录》第一号,1879年3月16日。
② 葛伯熙:《益闻录·格致益闻汇报·汇报》,《新闻研究资料》总第三十九辑,中国社会科学出版社,1987年版,第192页。

两个比较明显的倾向:

第一是迎合中国的变革思潮,经常发表一些敢于大胆针砭时弊的文章。例如《汇报》的"论说"栏目发表了这样的文章:"本馆操纵月旦,向来不敢过激,亦不肯过随。然放论之余,往往谈言微中。……即军政官方,虽改从前之积弊,第有名目,而无实义。有面貌而无精神。合众而私,不能合众而公;有涣散思想,无团结思想;有为己思想,无大同思想,仍不足以图存。惟据历年来民心之进步例之,当可胜于往岁。"①

第二是其时政新闻更偏重于国际新闻,并且办出了自己的特色。例如从 1905 年 2 月 11 日起,报刊的封面编排发生较大变化,除刊登"目录"外,还设"要闻著目",刊登重要时事新闻要目,这一期"要闻著目"的内容为:

沙河日俄两军常有小战;
俄廷有罢战之议;
俄国内乱未已;
瑞典兼脑威王禅位太子;
政府向英德借国债以还磅亏购者踊跃;
日本在旅顺开海军分部在大连设民政厅。②

《益闻录》系列刊发行后期,通过改版、合刊、分刊,大幅增加科技内容,使报刊进一步向综合性、多刊种演变。

《益闻录》系列刊刊行期间,正值洋务运动,西方科技文化以格致之名盛行中国,新教人士傅兰雅创办的《格致汇编》风行沪上。作为天主教的报刊,《益闻录》的编辑者当然也注意到这一现象,在刊物中及时地补充了格致等西学内容,不过由于篇幅所限,这一类的内容一般是隔期刊载,使得不少读者感到不能畅阅,纷纷写信向报馆反映。1892 年后《格致汇编》停刊,《益闻录》则在数年后的 1898 年与《格致新报》合并,改名为《格致益闻汇报》,这一合并使其兼具了新闻与科技报刊的双重身份特色,在一定程度上亦可视为是在填补《格致汇编》停刊留下的空白。合刊后的《格致益闻汇报》虽然是由益闻报馆主持刊务,但新刊名

---

① 《论丙午年维新大局》,《汇报》第九年第一号,1906 年 2 月 1 日。
② 《汇报》第八年第一号,1905 年 2 月 11 日。

却将格致放在前位。刊期仍是每周两期,但页数由6页增至8页,用以刊载科技内容。《益闻录》在合刊前发布的《本馆告白》中对此的解释是,第一为了满足读者对更多地了解西学的渴望,第二可以使贫寒学子花费一份报刊的钱而得到订阅两份报刊的实惠,"此举实为传西学而便士林起见,……是于西学之外兼报中西要闻洵一举而数善备焉"[①]。

之后,在《汇报》时期又分为《汇报/时事汇录》与《汇报/科学杂志》两刊,进一步强化了这一趋势。

4.《益闻录》系列刊的报刊特点

《益闻录》系列刊刊行时期,正值中国近代报刊大发展阶段,在如雨后春笋般出现的报刊中,《益闻录》系列刊表现出了自己的特点:

第一,《益闻录》系列刊传递了编者政治价值观的取向。

为了体现读者是上帝的精神,主办者匠心独运地将中国古代社会中书写者写到君王或尊长时须尊敬避讳的空格用法,用到读者身上。例如在《汇报》改版发表告读者的时候,在文中写到"阅报诸君"时,"阅报"二字后采用了空一格的方式,然后写上"诸君",这不仅仅是以报社的权力让读者享受到帝王的待遇,更是西方政治价值观的一种有效的传递。这种做法,在其他一些传教士中文报刊中也有运用。

第二,图文并茂的新闻表述形式。

除了通常的文字新闻,《益闻录》对某些新闻还采取了配图说明的形式。例如在刊载《各国陆师表》一文介绍分析西洋各国军队实力与编制时,配上了图画《以人形长短比兵力强弱》,将各国军力用图形分为步卒(步兵)、马兵(骑兵)、砲队(炮兵)进行对比。步卒实力依次为:俄、德、法、奥、意、英、班、日、丹、比;马兵实力依次为:俄、法、德、奥、意、英、班、比、丹、日;砲队实力依次为:俄、法、奥、意、英、班、比、丹、日[②]。这种形式既便利了文化层次较低读者群的阅读,也强化了读者对这一新闻的印象。

《益闻录》系列刊刊期前后33年,经改版、合刊、分刊等各种形式,内容不断丰富,涵盖了宗教、新闻、人文社科、科技等各个领域。在新教

---

① 《本馆告白》,《益闻录》第一千八百号,1898年8月13日。
② 《各国陆师表》,《格致益闻汇报》第十七号,1898年10月12日,第135页。

于中国创办报刊数十年后,天主教也终于凭借《益闻录》系列刊在中国创办了第一份有影响力的报刊。

二、《圣心报》

1.《圣心报》概述

《圣心报》由上海天主教会于1887年6月1日在上海创刊。关于《圣心报》的创刊日期还有"1887年7月21日(光绪十三年六月初一)"①的说法。笔者在研究了《圣心报》原件后发现,之所以出现创刊日期不同说法的缘由,可能是由于研究者将《圣心报》的出刊时间六月初一误解为农历,将其换算成了公历——1887年7月21日。实际上,《圣心报》没有采用中国的农历纪年而是采用公历纪年,这在其刊物封面的告白中已经明确表示:《圣心报》是"按西历每月初一日出报一本",第一期的出刊时间为"西历一千八百八十七年六月初一日"②。看来,传教士们入乡随俗,在使用公历时用了个"初一"的说法,以迎合中国读者的纪年习惯,但实际上《圣心报》仍然采用的是公历日期。因此,是无须将《圣心报》的出刊时间换算为中国纪年的,有的研究者对《圣心报》的创刊时间进行"辨正"③,殊不知反而出现了错误。

《圣心报》

---

① 方汉奇主编:《中国新闻事业通史》(第一卷),中国人民大学出版社,1992年版,第355页。
② 《圣心报》第一号,1887年6月1日。
③ 陈镐汶的《范著〈中文报刊目录〉上海部分辨正》一文中,称《圣心报》是"光绪十三年六月初一创刊,公元是1887年7月21日,不是1887年6月。"载宋原放主编,汪家熔辑注:《中国出版史料·近代部分》(第一卷),湖北教育出版社、山东教育出版社,2004年版,第114页。

《圣心报》创办之初,其主编由上海天主教会主办的另一份重要报刊《益闻录》的主编李杕兼任。1911年李杕去世后,先后担任主编和副主编的有潘谷生、徐伯愚、孔明道、徐允希、沈则宽、张涣珊、王昌祉、丁宗杰、丁汝仁、丁斐等①。这些人中除个别人如孔明道是法国耶稣会神父以外,基本上都是华人神职人员。到20世纪40年代也就是《圣心报》的后期阶段,其发行人和编撰队伍已经全部由中国的神职人员担任。根据上海社会局的有关报纸杂志登记资料记载,1947年时《圣心报》的发行人为王昌祉,他是江苏松江(今属上海市)人,学历为天主教巴黎大学神学博士。编辑人员共4人,分别是梅乘麒,江苏青浦(今属上海市)人,天主教上海神学院神学士;蔡忠贤,上海市人,天主教上海神学院神学士;严蕴梁,上海市人,天主教河北哲学院哲学士;朱煜仁,江苏常熟人,天主教徐汇文学院文学士。《圣心报》的社务组织结构分为管理、编辑、印刷和寄发四个部门②。

《圣心报》系月刊,每月1日出刊。《圣心报》"利用各地神职人员组成庞大的通信网"、"利用各基层教堂作发行机构"③,每期的发行数一般在4 000—5 000份左右。

1949年5月《圣心报》停刊。有研究者认为,《圣心报》在这之后还延续了一段时间:"1949年7月,改为活页半月刊,并改名《祈祷宗会》,同年10月1日又改名《心声》,1951年6月停刊。"④《心声》为半月刊,每期4页,刊登的基本为纯宗教内容,版式、风格等与《圣心报》有较大区别。笔者由于未能找到《祈祷宗会》《心声》的创刊号,对这一说法尚难以确认。但无论《祈祷宗会》《心声》与《圣心报》是不是一种接续关系,都可以视为是上海的天主教会在国内政局发生剧变、《圣心报》停刊之后,为继续宣传其宗教教义而做出的一种弥补措施。即便如此,从1887年6月创刊到1949年终刊,《圣心报》存续历史依然长达63年。因此,《圣心报》成为在中国大陆的传教士中文报刊中自出刊后以同一

---

① 孙金富主编:《上海宗教志》,上海社会科学院出版社,2001年版,第365页。
② 上海社会局:《新闻纸杂志登记申请书》,民国三十六年(1947)2月11日,上海市档案馆,档案号Q6-12-134-43。
③ 穆家珩:《早期的〈圣心报〉——读报札记之一》,《江汉大学学报(社会科学版)》1987年第3期,第103页。
④ 孙金富主编:《上海宗教志》,上海社会科学院出版社,2001年版,第365页。

刊名持续办刊时间最长的一份报刊。

《圣心报》原件在国内许多图书馆有收藏,但大都不全,保存最为完整的是上海图书馆与北京师范大学图书馆,前者保存了自1887年6月创刊号至1949年5月第63卷第6期期间的原件,后者则在少数年份略有缺失。

2.《圣心报》的内容与特色

《圣心报》是一份宗教性报刊,创刊之时在其封面宣称办刊主旨为"专录天主教事理,文词平浅,意义清庸,务使寡学之人亦得了如指掌"①。几十年后的《圣心报》晚期,其"发行旨趣"依然强调为"天主教宗教服务"和"供给教友消息与理论"。②

《圣心报》纯宗教风格的确立,应该与创刊之时由《益闻录》的主编李杕兼任其主编有关。由于李杕主编的《益闻录》是一份以登载时事、介绍西学见长的报刊,因此《圣心报》则承担了传扬圣心、宣布圣化的任务,成为一份宗教性报刊,并始终贯彻如一。《圣心报》其存续的63年中其栏目设置、文章内容几乎都维持了相同的风格,甚至连版式几乎都很少变化。

《圣心报》每期的文章并不多,主要栏目有"祈祷总意""教事汇录""宗意释义""圣心良友""祈祷益闻"等,涉及了对教义的阐释、布道、教会活动动态、宗教故事和宗教人物介绍等内容。不过,《圣心报》也并不是如某些研究者所说的:"《圣心报》根本不刊载时事新闻,完全把教友封锁在'上帝的羊栏'里。"③它亦曾少量地刊载一些新闻内容,如"各国近事"栏目,登载世界各国的时事要闻。但《圣心报》对时事新闻不敏感、信息陈旧确是事实。例如1911年12月出刊的第二百九十五号《圣心报》,当时中国已经发生了辛亥革命,它的"本省近事"栏目却对中国的政局动荡一无反映,登载的主要还是一些自然灾情的报道和国内的教会活动情况。

---

① 《圣心报》,第一号,1887年6月1日。
② 上海社会局:《新闻纸杂志登记申请书》,民国三十六年(1947)2月11日,上海市档案馆,档案号Q6-12-134-43。
③ 穆家珩:《早期的〈圣心报〉——读报札记之一》,《江汉大学学报(社会科学版)》1987年第3期,第102页。

《圣心报》的内容有一个显著的特点,就是作为一份天主教报刊,它在宣传宗教、诠释教义的同时,在对待不同思想和意识形态方面,做出的反应较之新教的报刊要激烈得多,而表现出的立场又较为保守。例如 1938 年 4 月出刊的五十二卷第四期,在"总意"栏目内发表了数篇文章:《为什么现代妇女不尽心管理家务》《管理家务应有的美德》《做丈夫的几个期望》,对妇女解放提出异议:

> 现时代的错谬学说,借着解放妇女的美名,说甚么打倒家庭制度,说甚么女子自谋职业,现代的工厂制度,现代的淫风败俗,又处处在阻止妇女尽心管理家务。……现代妇女,甚至公教妇女,不肯尽心管理家务的,不幸而多得很,她们的家庭终至衰落败坏,她们害了自己的灵魂肉身,又害了一家人的灵魂肉身;说来真真可怕。……为此我们应恳求耶稣圣心赏赐我国的妇女们,另是大城市的妇女们,懂明自己的伟大使命,而本着超性的精神,尽心管理家务。①

20 世纪 30 年代,正值国际关系风云变幻,世界各地战端四起,《圣心报》也在鲜明地表明其政治立场,1937 年 7 月出刊的《圣心报》第五十一卷第七期上登载了梵蒂冈方面发表的《反对共产主义通牒节要》与《反对德国国家社会主义通牒节要》两篇文章。1938 年 8 月出刊的第五十二卷第八期《圣心报》上,刊载了《共产主义教育下的青年》和《赤色西班牙下的十个月生活》两篇文章,通过神职人员的生活体验,宣扬在共产党控制区域如何对人们实施精神控制的状况。

到了 40 年代后期,《圣心报》登载的内容表明了它对苏联的批判态度:1948 年 1 月 15 日出刊的第六十二卷第二期上,刊载了一篇题为《记实:某神父谈苏联》的报道。文章通过欧洲某神父的记述,谈论其对苏联红军的印象:喝酒、抢掠与强奸是苏联红军最喜欢的三件事,以及苏联红军在欧洲如何残暴、滥杀无辜等。

《圣心报》登载的这些文章,使得它作为一份宗教性的报刊,却一直在传递着对意识形态的关注以及对中国政局变迁的倾向性,从而间接

---

① 《为什么现代妇女不尽心管理家务》,《圣心报》第五十二卷第四期,1938 年 4 月 1 日,第 98—99 页。

地介入了中国的政治生活和社会生活。因此，1949年之后，这份办刊历史最为长久的传教士中文报刊也走到了它的尽头。

三、《圣教杂志》

1.《圣教杂志》概述

《圣教杂志》是创刊于20世纪的传教士中文报刊，本应列入第十四章"20世纪上半叶的其他传教士中文报刊"进行介绍。但因该刊与《益闻录》《圣心报》同为上海天主教会主办的天主教报刊，与《益闻录》存在着接续关系，与《圣心报》为同时期存在的天主教姊妹刊物，故将该刊与19世纪下半叶创刊的天主教报刊一并介绍。

《圣教杂志》(法文名为 Revue Catholique)，1912年1月由上海天主教会在上海创办。《圣教杂志》与《益闻录》系列刊存在着一种接续关系。由于李杕的去世，造成了办刊历史长达33年的《益闻录》系列刊戛然而止。因此，创办一份接续的报刊成为当务之急，这即是《圣教杂志》创办的主要动因。在有关的纪念文章中，圣教杂志社对这种接续关系阐述得非常明确："《圣教杂志》创自民国元年（一九一二），上承《益闻录》《益闻格致汇报》《时事科学汇报》，沿传至今，已有五十七年的历史。"①

《圣教杂志》创刊号

《圣教杂志》的编撰班子主要由中国的神职人员组成。历任主编为（《圣教杂志》称为主任）：

---

① 消迷：《〈圣教杂志〉五五周年回顾》，《圣教杂志》第二十五卷第一期(1936年1月)，第739页。

1912—1921 年：潘谷声　张渔珊
1922—1923 年：孔明道　张百禄　杨维时
1923—1924 年：杨维时　徐宗泽
1924—1938 年：徐宗泽

在《圣教杂志》的历史中，前期的重要人物是潘谷声，后期的重要人物是徐宗泽。

潘谷声（1867—1921），字秋麓，江苏青浦（今属上海市）人。1879年潘谷声就读于徐汇公学，1888 年入耶稣会。潘谷声在传教布道、兴办教育、创刊办报方面颇有建树。潘谷声曾担任徐汇公学校长和震旦大学院副院长，并曾亲自编辑过各种国文教科书。潘谷声曾兼任《益闻录》副主任事务，后专任《汇报》馆政。1911 年 8 月，潘谷声担任《圣心报》主编，在此期间，正值李杕去世《汇报》停刊，他发起创办《圣教杂志》并在创刊后担任了主编，这样，上海天主教两大刊物均由潘谷声主管，直到 1921 年去世。

徐宗泽（1886—1947），字润农，也是青浦人，据称他是徐光启的第十二世孙。徐宗泽曾留学国外，获得哲学博士和神学博士学位。1923年起担任《圣教杂志》主编，直到 1938 年终刊。徐宗泽在中国图书馆界名头很响，因为他兼任了著名的徐家汇天主堂藏书楼（亦称图书馆）主持人。在他任内努力搜集整理国内地方志达 2 000 余种，当时列为全国第一，使之成为徐家汇藏书楼的一大特色。

《圣教杂志》与《圣心报》同为上海天主教会主办，两刊的编撰班底因此互有交叠。不仅潘谷声曾担任两刊的主编，在两刊先后担任过主编或副主编或重要撰稿人的还有孔明道、王昌祉、丁宗杰、丁汝仁等人。

《圣教杂志》对国内外发行，发行范围几乎遍及全国各天主教会，甚至远达南洋欧美。其发行数，一般每年维持在 2 000 多份到 3 000 多份，最高的年份为 1931 年，达到 4 001 份①。

1938 年 8 月，在日本军队侵占上海一年后，《圣教杂志》发布了启事称："今因战事延长，自本期出版后，暂行停刊，战事终止即能复

---

① 徐宗泽：《二十五年来本志在思想界上之威权》，《圣教杂志》第二十五卷第一期（1936 年 1 月），第 747 页。

刊。"①但《圣教杂志》最终未能复刊,这一暂停实际上成了刊物的终结。

《圣教杂志》国内许多图书馆有原件收藏,但多数不全,北京大学图书馆收藏有从创刊至终刊的全部原件。

2.《圣教杂志》的特色与主要内容

作为《益闻录》系列刊的接续报刊,《圣教杂志》并没有承袭前刊以时事报道和科技知识见长的风格。《益闻录》系列刊是以传播西学为主的综合性报刊,而《圣教杂志》却是以传播西教为主的宗教性报刊,而且规矩很严格。根据徐宗泽的记述,在《圣教杂志》正式出刊前曾出了试刊(徐宗泽称其为"样本"),上面登载的《发刊词》和《简章》称:"本报定名《圣教杂志》,专登教中信道、学说、事实,凡不涉教者概不采入。"②

《圣教杂志》的栏目设置主要有"论说""考据""近事""辨道""传记""课艺"等,这些栏目基本上登载的都是宗教性内容。当然,《圣教杂志》还是给时政新闻、国计民生留下了一些空间,这主要由"中外大事表"和"时事摘要"这两个栏目来承担,虽然登载的内容是比较简略的,但是涉及面很广,国际国内、历史掌故、重大新闻、时事热点等都有所反映。1932年《圣教杂志》还连载了李书华的文章《中国教育问题》,全面介绍和研讨中国的教育理念与体制。

《圣教杂志》与《圣心报》是同时发行的天主教姊妹报刊,它们的出版机构是同一家,主要编撰人员也有交叠,但是《圣心报》偏重于说教功能,而"《圣教杂志》的读者主要已是逐渐增加的受过教会学校教育的上海和全国各地的天主教知识分子"③,因此《圣教杂志》突出其研讨主旨,使之具有了宗教学术刊物的特性:"本志为讨论教理教道,神哲学,教史,学术,学说等等为宗旨,故论题皆有一定范围。本志之对象为教内外有志研究学理者。……忆自创办迄今,此旨未尝或变。"④

在学术探讨的背景下,《圣教杂志》并没有像它的姊妹刊物《圣心

---

① 《圣教杂志暂停启事》,《圣教杂志》第二十七卷第八期(1938年8月)。
② 徐宗泽:《二十五周年之〈圣教杂志〉》,《圣教杂志》第二十五卷第一期(1936年1月),第707页。
③ 阮仁泽、高振农主编:《上海宗教史》,上海人民出版社,1992年版,第712页。
④ 《编者的言》,《圣教杂志》第二十四卷第一期(1935年1月),第1页。

报》那样显示出强烈的保守气息和意识形态的倾向性,而是更多地展现了学术的探究意识和思维的宽容精神:"本志论文多研究性质,辩护教理教道,提倡哲学神学:现代的思潮,近今的一切主义、学说,与夫圣教的文化、历史,凡足以增进吾人之学问者,无不讨论及之。而此等讨论,允为我侪所急需。盖做现代的人,须有现代人的新思想新观念,而现代人生活于社会上,因有许多问题,正在剧烈变化之中,亟需有正确之指导,鲜明之方针以标识之,方能遵轨道而行,不致踟蹰途旁。"①

在这种办刊方针指导下,《圣教杂志》大量发表有关宗教史、传教史、教理研究、哲学探讨的学术文章,从而具有一种与其他传教士中文报刊所不同的学术刊物之特有品格,《圣教杂志》因此给自己封了一个很有个性的称谓——"硬性刊物":"本志之读者皆学问渊博之人,热心学术,爱护本志。本志上之论文所以多研究讨论之文字;研究讨论之文字未免多硬性,硬性之文字有非一般人所欢迎者也。其所以不欢迎之故,因在硬性刊物中,得不到娱乐之文字,以之消闲解闷;娱乐之文字委靡人之意志有余,而提高人之知识,培植人之愿欲则不足也。惟有硬性刊物,足以底柱人之思想,坚持人之心志而裨益社会者也。"②

《圣教杂志》所显现出的学术气韵,与《圣教杂志》的后期主编徐宗泽的个人学术旨趣密切相关。徐宗泽对于中国天主教的历史研究造诣颇深,他积极搜罗明末清初来华传教的耶稣会士著作、笔记、信件,加以整理研究,撰成著作。他编辑出版了《中国天主教传教史概论》《明清耶稣会译著提要》《明末清初灌输西学之伟人》等多部宗教史著作。他在《圣教杂志》上连载介绍天主教在中国发展历史的文章,内容详尽并附有表格资料。《圣教杂志》还开设了"中国圣教掌故拾零"栏目,"爬罗一切有关公教的琐事细录"③,给后人留下了天主教在中国传播的重要历史资料。

《圣教杂志》对宗教活动的报道亦是极具特色的。《圣教杂志》经常刊载中国各地天主教会举行的各种庆典仪式、祈祷活动的报道文章,这类文章其他传教士报刊也刊发,但一般都是对活动做一些泛泛的报道,

---

① 《敬告爱护本志者》,《圣教杂志》第二十五卷第一期(1936年1月),第1页。
② 《编者的言》,《圣教杂志》第二十四卷第一期(1935年1月),第1页。
③ 消迷:《〈圣教杂志〉五五周年回顾》,《圣教杂志》第二十五卷第一期(1936年1月),第742页。

或者是登载仪式、活动主办人的讲话内容。而《圣教杂志》的文章则详尽地报道仪式庆典等活动的流程、场面，其中不乏大量细节性的描述。先看一则1915年山西潞安天主堂举行圣诞庆典的报道："潞安府天主堂，去岁举行耶稣圣诞瞻礼，甚形热闹。……及晚九时，公教进行会附设之正谊学校，与读经小学学生，共百余人，身穿常服，项裹花巾，手提彩灯，两两为伍，列队来堂，并沿途高唱圣诞经词，抑扬宛转，颇中节奏，餍人听闻。……司铎致祭，修士赞礼，男女教友，与夫教外之观礼者，人数虽众，肃静无哗。惟闻钟声、铃声、诵经声、音乐声，声声悦耳，如游上界，可谓盛矣。"①

再看一则1917年徐家汇举行耶稣圣体瞻礼日的圣体游行活动报道："六月二日主日，为耶稣圣体瞻礼之第一主日。依历年旧例，举行迎圣体大礼。大堂内外，点缀一新。自大堂前起，北至徐汇公学操场，南至天文台，一路遍竖彩旗，鲜艳夺目。……沪滨前来与礼者，拥挤异常。一切仪节，与历年相仿，于下午五时许起举行。由大堂出发，先至天文台。顾院长主礼，恭捧圣体。前后有司铎修士、徐汇公学学生、土山湾学生、圣母院女学生、并中西乐队、男女教友等，按次徐行。一路旗幡招展，乐声大作，鞭炮齐鸣，经声高唱，极盛一时，并由天文台鸣炮。折至徐汇公学操场，终回大堂。唱谢主经，行圣体降福而散。"②

《圣教杂志》通过对这些宗教活动庆典仪式等的报道，勾勒出了百年前从南到北、由东至西、从沿海开埠的大都市到偏远内陆的小县城，天主教在中国传教活动的基本场面，从而保留了百年前中国天主教宗教活动弥足珍贵的历史记录。

由于《圣教杂志》对这一类宗教活动的报道注重细节，也使得研究者可以从一些很特殊的角度展开学术研究。例如，有研究者正是根据《圣教杂志》的报道和广告内容，得以对当时沪宁杭三地天主教的仪式音乐、乐队构成、音乐文本、音乐教育等展开专题研究，并得出结论认为："天主教音乐在中国的本土化是天主教所代表的西方文化在中国文化语境中与本土文化互动的结果。"③

---

① 《圣教杂志》第五年第三期(1916年3月)，第128页。
② 《圣教杂志》第七年第七期(1918年7月)，第330页。
③ 南鸿雁：《沪宁杭地区的天主教音乐》，《南京艺术学院学报》2007年第4期，第21页。

第十二章 19世纪下半叶的其他传教士中文报刊

一、《中外新闻七日录》

1.《中外新闻七日录》概述

《中外新闻七日录》创刊于1865年2月2日(清同治四年正月初七日),出版地广州。为8开版小报,每逢星期四出刊,单张印刷,是我国近代最早单张发行的中文周报。编辑部设于传教士办的惠爱医馆,每号售价两文钱。

《中外新闻七日录》的版面设计有其特色。首行为报头,横排"中外新闻七日录"七个大字,报名右侧竖排"广州城"三个字,左侧竖排"远人采"三个字。每期两版,每版分为上、下两栏,共四栏。

《中外新闻七日录》的创办人与首任主编是英国传教士湛约翰(John Chalmers,1825—1899),远人采"为湛约翰笔名"①。湛约翰是早期传教士中著名的汉学家之一,编著有《中国人的起源》《康熙字典撮要》《粤语袖珍字典》等书②。湛约翰主持《中外新闻七日录》至1867年1月31日(同治五年十二月二十六日)的第105号止,在这一期上,刊登有《七日录去旧更新》一文:"自作《七日录》以来,已历两载,每期所看之人以万计,可见赏面之甚。……湛兹今远回西国,特将《七日录》之任

---

① 蒋建国:《报界旧闻——旧广州的报纸与新闻》,南方日报出版社,2007年版,第60页。
② 刘家林:《我国近代最早的中文周报——〈中外新闻七日录〉评介》,载《新闻研究资料》(总第五十辑),中国社会科学出版社,1990年版,第123页。

告辞,在后有一高明先生代疱,并有画像一篇奉赠,以表中外相友之心,业已付剞劂氏雕刻。愿诸君待而观之,以开新年之眼界焉。专此恭贺新禧!"①

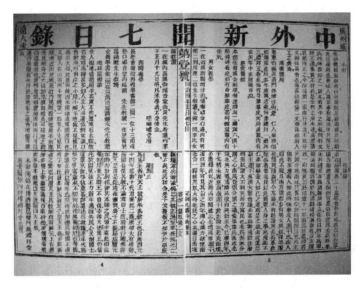

《中外新闻七日录》创刊号

因湛约翰回国,1867年2月7日(同治六年正月初三日)的第106号开始,《中外新闻七日录》改由英国传教士丹拿主持,之后报头出现变化,报名右侧不再标"广州城",而代之以"每礼拜四印",报名左侧的"远人采"改为"一篇钱二文"。丹拿在报纸中缝署上了自己的名字:"西关英国人丹拿氏采"。

1867年3月7日(同治六年二月初二日)的第110号开始,报上署名再次发生变化,改为"西关美国人丕氏采",第111号后改为"南关美国人丕氏采",第129号后又改为"谷埠美国人丕氏采"。

第110号刊登了《暂理〈七日录〉》一文:

《新闻七日录》,自英国湛先生创始,阅历两年。蒙中华诸君,每期观者万余人,可见欣赏之盛矣。迨今年正月回国,交与英国丹

---

① 《七日录去旧更新》,《中外新闻七日录》第105号,同治五年十二月二十六日(1867年)。

拿先生代疱，不料采刊传观仅得四号，又以事往香港，故将此职委余暂理。独念余骥附有心，豹窥无识，即才思学问，远不及二君，但诸先生不嫌谫陋，惟有尽心采访，每事必求其真确，以奉诸先生荃察而已。若夫托诬说以报私仇，播讹言以污名节者，一概置之不录。余在粤东传耶稣教多年，昧道憎学，滥厕采风之职，不登大雅之堂，愿诸君明以教我。

美国丕思业谨识①

可见丹拿主持《中外新闻七日录》仅四号，第110号开始便由美国传教士丕思业②接编。

《中外新闻七日录》终刊时间有待考证。目前所见最后一期为1868年1月23日（同治六年十二月二十九日）所出的第155号。这一号是否终刊号？华文书局（中国台湾）影印出版的《中外新闻七日录》，最后一期为第155号，该影印本的报名后特别标明"全"字，表示是全本，而且影印说明也特别强调是根据"全套完整原报"影印的③。刘家林也撰文指出第155号是终刊号④。方汉奇则提出不同观点：《中外新闻七日录》"出至1870年停刊。目前所见最后一期为1868年1月23日所出第155号"⑤。

著者不知方汉奇所说"出至1870年停刊"的史料依据是什么，所以无法评论这一说法是否正确。但前一种说法认为第155号即终刊号，是值得商榷的，其依据是刊登于第155号的《新闻纸规矩》一文："本馆新闻纸规矩，凡有送新闻纸来谷埠丕思善堂者，必再三访问街上之店客，与街上之端人，非众口一词，断断不肯付刻。一防假公事以报私仇，一防借浮言以作实据也。若送新闻纸来本馆，其函内请书一真名，另书一别号，印新闻时，止将别号印出，其真名则隐而不宣，即有人来本馆相

---

① 《暂理〈七日录〉》，《中外新闻七日录》第110号，同治六年二月初二日（1867年）。
② 关于丹拿与丕思业的介绍材料非常稀少。《近代来华外国人名辞典》对丕思业有一简短介绍：丕思业（Charles Finney Preston）系美国北长老会教士，1829年出生，1854年来华，在广州传教，1877年死于广州。见中国社会科学院近代史研究所翻译室《近代来华外国人名辞典》，中国社会科学出版社，1981年版，第393—394页。
③ 《景印〈中外新闻七日录〉缘起》，《中外新闻七日录》，华文书局（中国台湾）影印本，1969年版。
④ 刘家林：《我国近代最早的中文周报——〈中外新闻七日录〉评介》，载《新闻研究资料》（总第五十辑），中国社会科学出版社，1990年版，第125页。
⑤ 方汉奇主编：《中国新闻事业通史》（第一卷），中国人民大学出版社，1992年版，第360页。

问,亦断不说出。其所以欲写真名者,欲知送来新闻实而非虚,可为凭据。本馆如是,香港新报如是,上海新报亦如是也。"①

这篇《新闻纸规矩》是在向投稿者申明投稿时应注意的事项,如果是终刊号,没有必要再登这样一则"投稿注意事项"了。所以,方汉奇的"目前所见最后一期为1868年1月23日所出第155号",这样的说法比较符合事实。

《中外新闻七日录》原件存世极少,华文书局(中国台湾)根据夏威夷东西文化中心图书馆所存该报藏本,于1969年将该报影印出版。

2.《中外新闻七日录》办刊宗旨

该报创刊号首篇刊登的《小引》,阐明了办刊宗旨,全文如下:

小　　引

我侪传耶稣教者,忻忻而创是《新闻录》,非欲藉此以邀利也。盖欲人识世事变迁,而增其闻见,为格物致知之一助耳。若其中之所载,间有文理不通,事实不符者,是余智之所未逮,万望诸君恕而正之。今所印第一张,即行分送,不取分文,嗣后喜看者,每张须给钱二文,聊为纸料人工之费焉。②

表明创办该报的目的不是为了赢利,而是为了"识世事变迁,而增其闻见"(报道新闻)与"格物致知"(介绍科学知识)。

丹拿接编后的第106号刊登的《新年小引》,可以看作是对办刊宗旨的进一步阐释:

新 年 小 引

我侪鉴空衡平,不戈名,不渔利,但愿公事兴隆,唐番相友。凡传新闻,务求真确而扬善贬恶,一切不敢持以偏心。有时近事不足传播,则乘此间隙,而以泰西之学问,译与众观,其中如天文、地理、医法、制器等事,既为斯人浚方寸之灵明,抑或驳邪教,宣正理,更为上天作警世之木铎也。若览者因此而细察真理,则由浅入深,吾

---

① 《新闻纸规矩》,《中外新闻七日录》第155号,同治六年十二月二十九日(1868年)。
② 《小引》,《中外新闻七日录》第1号,同治四年正月初七日(1865年)。

自意快而心足焉。①

再次表明创办《中外新闻七日录》不是为了名与利,同时解释了"传新闻"与介绍"泰西之学问"的目的。

3.《中外新闻七日录》内容阐释

该报虽由传教士主持,但宗教色彩很淡。虽然也刊登宗教宣传的文章,如第115号的《述拜耶稣》,但此类文章非常少,这与其办刊宗旨是吻合的。

正如《中外新闻七日录》的报名所昭示的,该报最主要的内容是新闻。从版面看,新闻每期必设,而且数量很大,往往占到每日版面的一半以上。从内容看,该报的新闻范围很广,既有国际新闻,也有国内新闻。

国际新闻的报道面比较广,美洲、欧洲、亚洲的新闻都有报道,又以美国、英国新闻为多,如:《西国新闻》《合众国新闻》《大美国新闻》《南花旗释放黑奴》《花旗新闻》《美国近事》《檀香山新闻》《英国新闻》《英国再制通大西洋海电气线》《西国火轮车路与电气线度数》《西国制通大西洋海电气线》《西印度新闻》《墨西哥秘鲁琐闻》《日本新闻》《土耳其国背约》《西国银行新闻》《高丽国新闻》《外国琐闻四则》《巴西国释放奴仆》,等等。

至于国内新闻,广东、香港、上海、福建、广西、湖北、河南、北京、山东、江苏等地的新闻都有报道,其中又以广东本省新闻为多,有些新闻甚至具体到一乡一镇。其新闻命名,与国际新闻一样,多以新闻发生地为题,如:《上海新闻》《香港新闻》《羊城新闻》《福建新闻》《广西新闻》《各省水患》《河南近事》《澳门新闻》《北京琐闻》《山东新闻》《河南烟馆近事》《闽省大雨奇闻》《苏州诓骗二事》《漳州新闻》《羊城官署近事》《韶州新闻》《韦涌乡新闻》《闵行镇新闻》,等等。另有一些新闻以事件为题命名,如《香港烧气代灯火》《香港建学教人》《拐卖人口近事》《大清命臣出使西国》《拐卖猪仔新闻》《猪仔头人新闻》《南番严办猪仔头》。

---

① 《新年小引》,《中外新闻七日录》第106号,同治六年正月初三日(1867年)。

有些新闻具有一定的史料价值,如《大清命臣出使西国》一文:"闻中国皇家,特命中品使臣到香港,于二月初旬,搭西国火船往英法俄等国觐皇,观其朝仪,然后私觐各大臣,观其晋接礼数。而且遍游各处,观其人心风俗。计此皇华之使,柳往雪来,总要一年之久,方能回燕京。并有数人随行,一到伦敦城,即入庠序执贽见师,诵读英书,学习英话矣。"①清王朝近代第一个正式外交使团是1868年成行的蒲安臣使团,这篇新闻报道的时间是1866年,所以这并不是清王朝一个正式的官方使团。虽然报道中没有写中国使臣的名字,但根据其所报道的内容,著者认为应该是指当时清政府派前山西襄陵县知县斌椿率其儿子和三个同文馆学生,随同回国休假的海关总税务司赫德赴欧洲游历的事情。斌椿回国后写了《乘槎笔记》记述此行。这则新闻介绍了斌椿一行在英法俄等国,"观其朝仪",并"遍游各处,观其人心风俗",同时还到英国学校"执贽见师,诵读英书,学习英话"。这些史料,对于研究晚清历史以及中西文化交流史具有重要的参考价值。

《中外新闻七日录》发行之时,正是太平天国运动处于尾声阶段。该报对太平天国(称"发匪")做了不少报道,如《论洪秀全起义至今》《江南童谣》《发匪近事》《发匪扰翁源县》《连平州发匪近事》《东江发匪近闻》。编者对太平天国的态度很明确,一直抱批判态度,如《论洪秀全起义至今》写道:"洪秀全是有初无终之人。观其初则劝世人拜上帝,终则封自己为天王;初则奉耶稣为救世主,终则以己子为救世主;初则劝世人勉励而修善,终则与贼伙协和而为患;初则用教慈祥,貌为爱人,欲其弃邪而归正,终则用心狠毒,专想噬民,竟至转正而为邪。"②

《中外新闻七日录》还经常转载其他报刊新闻。《选录京报》出现的频率相当高,偶尔还有《选录上谕》《选录京报禁赌新例》等,它们登载的是当时的政治新闻。除京报外,还选录其他报刊新闻与外埠新闻,如《选录上海北京新闻》《选录上海新闻》《选录上海新报》,等等。

值得一提的是,《中外新闻七日录》刊登了几篇关于新闻评论的文章,其中的观点对于我国新闻学有一定影响。刊登于第74号的《宿马麻士论日报》一文写道:"西国古时无新闻纸,前三百余年,英国始刻小

---

① 《大清命臣出使西国》,《中外新闻七日录》第60号,同治五年二月初六日(1866年)。
② 《论洪秀全起义至今》,《中外新闻七日录》第3号,同治四年正月廿一日(1865年)。

篇。今欧洲各国,无处不有,无省不印。所造式样,亦非一种。其中所论国家治乱、民俗善恶、政治得失、风气弱强、邦势盛衰、货舶往来、物产繁庶、民情向背、习尚奢俭,无一不了如指掌。阅者不出户庭,而天下之形势可以遍览矣。独惜中国人好古典而不好新闻,其见识未免偏而狭矣。"①充分肯定了报纸的作用。另有数篇文章,阐述了新闻报道必须真实、准确,不可将其作为攻讦工具的思想。第106号的《新年小引》提出"凡传新闻,务求真确而扬善贬恶,一切不敢持以偏心"②。第107号的《作新闻录章程》,要求投稿者"求写姓名,加以贵邑盛乡堂名铺号等字,以为正心诚意之确据。……若夫无名之书,与夫托讹言以报私仇,造谤言以污名节者,一概请辞,必不肯受"③。第139号的《本馆告白》,要求投稿者:"送新闻纸来时,函内求写一真名,复求写一别号。迨发刻时,止将别号印出,而真名则秘而不宣。即有人来查访,亦断不敢告知。其求各友写真名者,无非欲送新闻者之确实有据。香港新报如是,上海新报如是,本馆不能不如是。盖欲绝子虚乌有之谈,故先示杜渐防微之意也。若夫无稽之言,不经之论,或倡邪说以害正义,或造讹言以毁善人,或假公事以报私仇,或居下流而讪上位者,一概不敢妄录。"④

　　要求新闻必须真实、准确的思想,以及保护消息来源的想法,在当时的中国是非常难能可贵的,对后来新闻思想的形成有一定的影响。

　　《中外新闻七日录》第二方面的内容是介绍西方科学知识,篇幅仅次于新闻。例如,刊登在第68号的《西国缝衣物器具图式》对缝纫机进行介绍,并配以图,图文并茂,非常形象。缝纫机在当时的西方国家发明不久,对于中国人更为新鲜,这种介绍令中国读者大开眼界。

　　此外还有很多介绍自然科学知识或实用知识的文章,如《地球圆体论》《地球转动论》《地理论》《地气论》《昼夜论》《日蚀月蚀说》《论日离地之远》《地中火》《日论》《轻气球论》《勾股弦幂论》《气机篇》《三角镜透光论》《人身血脉运行图说》《雪花说》《光射直斜》《新造算器》(出《六合丛谈》)、《种痘说》《论雨非由龙王》《小鸟图说》《论时辰快慢》《救溺水》《麻药新法》《治热水火烫》《柴炭能收毒气论》,等等。

---

① 《宿马麻士论日报》,《中外新闻七日录》第74号,同治五年五月十六日(1866年)。
② 《新年小引》,《中外新闻七日录》第106号,同治六年正月初三日(1867年)。
③ 《作新闻录章程》,《中外新闻七日录》第107号,同治六年正月初十日(1867年)。
④ 《本馆告白》,《中外新闻七日录》第139号,同治六年九月初六日(1867年)。

《中外新闻七日录》还刊登了一些介绍西方国家、西方文化、西方著名人物的文章,例如:《花旗国》《罗马王》《论俄罗斯近日国势》《论西国肇造文字》《少年华盛顿行略》(出《遐迩贯珍》)、《论埃及国》《亚非利加黑人说》等。

《中外新闻七日录》第三方面的内容是评论。这类文章数量不多,但它传达出的一些观点值得重视。刊登于第22号的《望华人变古通今》,提出了中国需要"变古通今"的思想:"今天下万国争进之时,若有一国不极力锐进于前,必瞠然堕落于后矣。余屡思中华数千里之舆图,数千年之名国,其中雄才大略之杰出不少,而独惜其拘泥于古,而不思变通于今。……生今之世,反古之道,而别出新奇,且故为遏抑之,此正如阻风飓而使不吹,塞江河而使不流,其贻害为最大也。"①在戊戌变法运动发生三十多年前宣扬变古通今的思想,是难能可贵的。

《中外新闻七日录》上的评论文章还有:《戒酒说》《戒鸦片烟说》《火车路论》《论敬先诚伪》《地非我母论》《裹足说》,等等。

除以上三方面内容,《中外新闻七日录》还刊登了一些广告。创刊号即登有4则广告:《博济医局》《惠爱医馆》《男女义学》《西关义学》,其中《博济医局》写道:"粤东省城永清门外增沙街,蒙仁人乐助,倡捐开设此局,多年施医、送药,每逢礼拜一、礼拜三、礼拜五看症。倘有奇难杂症,到局就医,内有住所。年中亦赠种洋痘。"②后来又登过多则广告,如《各种书出卖》《论出新书》《耶稣圣教书坊》《地图发售》《仁济医馆标贴》《医院录要初出》等,其中《耶稣圣教书坊》写道:"高第街中约新开耶稣圣教书坊,有大小书籍地图出卖,取价极廉。凡欲采买者,请移玉步。"③

此外还有一些公益性广告,如《敦善堂施种洋痘》《赠种洋痘》《劝人种洋痘》等。这类广告特别声明:"一应谢金,分厘不取。"④

《中外新闻七日录》利用传教士在广州开的几家医院发行,"每期观者万余人","每期所看之人以万计",在19世纪60年代这是非常可观的销售数,也说明该报在当时的影响是很大的。有人评价该报:"至其采集新闻,极为慎重、务求正确,撰著议论,亦极为和平公允。是以远近

---

① 《望华人变古通今》,《中外新闻七日录》第22号,同治四年闰五月初七日(1865年)。
② 《博济医局》,《中外新闻七日录》第1号,同治四年正月初七日(1865年)。
③ 《耶稣圣教书坊》,《中外新闻七日录》第100号,同治五年十一月廿一日(1866年)。
④ 《敦善堂施种洋痘》,《中外新闻七日录》第96号,同治五年十月二十三日(1866年)。

传阅,每期读者达万余人。为当时士子学者之科学知识,颇尽灌输启牖之功。且由是项报刊,尚可窥见当时广州香港地方活动实况,资料亦颇珍贵。"①"在早期传教士办的报刊中,《中外新闻七日录》是很有特色的,它保存了许多珍贵史料,不仅对研究新闻史,而且对研究近代史,都是很有价值的。"②

二、《画图新报》/《新民报》

1. 从《画图新报》到《新民报》的沿革

《画图新报》

《画图新报》原名《花图新报》,1880年5月创刊于上海,一年后的1881年5月更名为《画图新报》,英文名为 The Chinese Illustrated News。由范约翰创办,他是《小孩月报》的主办人,是各教会人士联合组成的"中国圣教书会"的秘书,他以中国圣教书会名义发行《画图新报》。《画图新报》为中文月刊,连史纸雕刻铜版精印,书册样式。

《画图新报》于1914年6月更名为《新民报》,更名后不再由范约翰编辑,而"由斐有文(Vale Joshua)编辑,柴连复(柴莲馥)亦曾为该报编辑"③。有研究者提出:《画图新报》"1913年出第三十四卷后停刊。

---

① 《景印〈中外新闻七日录〉缘起》,《中外新闻七日录》,华文书局(中国台湾)影印本,1969年版。
② 刘家林:《我国近代最早的中文周报——〈中外新闻七日录〉评介》,载《新闻研究资料》(总第五十辑),中国社会科学出版社,1990年版,第128页。
③ 葛伯熙:《〈小孩月报〉的姐妹刊〈花图新报〉》,载林帆编著:《新闻写作纵横谈》,浙江人民出版社,1980年版,第216页。

1914年1月改名《新民报》,年期另起,并加注总年期"①。笔者认为有值得商榷之处。

《画图新报》更名《新民报》的时间,应是1914年6月而不是1月。之所以认定是6月,是因为发现了重要的佐证资料。当时《画图新报》持续在《青年》上登载广告,广告一直登载到《青年》于民国三年(1914年)五月一日出刊的第17卷第4号,广告内容如下:

《新民报》

《画图新报》:每月一册,全年报资邮费共四角七分。

是报计六十面,纯系文言,不偏载教会之事,凡时论、卫生、博物、社说、诗歌、杂志、译著、时编、中外新闻告白等等,无不详细纪刊,以合共和国民之心理。兼插印时新图画,诚佳报也。②

从民国三年六月一日出刊的第17卷第5号《青年》开始,《画图新报》广告变为《新民报》广告。广告内容如下:

《新民报》:每月一册,计六十面,全年报资邮费共四角五分,外洋共六角。

本报因与汉口圣教书会所出之《醒世月报》合并,故改易今名。内容仍如旧,不偏载教会一方面之事,凡时论、卫生、格致、实业、社说、诗歌、中外新闻等等,无不详细记载,兼插印时新图画,诚佳报也。③

《新民报》的这则广告为我们解决了两个问题。其一,《画图新报》

---

① 葛伯熙:《〈小孩月报〉的姐妹刊〈花图新报〉》,载林帆编著:《新闻写作纵横谈》,浙江人民出版社,1980年版,第215页。
② 《青年》第17卷第4号,民国三年(1914)五月一日,第14页。
③ 《青年》第17卷第5号,民国三年(1914)六月一日,第14页。

更名为《新民报》的确切时间应该是1914年的6月；其二，交代了《醒世月报》的下落。《醒世月报》于1908年在武汉创刊，由基督教武汉恳亲会主办。但是这份报刊后来的去向，在相关的著述中都说不清楚，如王治心的《中国基督教史纲》说："《醒世月报》，1908年出版，由武汉恳亲会办理，内容亦较丰富，民国以来，也不知是否继续。"[①]当代研究者的有关著述继续了王治心的说法，有关《醒世月报》的记述，只有该刊的创刊时间，没有终刊时间[②]。现在从《新民报》的广告中得知，该刊最后是与《画图新报》合并后，更名为《新民报》。

至于《新民报》的年期与《画图新报》是接续的，《画图新报》封面上西历与中历并存，同时有总年期，《新民报》也同时刊有西历与中历，总年期与《画图新报》相衔接。

《新民报》于1921年12月停刊，停刊号为第四十二年第十二期，该期刊登了一则《新民报最后之通告》："本报现因停版，结束账目，凡国内外各埠阅报诸公，所欠报资，除另专函开明账目呈鉴外，仍恐不及周知，特此再登广告，务望速即惠款，以清手续，不胜顶感之至。特白。"[③]

这样，从《花图新报》算起，该刊共办了42年。

北京大学图书馆收藏有《画图新报》部分原件，浙江大学图书馆收藏有《新民报》部分原件。

2. 创刊宗旨与主要内容

1880年6月刊登的《本书院告白》，阐明了办刊宗旨，并告之售价等事项："启者：本馆创设《花图新报》，举凡新闻轶事、天文地理、格致化学等，合于真道者靡勿登之，以公同好。间有辞意不达者，绘图以形之，以期人人同归正道，非牟利也。已有诸会友玉成是举。弟恐见闻不周，各会友如有佳作，以及教会近闻等，祈不吝珠玉、惠赐本馆，以助不逮。本报按月一卷，周年十二卷作一本。买一本者价洋半元，五本者价

---

① 王治心：《中国基督教史纲》，青年协会书局，民国二十九年（1940年）版，第300页。
② 史和等编：《中国近代报刊名录》，福建人民出版社，1991年版，第359页；方汉奇等：《近代中国新闻事业史事编年（十八）》，《新闻研究资料》（第26辑），中国社会科学出版社，1984年版，第249页。
③ 《新民报最后之通告》，《新民报》，1921年12月。

洋二元,十本者价洋三元,二十本者价洋五元,三十本者价洋六元。"①

据此可知,《画图新报》是一份综合性报刊,新闻轶事、天文地理、格致化学等,"合于真道者靡勿登之",既介绍西学知识与新闻,也宣传基督教。它还使用图像资料,"间有辞意不达者,绘图以形之,"与刊名《画图新报》相吻合。

1911年时的《画图新报》设置了以下栏目:紧要新闻门、时事论说门、教务论说门、卫生门、博物门、社说门、诗歌门、教会通信门、世界杂志门、时编杂载门、译著门、谕电要闻门、各种告白。更名《新民报》后,栏目设置变化不大。以1920年的《新民报》为例,设有如下栏目:时事论说门、教务论说门、实业门、卫生门、格致博物门、社说门、诗歌门、教会通信门、五洲杂志门、译著门、时编杂载门、新闻电报门、各种告白,与《画图新报》的栏目设置基本相同。

该刊内容非常丰富。我们以1911年7月的《画图新报》为例。"紧要新闻门"栏目刊载的文章有:《中国耶稣教自立会圣报广告》《教会公报布告书》《宗教自由之宪法》;"时事论说门"有:《英皇加冕之盛典》《禁赌善政》《请禁醮会以节虚糜论》《黄领事不愧为中国皇家使矣》《万国改良会简章》《论英皇加冕书》;"教务论说门"有:《讨论联会及宗教自由请愿记》《张路加自立传道之证词》《爱国与基督教之关系》《戴苍恩略传》《赫资伯君归国纪念》《勉励会各董要任》《宣统三年闰六月、七月份中国勉励合会每日经题一览表》;"卫生门"有:《有害卫生之琐事十条》;"博物门"有:《西瓜造糖》《桃树去虫法》;"社说门"有:《劝入简易识字夜塾》《敬告直省(各省)同胞》;"诗歌门"有:《明灯二绝》《慕春二绝》《保定长老会友杂咏》《信道吟百绝》《述怀二首》《春日即事》《夏日即事》《秋日即事》《冬日即事》;"教会通信门":登6条通信;"世界杂志门"有:《纽约最大之高楼》《明朝太监之遗金》《售发圣经之计数》《非洲肥大之妇人》《俄国风俗之一斑》《土国回人之迷信》《禁穿窄裙之英后》《考察月球之体质》;"时编杂载门"有:《外务部覆奏外交人员易服摺》《恭颂慕孙德大会吏总与德配成婚五十年金喜》《论盗贼》;"译著门"有:《童子警探》《为基督徒而袭西哲的学说以辩难圣教驳议》《牯岭调查丛录》《威夷琐记》;"谕电要闻门"有:《上谕一月记》《电报一月记》《本国

---

① 《本书院告白》,《花图新报》1880年6月。

要闻》《外国要闻》《教中官绅录》《惠书志谢》;"各种告白"。

从上述内容可以看出,《画图新报》虽有宗教内容,但以西学、新闻时事、论说、风俗、文学等为主。它发表的一些论说文章,有相当的见地,例如1911年10月的《纸烟与卫生之关系》一文,分别阐述了:纸烟与青年体质之关系、纸烟与心脏之关系、纸烟与肺之关系、纸烟与脑机及神经之关系、纸烟与消化之关系、纸烟与肾之关系。最后总结说:"夫纸烟之毒既如前述矣,矧于个人财政一方面上论之,则每人每岁所耗之巨,正不减于吸鸦片。合全国人所耗之数而总计之,其为大宗漏卮可决。若能以此移兴工业、建铁路,其有益于社会,正何如耶。"①

三、《甬　　报》

1.《甬报》概述

1881年2月19日出刊的《万国公报》第672卷,刊登有一条消息《新出甬报》,该消息称《甬报》于1881年2月(光绪七年辛巳正月)创刊,在宁波出版,月刊。由英国牧师阚斐迪(Frederick Galpin)邀宁波太守李小池创办,慈溪徐漪园主笔政。

关于阚斐迪(生卒年不详)的记载很少,从一些材料中得知,他受英国圣道公会(又译循道公会)派遣,于1864年来宁波传教②,"从鄞县开始而推广到奉化、象山、上虞各县属"③,在宁波传教期间阚斐迪还创办了英华斐迪书院④。

从《万国公报》的记载中,可知《甬报》是一份传教士主办、中国人主笔政的报刊。但无论是阚斐迪、李小池还是徐漪园,在《甬报》中均无署名。同时《甬报》的文章作者也是基本不署名,少数署"西国鄙人""函山老人""杞忧子""惕世子"等,无法知晓作者的真实身份。

---

① 《纸烟与卫生之关系》,《画图新报》1911年10月。
② 阚斐迪来宁波传教的时间还有1860年、1869年等不同说法,此处采用的是王治心的说法。
③ 王治心:《中国基督教史纲》,青年协会书局,民国二十九年(1940)版,第212页。
④ 该书院"1930年发展成为斐迪中学。1935年,经三方教会协议,四明中学和斐迪中学合并,取名浙东中学。1952年12月,……改名为宁波第四中学"。见宁波第四中学网:http://www.nb4z.com。

《甬报》为书册形式,赛连纸单面对折铅印,每卷8张16页,第1页为封面,正文15页。可装订成册,如线装书。出版满一年停刊,因光绪七年闰七月,故全年出13卷。由美华书馆发行。

《甬报》"每本只卖钱二十文,远近一律使阅者易购也"①。"外埠如上海、镇江、南京、芜湖、九江、汉口、宜昌、重庆、牛庄、烟台、北京、天津、杭州、温州、台湾淡水、厦门、福州、汕头、广州、琼州、北海等处,均有寄卖。此外各埠有欲购阅者,均函致宁波江北岸钰记钱庄甬报馆开明台衔住址,照数奉寄。"②可见《甬报》发行范围很广。

《甬报》创刊号

《甬报》创刊号开篇落款为"本馆谨启"的文章,阐明了创办该刊的目的:"今中国以声明文物之邦,举十八省之地,不过报馆数家,固由人未尽知其利益,风气难开。亦由开报者不能日新月盛,使人尽知其利益,风气渐开。本馆有感于此,因在宁波特设一馆。报中首选京报者,憬尊王之大义;作论文者,寓讽世之微言;登近事、告白者,符新闻之体例;翻译外国书籍者,备局外之刍荛。月出一报,小试其端也。……本馆创设此报之心,非欲谋利也,亦非与各报馆争胜也,但以中国报馆之不多,以致风气难开,信报者少,急欲人人知其利益,渐推渐广,各路风行,方为盛事。"③

2.《甬报》主要内容

《甬报》刊登的《本馆告白》写道:"启者:本馆自辛巳年正月起,每月出报一本,每本八页。首列京报,次论议,次劝戒文,次新闻及译外国

---

① 《甬报》第一卷"本馆谨启",光绪七年正月(1881年)。
② 《本馆告白》,《甬报》第一卷。
③ 《甬报》第一卷"本馆谨启",光绪七年正月(1881年)。

有益之书,终以各种告白。例属新闻,事无虚报,阅之者不惟能新耳目,尤可获益身心。"①

在《甬报》列举的多项内容中,唯独不包括宗教内容。事实上,《甬报》虽由传教士主办,但不刊登宗教文章,通观《甬报》13卷内容,没有一篇宣教文章。

《甬报》最主要的内容是新闻。第一卷至第九卷,均设有"选录京报"栏目,而且是该刊的首选栏目,其目的是"懔尊王之大义",该栏目登载的是政治新闻。从第十卷开始,"选录京报"栏目消失,编者做了解释:"本报原定首页选录京报,现因新闻加多,所译俄史逐次排印,或仅余一页或一页半,篇幅短促,致阅者不能无憾。因思京报各新闻纸皆有印者,本报与其重出,曷若加印新译之书。故自本月起,以议论移为首页,所余一页增印俄史。"②

《甬报》最主要的新闻栏目是"中外近事",每期必设,篇幅大,新闻覆盖面广。例如创刊号"中外近事"栏的文章有:《宁波防务》《设火药局》《购器求精》《挐放传递》《创设医院》《派员出洋》《建设电报》《新船庆成》《高丽近闻》《东瀛新报》《日本新闻纸译略》《俄国留心华务》《集议邮政》《美国进款》《论日本与俄国偏交》。

《甬报》登载的新闻中,报道洋务运动的消息比较多,尤其是"连续报道清政府派员来浙江加强海防,巡视镇海炮台,增援兵员,购置枪支,在宁波设立支应局、火药局、制造局,试制水雷、子弹等消息"③,介绍比较详细。仅创刊号的"中外近事"栏目,就有多条新闻与洋务运动相关:《宁波防务》《设火药局》《购器求精》《创设医院》《派员出洋》《建设电报》《新船庆成》。其中《购器求精》写道:"宁波绅士现以海防需器甚亟,另筹捐洋二万元,商经宗太守禀请李傅相咨行驻德李丹崖星使,购办新式毛索后膛枪一千杆,以为军实,盖不沾沾省费贪贱,务求器之坚利,可谓深中窾要矣。安得各省凡需利器者,皆若太守之禀请咨购,实事求是也。"④

《甬报》要求报道必须真实、准确,它要求投稿者:"如有送新闻、告

---

① 《本馆告白》,《甬报》第一卷,光绪七年正月(1881年)。
② 《甬报》第十卷"本馆谨启",光绪七年九月(1881年)。
③ 《浙江省新闻志》,浙江人民出版社,2007年版,第70页。
④ 《购器求精》,《甬报》第一卷。

白、论议、诗文,或函致本馆询问事情者,其新闻、论议、诗文稿上须书明真姓名及一别号,将真姓存馆,而以别号登报,庶有查考,倘事近捏名揭帖不登,少涉毁谤不登。"①体现了新闻必须真实、准确的思想,也具有保护消息来源的想法,这与《中外新闻七日录》对投稿者的要求是一致的。

《甬报》第二方面的内容是评论。其评论主要包括三个方面:阐述编者的新闻观点;评论鸦片之害;评论中俄、中日边境形势。

阐述编者的新闻观点主要反映在几篇文章中:第一卷的《新闻纸论》《新闻纸后论》,第三卷的《申报质疑》。其中《新闻纸论》写道:"盖中国自秦汉以来君国之权甚尊,臣民之分甚卑。处士清谈盛朝不取,庶人末议禁典所严。从未有如新闻纸之有事必书,无辞不达,足为世人之口碑,而比史书之直笔者。虽中外通商已久,新闻纸创于中国近十余年,而中国人之视新闻纸非曰谏言谤书,即曰街谈巷议。流布不能日广者,职此之故。"②分析了中国本土报刊业不发达的原因。文章接着从六个方面阐述新闻纸职能后写道:"至于人所不知者,藉新闻纸以传知,事所难明者,藉新闻纸以申明。有利益于人物,有利益于家国,有利益于一地一时,有利益于天下后世,非尤更仆难数也哉。"③

《甬报》从第一卷至第七卷连续发表"劝戒鸦片说"的评论,第一卷至第四卷题为《劝戒鸦片说》或《续劝戒鸦片说》,第五卷题为《论鸦片之害》,第六卷为《论鸦片之害各有异同》,第七卷为《续论鸦片之害异同》,对鸦片之害连续发表评论。

《甬报》还评论了当时我国边境危机四伏的局势,尤其是中俄、中日形势,如第六卷的《防日末议》、第十卷的《中国宜固边圉说》等。

《甬报》第三方面的内容是介绍西方科学知识,并刊登一些广告。介绍西方科学知识的内容篇幅不多,主要有奇墨印书、人工致雨、电线过江、雷船新法、药水行船、治疟妙药、电气行船,等等。

至于刊登广告,《甬报》在"本馆谨启"中写道:"也登告白,必取印

---

① 《本馆告白》,《甬报》第一卷,光绪七年正月(1881年)。
② 《新闻纸论》,《甬报》第一卷。
③ 同上。

资,五十字以内,每字取钱四文,多至五十字以外,每五十字递减,示区别也。"①有些告白多次刊登,如《寄卖书籍》首次出现于第四卷:"《格致汇编》一书系傅兰雅先生所编,每月一本,诸学咸备,有益于人者实非浅鲜。《俄国志略》一书,亦傅兰雅先生重印,本馆均有存卖,每本各取值一百文。如欲阅者,祈移玉来馆购取为幸。"②后来在第五、第六、第九、第十卷连续刊登此篇告白。

《甬报》是在宁波出版的第二份传教士中文报刊,"综观《甬报》十三卷中的新闻,不乏记述当时社会变动事实的文字,对当时人们了解中外大事,对现在我们研究近代史,都是很有价值的。其言论,于研究半殖民地中国的意识形态,亦提供了第一手资料。"③

四、《中西教会报》/《教会公报》

1.《中西教会报》/《教会公报》概述

《中西教会报》1891年2月(光绪十七年正月)在上海创刊,英文名称为 Missionary Review,广学会所办。

林乐知当年创建了《中国教会新报》,这是一份宗教报刊。在之后的发展历程中尤其是改版为《万国公报》后,影响越来越大,成为一份综合性报刊。于是,"同人又议,复兴一报,仍前教会新报例,名曰中西教会报。"④这便是《中西教会报》创刊的由来。因此,《中西教会报》可以视之为《万国公报》专言宗教之姊妹刊物,承载着原先《中国教会新报》从事的宗教报刊工作。

《中西教会报》报馆设在上海虹口昆山路中西书院,林乐知任主编。该刊曾刊载《告白》,向读者介绍编撰人员:"……申之林君乐知、李君提摩太、艾君约瑟、慕君维廉。外复有汉之杨君格非、苏之潘君(慎文)等以襄其事。"⑤以上诸人中林乐知、李提摩太、艾约瑟、慕维廉前文已有

---

① 《甬报》第一卷"本馆谨启",光绪七年正月(1881年)。
② 《寄卖书籍》,《甬报》(第四卷),光绪七年四月(1881年)。
③ 王欣荣:《〈甬报〉初步研究》,《杭州大学学报》1984年第3期,第104页。
④ 《中西教会报弁言》,《中西教会报》1891年2月,第1页。
⑤ 《告白》,《中西教会报》1895年12月。

介绍,都是传教士当中的知名人物,在办报办刊方面颇有建树。另外两人杨格非与潘慎文也是传教士中的重要人物。

杨格非(Griffith John,1831—1912),又名杨笃信,出生于英国威尔士一个基督徒的家庭。1855年杨格非新婚燕尔,夫妇俩即受英国伦敦会差会委派,前来中国传教。杨格非先在上海附近活动。1861年6月来到汉口,他成为第一个进入湖北、湖南、四川3个省份的新教传教士。杨格非自来到华中地区直至1912年离开,汉口一直是他的工作

《中西教会报》创刊号

基地。他能够熟练地使用中文,说、写都非常流利。1862年,他创办了仁济医院(汉口协和医院的前身);1876年,创办华中圣教书会;1899年,创办博学书院(英文校名:Griffith John College 杨格非学院,今武汉市第四中学前身)。1889年,出于对杨格非在中国传教工作的赏识,爱丁堡大学授予他荣誉神学博士学位[①]。"1905年是杨格非来华50周年,华中圣教书会募得2.5万银两,建造杨格非纪念堂作为该会会所。"[②]

潘慎文(Alvin Pierson Parker,1850—1924),系美国监理会在华传教士。潘慎文出生在美国佐治亚州,1875年他被监理会派往中国传教,先后在上海和苏州等地创建教堂和学校。1896年被任命为上海中西书院院长,被称为"传教士教育家"。晚年在广学会从事编辑工作[③]。

1909年,季理斐(Donald MacGillivray,1862—1931)担任《中西教会报》主编,其时林乐知已去世。季理斐是加拿大长老会传教士,他拥

---

① 卓新平主编:《中国基督教基础知识》"杨格非"词条,宗教文化出版社,1999年版,第202—203页。
② 姚民权、罗伟虹:《中国基督教简史》,宗教文化出版社,2000年版,第225页。
③ 胡卫清:《传教士教育家潘慎文的思想与活动》,《近代史研究》1996年第2期。

有文学士与神道学士两个学位。1888年来中国传教,1899年转入上海广学会,"李提摩太慕其名而请他到广学会里来了。当时西人中能兼通中西文的简直是凤毛麟角,李博士能求到季理斐博士,也许已费尽心力了。"①1920年季理斐担任广学会总干事。

从以上阵容来看,《中西教会报》拥有一支堪称豪华的编撰队伍,汇集了当时的传教士精英人士,使《中西教会报》一面世便具有较大的影响,正如后来的研究者所指出的:"在19世纪80年代至90年代,上海又出现了一批新的宗教性报刊。……其中,由广学会所出版的《中西教会报》在当时影响最大。"②

《教会公报》创刊号

《中西教会报》创刊两年后,于1893年12月停刊,1895年1月复刊。

1911年7月号的《中西教会报》发表《教会公报布告书》,声称该报将改名为《教会公报》。

1912年1月起,《中西教会报》改名为《教会公报》。第一期的《教会公报》排序为"第二百三十四册",而且在序号前特别加一"续"字,以表明《教会公报》与《中西教会报》的承继关系。

1917年2月《教会公报》停刊。

上海图书馆与北京大学图书馆收藏有《中西教会报》和《教会公报》的部分原件。

2.《中西教会报》/《教会公报》是以宗教宣传为主要内容的报刊

《中西教会报》/《教会公报》其宗旨为"将基督教在全世界推行的情况,特别是在中国教会的工作情况,提供给传教士,使分散在各地的传教士,得以了解别人是怎样在帮助中国摆脱愚昧、无知、迷信、贫困和绝

---

① 《季理斐博士小传》,载《广学会近况》,上海广学会出版,1931年,第17页。
② 方汉奇主编:《中国新闻事业通史》(第一卷),中国人民大学出版社,1992年版,第348页。

望,从而改善处境的"①。当时,《万国公报》在中国已经博得了很高的声誉,广学会将《万国公报》的宗教内容减少到最低限度,以使《万国公报》成为"一个影响中国领导人物思想的最成功的媒介"②,而宗教宣传的任务则由另一个专事宗教宣传的报刊《中西教会报》承担。林乐知在《中西教会报弁言》中也强调该报"与公报并列,专论中西教会攸关之事"③。以《中西教会报》的创刊号为例,该期发表的主要文章有:黄涤污的《务时势以顺天心》,李提摩太的《救世教益序目》,仲均安的《证真秘诀》,艾约瑟的《波斯教始末》,慕维廉的《释家衡论》,韦廉臣的《耶稣教移易罗马之风俗》,刘乐义译文《使徒纪略一:彼得》,慕维廉的《论基督与其道序》;沈赘叟的《喻道要旨序》,林乐知译文《以信得成　先升不失　母代子死》,林乐知的《英国监督会播道会纪略》。这些文章的内容都是宗教性质的。《中西教会报》虽然设有一个林乐知主持的新闻栏目,但这个新闻栏目的内容实际上都是教会新闻与事务,如"教会大典""教事日兴""浸礼会述闻""内地会新闻"等。《中西教会报》也登载一些时政类、社会类的新闻,以及杂文、科技知识、生活常识之类的文章,但它们统统被归到了"杂事"栏目之中。

1895年1月复刊后的《中西教会报》,宗教性内容所占比重进一步加大。以1895年第一期《中西教会报》为例,共分为三个栏目:"论说""道有战胜之机""妇孺要说",刊载的全部文章为:

论说

  崇一论

  主之秘语解

  避害礼拜堂说

  历代救世论

  圣神实义

  游历圣地记

道有战胜之机

---

① 《同文书会年报1894》,转引自叶再生《中国近代现代出版通史》(第一卷),华文出版社,2002年版,第441—442页。
② 《同文书会年报1891》,转引自叶再生《中国近代现代出版通史》(第一卷),第442页。
③ 林乐知:《中西教会报弁言》,《中西教会报》,1891年2月,第1页。

洛士伐里信道纪略
红仙教首领悔改略述
犹太人与耶稣教事
妇孺要说
艾小姐仁爱之法
以蜒族教小子

从以上标题可以看出,复刊后第一期《中西教会报》几乎全是宗教类文章,以后的各期也很少登载世俗类文章。

《教会公报》在接续《中西教会报》时,对这一办刊方针做了一个总结:"中西教会报为泰西旅沪诸大牧师所创立,已阅二十寒暑。其间鼓励宣道士,促催教会进行之功信不少矣。"①

《中西教会报》更名为《教会公报》之时,正值20世纪初期兴起的教会自立运动走向高潮,《教会公报》希望能借此运动有所作为,其创刊号的《弁言》中宣称:"本馆用是益自奋勉,谨愿与诸教会明达相始。即以此报作各会之中枢,冀天下同胞共增幸福。"②

3.《中西教会报》/《教会公报》留下了中国近代历史发展的雪泥鸿爪

《中西教会报》虽然是一份以传播西教为主的报刊,但就在它所刊载的少量政论性文章以及时闻报道中,留下了一些非常珍贵的历史记载。

孙中山在《中西教会报》/《教会公报》上发表了他的第一篇文章

孙中山作为中国近现代历史上的著名人物,他的行止与动向亦成为后人研究的热点。《中西教会报》/《教会公报》不期然为研究者提供了孙中山早期活动的历史记录。根据学者的研究:"孙中山的名字第一次出现在上海是1891年。这年6月,他在上海出版的《中西教会报》上,以'孙日新'的名字,发表了一篇题为《教友少年会纪事》的文章,介绍了他在香港发起组织教友少年会的情况。"③孙中山时年25岁,正就

---

① 《弁言》,《教会公报》,1912年正月。
② 同上。
③ 熊月之:《孙中山与上海》,《历史教学问题》1997年第3期,第7页。

读于香港西医书院,孙中山在文中介绍了组织教友少年会的目的及活动情况:"书室中设图书玩器讲席琴台,为公暇茶余谈道论文之地。又复延集西友于晚间,在此讲授专门之学,盖以联络教中子弟,使毋荒其道心,免渐堕乎流俗,而措吾教于磐石之固也。……一时集者四十余人,皆教中俊秀。"①至于孙中山为什么会将他在香港的宗教活动投稿给《中西教会报》进行报道,研究者认为:"孙中山创办的教友少年会属基督教系统,报道其活动,与报刊宗旨相符,他很可能是读了此报以后给报社投稿的。这是迄今所知孙中山最早在报刊上发表的文章。"②

《中西教会报》/《教会公报》介绍与宣传西方的自由民主思想和土地国有学说

19世纪末期,中国社会思想激荡,近代化过程中的中国酝酿着社会生活与政治制度的重大变革。中国的改革者迫切需要了解西方的政治与经济变革理论与实践。加拿大传教士医生马林于1886年来到中国,他在行医期间,与中国的知识分子密切合作,"在《中西教会报》和《万国公报》上发表了许多译介文章,结合中国的现状,努力宣传斯宾塞的自由民主思想和亨利·乔治的土地国有主张。……1895年9月到1898年2月,关于土地国有问题,他在《中西教会报》上发表四篇文章,题目分别是《有土此有财论》、《以地征钱论》、《意良法美》和《地租公义论》,前三篇是单独署名,后一篇的合作者是南京人金襄如。"③这些文章的刊载,为社会变革时期中国的知识阶层打开了了解西方政治经济思想的窗口。

《中西教会报》是中国境内最早报道奥运会的中文报刊

现代奥林匹克运动起源于19世纪末期,1896年在希腊雅典举办了第一届现代奥林匹克运动会,1900年,在法国巴黎举办了第二届奥运会。在现代奥林匹克运动的初始阶段,有关奥运会的信息已经传入中国。1900年7月的《中西教会报》在"时务摘要"栏目中,出现了关于法国巴黎召开第2届奥运会的消息报道,提供了巴黎奥运

---

① 孙日新:《教友少年会纪事》,《中西教会报》1891年6月,第24—25页。
② 熊月之:《孙中山与上海》,《历史教学问题》1997年第3期,第7页。
③ 王宏斌:《西方土地国有思想的早期输入》,《近代史研究》2000年第6期,第185—186页。(引者按:该文中引文有误,《有土此有财论》应为《有土此有财考》,《地租公义论》应为《地租公义篇》)

会比赛的信息,原文如下:"西贡五月十二号来电云:巴黎赛会各院安置与赛各物,现已将次告竣。每日入内观赛之人,实繁有徒,以故颇形拥挤云。"①

五月十二号是农历时间,换算成公历当是 6 月 6 日。查巴黎奥运会的开始时间是 5 月 20 日。这段文字报道的是奥运会已经召开半个月之后的情况,"从中使我们最少了解到两点重要情况:一是当时的巴黎奥运会比赛,直到半个月后,所有的会务工作才开始基本稳定,并进入有序运作;二是半个月的巴黎奥运会比赛,每天都吸引着成千上万的观者前往观看。"②正是由于《中西教会报》的这篇报道,在中国奥林匹克运动史的研究中,被有关学者认定,奥林匹克传入中国的时间,"可以大致锁定在'1900 年'"③。

五、《尚贤堂月报》/《新学月报》

1. 《尚贤堂月报》的创刊与《新学月报》的更名

尚贤堂原名"中国国际学会",1897 年 2 月,在美、英驻华公使田贝、窦纳乐的赞助和李鸿章、翁同龢、盛宣怀等人的支持下,由美国传教士李佳白、丁韪良等为实行其"救时"方略于北京发起成立④。尚贤堂的宗旨有四:"一、凡本堂所用之人,所立之法,所办之事,专求有益中国,有利华民;二、本堂主在广设善法,调剂于彼此之间,务令中外民教底于和洽;三、本堂期于恢拓学士之志量,研炼儒者之才能,俾上行下效,使中人以上之人,智能日增,即资之以变化庸众;四、凡本堂往来交接之人,总以劝善为本,无论砥砺德行,讲求道艺,期乎扩充旧识,启迪新知。"⑤

1897 年 6 月,《尚贤堂月报》创刊,系"尚贤堂所出",创办人与主编

---

① 《法国,观赛人众》,《中西教会报》1900 年 7 月,第 14 页。
② 罗时铭:《奥运来到中国》,清华大学出版社,2005 年版,第 20—21 页。
③ 同上书,第 21 页。
④ 曹峥岩:《尚贤堂纪事》,载丁守和主编:《辛亥革命时期期刊介绍》(第四集),人民出版社,1986 年版,第 629 页。
⑤ 李佳白:《尚贤堂章程》,《万国公报》第 101 册,光绪二十三年五月(1897 年)。

为丁韪良，这是继《中西闻见录》后丁韪良在北京创办的又一份中文报刊。

关于《尚贤堂月报》创刊背景与经过，《尚贤堂月报告白》有详细交代："本报此次既系创刊，因录上月《华北月报》一段以明缘起。按《华北月报》本华北书会所出，词意浅近，宜于教中子弟长进道德。至去岁转托本堂（即尚贤堂——引者）启东李佳白先生督理之，忽见改弦易辙，局面视前顿异，奚啻蛤之化为雀而飞腾也。既论学问之虚实，又觇时政之得失，其笔力颇为士大夫所首肯。惜启东闻讣，不得已而回国。适值余旋华，书会即请接办，余视为善举，而勉从之。不料复据书会致

《尚贤堂月报》创刊号

意，请将月报复其本来面目，俾教中善男信女，咸得受益。余熟思之，窃谓与其复旧，不如出新，遂将《华北月报》交回书会。拟自来月起，刊印《尚贤堂月报》，分送以代之。至新报与旧报，其异同之处姑不赘言，俟报递到，一览自明。夫消遣之策，莫妙于造报。余既辞官守，又无教差，惟有一心注于月报，遂不觉老忧俱忘。"①

可见，丁韪良原本要按照李佳白的世俗化编辑方针督理《华北月报》，华北书会却要"将月报复其本来面目，俾教中善男信女，咸得受益"，回到传教的老路上去，丁韪良遂辞去《华北月报》的编辑工作，转而创办《尚贤堂月报》。

《尚贤堂月报》为中文月刊，大致每月20日前后出刊，每期正文11—12页。《尚贤堂月报启》写道："敬启者：本报系尚贤堂所出。每月二十日刊送一本。购一分者，年满付洋六角，购二分者，年满付洋一元。欲零购者，每本价银五分。伏望阅报君子，广为吹嘘，以使

---

① 《尚贤堂月报告白》，《尚贤堂月报》第一期，丁酉五月（1897年）。

《新学月报》

盛行。"①

从第三期开始,《尚贤堂月报》更名为《新学月报》,但刊内中缝仍称《尚贤堂月报》(第四期开始中缝改为《新学月报》),目录中则名为《尚贤堂新学月报》直至终刊。

《新学月报》出至戊戌四月(1898年5月)停刊,当时发表了一个《本报暂停告白》:"数月以来,本报以刷印多碍之故,屡致过期,实系无可如何。今已凑足十二本之数,谨拟暂停。俟有便可,乘即速重行举办,以副阅报诸君之厚望可也。"②这样,《尚贤堂月报》出版两期,《新学月报》出版10期,共出12期。"《尚贤堂月报》的作者不多,除丁韪良、綦策鳌外,署名者尚有潞河书院院长谢子容、宛平郭家声、怀定牧师、大兴李道衡、潞河书院教习丁立瑞以及梁启超。除梁启超外,其他撰稿者多为传教士和教徒。"③

北京大学图书馆收藏有《尚贤堂月报》/《新学月报》全部原件12期。浙江大学图书馆有部分原件。

2. 主要内容与评价

《尚贤堂月报》/《新学月报》每期刊登的《本报小启》写道:"尚贤堂原以益国利民、振兴新学为主,本报即体此意。"这可以看作是《尚贤堂月报》的宗旨,也可能是更名《新学月报》的原因,以直接体现新学内容。《尚贤堂月报告白》对此阐述得更为详尽:"本报既由尚贤堂而出,自应遵尚贤堂章程办理。所持论者,概以兴利除害为宗旨,至阐明各国新学,为补旧学之不足,旁稽六洲时政,借鉴事务之因革。"④在此指导思想下,《尚贤堂月报》/《新学月报》的内容主要体现在三个方面:时政、

---

① 《尚贤堂月报启》,《尚贤堂月报》第一期,丁酉五月(1897年)。
② 《本报暂停告白》,《新学月报》第十二期,戊戌四月(1898年)。
③ 王文兵:《世俗与属灵之间:丁韪良与〈尚贤堂月报〉》,《学术研究》2006年第3期。
④ 《尚贤堂月报告白》,《尚贤堂月报》第一期,丁酉五月(1897年)。

新学、新闻。

报道时政,"以兴利除害为宗旨"。《尚贤堂月报》《新学月报》存在期间,正是中国变法运动的高潮阶段,丁韪良主持的《尚贤堂月报》《新学月报》积极参与这一运动,以推动中国的变法维新。这方面的文章有:《西国新政何者足资治理》《护工艺以创新机》《变通武场说》《邦交推原论》《三宝论》《各国论政党》《新学新术多原于中华论》《新学探本论》等。其中《西国新政何者足资治理》一文提出,英、美、法、德、俄"兹五大国,雄长西方,各擅其长,其新政之足资治理者,实难枚举。然约其大端,则有三焉:修律法、兴学校、创机器是已。""律例、学校者,新政之体也,创造机器者,新政之用也;体用兼营,国势巩固,行新政者之所为,措天下于磐石之安也"①。

介绍新学,其目的是"阐明各国新学,为补旧学之不足"。《尚贤堂月报》《新学月报》介绍新学的文章主要有:《论格致为教化之源》《天文新说》《富国策摘要》《性学发轫》《防霍乱症法》《论吸力之妙用》《电学指用》《论铅笔》《西学源流》《洋文以何为要》等。其中《论格致为教化之源》,转载《万国公报》文章,它阐明了格致的重要性:"今之论教化者,窃见泰西诸国,文明日盛,富强日著,权力日充,以为我中国所不能及,岂知彼之所以能致此者,亦不过专精格致……夫物有本末,格致其本也,教化其末也;事有始终,格致始事也,教化终事也。"②《天文新说》则从第二期到第十期连续9期连载,以问答的形式介绍了开普勒定律、力热转化定律以及太阳、地球、月球、恒星、行星等星系和天体的知识。

新闻也是《尚贤堂月报》《新学月报》的重要内容,"旁稽六洲时政,借鉴事务之因革"。新闻内容非常广泛,包括各国的改革、进步、工商业情况,文化、教育、学术活动,科学技术在各国的发展情况,以及各国时事(各国国内新闻、元首对外访问、各国交涉、通商、派驻公使、殖民地事务等)。此外还有教会新闻,传教士在各地举办的学堂、医院等教会事业以及尚贤堂活动,都有很多报道。

《尚贤堂月报》《新学月报》创办时间不长,前后不过一年。有研究

---

① 《西国新政何者足资治理》,《尚贤堂月报》第二期,丁酉六月(1897年)。
② 《论格致为教化之源》,《尚贤堂月报》第六期,丁酉十月(1897年)。

者认为,《尚贤堂月报》/《新学月报》在许多方面可以看成是《中西闻见录》的延续,如在宣传西方新学、介绍各国进步等方面,有些内容甚至就是《中西闻见录》的深化或翻版,从《尚贤堂月报》中可以看到《中西闻见录》的影子。《尚贤堂月报》/《新学月报》的观点对维新运动也有一定的影响,它"在戊戌变法前发表的许多鼓吹改革的观点直接附和和赞同维新派,有些观点无疑对维新派有所启示;康有为以日本、俄国改革为例的'仿洋改制'思想,很难说未曾受到这份杂志的影响。而且《尚贤堂月报》地处戊戌变法的所在地北京,这无疑较设在上海的《万国公报》、《时务报》有地域优势"[①]。当然,"《尚贤堂月报》的相对地位要较《中西闻见录》低,而且由于其将科学与基督教直接绑在一起,无疑也会激起一部分中国士大夫的反感,从而削弱其在传播西方科学、推进维新上的作用。"[②]

[①] 王文兵:《世俗与属灵之间:丁韪良与〈尚贤堂月报〉》,《学术研究》2006年第3期。
[②] 同上。

第十三章　20世纪上半叶的广学会报刊

一、20世纪上半叶传教士中文报刊的特点

19世纪下半叶,在传教士主办的中文报刊中,呈现的是宗教报刊与世俗报刊并存,但世俗报刊占有很大优势的局面。进入20世纪尤其是辛亥革命以后,情况发生了变化,宗教报刊逐渐压倒世俗报刊,占有绝对优势。不少传教士中文报刊宣称不卷入政治,以直接布道、沟通教会信息为主要内容的报刊成了20世纪上半叶传教士中文报刊发展的主要方向;而另一些并非以直接布道文章作为主要内容的报刊,尽管以多数篇幅介绍科学、新闻、文学、工商业、卫生、农村问题,以及发表一些小言论,也以巧妙的方式将教义寓于其中,并宣称以"政教分立为标准",正如《时兆月报》所宣称的:"有时我们讨论时事,兼刊照片,无非是因为这些事情与《圣经》中的预言有极密切的关系"[①],最终目的仍然是传播基督教。

以广学会为例。广学会是基督教在华最大的出版机构,19世纪末以前,它着重介绍西方的社会科学与自然科学,并对中国政治发表评论,试图推动中国的变法运动。1900年普世基督教会议在纽约召开,会上李提摩太为广学会辩护说:"基督教文字的范围应当和上帝的作为一样广阔,还要和人们的需要相适应。""要知道从摩西和伟大的犹太先知时代直到现在,政治和真正的宗教从来就是无法分开的","究竟什么是神圣的、什

[①] 《编者谈话》,《时兆月报》1939年第11期。

么是世俗的这种细致的区别,我们作为广学会并不重视。……只要我们所灌输的知识是正确的,谁能说这不符合基督教的实质呢?"①

但是,进入20世纪以后,广学会的锋芒明显减弱,"辛亥革命以后,广学会进一步发展以宗教培养为宗旨的刊物"②,从普通读物转向了宗教读物,大多数新出版的报刊都定位于宗教。这除了与中国政治变化直接相关外,还与广学会领导人的更替相关联。"李提摩太是第二任总干事,他任职最久……第三任总干事是瑞义思。第四任便是季理斐博士了,他的总干事任期是从1920年到1930年。"③季理斐的指导思想与李提摩太有很大不同,他在一封信中写道:"我并不打算涉足所谓'普通知识'领域,因为我没有被呼召去做这样的工作……我的目标是使用基督教的文字出版资料,就像我从现在开始要使用我的声音一样,将上帝的福音传给数以百万计的中国人民。"④

在季理斐的领导下,广学会的工作方针做重大调整在所难免,"开辟民智与介绍西方文化原是广学会以往的任务,在他任职总干事以后呢,他以为广学会的目标当注重于教会了"⑤。广学会一些新出版的报刊基本上都属于宗教报刊,"80%的出版物是直接宣传宗教的"⑥。《广学会史略》写道:季理斐继任总干事后,"本会出版书籍遂专重于宗教方面,盖本会介绍西学、开通空气之事业已告成功,而国内书局亦相继开办,故本会遂乐于致其全力于编著宗教书籍,而将灌输知识之工作移交于国内一般书局焉。"⑦进入二三十年代以后,随着中国国内政治环境日趋复杂,广学会更以超政治的面目出现,一再强调自己是文字布道机构,"专出基督教书籍以为布道之用","比如1924—1925年的年报谈

---

① 江文汉:《广学会是怎样一个机构》,载全国政协文史资料研究委员会编:《文史资料选辑》(第四十三辑),中华书局,1964年版,第22—23页。
② 姚民权:《上海基督教史(1843—1949)》,上海市基督教三自爱国运动委员会、上海市基督教教务委员会出版,上海市出版局准印证(93)153号,1994年,第106页。
③ 《季理斐博士小传》,载《广学会近况》,上海广学会出版,1931年,第11页。
④ Christian Literature Society for China, *No Speedier Way*, p. 20. 转引自〔美〕何凯立著,陈建明、王再兴译:《基督教在华出版事业(1912—1949)》,四川大学出版社,2004年版,第77页。
⑤ 《季理斐博士小传》,载《广学会近况》,上海广学会出版,1931年,第11—12页。
⑥ 中华续行委办会调查特委会编,蔡咏春等译:《1901—1920年中国基督教调查资料》下卷(原《中华归主》修订版),中国社会科学出版社,1987年版,第1231页。
⑦ 贾立言撰,陈德明译:《广学会史略》,载《广学会五十周纪念短讯》第一期,上海广学会出版,1937年1月,第7页。

起广学会的方针政策时就说:'虽然我们对于中国的民族愿望怀有同情,但我们避免站在任何一边'。1930—1931年的年报还说:'广学会的书籍虽然注重正义和公理的原则,但不干预政治,而且对于国内各个党派的观点一概都不预闻'。"①

所以,这一时期广学会出版的报刊,已明显不同于以前的《万国公报》,它们奉行"超政治"方针,以传播教义为直接目的。广学会所奉行的方针,也是20世纪上半叶传教士中文报刊的总方向,是那一时期传教士中文报刊的总趋势。

当然,这并不意味着进入20世纪尤其是辛亥革命以后,所有的传教士中文报刊都发展成为宗教报刊,世俗报刊从此销声匿迹了。创刊于1904年、终刊于1917年的《大同报》,就保留了以传播西学为主的传教士中文报刊特色,极少涉及宗教内容;创刊于1915年终刊于1949年的《益世报》,其主要着眼点也非宗教,而是希望通过舆论的力量,对中国社会施加影响。但这种不以宗教宣传为目的的报刊,在20世纪上半叶的传教士中文报刊中数量很少。

办刊宗旨转变导致的一个直接后果是传教士中文报刊的影响力下降。这种下降,既有传教士中文报刊自身的原因,即它对中国社会问题的关注程度远不如19世纪,甚至刻意回避中国社会问题,仅仅成为教会内部传递信息的工具,成为特定人群的特定信息载体,从而导致影响力下降,这从广学会两任总干事李提摩太与季理斐不同的知名度也可以看出来:"国人对于李提摩太很熟稔,可是对于季理斐并不深悉,原因是季博士重教会工作,所以教会中人一听便知,教外自然差些。"②又有20世纪传教士报人队伍自身的素质问题。20世纪的传教士报人,无论是自身才学修养还是牺牲奉献精神,都远不如19世纪时期了,汤因对此有一个总结性的评论:"初期的编者多半是西教士,他们对于中文很有研究,一方面拿欧美的新知识来引人入胜,一方面努力迎合时人的口味,连他们自己的名字也改用'笔名',所以他们的杂志很得当时士大夫的赞赏。可惜后来的编者未能追踪前人,未能与时俱进,大有江河日下

---

① 江文汉:《广学会是怎样一个机构》,载全国政协文史资料研究委员会编:《文史资料选辑》(第四十三辑),中华书局,1964年版,第23页。
② 《季理斐博士小传》,载《广学会近况》,上海广学会出版,1931年,第11页。

之势,这也是基督教文字事业不能打到社会中心的重要因素之一。"①还有20世纪中国社会和本土传媒事业发展的客观原因,当时中国人自办报刊已经兴盛,商业报纸日益发达,中国民众对报刊有了更多的选择,而且中国人创办的报刊更贴近中国读者的需要与口味,从而在客观上造成传教士中文报刊影响力的降低。

所以,20世纪上半叶真正能够接触到传教士中文报刊的只是中国的一小部分人,其读者绝大多数限于某个地区、某种职业、某些群体,或与教会有联系的人。而且,"许多宗教刊物的内容常常涉及一些抽象的神学问题。这类教义性读物实在与人们日常生活和基本需求相距太远,所以读者经常难以明白文章的内容。"②在这种情况下,传教士中文报刊在20世纪的中国影响力下降在所难免。

与影响力下降同时出现的,却是这类报刊的数量之多超过了以前任何一个时期。尽管较为准确的数据统计比较困难,因为现有资料显示的基本上是基督教(新教)报刊,或天主教报刊,而很少有整体性的传教士中文报刊的数据,这就给统计带来了困难。再者,20世纪20年代晚期开始,中国教会出现了领导权交接过程,即教会权力从外国传教士向中国基督徒过渡,因此许多教会系统的报刊是由中国的教会人士或信徒创办,而不是由传教士所办,这样就很难准确统计由传教士创办的中文报刊到底有多少。但20世纪上半叶传教士中文报刊在影响力下降的同时,数量增长却是不争的事实。

本章所述的是"20世纪上半叶的广学会报刊"。"广学会不仅是中国基督教最大的出版机构,而且也是受外国差会控制的中国基督教文字事业的代表者。"③19世纪时,"广学会最大的目的就是影响中国的官吏和学者,只有他们能读到广学会的书籍。"④但是在进入20世纪以后,"广学会的宗旨略有改变,而以'大众'的读者为它编辑的对象。这所谓'大众'就是并不限于文人,即各阶级的人,妇孺亦包括在内,故所

---

① 汤因:《中文基教期刊》(手稿),1949年,上海市档案馆,档案号U133-0-33,第35页。
② 〔美〕何凯立著,陈建明、王再兴译:《基督教在华出版事业(1912—1949)》,四川大学出版社,2004年版,第212页。
③ 姚民权:《上海基督教史(1843—1949)》,上海市基督教三自爱国运动委员会、上海市基督教教务委员会出版,上海市出版局准印证(93)153号,1994年,第107页。
④ 《广学会五十周纪念短讯》第六期,上海广学会出版,1937年6月,第13页。

出的书籍都为大众所爱读。"[1]20世纪上半叶,广学会出版了多种中文报刊,其中有以传播西学、报道时政为己任的《大同报》,妇女报刊《女铎》,儿童报刊《福幼报》,自称"青年的良友"的《明灯》,极具平民化的《女星》《平民家庭》,以及适合传道人员口味的《道声》,等等。这个时期广学会的出版物可以说有各种类型、适合各个层次。在广学会五十周年纪念刊中它对此总结道:"五十年前,广学会及其他的机关编辑的宗旨,是以文人学者为对象,但到了今日,这个读者范围已经扩大起来,除文士外,更推广到妇女,儿童以及中国大部分稍识字的平民。"[2]

二、《大同报》

1.《大同报》概述

《大同报》的创办背景映衬了当时中国传媒业的迅猛发展。上海作为开埠的重要港口,亦成为传教士创办报刊的重地。19世纪下半叶,外商背景的各类报刊陆续在上海开始兴办,改变了传教士报刊独大的局面。尤其到了19世纪末20世纪初,"国人自办报纸蓬勃兴起,……其创办人或主编不少是当时的著名作家。他们同情变法维新,办报含有'假游戏之说以隐寓劝惩'的意思。此外,还第一次出现了各具特色、多种类型的专业性、文摘性报纸。"[3]上海传媒业的快速发展对享

《大同报》

---

[1] 《广学会五十周年纪念短讯》第六期,上海广学会出版,1937年6月,第13页。
[2] 林辅华著,叶柏华译:《广学会近年工作概况》,载《广学会五十周年纪念短讯》第六期,上海广学会出版,1937年6月,第3—4页。
[3] 贾树枚主编:《上海新闻志》,上海社会科学院出版社,2000年版,第98页。

有盛名的传教士报刊《万国公报》形成了巨大压力,"《万国公报》月刊的周期长,消息时事不能及时传递,难以同沪上其它报纸竞争"①。在这种背景下,广学会创办了周刊《大同报》。《大同报》的办刊宗旨与行文风格和《万国公报》相类似,但由于刊期短,时效性更强,这从一个侧面反映了近代中国报刊业的快速发展和竞争的加剧。

《大同报》于 1904 年 2 月 29 日(光绪三十年正月十四日)创刊,创刊时高葆真担任主编②。高葆真(William Arthur Cornaby,1860—1921)是英国循道会传教士,1885 年来华传教。先是在武汉传教,后来到上海进入广学会。他著有《缺一不可》《述苦导今录》《新世考》《祈祷合宜有效说》等多部著作。

由于《大同报》所具有的广学会背景,广学会的一些著名人物先后进入到《大同报》的主持与编撰队伍。到 1907 年时,《大同报》形成了由季理斐、李提摩太和莫安仁组成的强大的主撰班底,由莫安仁担任主笔。

莫安仁(Even Morgan,1860—1941)乃《大同报》创办史上的核心人物。他是英国浸理会教士,1884 年来华后在陕西一带传教,参与创办西安东关基督教堂(也被称作英浸礼会礼拜堂)。莫安仁通晓中国传统文化,被称为"翻译与研究中国文学的著名汉学家"③,著有《官话汇编》《格致举隅》和译著《文体与中文典型指南》等书。莫安仁后来进入广学会担任编辑,1907 年成为《大同报》主笔,刊社为此发表广告称:"其与本报交涉各事则径函本馆主笔莫安仁先生可也。"④后期的《大同报》则直接在封面就印上了"编辑主任 英国莫安仁"字样。《大同报》后期,莫安仁以极大的个人能量支撑着刊物,除了日常的编务事宜,他还撰写大量的稿件。以 1915 年第一期为例,这一期共刊载了署名文章 22 篇,其中由莫安仁署名的为 11 篇,可谓是一人撑起了半壁江山。这也反映了 20 世纪早期中国报刊业的编撰情形和报人们的工作状况。

---

① 姚民权:《上海基督教史(1843—1949)》,上海市基督教三自爱国运动委员会、上海市基督教教务委员会出版,上海市出版局准印证(93)153 号,1994 年,第 106 页。
② 同上。
③ 王丽娜:《柳宗元诗文在国外的流传与研究》,http://2006.yzcity.gov.cn/col12/col74/article.html。
④ 《大同报广告》,《大同报》第 151 册,丁未正月廿五日(1907 年 3 月 9 日),第 3 页。

《大同报》编撰班底主要成员的构成有一个疑问之处,即林乐知是否参与其中。1907年《大同报》第151册出刊时正值中国传统节日春节,《大同报》刊登了主撰人员署名的"恭贺新禧",问题出在落款之处:上海图书馆馆藏的该期报刊上署名为"季理斐 林乐知 李提摩太 莫安仁 拜",而浙江大学图书馆馆藏的该期报刊上则少了林乐知的名字,为"季理斐 李提摩太 莫安仁 拜"。同一期报刊,不同城市图书馆的馆藏品却出现了三人和四人落款署名的不同版面,的确有些费解。是否《大同报》在不同的区域有不同的版本发行?著者由于缺少佐证材料,姑且存疑。但是著者认为林乐知应该不是当时《大同报》主撰班底的成员,因为该期《大同报》刊登了一篇《大同报改良发刊序》的文章,文中具体点明了《大同报》的编撰人员,只提到了李提摩太、莫安仁和季理斐3人。

1915年后,《大同报》改为月刊,称为《大同月报》,其刊期变更后出版的第一期标注为"第一卷第一期即十一年第五百四十六期",也就是说,虽然《大同报》已由周刊改为月刊,但总刊期是接续的。

1917年,《大同报》停刊。停刊原因广学会给出的解释是:"民国六年因费绌停办"①。

《大同报》原件分布较广,比较集中的为国家图书馆、上海图书馆、南京图书馆、南京大学图书馆等。

2.《大同报》的内容与特色

(1)《大同报》保留了以传播西学为主的传教士中文报刊的特色

进入20世纪以后,传教士中文报刊办刊宗旨开始由传播西学为主向传播西教为主转变,许多报刊的宗教内容比重加大,但是《大同报》从创刊到终刊,始终体现着传播西学为主的特色。《大同报》对自己的办刊宗旨与内容有一个详细的说明:

> 本报以交换智识、输入文明为宗旨,不涉诽谤,不取琐屑。……

---

① 许东雷:《广学会三十六年之回顾》,载《广学会三十六周纪念册》,上海广学会出版,1923年。

本报分译各国最新最要书报之论，宪政财政学政农政路矿工商天文地舆格致等学，并各国风俗物产图表，藉供流（浏）览。

本报首图画，次论著，次译述，即各国宪政财政等，分门别类，务抉精华，按期刊登，以供采择。次谕旨，次各紧要时事新闻，及告白等类。①

1915年，《大同报》改版为《大同月报》，依然贯彻这一方针，莫安仁在改版后的首期《大同月报》上撰文表示："窃思本报发刊十余稔，颇于中国稍有裨益。今虽国体改革，然本报所持之宗旨，仍有大俾于中国也。本报所持宗旨，已备详于前，不外以贯（灌）输智识，促进道德为职志。复译著紧要之新闻、精美之著作，作平实之论说。凡世界最近之事实，最新之理想，莫不一一介绍于读者。"②

在这一思想指导下，《大同报》作为20世纪创刊的传教士中文报刊，极少涉及宗教内容，而专以传播西学、报道时政为己任。"凡关于历史、政治、教育、实业、道德哲学等，莫不搜罗完备，以期输贯知识于各种社会，裨有合于世界大同之趋势。"③尤其是1907年《万国公报》停刊后，广学会希望通过《大同报》承载起《万国公报》原有的传播功能。莫安仁甚至将《大同报》视之为《万国公报》的接续④。

根据刊载内容分析，《大同报》主要分为以下几个版块：

评论版块。《大同报》时期有关的栏目主要有："论著""社说""外论""评论"。《大同月报》时期称为"论著门"，主要的栏目是"社论""外论""评论"。评论版块主要登载一些评论性的文章，尤其是针对时政的评论。以1907年的数期《大同报》为例，所刊载的评论有：151册（1907年3月9日）李提摩太的《新不废旧之旨》；153册（1907年3月23日）莫安仁的《论本报大同之宗旨》；154册（1907年3月30日）窦乐安的《论和平》、季理斐与高云从的《论中国当求人格之进步》等。改版后的

---

① 《大同报广告》，《大同报》第151册，丁未正月廿五日（1907年3月9日），第3页。
② 《大同月报》，民国四年（1915年1月）第一册，第4页。
③ 许东雷：《广学会三十六年之回顾》，载《广学会三十六周纪念册》，上海广学会出版，1923年。
④ 莫安仁在其以后的回忆文章中称，《万国公报》"后改为《大同报》"，见莫安仁：《广学会过去的工作与其影响中国文化之势力》，载《广学会五十周纪念短讯》第二期，上海广学会出版，1937年2月，第15页。

第一期《大同月报》刊登的文章有,"社论":《俄人对于宗教观念之趋向》《强国之人民不幸》《易刑条例实用上之解释》;"外论":《英国敌德之原因》《往日欧洲为父兄者教其子弟之理想维何》;"评论":《责任心之分析说》《驳某报郊天与政治相关之评论》。

译作版块。有关的栏目主要有:"译述""西报选译""西书选译"。《大同报》与《大同月报》每期都刊登相当篇幅的翻译作品,涉及政论、时事、科技、文化、生活常识等各个方面。以《大同月报》1915年第一期为例,在"译述门"名下,分为"哲学类":《德国聂奇学说之概要》;"政治类":《英国治印问题》《比利时灰色书之宣布》;"传记类":《李司特耳传略》;"宗教类":《极度诫令》。

新闻版块。新闻是《大同报》非常重视的内容,《大同报》的新闻,版面用得足,覆盖面宽广,有些年份的《大同报》甚至将新闻版块细化为"国外新闻""国内新闻""政界新闻""官界新闻""学界新闻""军界新闻""商界新闻""财政新闻""实业新闻""交涉新闻"等栏目,国际国内、各行各业应有尽有。

科技文化版块。《大同报》时期有关的栏目主要有:"格致学""卫生学""天文""地舆""杂纂门""文苑"等。改版后的《大同月报》将之统一列入"杂纂门"名下。1915年第一期"杂纂门"名下的栏目和文章分别是,"智丛":《牛角花与蚁之关系》《奇异之海藻》《试验性牲畜疾病之方法》;"文苑":《一诚斋诗存遗稿》;"杂俎":《米成儿马之功用说》《德报持论之一斑》《德某主笔对于欧战之诞词》;"笔记":《悟游琐记》《慕园笔记之一:桃园　沧浪亭　狮林奇石　虎阜五人墓》《无暇》《断柁》。内容丰富,涉猎广泛。虽然《大同报》创办于20世纪,但这一版块的内容,在很大程度上体现和承继着19世纪传教士中文报刊将西方科技文化引入中国的意旨和热情。

(2)《大同报》与中国官方建立了比较密切的关系,报刊内容与中国的社会变革联系紧密

在所有传教士中文报刊中,《大同报》是与中国官府方面联系最为紧密的报刊之一。《大同报》创刊不久,做出了一个在当时中国报刊业界堪称创举的行动:向皇亲、权贵、要人索要照片以及题词或书函,登在《大同报》上。

《大同报》这一举动是从1907年3月9日的第151册开始的。这

一期登载了慈禧太后和光绪皇帝的照片,之后各期陆续刊载了皇亲、重臣、尚书、总督、巡抚、提督等各个层面清廷要员的照片、题词或书函。以后《大同报》的登载面更是将道台等中级官员也包括在内。这种做法对《大同报》带来的直观效应是显而易见的,"因为它同当局的关系更密切,所以各省抚台往往奉命推销,因此起初几年发行量年年成倍增长"①,《大同报》头几年的年销量是:

1904 年:80 000 册

1905 年:56 234 册

1906 年:78 000 册

1907 年:153 800 册

1908 年:195 000 册

1909 年:180 000 册②

1908 年可能由于《万国公报》停刊的缘故,《大同报》创造了其销量的最高峰,"达到年销售 195 000 册,平均每期发行量有 3 750 册,这在那个时期,已是可观的发行数量了"③。

《大同报》之所以重视与朝廷和官府建立紧密联系,当然是与其商业策略有关。在日趋激烈的媒体竞争中,《大同报》的创办本身就是广学会应对竞争压力的一种反应,希望快速有效地打开报刊的销路。这一策略在一定时间里也确实收到了成效。但是,更主要的还应该是编撰人员希望借此使《大同报》更贴近中国政治变革的决策层,对他们产生一定的影响。《大同报》确实是怀有这种颇为远大的政治抱负的:"本报素抱大同主义以保障东亚平和,扶持中国危弱为惟一职务。……自本年第一册始,特行大加改良,扩张内容,浚沦群类,务使人人有政事之常识,有教育之精神,以道德为主要,而自由于法律范围,以民生为前提,而发生其经济观念,庶人人可自立,亦人人可自强,民心靖而邦基固,……而与列强相颉颃。"④

---

① 姚民权:《上海基督教史(1843—1949)》,上海市基督教三自爱国运动委员会、上海市基督教教务委员会出版,上海市出版局准印证(93)153 号,1994 年,第 106 页。

② *Christian Literature Society Publications*(1887—1940),Shanghai, Dec. 1940. 上海市档案馆,档案号 U131-0-90。

③ 叶再生:《中国近代现代出版通史》(第一卷),华文出版社,2002 年版,第 443 页。

④ 《本报改良紧要广告》,《大同报》第 481 册,民国二年九月二十日(1913 年 9 月 20 日)。

《大同报》创刊之时,正值中国出现了新的变革趋势:清朝在面临重重危机的局面下做出了宪政改革的姿态。1905年派五大臣出洋考察;1906年宣布预备立宪;1907年起草《钦定宪法大纲》(1908年正式颁布)。《大同报》早期的主撰班底如李提摩太、季理斐、莫安仁等都是久居中国,熟稔中国社会与政治内情。在这一片宪政热议声中,他们希望通过《大同报》展现积极推进中国政治变革的宏旨。1907—1908年,《大同报》开设了宪政栏目,连续刊载有关宪政文章。1907年的《大同报》连载了《英国宪政》,详细介绍了英国的政体制度、英国议会选举制度。1908年的《大同报》连载了英国史学家哈门德的文章《欧洲宪政成立之历史》。此外,《大同报》还连载了《财政之关系问答》《二十世纪地球资金之发达》《日本教育报告》《农学新法》《英国路矿工程》等,覆盖了中国社会变革的各个方面。同时,《大同报》其他栏目的文章选用上,也偏重与时政紧密结合。

当然这一做法的副作用也是显而易见的,与官府过于紧密的关系使得报刊易于受到政局变化的冲击,"也正因这缘故,从辛亥革命以后它就一蹶不振,1915年不得不改为月刊"[1],当年的发行量仅有区区9 000册[2],与其鼎盛时期不可同日而语了。《大同报》"两年后终于和《教会公报》一同停刊。然而十余年内全国竟有二十一家主要报刊曾转载过十二篇《大同报》的文章,可见当年它是颇有影响的"[3]。

在传教士中文报刊普遍从传播西学向传播西教收缩的时候,《大同报》可谓独树一帜。方汉奇说:"值得注意的是,传教士在19世纪末和20世纪初,新出版的报刊除个别(如《大同报》)外,绝大多数都以宣传教义,讨论教务为主要内容。"[4]《大同报》正是这难得的"个别"报刊,保持了当年以传播西学为主的传教士中文报刊特色。

---

[1] 姚民权:《上海基督教史(1843—1949)》,上海市基督教三自爱国运动委员会、上海市基督教教务委员会出版,上海市出版局准印证(93)153号,1994年,第106页。
[2] *Christian Literature Society Publications* (1887—1940), Shanghai, Dec. 1940. 上海市档案馆,档案号U131-0-90。
[3] 姚民权:《上海基督教史(1843—1949)》,上海市基督教三自爱国运动委员会、上海市基督教教务委员会出版,上海市出版局准印证(93)153号,1994年,第106页。
[4] 方汉奇主编:《中国新闻事业通史》(第一卷),中国人民大学出版社,1992年版,第810页。

三、《女铎》

1.《女铎》的创刊与它的几任主编

1912年4月,《女铎》在上海创刊,由广学会出版。正如广学会自己所称:"《女铎报》可为中华民国之纪念报,因民国成立之时,即本报创始之时。"①

《女铎》

进入20世纪以后,广学会在出版方针作出重大调整的同时,出版工作的范围也大大扩展了。19世纪时,广学会出版工作的主要对象是在中国处于特权地位的领袖人物,它试图通过这些领袖人物影响中国的政治:"早年广学会最大的目的,就是用文字感化及改革中国一般文人及官僚的思想。他们是播种'读书欲的种子'。"②进入20世纪尤其是辛亥革命以后,广学会以出版宗教书刊为主,同时出版适合各个阶层需要的书刊,包括传道人员、妇女、儿童、青年等各种类型、各个层次的读者,《女铎》就是由广学会出版的一份面向妇女的报刊。

广学会早有出版一份妇女报刊的想法:"在未出版之前,即1887年,广学会即拟办一妇女杂志,以供妇女阅读。但因当时识字的妇女不多,乃未举办。"③"在一八九五年,广学会也曾讨论并计划出版一种妇

---

① 《广学会三十六周纪念册》,上海广学会出版,1923年。
② 季理斐夫人著,叶柏华译述:《广学会为中国妇女及儿童做了些什么工作?》,载《广学会五十周纪念短讯》第四期,上海广学会出版,1937年4月,第11页。
③ 《复刊词》,《女铎》1946年2月。

女及儿童杂志,但因种种问题的阻碍,致未能如愿。"①进入20世纪以后,中国的知识女性增加,而且当时已经出现多份妇女报刊:1902年创刊的《女学报》,1904年创刊的《女子世界》,1905年创刊的《北京女报》,1907年创刊的《神州女报》,以及由秋瑾主办的1904年创刊的《白话》和1907创刊的《中国女报》②。广学会主办的《女铎》正是在这样的背景下面世的。

《女铎》开始名《女铎报》,后称《女铎》,每月出版一期。40年代时获得宋美龄亲笔题写的刊名,封面上书"蒋宋美龄题"。

《女铎》首任主编为美国传教士亮乐月女士(Miss Laura White,1865—1937)。"亮女士在中国从事布道著作凡四十三年,而在广学会服务亦不下二十年。"③她创办《女铎》时已在中国教会学校任教多年,对于中国社会以及中国妇女了解颇深,广学会方面对她的评价是:"广学会自得亮女士参加工作之后,妇女部的工作更有生气,而出版妇女需要的书籍,比前更多。亮女士是训练中国妇女做基督教文字最早的一个人。"④亮乐月的任期因其回国休假,至1921年结束⑤。

亮乐月之后《女铎》由季理斐夫人

亮乐月

主持。季理斐夫人是英国人,原名伊丽莎白·鲍维,她在1900年8月与后来成为广学会总干事的季理斐在上海结婚。"季理斐夫人从事对

---

① 季理斐夫人著,叶柏华译述:《广学会为中国妇女及儿童做了些什么工作?》,载《广学会五十周纪念短讯》第四期,上海广学会出版,1937年4月,第10页。
② 《〈女铎〉创办背景和内容介绍》,《〈女铎〉(1912—1951年)》光盘,桂林贝贝特电子音像出版社。
③ 《广学会五十周纪念四月份短讯卷头语》,载《广学会五十周纪念短讯》第四期,第1页。
④ 季理斐夫人著,叶柏华译述:《广学会为中国妇女及儿童做了些什么工作?》,载《广学会五十周纪念短讯》第四期,上海广学会出版,1937年4月,第12—13页。
⑤ 《广学会一九二〇年至一九二一年间之报告》,上海广学会出版,1921年10月,第7页。

上海妇女的传教工作,并负责编辑儿童刊物。"①

据《基督教在华出版事业(1912—1949)》记载,1936年后《女铎》由亮乐月学生刘美丽担任主编,直至1951年终刊②。但依据著者所查阅的资料,从1936—1951年间,《女铎》的主编人选有过变化。

季理斐夫人

根据上海市档案馆所藏民国三十四年十二月十九日的《上海市社会局报纸杂志通讯社申请登记表》,1945年时《女铎》的主编为薄玉珍女士,加拿大人,当时已任广学会编辑十余年(薄玉珍介绍详见《女星》一节)。又据上海档案馆所藏民国三十六年六月二十七日的《新闻纸杂志登记声(原文如此,似为"申"字之误,下同——引者注)请书》中,当时薄玉珍改任发行人,主编改为刘美丽了。对刘美丽的介绍是:南京人,时年41岁,金陵女大毕业,获文学士学位,任《女铎》主编十年。

根据上述资料,40年代薄玉珍亦曾在短期内担任过《女铎》的主编。

关于刘美丽,广学会给予了很高评价:"刘美丽女士为我国特出之人才,其生平奋斗之事迹,多足为我国青年之模范,现在本会担任编辑及《女铎报》之主编。"③"刘美丽女士为本会《女铎》杂志的编辑。她的立论新颖,思想奇特,对于本国妇女界实在有很大的贡献。她所论的题材往往有关于妇女的事业和知识方面,因此颇受妇女的欢迎。一九三八年和一九三九年两年,全世界妇女祈祷日的节目单是她拟的。她的

---

① 宋家珩主编:《加拿大人在中国》,东方出版社,1998年版,第149页。
② 〔美〕何凯立著,陈建明、王再兴译:《基督教在华出版事业(1912—1949)》,四川大学出版社,2004年版,第256页。
③ 《广学会五十周年纪念》,上海广学会出版,1937年,第13页。

译著最近有《美娥出走》和《白雪公主》两书。"①

《女铎》原件收藏于上海市档案馆。目前,全套《女铎》光盘已经由上海市档案馆与广西师范大学出版社桂林贝贝特电子音像出版社合作出版,其中上海市档案馆提供原件并承担目录数据的著录,广西师范大学出版社桂林贝贝特电子音像出版社设计光盘检索软件并出版光盘。《女铎》光盘的出版,为学界研究《女铎》提供了很好的条件。

浙江大学图书馆收藏有《女铎》部分原件。

2.《女铎》演变轨迹

《女铎》于1912年4月创刊,1951年2月终刊,历时近40年。当时正值中国社会发生大变革时期,这使得《女铎》的发展颇为曲折,刊期也出现一些变化。1927年7、8两月《女铎》停止发刊,全年仅出版10期。1928—1934年,又将6、7两月合为一期,8、9两月合为一期,全年出10期,但合刊的两期页码增加。1935年后恢复为每月出一期,全年12期。1937年"八·一三事变"后,《女铎》10月、11月两期改为与广学会出版的另外两个报刊合刊出版,为此,广学会在致读者的《本会公函》中进行了解释:"敝会因会所紧邻战区,八月十三日沪战爆发以来,每日皆有流弹袭击……故敝会不得已决定将《明灯》、《女铎》、《道声》三杂志合刊。"②

1937年12月《女铎》恢复单独出刊。太平洋战争爆发后,日军进占上海公共租界,《女铎》又一次受到影响,1942年至1943年,《女铎》再次与《明灯》《道声》合刊出版,并改为不定期,1942年出版了5月、10月两期,1943年出版了3月、8月两期。为此,1942年5月发表了《告女铎明灯道声读者》:"太平洋战事爆发,风云突变,环境更移,影响到纸张与印刷的困难,影响到营业与运输的停顿;所以我们辞去了大部分的工作人员,缩小工作的范围。……在万难中暂将定期改为不定期刊物。"③

1944年《女铎》在四川成都复刊,当年7月的《复刊词》写道:"太平

---

① 《在建造中的新中国——民国二十七年份广学会报告书》,上海广学会出版,1938年,第20页。
② 《本会公函》,《明灯道声女铎非常时期合刊》1937年10月。
③ 《告女铎明灯道声读者》,《明灯道声女铎合刊》1942年5月。

洋战争爆发后,上海不是理想的工作地方。《女铎》间或勉强刊行一二期合订本,终于在敌军占了上海后不久便停了刊。最近因为读者的请示,决定于七月一日在成都复刊。"①当年 7 月、9 月、11 月《女铎》出了三期,1945 年 1 月、2 月、3 月、4 月、6 月、8 月出了六期。1946 年 2 月,《女铎》又在上海复刊:"现今和平实现,抗战完成,本刊又回到上海来重振旗鼓。"②之后《女铎》每月出版一期直至 1951 年 2 月终刊,中间只有 1949 年 6 月、8 月、9 月、12 月停了四期。

《女铎》的历史,正如它自己所说:"经过了多少波波折折,内战外侮,可是《女铎》一直不曾停刊"③。

3.《女铎》的内容与报刊风格

曾任《女铎》主编的季理斐夫人说:《女铎》的"目的就在唤醒中国的妇女,使她们起来要求'生命'和'自由'"④。

《女铎》的主要栏目设置,1946 年 2 月刊登的《复刊词》有所阐述:"本刊初发行时内容多注重家庭,如家务料理,手工,普及教育,音乐,宗教,节制,扫除文盲,小说,传记等等。以后又加添数栏:儿童教育,健康常识,以及妇女如何对社会才有相当的贡献。"⑤说明《女铎》的内容取向随着时代的变迁有一定的改变,尤其是抗战时期,"妇女如何对社会才有相当的贡献"的内容明显增加,正如亮乐月所说:"教育妇女们起来救中国,这并非受个人野心的驱使,而是受牺牲精神的鼓舞,要鼓励她们崛起而不是骄横,给予而不是索取,服务而不是控制,养育而不是毁灭,扶持而不是破坏,在必要时舍命而不是苟活。"⑥

总体而言,《女铎》的内容主要包括以下几个方面:

第一,宣传基督教。宗教宣传几乎是那一时期传教士中文报刊的

---

① 《复刊词》,《女铎》1944 年 7 月。
② 薄玉珍:《复刊词》,《女铎》1946 年 2 月。
③ 同上。
④ 季理斐夫人著、叶柏华译述:《广学会为中国妇女及儿童做了些什么工作?》,载《广学会五十周纪念短讯》第四期,上海广学会出版,1937 年 4 月,第 12 页。
⑤ 薄玉珍:《复刊词》,《女铎》1946 年 2 月。
⑥ Christian Literature Society for China (Shanghai), *Annual Reports*, 1919-1920, p.15. 转引自〔美〕何凯立著,陈建明、王再兴译:《基督教在华出版事业(1912—1949)》,四川大学出版社,2004 年版,第 253 页。

必备内容,《女铎》也不例外。1944年7月的《复刊词》写道:"除了注重思想上的健康,身体的健康之外,本刊尤其注重精神上的健康。我们将不断地介绍关于基督教的理论、教旨,作为精神上的食粮,使能促成基督化家庭的实现。"①

但是,作为妇女报刊,《女铎》的基督教宣传常常带有妇女报刊的特色。它尽管也有严肃的宗教宣传内容,1928年1月的《科学与宗教》,1928年6月的《科学与宗教相互为用》,就是这样的内容,但它更多的是以通俗的方式介绍《圣经》,宣传基督教,而且不少文章配上图。这类文章很多,1912年4月的《基督复生歌》《马利亚图说》,1912年6月的《夏娃被诱图》,1912年11月的《圣诞天使》(连载),1912年12月的《第一棵圣诞树》,1913年12月的《圣诞树说》,1914年12月的《救主降生图》,1941年7月的《圣经中的女性》,1946年3月的《耶稣与大自然》等,都是这种通俗的基督教宣传文章。

《女铎》还常常从基督教角度对家庭问题发表看法。例如,1915年9月的《居家妇女与教会之关系》,1920年3月的《基督徒家庭之格言》,1925年11月的《基督徒家庭礼拜生活之乐趣》,1928年4月的《基督徒家庭中的规则》(连载),1933年5月的《基督教的婚姻观》,1941年10月的《家庭与宗教》,1941年11月的《基督化家庭运动与做父母的责任》,1947年2月的《家庭生活与灵性的价值》,1948年2月的《基督徒家庭的特征》(连载)等,都是从宗教角度对家庭问题发表看法的文章,以促成基督化家庭的实现。

第二,传授家庭知识。如何选择丈夫,如何维系婚姻,如何养育孩子,如何处理婆媳关系,如何装饰家庭等等家庭知识,自始至终是《女铎》的重要内容。1944年7月的《复刊词》写道:"我们的对象是妇女,特别是家庭妇女。家庭教育,是最基本的教育。一般人习惯的养成,人格的陶冶,都是肇端于家庭。母亲人人会做,但合理化的母亲,少得可怜;本刊希望能达到潜移默化的目的;使一般妇女有正确的家庭观念,改进她们的人生观。使她们在社会上,能自力更生,把握住'人'的资格,享受真正自由、平等的权利;同时也领导一般的妇女尽'人'应尽的义务;在家庭中知道如何相夫、教子;对于家里的衣、食、住,有更理想的

---

① 《复刊词》,《女铎》1944年7月。

配置。"①

《女铎》刊发了不少为妇女提供指导的文章。1927年4月的《本刊宣言》中,《女铎》自称是"家庭月刊",它说:"家庭——这部分在女子教育里是永远占重要位置的。人生的衣食住问题,大都依赖女子的多,所以我们要鼓励女子去治理家事。因为家庭是教育的根据地,也是女子从困苦的工作里,可以得到神圣事业的根据地。"②1933年6月的《夫妻和谐术》,传授了维持夫妻和谐关系、保持婚后爱情的要义:避免嫉妒;注意修饰自己;要懂得谦让;不要吝惜夸奖丈夫;不能邀请不健康的人到家里来;操练幽默③。《女铎》刊发的这方面的文章很多,如1934年3月的《夫妻爱情怎样能够永久维持》,1945年3月的《如何加深婚后的爱情》,1947年12月的《怎样和你婆婆相处》,1948年1月的《婚姻的条件和选择》,1948年11月的《六种试验婚姻的方法》,1949年2月的《怎样维护家庭的和乐》,等等。

"家政"栏目所包含的内容非常广泛,婴幼儿护理、食品制作、家庭卫生、家庭装饰、服装制作、美容等知识应有尽有。这方面的文章有:1912年4月的《育婴问答》,1912年6月的《食谱》《蝇毒宜防》,1912年7月的《服式改良议》,1912年11月的《去斑迹法》,1912年12月的《小孩止哭良方》,1913年1月的《论女子之装饰》,1913年5月的《饮食须知》,1914年1月的《人乳与牛乳之优劣》《冻疮治法》,1915年2月的《小儿之食品》,1916年5月的《溺爱之弊》,1916年8月的《去油迹之妙法》《放足良法》,1916年11月的《作围巾法》,1918年12月的《食物防腐法》,1920年12月的《住宅改良说》(连载),1947年11月的《烫衣常识》,1948年7月的《美容问答》,等等。

作为妇女报刊,《女铎》还注重对各种常见病、传染病的防治,将公共卫生知识向家庭普及。1915年10月的《论霍乱致病之原及预防之法》,介绍了霍乱的症状、致病原因以及十条预防之法。1916年10月的《传染病一夕谈》,从传染病之种类、传染病之危险、传染病之原因、传染病之媒介、传染病之预防、传染病之治疗等方面,详细介绍了霍乱、伤

---

① 《复刊词》,《女铎》1944年7月。
② 《本刊宣言》,《女铎》1927年4月。
③ 《夫妻和谐术》,《女铎》1933年6月。

寒、痢疾等多种传染病。《女铎》同样注重对家庭医学知识的介绍,它广泛介绍了家庭急救常识,包括牙痛、流鼻血、抽筋、蜂蜇伤、火伤、烫伤、触电、服毒,以及胃病、肝病、呼吸艰难病、贫血、湿疹、扁桃体炎、风湿、麻疹、百日咳、昏晕、静脉肿胀及溃疡、急病与杂病、精神病、血压症、疼痛症、胆结石、神经衰弱、小儿肚痛等症的家庭简易治疗方法。

第三,关心妇女的处境与地位。《女铎》虽然宣称自己对政治问题较为淡然:"政治不是本刊关心的主要对象,因为我们仍然认为,女性最好的工作领域说到底还是应该在治家、哺养孩子和宗教事务方面。"①但是《女铎》仍然关心妇女在社会中的地位、权利及就业等问题,鼓励妇女追求男女平等,为改变自己的命运而奋斗。"在这方面《女铎》刊发的文章数量较多,有的阐述了欧美各国包括苏联妇女地位的变化,有的揭示了近代中国妇女社会地位提升不理想的状况,有的针对当时社会上流行的一些偏颇的观念发表评论,其主旨为通过对中外妇女地位差异的揭示,启示女性为改变自身的命运,追求男女平等去作出努力。"②《女铎》尤其推崇苏联妇女所获得的平等权利,"苏联的妇女,确是堪称世界的模范。她们能各个的自食其力,为国家效劳,为社会生产。她们的一种勇往进取的精神和奋斗耐苦的意志,是世界上任何国妇女所不能及的。③""我们妇女应起来督促政府,把不平等的法律使之平等,把不兑现的法律兑现,要依照法律做到,要把打折扣的法律十足做到。"④这一类文章还有很多,如1916年11月的《说俄国妇女》,1918年12月的《女子自由之真谛》,1922年9月的《女子解放的运动》,1925年10月的《中国妇女欲争到男女平等的根本问题》,1926年与1927年10期连载的《中国妇女及其责任》,1934年4月的《妇女不是弱者》,等等。

在抗日问题上,《女铎》更是鼓励妇女"速醒",为抗日救国尽自己的力量。"《女铎》的目标,是促醒中国妇女,负起国家兴亡匹妇有责,同时

---

① Christian Literature Society for China (Shanghai), *Annual Reports*, 1926 - 1927. p. 10. 转引自[美]何凯立著,陈建明、王再兴译:《基督教在华出版事业(1912—1949)》,四川大学出版社,2004年版,第255页。
② 《〈女铎〉创办背景和内容介绍》,《〈女铎〉(1912—1951年)》光盘,桂林贝贝特电子音像出版社。
③ 《苏联妇女的解放》,《女铎》1933年4月。
④ 《妇女与民权》,《女铎》1934年1月。

对于她们加入社会工作,不可为个人出风头,而应为同胞服务。"①

4.《女铎》的发行和影响

《女铎》的发行量不算多,1917年时每期大约1 000份,1925年增长到1 400份,战争期间的1937年减至590份,1947年达到历史最高纪录的3 000份②。为了扩大发行量,《女铎》也进行过多种尝试,如在创刊初期1913年7月刊登的《本馆特别广告》宣布:"如有代销本报全年十份者,当提出洋两元作为酬劳",但发行量仍不够理想。

尽管如此,《女铎》仍然具有相当的影响力。作为近代中国妇女报刊中出版时间最长的一份报刊,《女铎》称自己"是中国妇女杂志的先锋"③。由于《女铎》"内容丰富,形式活泼,主体内容非常适合具有一定文化的基督徒家庭主妇和一部分未婚的年轻女基督徒和女性读者阅读,它对这些读者的影响可想而知"④。

当时一些读者对《女铎》的评价也颇能说明问题。1932年6月,《女铎》刊发了《请看读者对本刊的评语》一文,文中写道:

(一)"女铎月刊向来在我们家庭里很受欢迎;在众刊物中曾占了重要的地位。我已将每期装成巨册,做我家的治家指导。"这是曾看过二十年来的女铎的一位宋季直先生说的。

(二)"我们最喜欢看女铎,因为我们那些教员领导开会的时候,常采用女铎的材料来演讲给学生们听。"这是毛友文太太做校长的时候说的。

(三)贺云笙先生从贵州来信说:"敝处地方僻陋,与外省交通很感困难,得阅女铎刊物,喜出望外。其中所载,均极精采,而关于各国女界的时事材料,尤为丰富。藉此可知国际妇女之种种消息,令人感想无既。"

---

① 《复刊词》,《女铎》1946年2月。
② Christian Literature Society for China(Shanghai), *Annual Reports*. 转引自〔美〕何凯立著,陈建明、王再兴译:《基督教在华出版事业(1912—1949)》,四川大学出版社,2004年版,第257页。
③ 《复刊词》,《女铎》1946年2月。
④ 《〈女铎〉创办背景和内容介绍》,《〈女铎〉(1912—1951年)》光盘,桂林贝贝特电子音像出版社。

（四）董炳范小姐说:"女铎所载关于学生毕业时表演的种种戏剧,各种诗歌,都是我们所最喜欢的,因为她的情节既好,文字又美,能使阅者觉得非常有趣。"

（五）"我们生在这样一个狂飙似的时代,无日不为政治社会信仰婚姻择业等等切身问题所困惑。这不单使我们觉得很渺茫紊乱终朝的苦恼,简直叫我们望着环境,就有些彷徨不敢进了。可是感激女铎,于我在这些问题上常给我些指导和勇气。"这是周道芬女士从学校里来信的一段谈话。①

这之后是编者的一段话:"本刊创办迄今,已有二十一年悠久之历史,对于妇女界之贡献,不遗余力。"②这一自我评价与当时读者对《女铎》的评价是吻合的,说明《女铎》在一部分读者尤其是女性读者中,有着相当的影响力。

四、《福幼报》

1. 《福幼报》概述

《福幼报》(英文名 Happy Childhood)创刊于上海,时间是 1915 年 3 月,属广学会报刊。

广学会办的第一份儿童报刊是 1889 年创刊的《成童画报》,但办了不长时间就停刊了。有研究者认为《福幼报》是由《成童画报》更名而来③,但现有的材料尚不能对此说法以有力的支持。首先,《成童画报》存在的时间很短,在其终刊 20 多年后出现一份由它更名而来的报刊于情理上说不通;其次,《成童画报》主办机构广学会本身也没有掌握《成童画报》的资料,曾任《福幼报》主编的季理斐夫人写的文章中说广学会

---

① 《请看读者对本刊的评语》,《女铎》1932 年 6 月。
② 同上。
③ 《上海出版志》写道:《成童画报》"1889 年 1 月在上海创刊。月刊。16 开本,32 页。墨海书馆发行。1891 年停刊。为中国最早的儿童刊物之一。旨在宣传教义,劝人信教;也介绍一些科学知识。图画与文字并列。所刊锌版,多为国外书刊用过的旧版。1914 年改名《福幼报》,仍为月刊"。见宋原放等主编:《上海出版志》,上海社会科学院出版社,2000 年版,第 717 页。

《福幼报》

的第一年报告中"有这么说法:'我们已创办了一种儿童刊物,名《成童画报》(Boy's Own),内容充实,插图丰富。'可惜该报告中,没有说明该刊寿命的长短,所以我还不知该刊物发行了多久。也许为了各种理由,这种刊物出版不久,便已停版了"①。因此,从《成童画报》与《福幼报》两刊的主办机构广学会的说法上,也得不出两刊存在更名关系的结论。《成童画报》原件难以寻觅,季理斐夫人文章中说广学会图书馆也仅有一本《成童画报》,由此可见该刊的稀缺程度,而《福幼报》的报刊内容中也没有明确说明两份报刊之间存在着内在的关联。

《福幼报》创办的缘由,在季理斐夫人的回忆文章中有记述。民国建元之后,广学会分析了中国社会的变化形势:"妇女的地位渐渐提高,儿童的地位也随妇女的地位而提高了……一切都进步得很快,于是广学会就不得不起来适应这个新机会。"②正在此时,1913年,来自北美教会的蒙特高马利夫人与壁宝特夫人来华考察,考察期间,她们提出"如果有人创办一种儿童刊物,她们愿意向北美教会妇女部提议捐款赞助"③。广学会抓住了机会,1914年即启动了创刊工作。《福幼报》在创刊过程中,还得到了北美国外传教妇女联盟的下属机构"宣教领域基督教妇女儿童文字委员会"和加拿大长老会的下属机构"妇女宣教公会"的资助④。《福幼报》的创刊过程似也显示与《成童画报》之间并无关联。

《福幼报》前期的主编是季理斐夫人,在她的经营下,《福幼报》声誉鹊起。季理斐夫人以报社为核心,组建了一个名为"福幼社"的出版机构,专事编译儿童书籍,"皆以开通孩童知识,建立道德根基为主旨"。

---

① 季理斐夫人著、叶柏华译述:《广学会为中国妇女及儿童做了些什么工作?》,载《广学会五十周纪念短讯》第四期,上海广学会出版,1937年4月,第7—8页。
② 同上书,第16页。
③ 同上。
④ 〔美〕何凯立著,陈建明、王再兴译:《基督教在华出版事业(1912—1949)》,四川大学出版社,2004年版,第247—248页。

季理斐夫人卸任后,1936年秋广学会聘华人梁得所担任《福幼报》主编①。梁得所(1905—1938)原籍广东,生长于牧师家庭,就学于山东齐鲁大学医科,因为对书刊编辑有浓厚兴趣,离校后赴上海做编辑。梁得所曾担任《良友画报》主编,以后又与友人创办大众出版社,"一年之内创办五种期刊,且跨几个领域……梁得所的编辑才能确实超出普通意义上的'编辑'二字,足可称誉他为出版界的奇才。"②梁得所接手《福幼报》时间不长,于1938年8月病逝。之后,广学会重要的女性报刊《女星》的主编、加拿大籍传教士薄玉珍女士接手了《福幼报》③。

《福幼报》1915年3月创刊时为月刊,30年代一度改为半月刊。何凯立援引的材料说,《福幼报》在1937年后改为双月刊④,但根据笔者查阅到的目前国内馆藏的20世纪30—40年代的《福幼报》原件,只有月刊和半月刊,尚未看见双月刊。

1941年12月,因太平洋战争爆发,日军进占上海租界,《福幼报》迁往大后方,于1942年7月在成都复刊。抗战胜利后,《福幼报》于1946年1月回迁上海复刊,由薄玉珍和崔之德担任主编。

《福幼报》终刊时间,现有的资料中或者说是1948年8月⑤,或者说是1949年8月⑥,都不准确。实际上《福幼报》的终刊时间是1951年2月。根据国家图书馆馆藏的《福幼报》原件,在第三十七卷第二期(1951年2月)的《福幼报》封底,刊出一条通告:"本刊预定办法暂停,待新计划拟定后再详。"这条通告实际上就是终刊通告,这份儿童报刊在走过37年的历程后终于结束了。

国家图书馆、北京大学图书馆和上海图书馆收藏有《福幼报》部分

---

① 梁得所进入《福幼报》工作的时间有资料说是1934年。笔者依据1937年3月广学会出版的《广学会五十周纪念短讯》第三期上的一篇报道,题为《介绍本会〈福幼报〉新主笔——梁得所》,文中说到梁得所"一九三四年重病后,山居休养……一九三六年秋回上海,准备重整旧业,适广学会物色编辑,因乐于从事于基督教出版工作,遂就本会之聘"(第19页)。这一段文字对梁得所的任职过程与时间有清楚的交代。
② 谢其章:《封面秀》,作家出版社,2005年版,第107页。
③ 《在建造中的新中国——民国二十七年份广学会报告书》,上海广学会出版,1938年,第13页。
④ 参见〔美〕何凯立著,陈建明、王再兴译:《基督教在华出版事业(1912—1949)》,四川大学出版社,2004年版,第251页。
⑤ 《1933—1949全国中文联合期刊目录》,北京图书馆,1961年版,第1181页。
⑥ 宋原放等主编:《上海出版志》,上海社会科学院出版社,2000年版,第717页。

原件。

2.《福幼报》的报刊内容及其演变

《福幼报》在报刊性质上,与19世纪的《小孩月报》相当接近。两刊同为儿童报刊,且同是以宣传宗教为主要内容的报刊。广学会方面是这样阐述创办《福幼报》的意图的:"盖幼稚脑海中,空洞无物,若乘此时期设法用浅显文字将诸般关于知识道德之基本观念输入极易。且孩童于此时期所得观念之善恶,亦可谓是孩童能否造就之枢纽。"①

但是《福幼报》在37年的办刊历史中,其风格随着时代的变迁也在发生着一些改变。在20世纪10—30年代《福幼报》的前期阶段,宗教内容是报刊登载的主体,无论是行文风格抑或内容取舍,《福幼报》与《小孩月报》极为相类。《福幼报》的宗教性内容主要构成为:

第一类是直接的宣教文章。如第十年(1924年)第三册刊登的《基督叩你们的心门》《服从》《敬畏》等文章;第十二年(1926年)第一册刊登的《主日课故事》《主日课谈话》等文章。

第二类是宗教故事、宗教人物和名城。如第五年(1919年)第十册刊登的《耶稣在彼得家中》《耶稣在海面上行走》等文章;第五年(1919年)第十一册的《耶稣爱惜小孩》、第八册的《游历之乐》,介绍宗教名城耶路撒冷。

第三类主要是世俗类的故事和寓言,但这一类故事的情节性很弱,内容一般都是说为善之人和行善之事。如第五年(1919年)第八册的《人欺天不欺》、第十册的《孝感动人》,第十年(1924年)第三册的《小姑娘送猫》《枇杷唱歌》,第二十六年(1940年)第九册的《爱主的小女孩》等。这些故事中的人物前期以国外的为主,后期则中外并重。

同时,与《小孩月报》一样,《福幼报》为适应儿童的特点,第二十六年(1940年),开设了"悬赏"栏目,每一期都进行有奖征答,其内容包括生活知识和圣经知识。列举其中一期的部分征答内容:

下面的话是谁说的?记载在圣经那一章那一节?

---

① 《广学会三十六周年纪念册》,上海广学会出版,1923年。

1. 把船开到水深之处。
2. 但依从你的话,我就下网。
3. 我们遇见弥赛亚了。
4. 离开我,我是个罪人。
5. 你是基督,是永生上帝的儿子。
……①

20 世纪 30—40 年代《福幼报》的中后期阶段,风格逐渐发生变化,《福幼报》称自己的办刊宗旨为"培养儿童德育,灌输儿童一般知识"②。在这一宗旨下,纯宗教内容和直接宣教的文章不断减少,只占每期 10 多篇文章中的 1—2 篇。主要栏目的设置包括小说、故事、传记、寓言、科学、地理、歌曲、照片等,基本都是极富童趣的故事以及与儿童日常生活有关的生活小知识和科学小常识。如第二十六年(1940 年)第三册刊载的《袋鼠》《怎样画卡通》《皮肤外面生长的东西》《小鸟》;第二十六年(1940 年)第九册刊载的《生物学图解:腺》《小手工:坚果展览会》等。

《福幼报》作为一份儿童报刊,笔者根据其文章的行文风格和文字表述,认为该刊更接近于低幼读物。语言浅显而优美是《福幼报》的一大特色,例如下文:

早晨看看叶子上凝着的露珠,一点点的闪光悦目。露水本是没有光的,因太阳照着它,它就放光了。……爱心像太阳,光照着远近。凡被照着的,都变成光明美丽。③

就连《福幼报》"祷告"栏目所刊载的祷告词,也极好地体现了这一特色:

亲爱的主耶稣,我们是深知你是爱我们的,你爱我们,你要我们听你的话,顺服你的意思。求你教训我们,指导我们。教导我们怎样用我们的手,为你工作;用我们的脚,替你跑路;叫我们的嘴,

---

① 《福幼报》,第二十六年(1940 年)第三册,第 34 页。
② 《上海市社会局报纸杂志通讯社申请登记表》,1945 年 12 月 18 日,上海市档案馆,档案号 Q6-12-143。
③ 《福幼报》,第二十三年(1937 年)第七册,第 1 页。

常讲和平、正直、诚实的话;叫我们的心,都能归向你,时刻充满着喜乐和平安;是我们全身全心,都能为你所用,荣耀你的圣名。阿门。①

1949年中华人民共和国成立后,《福幼报》的内容迅速发生了重大改变,出现了大量时政类甚至是政论性内容。如第三十五卷(1949年)第十二期刊登冷火的文章《学习人民政协的三大文件》,文章长达4页;章龙宝的文章《勇儿翻身了》,介绍解放区儿童的情况;以及《少年儿童队歌》、政治诗歌《伟大的力量》等内容,刊物几乎都是这一类时政内容。朝鲜战争爆发后,《福幼报》第三十七卷(1951年)第一期又刊登了星星的《在艰苦奋斗中成长的民族——朝鲜》和启明的《平壤光复的历史意义》等文章,刊物中的儿童情趣已经很少了。

不过,在政治环境发生巨大改变的年代,《福幼报》仍然尽力登载一些具有宗教性内容的文章,如第三十六卷(1950年)第三期济泽的文章《耶稣的一生》,此文连载了一年,直到1951年2月终刊。第三十六卷(1950年)第一期杜少衡的《旧约圣经故事》和《摩西为以色列鸣不平》,第二期涂潜庐的文章《亚伯拉罕在迦南住家》,以及终刊号(1951年2月)星星的文章《一个关心圣殿的孩子》。在第三十六卷(1950年)第八期登载的吕肖君文章《黑夜中的歌声》,通过人们在战乱中仍然保持着宗教信念,因而获得心灵慰藉的经历,传递出一种对战争的宏观批判意识,似乎是主办者在隐晦地表达着对朝鲜战争的态度。

3. 关于《福幼报》的评价

《福幼报》共存续37年。创刊之后,在首任主编季理斐夫人的经营下,《福幼报》获得很大成功,"颇为女界所奖许。因报中文字概用白话,又附刊画图甚多,妇女儿童争相购阅"。②《福幼报》发行量最高峰时曾达到每期14 000份③,"与其他新教期刊相比,《福幼报》的订阅率算是

---

① 《福幼报》,第二十六年(1940年)第九册,第27页。
② 《广学会一九二〇年至一九二一年间之报告》,上海广学会出版,1921年10月,第7页。
③ 《新闻纸杂志登记声请书》,1947年6月27日,上海市档案馆,档案号Q6-12-143-106。

高的"①。

因此,尽管《福幼报》是一份以宣扬宗教为主的儿童报刊,但依然对社会产生了影响。例如曾任北京大学副教务长、中国科学院院士的著名历史地理学家侯仁之,在其童年时代就受到了《福幼报》的影响,其传记中称:"由于父亲工作忙碌,侯仁之童年的大部分时间是与母亲一起度过的。母亲十分注重对侯仁之的教育,准备了许多课外读物,订阅了上海基督教'广学会'出版的儿童刊物《福幼报》,并亲自讲述《旧约圣经》中的故事,培养了侯仁之浓厚的阅读兴趣。"②

何凯立在他的著作中给予了《福幼报》这样的评价:"《福幼报》在启迪青少年的心灵方面堪称典范,与此同时它又间接地宣传了基督教基础知识和道德原则。该刊不仅走进了基督徒的家庭,而且在非基督徒家庭中也备受欢迎。它与商务印书馆出版的《少年杂志》和中华书局出版的《小朋友》一道被公认为中国三大著名儿童刊物。"③

五、《明　　灯》

1.《明灯》的创刊与演变

1921年,广学会创办《明灯》双周刊,出版地上海。主要在公立大中学生中发行,报纸式样,1928年9月后改为月刊。

1937年10月、11月,在抗日战争的非常情况下,《明灯》与广学会出版的另外两个报刊《女铎》《道声》合刊出版。1938年7月,《明灯》再度与《道声》合刊出版,名为《明灯道声非常时期合刊》,1939年6月合刊刊名改为《明灯道声合刊》。合刊为书册形式,每月出版一期。《明灯》与《道声》各有一套编辑人员,目录与内容两刊也分开排列,《明灯》在前,页码22—36页不等;《道声》在后,页码12—18页不等。1939年12月为《明灯》与《道声》合刊的最后一期,之后《明灯》恢复单独出刊。1942—1943年,《明灯》再次与《女铎》《道声》合刊出版,并改为不

---

① 〔美〕何凯立著,陈建明、王再兴译:《基督教在华出版事业(1912—1949)》,四川大学出版社,2004年版,第251页。
② 李志伟:《北大百年:1898—2008》,作家出版社,2008年版,第248页。
③ 〔美〕何凯立著,陈建明、王再兴译:《基督教在华出版事业(1912—1949)》,第252页。

定期。

《明灯》停刊时间不详。

 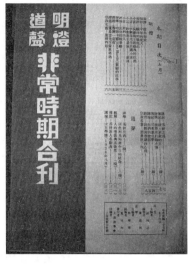

《明灯》　　　　　　　　《明灯道声非常时期合刊》

《明灯》历任主编无法查考,据《广学会五十周年纪念》,1937年时《明灯》的主编为谢颂羔:"谢颂羔牧师为华人,在本会中资格最老,译著甚多者。年来主编本会所出版之《明灯》,本年兼代本会之总编辑,仁厚忠勤,至足钦佩。"①(谢颂羔介绍详见《女星》一节)

北京大学图书馆收藏有《明灯》部分原件。

2. 内容与报刊风格

《明灯》以大中学生为主要发行对象,自称"青年的良友"。广学会年度报告写道:《明灯》"专为赠送国立中学以上各学校而设。每次印三千张,分送各校,颇受欢迎"②。

在中国政局极度动荡的年代,《明灯》奉行"超政治"的编辑方针。它主要有这样一些栏目:"短评""小言""短论""评传""传记""证道""灵

---

① 《广学会五十周年纪念》,上海广学会出版,1937年,第13页。
② 《广学会一九二〇年至一九二一年间之报告》,上海广学会出版,1921年10月,第8页。

修""宗教名著""圣经文艺""故事"
"小品""报告"等。即使一些完全可
以对政治进行评述的栏目,如"短
评"、"小言"、"短论",也避免涉及政
治。例如,1938 年 7 月的《短评》栏
目有三篇文章:《彼此相爱》《今年的
夏天》《战时的牺牲品》,第一篇文章
《彼此相爱》写道:"主耶稣给我们唯
一的命令,就是'彼此相爱'。可惜
我们不肯遵行,时常在背后说别人
的坏处。保罗说:'我们要看别人比
我好。'如果我们遵行这句话,也不
至常与别人争论。……我们要彼此
相爱,互相赦罪。"①第二篇文章《今
年的夏天》,说民众在战争中受了很
多痛苦,今年的夏天又来到,"愿知
识分子及青年们能出来大家做些救

《明灯道声合刊》

济的工作,务使人民不会吃许多不应吃的苦。"②第三篇文章《战时的
牺牲品》,对饱受战争之苦的人们表示了同情,认为他们都是"战时
之牺牲品"。避免谈论政治是当时许多传教士中文报刊奉行的
政策。

　　对于《明灯》奉行的"超政治"政策,广学会的年度报告给予了赞扬:
"《明灯》的编者聪明地试图使这份报刊具有愈来愈浓的宗教色彩。"③
"《明灯》报自创办以来,颇受全国教学政工商各界欢迎,近年尤为发达。
据国内教会领袖层次通信云:'《明灯》是最近对于新社会之一种良好布
道印刷品。'"④确实,《明灯》的宗教色彩浓厚,尽管它不是一份纯粹的

---

① 《彼此相爱》,《明灯》1938 年 7 月。
② 《今年的夏天》,《明灯》1938 年 7 月。
③ 《广学会五十周年》(英文版),第 121 页。转引自姚民权:《上海基督教史(1843—
　1949)》,上海市基督教三自爱国运动委员会、上海市基督教教务委员会出版,上海市出版
　局准印证(93)153 号,1994 年,第 108 页。
④ 《广学会三十六周年纪念册》,上海广学会出版,1923 年。

宗教报刊。它的直接布道文章刊登在"证道""灵修""宗教名著""圣经文艺"等栏目中。其他栏目也时常刊登与宣教有关的文章,例如,"短评"栏目刊登的与宣教有关的文章有:1938年8月的《基督徒在新时代中的地位》,1938年10月的《教会的前途》,1938年11月的《蒋委员长与主亲近》,1939年6月的《宗教与科学》,1941年11月的《寻求神旨是当务之急》;"小言"栏目有:1938年7月的《吴德施主教给我的感想》,1938年11月的《基督耶稣唯一的出路》,1939年6月的《基督徒的精神》,1941年2月的《新约中我最喜欢读的一本书——路加福音》;"评传"栏目有:1938年连载的《西教士列传》,1939年6月的《花之安先生》;"传记"栏目有:1941年4月的《历代著名布道家小传》《基督徒列传》,1941年连载的《基督教伟人列传》;"故事"栏目有:1938年10月的《顽童重生》,1941年连载的《神在人间》;"小品"栏目有:1938年9月的《宁波长老会》,1939年6月的《宗教的感化力》,1939年9月的《基督耶稣传》,1939年12月的《教会与神的国》;"报告"栏目有:1938年8月的《一个本色教会的设计》,1941年1月的《教会大学的人数》,等等。

作为以青年为主要读者对象的报刊,它也刊登一些青年感兴趣的内容,世俗类的知识与故事。例如1938年7月的《谈谈青春期的心理》,1938年9月的《对灰心的青年进一言》《关于婚姻问题》《集邮杂谈》《上海街头素描》《致今世少年书》,1938年12月的《十二岁以上童子所喜读的书》《伊壁鸠鲁及其快乐主义》《尝试与探险》,1941年3月的《中学生的新生命》,等等。

《明灯》"每期印五千份或六千份。除寄赠各官立学校暨城市乡村地方机关外,余皆出售于各处教会:有购二百份者,有购百份者,有购五十份或三十二十份者不等"[①]。

六、《道　　声》

1.《道声》的创刊与演变

1930年1月《道声》由广学会创办于上海。双月刊,书册形式,每

---

① 《广学会三十六周纪念册》,上海广学会出版,1923年。

期四十多页。抗战时期曾与《明灯》《女铎》合刊,1947年在上海恢复单独出刊。复刊时填写的《新闻纸杂志登记声请书》载明:该刊类别为"圣经教育杂志",刊期为"季刊",发行旨趣为"发扬基督教精神",社务组织为"附属于广学会",发行人与主编为"梅立德"。梅立德为美国人,时年63岁,耶鲁大学哲学硕士,曾任美国中学校长、宁波四明中学校长,受封长老会教士已三十一年,现任广学会出版部主任①。

刊登于《道声》1947年第一期《编者的话》写道:

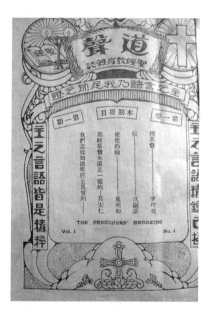

《道声》创刊号

> 《道声》杂志在大战以前,已经刊行多年。自日本侵略中国以后,交通困难,邮递不便,印费昂贵,曾有一时期,《道声》杂志与《明灯》及《女铎》合刊,发行则仅用《女铎》名称。1942年曾刊行二期,即第十三卷之五月第一期及十月第二期。一九四三年亦曾刊行二期,即十四卷三月之第一期,及九月(原文如此,应为八月——引者)之第二期。惟在与《女铎》合并时期所刊行者,每期页数甚少。

> 胜利以后,和平来临,我们现在又继续单独刊行《道声》杂志,以应当前需要,《道声》杂志暂定为季刊,第十五卷第一期于本年三月刊行。希望将来,逐渐扩充而为双月刊,或月刊。②

可见,《道声》在战后单独刊行时改为季刊。笔者在北京大学图书馆看到了《道声》与《明灯》的合刊,未见到与《女铎》的合刊。该馆有1930年《道声》的创刊号,也有1949年的终刊号,但在终刊号上看不出

---

① 《新闻纸杂志登记声请书》,上海市档案馆,档案号 Q6-12-143-68。
② 《编者的话》,《道声》第十五卷第一期(1947年)。

停刊的迹象。所藏也很不全,当中缺多存少。

2. 宗旨与内容

创刊号上的《序》,解释了取《道声》刊名的缘由:"就本刊之以道名而论,则其所指之意义,自不啻包含基督所表示于圣经中之一切耳……盖取其为上帝化身而能代表造物主之性质与思想之意也。声之一字,亦为圣经所常用……本志名为《道声》,非含有二字异同之意,乃综合二者以表明基督为上帝真道之声之意也。于是阐明圣道,或解释圣经,只有斯道之声,始能指示人生正轨,启迪人世遵行上帝旨意耳。"①

可见,《道声》是一份纯粹的宗教报刊,以"阐明圣道""解释圣经"为目的。第七卷第一期(1936年)刊登的《本刊紧要启事》,也是对《道声》宗旨的一个说明:

> 请看富有圣经参考价值和不带宗教派别的《道声》杂志:
> 本刊印行,原为供给研究圣经神学者的参考材料,毫不带着宗教派别或任何政治的色彩。其中内容,计分神学,经解,传记,讲坛,历史,仪习,杂录七大部门,而其材料,类都取自世界闻名的神学家杰作,允为有志经学者所不可一时或无的刊物。②

《道声》封面设计也极力凸显其宗教报刊的性质,《道声》刊名下印有"圣经教育杂志"与"主之言语乃我足前之灯"字样,再下面是竖排的两行字:"主之言语精炼已极""主之言语皆是精粹"。

《道声》的栏目如《本刊紧要启事》所言,主要有:"神学""经解""传记""讲坛""历史""仪习""杂录"。"神学""经解""讲坛"刊登直接布道的文章,其他栏目刊登的内容也是与宣教直接、间接相关联的,整本刊物很少有纯世俗的文章。如创刊号"传记"栏刊登的是《使徒约翰》《以拿书》,"历史"栏刊登的是《我们怎样知道圣经是真实的?》《耶稣余话》,"杂录"栏刊登的是《热心救人即事主的原因》《求庄稼主多遣工人祈祷》等。

---

① 《序》,《道声》第一卷第一期(1930年)。
② 《本刊紧要启事》,《道声》第七卷第一期(1936年)。

七、《女星》与《平民月刊》/《民星》

1.《女星》与《平民月刊》/《民星》概述

《女星》创刊于1932年1月,由广学会主办,主编由薄玉珍担任。

薄玉珍(Margaret H. Brown,1889—?),加拿大联合教会女传教士,长期在广学会任职。关于薄玉珍的资料不多,目前国内几乎没有什么新闻出版史和宗教史的著述介绍过她,因此薄玉珍的身世经历不太为人知晓,这似乎与她在传教士中文报刊史上的地位不相符合。笔者在上海档案馆寻觅到一份薄玉珍于民国三十七年(1948)3月31日填写的上海社会局《新闻纸杂志登记声请书》,从上面了解到有关她的一些情况:在"年龄"一栏中薄玉珍填写了59岁,因此可以推算出她应该是1889年左右出生;"学历"一栏填写了加拿大皇后大学毕业;"经历"一栏填写了广学会主干[①]。曾经担任广学会最后一任总干事的江文汉说:"她在广学会掌管妇女与儿童的出版工作。"[②]实际上薄玉珍是广学会的重要骨干成员,根据《民国二十七年份广学会报告书》的记载,当时薄玉珍在广学会中的职位是:董事会董事(作为加拿大长老会的代表)、主干委员会委员、出版委员会主席。薄玉珍不仅担任《女星》主编,还兼任了《福幼报》主编,"她所编辑的该两种杂志的销量,为本会杂志冠"[③]。薄玉珍在太平洋战争爆发后撤退到了成都,参加战时组成的"基督教联合出版社"。1945年11月薄玉珍回到上海,之后她又担任过广学会主办的《女铎》的发行人和主编。1948年薄玉珍离开大陆,担任广学会驻香港代表[④]。就薄玉珍的经历而言,她可以称作是传教士报人行列中的重要一员,与亮乐月、季理斐夫人等一起构成了传教士女

---

① 《新闻纸杂志登记声请书》,民国三十七年3月31日,上海市档案馆,档案号Q6-12-143-14。
② 江文汉:《广学会是怎样一个机构》,载全国政协文史资料研究委员会编:《文史资料选辑》(第四十三辑),中华书局,1964年版,第38页。
③ 《在建造中的新中国——民国二十七年份广学会报告书》,上海广学会出版,1938年,第19页。
④ 江文汉:《广学会是怎样一个机构》,载全国政协文史资料研究委员会编:《文史资料选辑》(第四十三辑),第39页。

报人群体。薄玉珍还编撰与翻译了大量的以妇女儿童为对象的书籍,她撰写的《王夫人的日记》一书创下了销行八版的记录。

薄玉珍

薄玉珍主编《女星》期间有一个重要的中国助手洪超群。洪超群在1934年进入《女星》编辑部,数月之后薄玉珍回加拿大休假一年,在此期间洪超群独力承担《女星》的编撰工作,她为此还专门在《女星》上发文向读者表述自己的感受:"因这个年轻无智的我,在她回国的一年中,当真要来独任《女星》,确乎使我很胆小,所以我希望读者们肯给我多量的指导和帮助。尤其是感谢的,薄女士也留下了好多稿子。"[①]在《女星》的第六卷第一期上,还刊登了洪超群与她的三个幼子的合影,足见她在《女星》中的重要地位。洪超群或与薄玉珍合作、或独力编著译著了许多有关基督教经典诠释、儿童心理、妇女生活的著作。

在一些报刊史著述中,《女星》的刊名有些混乱,出现了《女星》《女星月刊》《女星丛刊》等不同的名称,这在很大程度上是《女星》的编撰者自己造成的。在《女星》的创刊号上,封面上的刊名标识为《女星》,然而封二的刊名则标识为《女星月刊》,在年底的《女星》总目录中,又将刊名

---

① 《欢送薄玉珍女士返加拿大》,《女星》第三卷第九期(1934年9月),第1页。

写成了《女星丛刊》。一年之中,出现了《女星》《女星月刊》与《女星丛刊》三个刊名,这也就造成《女星》在有关报刊史著述中,对该刊名称的不同称呼。

《女星》在刊期的标识上也出现了问题,创刊号目录页的标识为第一期第一册,页边的标识则为第一卷第一册,很明显,目录页的刊期标识出现了错误。

这类刊名与刊期标识的混乱与不统一,在传教士中文报刊以及中国近代早期的报刊中比比皆是,这给后来的研究者带来了很多的不便与困惑,也映衬着中国报刊业由稚嫩走向成熟的发展过程。不过,《女星》创刊的年代已经是20世纪30年代,在刊名与刊期的标识上依然还在犯着初期的错误似有些不该。《女星》中这类不太严谨的错误是较多的,仍以创刊号为例,有的文章目录页与正文的标题就有所不同,例如《编辑者言》是目录页的标题,到了正文部分标题则成了《引言》。

《女星》创刊号

《女星》出至第五卷第十二期(1936年12月)。从第六卷第一期(1937年1月)开始,《女星》与广学会的《平民月刊》合并。

《平民月刊》由广学会主办,创刊于1925年1月,主编是广学会的华人编辑谢颂羔。

谢颂羔(1885—?),"1917年他毕业于苏州东吴大学,1918年经美国北长老会传教士经馥兰(Frank Bible)资助去美国留学三年"。"1926年6月由季理斐安排到广学会来工作的。"[①] 谢颂羔一生著述颇丰,"他

---

① 江文汉:《广学会是怎样一个机构》,载全国政协文史资料研究委员会编:《文史资料选辑》(第四十三辑),中华书局,1964年版,第33页。

写的书总在一百种以上,大部分是翻译的"①,著作等身的他因而被称为"20世纪的作家、翻译家"②。谢颂羔的交友面非常广,与当时许多著名文人都有交往,尤其是他与著名漫画大家丰子恺结下了深厚友谊。丰子恺为谢颂羔的书作序,《丰子恺文集》中收录了不少丰子恺写给谢颂羔的信函,记述了他与谢颂羔的友谊,还写到他促成了弘一法师与谢颂羔相识并结缘,弘一法师对谢颂羔非常赞赏,喜欢读谢颂羔的书③。

《平民月刊》

《女星》与《平民月刊》合刊后
第一期目录与版权页

《平民月刊》的"内容包括时事政治、思想修养方面的论述及故事、诗歌、生活常识、卫生知识和社会新闻等,并进行基督教教义的宣传"④。《平民月刊》给自己的定位是"平民之友":"我们极愿为平民之友,因为我们知道平民是勤劳的,是良善的,不肯用技巧去欺侮人的。

---

① 江文汉:《广学会是怎样一个机构》,载全国政协文史资料研究委员会编:《文史资料选辑》(第四十三辑),中华书局,1964年版,第33页。
② 〔奥〕雷立柏著:《论基督之大与小:1900—1950年华人知识分子眼中的基督教》,社会科学文献出版社,2000年版,第107页。
③ 丰子恺:《缘》,载谭桂林编《菩提心语——20世纪中国佛教散文》,江苏文艺出版社,1996年版,第203页。
④ 伍杰主编:《中文期刊大词典》,北京大学出版社,2000年版,第1175页。

我们也知道如果我们与他们为友,他们是很可靠的,很肯为我们努力的。"①

并且,《平民月刊》希望将报刊的阅读面和影响面延伸到下层平民的子女,编撰者为自己设定的几个使命包括:

> 第二,我们仍要与平民们为友,设法指导平民,为平民谋些出路。
> 第三,我们希望多与小学生们做朋友,得到他们的同情与友谊。②

《女星》与《平民月刊》的风格极为相似,因此,在合刊之际,《女星》是这样表述其合刊宗旨的:

> 《女星月刊》与《平民月刊》的宗旨相同,又是同一广学会的出版物,所以最近由二刊的主笔先生商量,议决要合并起来,因此内容可以增加,使读者们格外满意。最使我们快乐的是为本合刊写稿的人也能增加,而且都是有经验的作者。所以我们希望读者们替本合刊鼓吹,多为介绍给诸位的亲戚朋友。
>
> 　　　　　　　　　　　　《女星与平民家庭月刊》编辑部谨启③

《女星》与《平民月刊》合刊之后的刊名又出现了一些混乱,封面与页边的标识是《女星》,但封二则出现了《女星与平民家庭月刊》字样,在《合刊启事》的落款处也写明是"《女星与平民家庭月刊》编辑部"。

虽然出现了两个刊名,笔者依据原件做出的判断是——合刊后的刊名仍然是《女星》。其一,从序号来看,合刊后的第一期并没有使用新的序号,而是沿用了《女星》的序号,是为第六卷第一期(如果是《平民月刊》的序号,当为第十三卷第一期),因此这次合刊实际上是将《平民月刊》并入了《女星》。其二,从刊名的标识来看,在封面等显眼位置上出现的是《女星》刊名,刊物的页边也仍旧印着"女星　第六卷　第一期"字样,年底的总目录上也只有《女星》字样。其三,合刊后的编辑部是以原《女星》为主,版权页的标识为"编辑者 薄玉珍女士,助编者 洪超群女

---

① 《短论:平民之友》,《平民月刊》第十卷第四期(1934年4月),第1页。
② 《短论:本刊的新年使命》,《平民月刊》第十卷第三期(1934年3月),第3页。
③ 《女星月刊与平民月刊合刊启事》,《女星》第六卷第一期(1937年1月),第2页。

士",也就是说主编与主要编辑者均为原《女星》的班底。谢颂羔虽然在合刊后的报刊上经常发表文章,但其名字只是作为作者出现,并没有作为编撰人员出现。其四,从报刊的内容来看,虽然不再以女性为单一读者对象,兼顾了原来的《平民月刊》的读者群,不过从所登文章的内容来看,还是更偏向女性化和低幼化一些,也就是说合刊后报刊延续的是《女星》的风格,这一点只要将《女星》与《平民月刊》两刊内容做一个比较就非常清楚了。

1941年12月太平洋战争爆发,日军占领上海租界区,薄玉珍等广学会人员撤往四川,《女星》出至第十卷第十二期停刊。

《民星》

1948年1月,《女星》更名为《民星》在上海复刊,仍为月刊,其刊期接续了《女星》,从第十一卷第一期开始排序。《民星》的主编仍由薄玉珍担任,薄玉珍离开中国后先后由胡祖荫和余牧人接任。

《民星》宣称其刊物"发行旨趣"为"注重灵性修养俾身心健康,藉以促进家庭上海国家之建设"[1],其内容"为要达到家庭各份子心身健康起见,我们注意到四点:一、宗教;二、言论;三、卫生常识;四、家庭教育,烹饪、缝纫,另外附带点教会和时事消息"[2]。从其宗旨和内容来看,《民星》依然保持了《女星》的风格。

与《女星》和《平民月刊》时期有所区别的是,《民星》将其刊物的读者对象定位农村的基督徒。1949年以后,《民星》在其封面上标注了"乡村家庭月刊"的字样,编辑部声称"本刊是基督教的乡村家庭月刊……本刊希望能成为农民家庭中合用的学习材料,叫读者能多明白一些耶稣的真道和教会的工作,能得到一些农民日常生活工作必需的

---

[1] 《新闻纸杂志登记声请书》,1948年3月31日,上海市档案馆,档案号Q6-12-143。
[2] 《本刊简则》,《民星》第十一卷第二期(1948年2月)。

知识"①。通过对《民星》的研读可以发现,刊物中除了宗教文章以外,基本上都是农业生产技艺、农村生活常识等内容。

1951年,《民星》停刊。

《女星》《平民月刊》《民星》的原件以国家图书馆、上海档案馆和北京大学图书馆馆藏较为丰富。

2.《女星》与《平民月刊》/《民星》的刊物特色

由于《女星》与《平民月刊》两刊的读者群都是社会底层文化程度不高、收入微薄的平民百姓、家庭妇女乃至低幼儿童,有的研究者认为,《女星》更"侧重农村女性,希冀可以改善农村女性的生活水平"②。因此,发行策略首选的是低定价,《女星》的发行广告语是:"《女星》月刊一年共有十二册,定价只有二角钱,既有趣,又便宜,妇女们快用最廉的价钱买有价值,有趣味的月报,是很好的事。"③

5年后,当《女星》与《平民月刊》合刊,正文页码由21页增加到31页时,仍然维持着原来全年十二期总共2角钱的定价。

2角钱是一个什么经济概念呢?以《女星》创刊后的1933年上海普通工人的工资收入作为比较背景:"1933年,上海工人的月工资……通常为16.7圆到33.3圆,一般约为20圆。普通的工人家庭(双职工)年收入平均达到400圆以上……专业熟练工(占工人总数的15%左右)、邮电职工、印刷业技工、小学教师、医护人员等,家庭年收入可达600圆以上(月收入50圆以上),达到小康水平。"④可见,2角钱在当时"普通的工人家庭"或"专业熟练工"等家庭的年收入中,所占的比重是非常小的,足以引起他们的订购欲望。

低定价只是发行策略之一,关键是文章要让特定的读者对象读得懂,读得进去,因此,两刊在十多年的办刊历程中,在办刊主旨和行文风格方面形成了鲜明的特点。

其一,制定针对低文化层次读者的阅读策略。

---

① 《本刊启事》,《民星》第十三卷第二期(1950年2月)。
② Ku T'ing Ch'ang, *The Protestant Periodical Press In China*.《真理与生命》第十一卷第一期,1937年2月15日,第26页。
③ 《女星》第一卷第一期(1932年1月),版权页。
④ 陈明远著:《文化人的经济生活》,文汇出版社,2005年版,第185—186页。

《女星》创造了一个极具特色的做法,这就是所谓"一千字""八百字"和"五百字"阅读策略。《女星》在创刊之际,即明确该刊所使用的汉字,将基本局限在通过精选而出的一千字以内:"中国文字,是非常多,又很难认。你们想若要能看书写字,必须经过许多年的工夫。从前是如此,如今却不同了。有些人已经选出一千个平日常用的字,这本报里,大都是用这一千字写的。至于那不认得千字课的人,在字旁边,也有注音符号。注音符号一共有三十九个字,各个字都是很浅很容易学的。"①"本《女星》全部所著的论文,总是不出乎这'千字表'以内的生字。"②

而"五百字",则是在"一千字"的基础上再经过筛选,每期总有一篇文章"是限用五百以内的生字。论到这'五百字'表,我们曾费了许多心血,对于那不合用的字统行删去,而那必需的字就添上。以后又和几位再三的商量,这才定规了'五百字',乃为我们这工作所必需用的字。将来在每期里,有一篇简单的论文,总是依照此'五百字'内选用"。而"八百字",是指"我们又于这'五百字'以外另加了'三百字',共为'八百字'。但这三百以内的生字,大半是关于卫生方面所必需用的,因此以后常有一篇论文,乃是专讲卫生的事情"③。

每一期中被确定为"五百字"和"八百字"的文章,都在目录页上标明,以方便读者选阅。同时,《女星》还在每一期中选取一篇文章全文标识注音字母,其他文章中的一些难字,也予以标识注音字母。

这样,《女星》通过细致的工作,将其阅读面覆盖到了半文盲层次,《女星》上的一篇文章说明了其努力的价值:"《女星》是已经出版了两年的一个月报,虽然历史不长,但在基督教出版界,却是一个有特别性质的报,就是对于妇女的贡献,对于识字不多的妇女的贡献,引起妇女界读书报的兴趣。题为《女星》,可谓名称其实。她——女星——发起五百字运动,以十分勇气,配上十分工夫,去使用五百字,要中国识字不多的妇女,去亲炙她,真是屈己从人的实现。"④

---

① 《引言》,《女星》第一卷第一期(1932年1月),第2—3页。
② 《本年女星的目标》,《女星》第三卷第一期(1934年1月),第1页。
③ 同上。
④ 《陈崇桂博士介绍女星》,《女星》第三卷第一期(1934年1月),封三。

因此,《女星》被称为"确是为稍识字义的妇女的'和平与希望的明星'"①。

当《女星》改名为《民星》后,这一策略经过改良后依然沿用。《民星》开设了"农民家庭识字课"专栏,该专栏的教学程度大致相当于小学低年级,其目的是"对一字不识的人,也希望能用这些识字课,和已识字的乡村同工同道们合作,尽人民一分子的责任。……从不识字的人到受过中等教育的人,都能得到一点帮助"②。

其二,极具平民化、口语化的新闻报道语言。

创刊初期的《女星》并不刊载新闻内容,后来逐渐加入了一些时政新闻内容。《女星》的新闻报道很有意思,行文风格仿佛是几个家庭妇女围坐在一起,边干家务边东家长西家短地唠嗑扯闲天,与刊物整体所追求的风格十分吻合。试举两则新闻报道为例:

> 印度的大领袖尼鲁(即尼赫鲁——引者注)先生最近到了重庆。他本想还要参观别的地方,可惜因欧战暴(爆)发回去了。③

> 我们想到欧洲又发生了战事,心里真是难过。记得去年德国要捷克的一部,那时别的大国,都想谋世界和平,不愿打仗,而希特勒也应许了再不要欧洲别的地方了。因此,没有惹起什么事。
>
> 现在因德国又要波兰,英、法、美诸国都希望和平,就大家请希特勒不要打仗,可是谈判决裂,德国的军队就动员了,现已和波兰正式开仗两星期了。④

《女星》对因遭受纳粹德国迫害出逃到上海的犹太人给予了持续的关注,1940年的《女星》发表了这样的报道:"去年有一百六十九个犹太医生从德国被赶出来,他们就逃到上海,都在上海注了册做医生。他们中间有四十八位已得着了行医的地方,到内地各处去了。"⑤

1941年的《女星》继续了这方面的报道:"去年十一月的报告,上海有一万四千犹太人受着饥饿的痛苦。而因救济来源的缺少,又因物价

---

① 季理斐夫人著、叶柏华译述:《广学会为中国妇女及儿童做了些什么工作?》,载《广学会五十周纪念短讯》第四期,上海广学会出版,1937年4月,第15页。
② 《本刊启事》,《民星》第十二卷第十二期(1949年12月)。
③ 《尼鲁先生的参观》,《女星》第八卷第十一期(1939年11月),第29页。
④ 《欧战暴发了》,《女星》第八卷第十一期(1939年11月),第29—30页。
⑤ 《犹太难民》,《女星》第九卷第四期(1940年4月),第29页。

增高,收容所里每天只能供给他们一餐饭。有一个犹太难民说:'我们每天只有一餐饭吃,每餐只有一样吃的东西。昨天是一样青菜,不知道为什么大家都不想吃,所以我们昨天一点东西没有吃。'我们想到他们以前都是生活于很富足的环境中的,现在来作可怜的难民,不得不向他们表示十分的同情。"①

《平民月刊》的新闻报道行文风格与《女星》亦有着异曲同工之妙。其刊载的一些社会新闻性质的报道,也完全不用惯常的新闻写作手法,而是用一种近乎小学生作文的风格,几乎是纯口语化的行文方式。先看一则报道:

> (我)到江湾去,经过江湾路日本的大本营,但见营中电灯辉煌,有一些日本兵在做事,可见他们备战的紧张与认真了。我们大人先生恐怕还蒙在鼓里,一点也不知道他们如此的努力。
>
> 我到了江湾,那时还不过四点钟,看见平民们正在卖菜,其余如卖油炸烩、烧饼的人也是很早,他们每日起身很早,那做烧饼的一家起身更早,据说是每日早晨二时开始做烧饼了。②

再看一则对意大利与阿比西尼亚(埃塞俄比亚)的战争报道:

> 从前欧洲最强的国家是德国,如今欧洲最强的国家是意国,但是意国要想用强权压制阿国,不久,也许要大战,但是一定要杀死无数的平民,这是我们所引为最不幸的一件事。③

《平民月刊》与《女星》相比,更为贴近时政和民生,尤其在时政问题上,以平民代言人的形象来反映民众的呼声。例如第十卷第一期"短论"栏目的文章:"'一二八'的二周年纪念快到了,在这两年中,整个的东三省被日本人吞灭还不够,又把热河奉献给他们。他们用各个击破的政策杀我们,我国以局部抵抗来敷衍民众,怎不失败呢!我们不必怪政府卖国,只怪我们自己没有团结力!炮声远离了上海,上海的人们照旧是沉醉于电影跳舞酒色之中。"④

---

① 《上海的犹太难民》,《女星》第十卷第五期(1941年5月),第24页。
② 《今天早晨的一些见闻》,《平民月刊》第十卷第一期(1934年1月),第21—22页。
③ 《意国的强盗》,《平民月刊》第十一卷第十期(1935年10月),第7页。
④ 《与平民们讲几句话》,《平民月刊》第十卷第一期(1934年1月),第1—2页。

再看第十卷第三期"感言"栏目的文章:"若是世界上只有中国一国,那末,自己打自己还可以维持数年,但是,我们是处在强邻的势力下,不去自杀自,已经是十分危险,若是一班军阀们还要'枪口对内',这是真使我们平民不能明白的一件事。我们除出大声呼叫反对'枪口对内'以外,敢说,'军阀们,你们何苦做这种不尽人情的事?'"①

其三,寓"教"于乐,寓"教"于俗。

《女星》刊载的文章中,其宗教内容的比例是比较高的。以《女星》创刊号为例,这一期没有分栏目,共登载了6篇文章:《引言》《童女的名字叫马利亚》《一个小孩子要引领他们》《惹动了灵》《祈祷》《教导孩子关于上帝的事》,其中不涉及宗教内容的只有《引言》与《一个小孩子要引领他们》两篇文章。再以合刊后的第六卷第一期《女星》为例,该期共分为7个栏目,登载了13篇文章:

"言论":《恭贺新年》《家庭的责任》《中国的四大希望》

"故事":《李大嫂信主后的第一个新年》

"卫生":《伤口不可不包》

"宗教":《以利沙伯》《祈祷》《基督徒发光》《基督徒与爱国》

"家事":《基督化的婚姻》

"常识":《地的生产》

"新闻":《基督化家庭运动》《母亲会》

13篇文章中真正没有宗教内容的只有"卫生"与"常识"两个栏目和"言论"栏目中《中国的四大希望》这3篇文章。其他的文章,或多或少地掺杂着宗教的内容。

薄玉珍主办的《女星》,善于捕捉儿童和妇女的生活特点与心理特征,她的宣教,对基督教的教义和宗教经典内容的解释,使用的是最通俗平实的语言,用下层平民百姓所乐见、所易于接受的方式,通过报刊传递出去:"我们作基督徒的,应当为别人立好榜样。耶稣叫我们应当敬拜上帝,并且要全心、全意、全力的敬拜。看书可以练习脑经(筋),我们除了信心以外,应当用知识拜真神,《圣经》是最宝贝的仓库,若是我们不识字,就不能看《圣经》,不能看《圣经》,那里面的宝贝,就与我们

---

① 《"枪口对内"为什么要反对》,《平民月刊》第十卷第三期(1934年3月),第12页。

无益。"①

即便是一些没有宗教内容的文章,薄玉珍也善于在一些凡人俗事中,体现出宗教的存在。例如"卫生"栏目中登载的文章,她总是用讲故事的形式来说明一个卫生常识,而故事中的主人公,往往是信基督的张大嫂或王大姐之类的人物,让读者潜移默化地感受到基督的无所不在,从而体现出寓"教"于乐、寓"教"于俗的含义。

《平民月刊》登载的宗教文章并不多,其宗教文章行文的方式也不是直接的说教或是对《圣经》等经典著作进行过于严肃的诠释,而是通过对宗教人物和事迹进行口语化的介绍来完成。《平民月刊》第十卷第八期"道域"栏目登载了一篇长篇宗教文章《耶稣与平民》,文章以"耶稣的平民生活与平民的关系"为核心展开相关的论述,文章是这样说的:"耶稣是神子,化身为人,他不降生在王侯贵族之家,也不降生在繁华的大城,却屈身卑微,生长在犹太国无名的乡市拿撒勒的一个木工家里,并且产在马槽中。甘心做个木工,过着平民生活。这不但表明耶稣的虚己心,而且是表示耶稣看重平民的地位。因为他觉得平民是社会的中坚分子。"②

文章中以平民为核心介绍耶稣的思想:"耶稣的道理——平民福音","耶稣的交际——平民团体","耶稣的事业——平民救主",虽然这种对耶稣思想进行平民化的诠释未必与基督教以及《圣经》的思想合拍,但却是符合《平民月刊》办刊宗旨的。最后文章强调:"所以耶稣在世的事业,就是要拯救人脱离罪恶。愿我亲爱的平民同胞,快来欢迎这位平民救主。"③

因此,《女星》与《平民月刊》/《民星》所反映出的办刊思想与办刊理念,在今天是有着关注与研究价值的。

---

① 《引言》,《女星》第一卷第一期(1932 年 1 月),第 3 页。
② 《耶稣与平民》,《平民月刊》第十卷第八期(1934 年 8 月),第 22—23 页。
③ 同上书,第 27 页。

第十四章 20世纪上半叶的其他传教士中文报刊

进入20世纪以后,传教士中文报刊的主旨由传播西学回归为传播西教,逐渐淡出中国的政治舞台。因此,虽然20世纪传教士中文报刊的数量之多与覆盖面之广是以前任何一个时期都未有的,但它对中国社会的影响却比19世纪要小得多,这也造成了目前报刊史研究中,一般著述对于20世纪上半叶的传教士中文报刊着墨甚少。但是,20世纪上半叶的传教士中文报刊依然具有其特殊的研究价值,作为传教士中文报刊研究的专著,我们在对20世纪上半叶的传教士中文报刊进行了研究之后,择其要分两章进行介绍,前一章为这一时期的广学会报刊,本章为广学会以外的有代表性的报刊,以期对创刊于20世纪上半叶的传教士中文报刊有一个大致的勾勒,对传教士中文报刊完整的历史有一个基本的描绘。

一、《真光杂志》

1.《真光杂志》概述

《真光杂志》于1902年2月在广州创刊,创刊时名为《真光月报》,英文名为 *True Light Monthly*(后期改为 *True Light Review*),由美国传教士湛罗弼创办。

湛罗弼(Robert Edward Chambers,1870—1932),生于美国弗吉尼亚州,成年后"在美国南浸会所属的南华差会服务"[①],1895年受美国

---

① 力约翰:《湛罗弼博士传略》,《真光杂志》第三十一卷第九号(1932年9月),第62页。

《真光杂志》

教会派遣来到中国华南地区传教。湛罗弼在他的日记中写道:"我要悉心探讨在中国设立本会的印刷局"①,在湛罗弼的推动之下,1898年底中国各省浸会的代表在广州开会商谈此事,1899年2月创建了美华浸会印书局,简称浸会书局。浸会书局成立之初由11名美国传教士和4名华人组成董事会,湛罗弼任总干事兼司库。"书局历年的出品,计分五种:(一)对外的布道小册;(二)对内的说经丛书;(三)新旧约二经分册合册……;(四)主日学课;(五)各种定期刊物。"②这个"各种定期刊物"中最有名的就是《真光杂志》。

《真光杂志》由湛罗弼创办,报刊上刊印的对湛罗弼的称谓是"总理"。湛罗弼虽然总理《真光杂志》的一切,但他对于具体编辑事务参与不多,主要由他聘请的华人编撰人员具体负责,他与《真光杂志》编撰人员的关系有些类似董事长与总经理的关系。"湛博士本非特别长于著作。他不过是一个干事才,和最能与人合作的人。"③正是由于湛罗弼知人善任,聘用了一批具有真才实学的华人编辑,奠定了《真光杂志》的发展根基。《真光杂志》创办初期主持笔政的编辑,"首一个编辑是新会陈禹庭信民,继之者,高要廖云翔卓庵,清远黄藻才焕民,平乐张文开鉴如,高要黎文锦献之,清远周凯声碧琴,高要杨汝鳌海峰,此是开办起至一九一八年六月间的编者。一九一八年七月,复由张文开先生重主此杂志编辑。"④张文开的加入从此奠定了《真光杂志》的基本风格,"可以

---

① 湛罗弼:《广州美华书局历史》,《真光杂志》第二十六卷第六期,1927年6月。
② 同上。
③ 威林士:《湛博士对于美华浸会书局的工作》,《真光杂志》第三十一卷第九号(1932年9月),第49页。
④ 杨俊文:《美华浸会书局四十周年的经过与我的几个献议》,《真光》第三十八卷第三号(1939年3月),第42—43页。

说湛博士为本局所做的最重要的件事之一,就是聘请张亦镜先生做编辑和发展张先生的基督精神与新文学。"①

张文开(1871—1931),广西乐平人,字鉴如,号亦镜,由于他在发表文章时多以"亦镜"为笔名,所以张亦镜之名更为人所知晓。张文开自1905年加盟《真光杂志》直至去世,20多年时间倾注心血于《真光杂志》。"张先生具有中国旧学者的良好态度和优点,同时也备有惊奇的知识,认识他所处的新时代,因之他发展为一个希(稀)奇的融会贯通的人。"②为张文开作传的欧阳佐翔牧师这样描述他的工作情形:"文开先生每天竟做十五六个小时的工作。一年四季,不论三伏天,例假日,刮风或下雪,他总是早晨三四时起床,一枝斑管,两瓶墨水,一把剪刀,一瓶浆(糨)糊,一壶清水,便是他终日形影不离的伴侣。除了会客、穿衣、吃饭之外,大部分时光,都埋头作表述、编辑、发稿、阅报、写信等工作。他主编每一册《真光》,无论哪一篇、哪一句、哪一字,都经他宵肝劳瘵所呕出来的心血渲染过,都有他的生命存在。"③张文开主笔时期的《真光杂志》发行量最高达到每期5万份,这也使得张文开成为《真光杂志》不可或缺的人物。湛罗弼对张文开非常信任,张文开是这样描述两人关系的:"湛教士与余相处最久,尤交深莫逆,足称知己。……且常曰:我与张某虽不同国,已无异于同胞兄弟。"④1920年冬湛罗弼表示不再担任《真光杂志》总理,经书局董事会公决,《真光杂志》交由张文开独立负责办理。关于张文开的影响,还有这样一则趣闻:"我们记得几年之前又一次在广州聚餐,有人在席间提出了一个问题,就是在全中国的浸会信徒中,谁是最有影响的人物,当时我们举出了许多有名的宣教师,但结果大家一致地推崇张文开先生。"⑤

张文开去世之后《真光杂志》又换过几任主笔,曹新铭是《真光杂

---

① 威林士:《湛博士对于美华浸会书局的工作》,《真光杂志》第三十一卷第九号(1932年9月),第49页。
② 同上书,第48页。
③ 欧阳佐翔:《基督笔兵张文开》,见刘翼凌等《你应该知道的亚洲圣徒》(第一集),香港证道出版社,1967年版,第5页。
④ 亦镜:《〈真光杂志〉出世迄今二十五年及余滥竽其中廿二年之经过》,《真光》第二十六卷第六期,1927年6月。
⑤ 嘉理模撰、任大龄译:《中国基督教的新闻事业》,《真光杂志》第三十八卷第三号(1939年3月),第1页。

志》后期比较重要的一位,刊社方面对他的工作有这样的评价:"现任的编辑曹新铭先生用美好的方法工作着,向着成功之途迈进;所以《真光杂志》在张文开先生做编辑之时,所占令人羡慕的地位,现在又恢复了。"①

《真光杂志》的刊名与刊期发生过若干次变化:

创刊时名为《真光月报》,每月出刊一次。

1906年(光绪三十二年)改名《真光报》。

1912年《真光报》进行了一次较大的改革:从3月1日开始,在继续出版《真光报》月刊的同时,每月增出四期《真光报附张》。"本报从本年第一期起,将新闻纸另纸印派。每月四出……即每月一号八号十五号廿二号,为出版之期。一号出版者,与成册之真光报同寄,余随出随发。"②每月四出的《真光报付张》专事时事新闻与教会新闻报道,实际上是承担了《真光报》的新闻报道功能,而《真光报》月刊则不再刊登新闻,但仍保留了评论时事的"时论"栏目。

这次每月两刊的改革持续了几年,1916年5月《真光报附张》停刊,仍将新闻编入正册,《真光报》改名为《真光》,刊期改为半月刊。

1917年又改名为《真光杂志》,仍是半月刊。1923年又复改为月刊。

1925年,先是上海发生"五卅惨案",既而广州又发生"沙基惨案",引发了省港大罢工,美华浸会书局以及《真光杂志》社受到罢工的冲击:"香港与广州的洋务工人作一致罢工的行动,以报复此惨案。但是工人不分皂白,只是盲从,连带美人所办的本书局,也同遭罢工他去。致使全备美好、与规模颇大的印刷

2010年整修后的真光大楼

---

① 《浸会书局四十年来之工作》,《真光杂志》第三十八卷第三号(1939年3月),第41页。
② 《本报广告》,《真光报》第十一年第一册,1912年3月1日,第2页。

场所,被迫停止工作!本志不能在书局印刷出版。"①1925年的《真光杂志》第八期至第十期、第十一期和第十二期均为合号出版。"鉴于广东在书刊发行、流通渠道、文化及宗教气氛诸方面均不及上海,湛罗弼决定将美华浸会书局迁往上海。"②1926年浸会书局由广州迁往上海,他们在上海圆明园路建造了真光大楼,浸会书局与《真光杂志》迁入新址。

1941年12月太平洋战争爆发后,《真光杂志》出至第40卷第12期后停刊。

上海档案馆收藏有第25卷至第40卷(1926—1941年)《真光杂志》迁往上海后出版的原件。

2.《真光杂志》的刊物特色与主要内容

《真光杂志》刊名的原意为"发真理之辉光"。在其创刊时是这样阐述刊物的主旨:"真光月报之设,藉以通教会之消息,发真理之辉光,及各国新闻格致杂说。凡此益人之智慧,加人信德,未必无小补。此布。"③可见《真光杂志》是一份报道新闻、评述时政、介绍科技与传播西教、阐述教义并重的刊物。

关于《真光杂志》的栏目设置,黄增章的研究论文有比较详细的介绍:"《真光杂志》在粤出版的20余年里,栏目变化较多,要而言之,主要有如下几项:时论:主要为宗教方面的评论、辩驳,宣扬基督教的理论,亦有小部分的时事评论;圣经说林:以布道为目的,解释基督教的各种经典,刊载基督徒关于经义方面的论述;活信从录:主要刊登关于基督教的各种圣灵圣迹,宣扬其神奇力量的奇闻轶事的文章、故事;传记:记述西方和中国一些传教士、教徒的生平事迹,其中又以介绍中国教徒的内容为多;教会新闻、教务纪要:是该刊的主要栏目之一,主要记述浸信会各教会的教务机构、学校的情况,教务会议和人物活动,兼及其他教派的情况报道;博物:主要介绍日常生活的一些常识、医学知识、天文地理知识,以及西方科学技术发明等。……民国要件、政闻要录:记录中央及各省市的一些重要文件、人物演说辞与来往电文,以及

---

① 杨俊文:《美华浸会书局四十周年的经过与我的几个献议》,《真光杂志》第三十八卷第三号(1939年3月),第43页。
② 黄增章:《广州美华浸会书局与〈真光杂志〉》,《广东史志》2002年第21期,第42页。
③ 《真光月报》第二册,光绪二十八年二月(1902年4月),目录页。

政治、经济、文化、外交等方面的大事,此栏目在该刊中曾占有重要地位,特别是它原文照录地刊载了许多有价值的文献,因而具有较高的资料价值;时事新闻:为该刊的重要栏目,记述中央及各地的要政大事……除上述栏目外,还有噱谈、杂录、杂著、诗词、小说等一些点缀性的栏目。"①

《真光杂志》的时政评论还是很有特点的,不仅对时政的反应快,而且组合了不同栏目的文章阐述《真光杂志》对政局演变和社会发展的观点。以第十一年第一册(1912年3月1日)为例。该期出刊时正值民国建元,"民国要件"栏目刊登了如下文章:《中华民国临时政府组织法》《共和急进会发起词》;"时论"栏目刊登了一组时政评论文章:《论阳历》《论亟宜一律废去跪拜礼》《论破除神权》《辩以共和归功孔子之谬》《中国今日之所需序》。其中《论阳历》一文从宗教的角度阐述了民国纪年宜采用公历,既宣传了相应的科学知识,又传播了附涵于公历演变过程中的宗教历史。为了消除民国建元时将中国千年传承的农历纪年更改为公历纪年后,中国普通民众有可能产生的抵触心理,文章作者迎合甲午战争后中国民众对日本普遍存在的情绪化特点,用了激将法:"斯上下古今,皆可以耶稣降生一而贯之矣。然则我所爱之中华民国,既经采用阳历,为纪国事之根基,思与各国齐驱并驾,亦应兼用主耶稣降生之公共通行年号,与世大同。因国与亚东之日本,曾兼用此两历数,岂可以堂堂中华之共和大民国,反退居日本之下乎。"②《论亟宜一律废去跪拜礼》一文,更鲜明地反映了编撰者对实施共和制之后中国社会民风民气改变的期望。《中国今日之所需序》一文,是湛罗弼的著作《中国今日之所需》的序言,此书今日已不得见,但从这篇序言中,反映出该书意在宣传基督教在中国推翻清朝、废除帝制后的精神建设中所发挥的作用:"先生此文之谆谆致意于耶稣由神而来之新能力,真中国今日之对症药哉。"③

到了《真光杂志》后期,尤其是日军占领上海,租界沦为"孤岛"之后,在严酷的战争环境下,《真光杂志》基本上成为纯宗教性的报刊了。

---

① 黄增章:《广州美华浸会书局与〈真光杂志〉》,《广东史志》2002年第21期,第41—42页。
② 《论阳历》,《真光报》第十一年第一册(1912年3月1日),第5页。
③ 《中国今日之所需序》,《真光报》第十一年第一册(1912年3月1日),第24—25页。

这一时期的主要栏目有："特载""评论""宗教""少年""文艺""会闻"等，几乎很少有世俗性时政类的内容了。

3.《真光杂志》与"非基运动"的抗衡

《真光杂志》被有的研究者誉为"中国基督教杂志的鼻祖"①，如果从创刊时间、报刊综合影响力等方面来评价，这个说法并不准确，《万国公报》等许多传教士中文报刊都在《真光杂志》之上。但是，《真光杂志》在传教士中文报刊中的确有其独特的影响。它的名气，源于20世纪20年代的"非基运动"，在这次运动中，《真光杂志》采取了与之针锋相对的抗衡方针。非基运动兴起后，当时的中国以知识界为先锋，开展了对基督教界的大批判。在运动的高潮时期，基督教界的日子很不好过："那时的基督徒胆寒栗栗，有许多教会的出版文字，竟不敢公然宣传福音，却改头换面的来躲避敌方尖利的锋滴（原文如此，似应为"镝"字——引者注）。唯有张老先生单枪匹马的出来应阵，经过无数会合，非教的空气渐见散淡了。"②张文开在这一时期的《真光杂志》上连篇累牍地发表了大量文章，因此，"1902年所创立的《真光月刊》可谓传教、护教最力之一基督杂志"③。《真光杂志》后来很得意地称当时的举动为"幸得本局《真光》三千的毛瑟，轰轰烈烈，横扫千军，将此阴霾冲散，复见光明"④。虽然对于《真光杂志》与"非基运动"抗衡的行为，社会各界一直有着批评的意见，但是此举对《真光杂志》社而言却形成了一次发展的机遇："一九二二年非教潮起，记者张文开（亦镜）先生出批评非基督教言论汇刊两号，增印二万份，不一月售罄，再版二万册，亦扫数卖尽。以后对于非教之言论，期期都有发表。于是订购者日益多，称真光为教会之王者有之，称真光长于辩驳有卫道的热忱者有之，真光乃由少数人赏识，变为大多数人欢迎。因之一九二四年全国基督教协进会为

---

① 黄增章：《广州美华浸会书局与〈真光杂志〉》，《广东史志》2002年第21期，第41页。
② 俞伯霞：《张亦镜先生对于基督教文学的贡献》，《真光杂志》第三十一卷第九号（1932年9月），第44页。
③ 吴昶兴：《从浸会历史看台湾浸会之使命传承》，《台湾浸信会神学院学术年刊2008·基督教与生命教育》，第108页。转引自http://www.tbtsf.org.tw/bulletin2008/bulletin2008.htmp。
④ 杨俊文：《美华浸会书局四十周年的经过与我的几个献议》，《真光杂志》第三十八卷第三号（1939年3月），第43页。

筹备全国基督教杂志征求同道意见的答案,以爱阅真光者居最多,真光乃在教会杂志中占一个特殊的地位,凡是教会中人,差不多都知道本国有一份杂志,命名真光,真光乃普照于暗沉沉的我国了。"①

张文开本人因此名声大噪。虽然有研究者认为张文开后来对自己当时的举止表现了后悔,但张文开当时"单枪匹马的出来应阵"的举动,奠定了他在中国基督教界的重要地位。"1936年浸会庆祝来华宣教百年,大会上张亦镜被推为'百年中对浸会事业最有贡献的一位'。"②而《真光杂志》则一举奠定了民国前期其在传教士报刊中的地位。

二、《通 问 报》

1.《通问报》概述

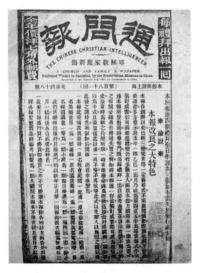

《通问报》

《通问报》于1902年6月在上海创刊,社址设在上海北京路18号,英文刊名为 *The Chinese Christian Intelligencer*。

关于《通问报》创刊原由,《上海基督教史(1843—1949)》是这样解释的:"1901年,英格兰、苏格兰、加拿大和美国这些国家的长老宗教会在华召开长老宗大会,会上决定出版长老宗的全国性刊物《通问报》。"③

《通问报》首任主编是美国基督教新教南长老会的神学博士吴板桥(Samuel Isett Woodbridge,1856—

---

① 曾郁根:《二十五年来之两广浸会概观》,《真光杂志》第二十六卷第六号(1927年6月),第32—33页。
② 姚民权:《上海基督教史(1843—1949)》,上海市基督教三自爱国运动委员会、上海市基督教教务委员会出版,上海市出版局准印证(93)153号,1994年,第110页。
③ 同上书,第33页。

1926)。1882年26岁的吴板桥被派到中国。在他担任《通问报》主编之前,曾在江苏镇江一带传教,参与创立了数所教堂;1899年吴板桥来到庐山,担任庐山大英执事会市政议会委员,当时庐山有一条马路命名为板桥路(Woodbridge Road),他还在庐山上修建了一所别墅(今庐山莲谷路10号别墅)①。

"《通问报》,乃长老会机关报。"②吴板桥因为担任美国南长老会上海教区主教,教务繁忙,聘请了华人陈春生担任《通问报》编辑,负责刊物具体事宜,另外还在东北、山东、上海、广东、湖南、福建等地聘请了8位牧师担任副主笔③。

吴板桥1926年去世,之后由金多士担任主编。金多士(Gilbert McIntosh,1861—?),美国北长老会传教士,1885年来中国传教,在美华书馆任职,曾担任《教务杂志》编辑④。但金多士因为常患病住院,报务实际上由陈春生主持。

《通问报》自创刊后,以周刊的形式出刊了相当长年份。它的发行量大、发行面广,据通问报社方面的统计:除销行中国各地包括台湾、香港、澳门外,如"美属檀香山、菲列宾、加拿大、英属伦敦、苏格兰、欧西荷、法、德、塞维克、南洋荷属爪哇、马来、新嘉坡、法属缅甸、仰光、安南",其他如"暹罗、澳大利亚、印度、日本、朝鲜","凡华侨足迹所至之处,无不有通问报之读者"⑤。由此可见,《通问报》在当时发行覆盖面相当广。

抗战爆发后,随着时局的动荡,《通问报》的刊期变得断续不定,最后终于中断出刊。抗战胜利之后的1945年10月,《通问报》在上海复刊,刊址设在上海愚园路123号。复刊后由于经费困难,《通问报》刊期改为月刊或季刊。此时的《通问报》已完全由中国的宗教人士主办,今上海档案馆保存有上海社会局1947年8月《新闻报纸杂志登记声请书》和1947年10月的《报纸杂志通讯社申请登记调查表》,使我们得以

---

① 罗时叙:《人类文化交响乐:庐山别墅大观》,中国建筑出版社,2005年版,第335页。
② 王治心:《中国基督教史纲》,青年协会书局,民国二十九年(1940)版,第298页。
③ 陈春生:《二十五年来之中国教会报》,《真光杂志》第二十六卷第六号(二十五周年纪念特刊),1927年6月,第3页。
④ 卢龙光主编:《基督教圣经与神学词典》,宗教文化出版社,2007年版,第365页。
⑤ 《本报销场遍及全球》,《通问报》第1623期,1935年1月第二号,第18页。

了解《通问报》后期办刊与经营的状况。当时《通问报》的董事长兼发行人为王完白,系浙江绍兴人,苏州伊丽莎白医学院毕业,曾任常州福音医院院长,当时是上海福音电台的总经理、上海市民营电台公会理事长。主编为胡尹民牧师,浙江镇海人,上海沪江大学肄业,曾任天津《益世报》编辑。这一时期《通问报》办刊的经费来源"由基督教徒自由乐助","皆由捐款维持","董事则为各宗派教会所推选",连办刊人员也是"职员完全义务"。每期印数在 2 000—3 000 份,基本上限于中国境内[1]。

《通问报》最终于 1950 年 12 月停刊,共出版 1 819 期[2]。

国家图书馆和上海图书馆收藏有较为完整的《通问报》原件和缩微胶卷,国家图书馆的馆藏为 1909—1950 年,上海图书馆为 1906—1948 年。

2.《通问报》的内容与影响

《通问报》以刊载教会活动消息、宗教教义知识等为主要内容,在早期的《通问报》刊头上标有"耶稣教家庭新闻"的字样,以突出其办刊旨趣。

但实际上,《通问报》并不仅仅登载宗教文章,它仍然用相当的篇幅刊载时政与社会新闻。《通问报》自第 181 期(乙巳十二月,即 1906 年 1 月)进行了改版,发表了《本报改良之大特色》一文,反映出《通问报》的基本编辑思想和主要内容。

改版之后,《通问报》强调"本报专以输灌知识,唤醒迷人为宗旨"[3],报道的领域主要涉及如下三大块内容。

第一是宗教性内容,主要栏目有:

"教务",主要介绍各地教会与教徒活动;

"记传",主要是宗教人士的生平介绍;

"经题讲义""圣日学课"和"讲坛",这几个栏目注重用通俗的语言,

---

[1]《上海市社会局报纸杂志通讯社申请登记调查表》,上海市档案馆,档案号 Q6-12-110-3。

[2] 叶再生:《广学会初探(二续)》,载叶再生主编《出版史研究·第六辑》,中国书籍出版社,1998 年版,第 194 页。

[3]《本报改良之大特色》,《通问报》第 181 期,乙巳十二月(1906 年 1 月),第 1 页。

对《圣经》和基督教的经典向信徒们进行诠释:"华人学习传道,每苦无书学习。本报每回均由中西名人,以勉励会所用圣经题目,用官话演出,段落分明,层次清楚,如人仿此题目,再参以己见,细为详解,自可与著名传道者相仿佛。"①例如,这一期的"讲坛"栏目登载了杭州洪慈恩《为主乃基督徒独一之要旨》的文章,对《圣经》的相关内容进行讲解:"基督做众人的主。看马太二十八章十八节。那一节的意思,就是普天下的人都在耶稣的权下。善人因信他要属他的该管,顺服他的律例,蒙他的保护。恶人虽然不属他的该管,也要被他的拘管惩服。"②《通问报》这一类经义诠释的文章基本保持了这种文笔浅显、说理直白的风格。

第二是时政性内容,主要栏目有:

"论说",这一栏目经常刊载一些针对时政和公众社会现象的评论,注重反映社会各界对于时政的观点:"本报论说,除本馆自撰外,另有各地名人代为赞助,论事持平,说理博大,且非一人一己之私见。"③

"要闻与要电演坛",《通问报》是这样介绍这一栏目的设立主旨的:"近来日报盛行,买不胜买。即尽买之,亦不可胜读。本报除各地访友函告外,并兼采各报紧要消息,详审考核,汇为一篇。"④因此,这个栏目容量大、内容丰富,兼具新闻报道、专访、文摘等性质。

第三是科普、生活百科类内容,主要栏目有:"益智丛录"和"瀛寰丛录"。在20世纪传教士中文报刊的主旨已经从传播西学回归到传播西教的背景下,《通问报》这些栏目的设置仍然向中国读者介绍了各类科学与生活等科普知识,同时也反映了这种从传播西学为主到传播西教为主的逐渐过渡。例如,1916年3月和4月"益智丛录"栏目登载的文章有:《人粪尿之成分》《劝种杨树浅说》《肺病与努力呼吸》《婴儿保育法讲演会纪事》《改良果品说》《埃及与巴比伦之医学》等等,涉及的学科门类非常广泛。还有一些对现代科技前沿成果的介绍,如《镭锭及其应用》,介绍了居里夫妇发现镭的过程以及镭的各种用途⑤。

---

① 《本报改良之大特色》,《通问报》第181期,乙巳十二月(1906年1月),第1页。
② 洪慈恩:《为主乃基督徒独一之要旨》,《通问报》第181期,第7页。
③ 《本报改良之大特色》,《通问报》第181期,第1页。
④ 同上。
⑤ 《镭锭及其应用》,《通问报》第1623期,1935年1月第二号,第18页。

《通问报》尽管是一份以宗教为主要内容的报刊,由于它也刊登了一定的时政性内容与科普、生活类内容,而且内容丰富、价格低廉,又是由华人编辑长期主持编务,因此不仅在下层民众中拥有较广泛的读者群,对中国的知识层也产生过一定影响。例如在著名文人林语堂的自传中,就有关于《通问报》的记叙:"有一个在我生命中影响绝大决定命运的人物——那就是一个外国教士 Young J. Allen,他自己不知道他的著作对于我全家的人有何影响。……大概他是居于苏州的一个教士,主编一个基督教周刊——《通问报》……报费每年一元,独为吾父之财力所能定阅的"[1],"《通问报》油墨纸张甚劣,今日手下若还保存一份就太好了。……家父知道圣约翰大学,就是在《通问报》上看到的,因此又梦想到牛津大学、柏林大学。家父的月薪是二十块,后来增为二十四块,收入虽极微薄,仍然不能打消他把自己的儿子送到上海基督教的高级学府去求学的愿望。"[2]这种"梦想",无疑对林语堂今后的成长产生了重要影响。

三、《时兆月报》

1.《时兆月报》沿革

《时兆月报》由美国基督复临安息日会传教士米勒(Harry Willis Miller,又译密勒,1879—1978)创办。基督复临安息日会是基督教新教的一个非传统教派,于19世纪中叶在美国成立。这个教派相信基督即将复临,并信守有关安息日的各种教义。1902年这个教会的第一批传教士进入中国。医疗、教育与文字是基督复临安息日会主要的传道事工,所以,出版、印刷、发行各类书刊尤其是宗教性书刊,是基督复临安息日会的重要工作之一,《时兆月报》就是这个教会的传教士米勒在中国创办的一份重要报刊。

米勒生于美国俄亥俄州。他从24岁开始行医,为基督复临安息日

---

[1] 《林语堂自传》,河北人民出版社,1991年版,第11页。林语堂先生在他自传中记忆有误,林乐知并不居住在苏州,《通问报》也不是林乐知主办的报刊。

[2] 李辉主编:《林语堂自述》,大象出版社,2005年版,第82页。

会负责医疗工作。"他在书本上报纸里,久知东方有个古老的文明大国,海禁初开,风气闭塞,加以迭遭战争,乡僻地区,人民贫困,尤缺乏现代医药治疗,许多国家的传教士或医生,多到这个国家去传教行医,引起他的好奇心,决定到太平洋彼岸。"①

1903 年,米勒乘"印度皇后"号轮船前来中国。之后,米勒在中国各地行医,到过长沙、开封、北京、西安、兰州、哈尔滨、福州、汕头、广州、香港等地。他入乡随俗,学说中国话,改穿中国装,吃中国的大饼、油条、稀饭,还自行筹款在中国各地兴建医院,前后共达 15 所之多。

《时兆月报》

河南上蔡县福音宣报馆

---

① 高拜石:《密勒医生及其在华贡献》,载《古春风楼琐记》(第十六集),新生报社(中国台湾)出版,1979 年版,第 38 页。

1905年,米勒在河南上蔡县开设了手工印刷书坊,印刷传教小册子,并创办《福音宣报》,它是《时兆月报》的前身,中文月刊。1908年该刊迁往上海,更名《时兆月报》。"刊行之始,从编辑、校对,以至发行,统由他(指米勒——引者)个人担任。"①对于这段历史,时兆报馆所写的《时兆报馆小史》有介绍:"光绪三十一年,本馆始于河南上蔡县开办正式之印刷所,于光绪三十四年,东移沪滨,民国元年于沪东宁国路购得地基,自建厂屋。"②

上海时兆报馆

1937年"八一三"事变后,《时兆月报》迁往香港。1939年3月又从香港迁回上海出版。1941年日本侵占上海租界,《时兆月报》被迫停刊一年左右,随后在重庆复刊,抗战胜利后迁回上海出版。1949年前后《时兆月报》在大陆终刊。

北京大学图书馆、国家图书馆、北京师范大学图书馆收藏有《时兆月报》部分原件。

---

① 高拜石:《密勒医生及其在华贡献》,载《古春风楼琐记》(第十六集),新生报社(中国台湾)出版,1979年版,第37页。
② 《时兆报馆小史》,《上海时兆报馆创业卅周纪念》,时兆报馆,1936年。

2.《时兆月报》的内容与报刊风格

刊登在《时兆月报》1922 年第 6 期的《欢迎投稿》,言明选稿标准,同时也可视为它的宗旨:"凡热心公益诸君,有何关于维持风化、扶助道德、提倡教育与卫生,以及种种有裨于人类之论文,惠助本报,不胜欢迎。……来稿须以不涉政治及毁人名誉为要,盖本报创设,以政教分立为标准,以化暴为良、劝邪归正、导人离暗就光、出死入生为职务,故与本报宗旨不符之论文,恕不登载。"①

可见,《时兆月报》与 19 世纪时很多直接参与中国政治、推动中国变法维新的传教士报刊不同,它是一个提倡"政教分立"的报刊,以"维持风化、扶助道德","化暴为良、劝邪归正、导人离暗就光"为目的,所设栏目、所登文章围绕这一主题展开。1921 年所设栏目有:"世界要闻""绳理之言""时事索隐""改良风化""真理论说""五洲杂志""文学革新""卫生揭要""圣道答案"。1939 年所设栏目有:"时兆邮筒""时事释义""工商进化""农村问题""论坛""家庭乐团""健康与卫生""瀛海珍闻"。1946 年所设栏目有:"小言论""时事释义""论坛""健康与卫生""家庭乐园""工商界""每月文摘""青年之友""瀛海珍闻"。1939 年相对于 1921 年,栏目设置变化比较大,1946 年相对于 1939 年,变化不很明显。但不管如何变化,宗旨未变,总是以"维持风化、扶助道德"为目的。1947 年以"时兆报馆谨识"落款的文章对当时的各个栏目作了具体说明:"本刊创办迄今已有四十余载,向以启迪知识,倡导卫生及宣扬真理为宗旨。文字务求其能适合各界读者之需要,内容计分小言论与时事释义,以公平正直之眼光评释时事及社会问题;工商界一栏,乃贡献国内外工商界之消息;论坛刊登提倡道德修养品格之优美论文;家庭与青年栏为父母教师之最好参考资料;卫生专号与卫生栏旨在促进人民健康;此外科学消息与世界珍闻不但可以增广见闻,且极饶兴趣;至于封面及新闻照片更为珍贵,诚为男女老幼之良好读物。"②

在所有栏目中只有一个被称为"论坛"的栏目是直接布道的。1939

---

① 《欢迎投稿》,《时兆月报》1922 年第 6 期。
② 《时兆报馆简介》,1947 年,上海市档案馆,档案号 U103-0-11-[2]。

年第9期,"论坛"栏目刊登的文章是《预备迎见你的上帝》《在基督里得了丰盛》,1946年第5期,"论坛"栏目刊登的文章是《是谁使耶稣圣洁的心伤痛?》《精细监察世人心》《基督教的道德观》。其他栏目的内容,或是介绍工商业、卫生、农村问题,或是时事新闻、科学消息、世界珍闻,以及发表一些小言论,与普通人的生活非常贴近。例如1939年第11期,"时兆邮筒"栏目的文章是:《崇尚廉耻运动》《无线电传影》《惊人之火车肇事案》;"时事释义"栏目是:《一部译成千种方言的巨著》《欧洲的儿童》《战争——末世时兆之一》《赌博与青年》;"工商进化"栏目是:《爱惜光阴》;"农村问题"栏目是:《水稻产量增加之我见》;"论坛"栏目是:《得救的三个步骤》《我怎能做一个基督徒?》;"家庭乐园"栏目是:《家,甜蜜的家》《儿童在家庭中习惯的研究》;"健康与卫生"栏目是:《危险的尘垢》;最后是"瀛海珍闻"栏目。除了"论坛"栏目的文章直接布道外,其他都是贴近普通百姓生活的文章,内容与文字都很平实。它还与现实结合得十分紧密,针对中国的水灾问题、鸦片问题都出有专号,对现实产生了一定的影响。

我们是否可以据此认为,《时兆月报》是一个世俗性报刊?关于这一点,《时兆月报》经常刊登的《编者谈话》很能说明问题,这也是它自己的解释。

1939年第11期,《时兆月报》的《编者谈话》写道:"本刊是纯粹的宗教刊物,其唯一目的,就是宣传基督复临的信息和卫生的福音。有时我们讨论时事,兼刊照片,无非是因为这些事情与《圣经》中的预言有极密切的关系。我们一方面讲论它们,一方面要读者明了它们都是时代的兆头,预表救主复临的日子近了。"

1946年第5期的《编者谈话》,先对第二次世界大战发表议论,接着说:"然而战争似乎仍不能从人类中完全除去,缘故是种了恶因,必得苦果。"以世俗开头,以宗教结尾。

1948年第1期的《编者谈话》,对战后形势发表议论,最后又是回到宗教主题上:"圣经的金律,'你们愿意人怎样待你们,你们也要怎样待人。'……愿上主帮助我们合作,容忍,实行神所赐给我们的金律。"

刊登以世俗开头、引出宗教结果的文章的传教士中文报刊不在少数,但像《时兆月报》那样,很好地宣传了基督复临安息日会的主张,"以自己的虔诚和努力将经典中的寓言与现实紧密结合起来"的报刊并不多见。

所以,《时兆月报》试图通过世俗性内容表达神性话语,这一点不应该被忽视,事实上,它已经引起了关注①。

3.《时兆月报》的发行与评价

《时兆月报》刚创刊时,每期发行几百份。但它的发行量上升很快,有资料称,二三十年代每期发行量长期维持在7万份左右②,40年代在8万多份,后一数字从《时兆月报》目录页可以得到证实。1947年第9期目录页标明:"本期出版八万二千册";1948年第1、2期目录页标明:"本期出版八万七千册";1948年第3、4期目录页标明:"本期出版八万四千册"。时兆报馆宣称:"本刊定户已达八万余份,为国内销数最广之杂志,足见国人之爱戴也。"③

《时兆月报》非常重视发行,《时兆报馆小史》写道:"本馆在华除上海总发行所之外,并在各省设立分发行所三十一处,均有专员服务。此外另派经理人多名,在全国各处专事推销本馆之出版物,历年信用卓著,颇蒙各界之赞许。"④因而建立起了庞大的发行网络。该刊版权页印有"本馆分发行所地址列左",可知1939年行销点分布在全国26个城市,包括:上海、北京、济南、太原、汉口、温州、九江、重庆、成都、贵阳、福州、厦门、南京、长沙、广州、惠州、南宁、张家口、西安、兰州等。该刊还销往国外,版权页上的"国外分发行所之一部",可知1939年时国外行销点有9处。建立起如此广泛的发行网络,也是《时兆月报》在社会上得到很好传播的重要原因之一。

---

① 2008年5月18日在北京语言大学召开的"宗教研究与社会和谐学术论坛会议"上,中国人民大学新闻学院王润泽教授提出,《时兆月报》并非学界所认为的世俗性很强的报刊,这个报刊的神学思想非常深刻,刊物内容始终坚持基督复临安息日会的宗旨,注重对世俗新闻的神学解释。例如在所有的新闻报道后都有一段解释性的话语:对基督教里的解经的模仿;对科技新发明的解释也是引自《圣经》的经文。它很好地宣扬和维护了本教派的主张,以自己的虔诚和努力将经典中的寓言与现实紧密结合起来。参见《宗教研究与社会和谐学术论坛会议实录》,http://www.blcu.edu.cn/bjs/fispage.files/zjluhyjs.html。
② 另一说3万多份,见中华续行委办会调查特委会编、蔡咏春等译:《中国基督教调查资料》(下卷)(原《中华归主》修订版),中国社会科学出版社,1987年版,第1234页。还有一说为10万多份,其中1925年第9期的"鸦片特刊",行销40万份以上。
③《时兆报馆简介》,1947年,上海市档案馆,档案号U103-0-11-[2]。
④《时兆报馆小史》,《上海时兆报馆创业卅周纪念》,时兆报馆,1936年。

在整个 19 世纪,传教士中文报刊曾经对中国社会产生过重要影响,是清末社会变革中的重要力量。进入 20 世纪尤其是民国以后,传教士中文报刊的影响力下降,再也没有出现过像《万国公报》这样的报刊,发行量也江河日下。《时兆月报》虽然不可能像《万国公报》那样对中国思想界产生重要影响,但它可观的发行量以及发行量本身带来的影响,是那一时期许多报刊无法比拟的。当时除了《申报》和《新闻报》等日报号称发行量十万份,在月刊中能销到一万份的就不多了,《时兆月报》却长期维持在七八万份左右,是很不容易的。

四、《益世报》

1.《益世报》创办人雷鸣远其人其事

《益世报》创办人雷鸣远(1877—1940),原名腓特烈·雷博(Frederic Vincent Lebbe),比利时人,"1895 年 12 月,皈信遣使会,取教名为万桑"①。1901 年雷鸣远启程来到中国传教,先抵达上海,继而来到北方。"1906 年他成为天津的本堂神父。他很快就对中国的生活方式产生了浓厚感情,努力吸收中国文化,他身穿中国式服装,留发辫,吸水烟,读四书,写得一笔好字,讲一口流利的天津方言。"②在传教士中,雷鸣远中国化的地道程度他人难出其右,"由于他最早是在武清传教,又因小韩村的盛名,因此自称是武清县小韩村人。……他用汉语和当地人沟通,见了教内教外的文

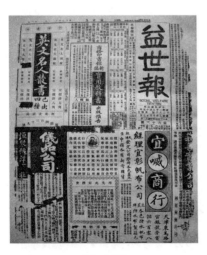

《益世报》

---

① 〔美〕包华德主编、沈自敏译:《中华民国史资料丛稿·译稿·民国名人传记辞典》(第六、七、八分册),中华书局,1986 年版,第 143 页。
② 同上。

人就谈论四书五经,见了老者就谈论三纲五常,在出行时,也坐上了轿子,前有顶马,后有跟班,穿官靴,戴官帽"①。

雷鸣远传教活动与社会活动的内容相当丰富:成立教会、建造教堂、开设学校、设立宣讲所、创办报刊。1916年,法国租界当局企图强行将天津老西开地区并入法租界,引发了"老西开事件"。雷鸣远以及在其授意下的《益世报》公开反对法国的行径,支持天津市民的抗议行动。虽然雷鸣远为此得罪了法国当局和教会中的某些势力,但他却在中国公众心目中获得了较高的名望。1918年雷鸣远离开中国回到欧洲。在欧洲期间,他与中国旅欧勤工俭学的学生建立了密切联系,为他们提供经济资助。1927年,雷鸣远重返中国,继续其传教和社会活动。1928年,雷鸣远正式加入中国国籍。雷鸣远是这样表述其愿意作

《益世报》报馆

为一个中国人的心志的:"忆自弃国(按指比利时)来华,主前矢志之际,已将此身此生,献为中国之牺牲,即已不复视为己有。抵华后数年间与邦人君子游,亲爱日深,感情日厚,献身中国之志弥坚。故虽籍隶比国,但自问此生已为中国人矣。"②

雷鸣远在中国的最后岁月颇富传奇色彩。抗战爆发后,雷鸣远召集教会人员组成救护队,由他担任队长上抗战前线从事救护工作,他为宋哲元的二十九军创办了"残废军人教养院"并担任院长,他对入院的军人发表了慷慨激昂的演讲:"诸位现在虽然残废不能工作了,我劝你

---

① 于学蕴、刘琳编著:《天津老教堂》,天津人民出版社,2005年版,第97—98页。
② 罗隆基:《天津益世报及其创办人雷鸣远》,载《天津文史资料选辑》(第42辑),天津人民出版社,1987年版,第150页。

们不要失望,要努力其他的工作。将来成家立业,生儿养女,接续后代。我今年虽已将近六十岁,若诸君在最近成家,生养儿子,再过二十年不依然是爱国的青年吗?那时我虽是八旬老翁,若遇我国收复失地时,我老头子誓死还要同你们的子弟,一同参加工作。"①由于雷鸣远投身抗战的业绩,他受到了蒋介石的接见,还被授予荣誉性的少将军衔。1940年,雷鸣远在战区身患重病,蒋介石派专机将他接到重庆,旋即不治身亡。国民政府为雷鸣远举行了隆重的追悼仪式,明令予以褒奖,蒋介石颁赐挽联:"博爱之为仁,救世精神无愧基督;威武不能屈,毕生事业尽瘁中华。"②

雷鸣远卒于1940年,但是在一些关于《益世报》的研究资料中雷鸣远的卒年被说成是1944年③。笔者认为这应该是受了罗隆基回忆文章的影响。著名文人罗隆基曾应《益世报》报社特邀担任社论主撰,他在后来的回忆文章中提到雷鸣远去世年份时说:"1944年雷本人亦病故,时年六十九岁。"④实际上雷鸣远的卒年是非常清楚的,因为他去世后的悼念活动当时的新闻报刊都有所报道,事后还专门出版了一些书籍进行追忆⑤,因此,雷鸣远卒于1940年是不争的。由于罗隆基在回忆时出现了偏误,其他一些著述未能给予核对,因而出现了雷鸣远卒于1944年的说法。

鉴于雷鸣远在中国所从事的活动内容以及他与国民政府的密切关系,在1949年以后的中国大陆,对雷鸣远其人其事的评价亦可谓一波三折。雷鸣远其人曾被定性为"国际间谍"⑥,其在中国的活动自然也

---

① 警雷:《爱中国爱了六十三年的雷鸣远》,载耀汉小兄弟会编撰:《抗战老人雷鸣远司铎》,嘉华印刷有限公司,1947年版,第49页。
② 蒋介石为雷鸣远撰写的挽联见胡光麃《影响中国现代化的一百洋客》,传记文学出版社(中国台湾),1983年版,第347页;李海章:《古今名人联话》,中国文联出版公司,1996年版,第651页。
③ 《益世报》专题小组:《回忆解放前的天津〈益世报〉》,载全国政协文史委编:《文化史料丛刊》(第2辑),文史资料出版社,1981年版,第166页;马艺主编:《天津新闻传播史纲要》,新华出版社,2005年版,第84页。
④ 罗隆基:《天津益世报及其创办人雷鸣远》,载《天津文史资料选辑》(第42辑),天津人民出版社,1987年版,第151页。
⑤ 有关的纪念专辑有方豪编撰1940年出版的《雷鸣远司铎追悼会纪念册》,以及耀汉小兄弟会编撰、嘉华印刷有限公司于1947年出版的《抗战老人雷鸣远司铎》等。
⑥ 天津宗教界编史委员会:《关于国际间谍雷鸣远和雷震远史实的几点补正》,载全国政协文史委编:《文史资料选辑》(第30辑),文史资料出版社,1962年版,第246页。

被彻底否定。甚至到了改革开放后的20世纪80年代初期,雷鸣远的活动依然被认为是"传教手段与一般法国神父有所不同,他最能利用伪善面目深入各阶层,从宗教、生活、报纸、学校等各方面进行攻心战略,使人们从思想上陷入迷途"①。雷鸣远加入中国国籍则被说成是"为了便于特务活动,曾经加入了中国国籍"②。

对雷鸣远传教、办学、办刊等活动的评价,在20世纪80年代后期开始趋向客观与理性。1987年,《天津文史资料选辑》(第42辑)发表了罗隆基的长篇回忆文章《天津益世报及其创办人雷鸣远》,这篇文章对雷鸣远的言行有许多客观的介绍。近些年来,关于《益世报》和雷鸣远的研究是报史学界的热点之一,学术论文与研究专著接连问世。这些研究成果对于雷鸣远其人其事从学术的立场给予了全面而充分的研究和评价。

2.《益世报》与《益世主日报》关系梳理

关于《益世报》的创办过程以及历史演变,有众多的研究成果论及,其中有两篇文章的地位相当突出。一篇是罗隆基撰写的《天津益世报及其创办人雷鸣远》(以下简称"罗文"),另一篇是由《益世报》专题小组撰写(俞志厚执笔)的《回忆解放前的天津〈益世报〉》(以下简称"专文")。这两篇文章,"罗文"的作者罗隆基曾任《益世报》社论主撰,是《益世报》的重要人物;"专文"则是由天津市政协文史资料委员会在1965年时,"邀集曾在该报担任编辑采访多年……担任常年法律顾问……熟悉报业情况"的主编、记者、编辑、法律顾问、老报人等,"结成专题小组,从个人亲身经历和座谈回忆中进行挖掘核证"③。由于这两篇文章的撰写者都是《益世报》历史的见证人,与《益世报》有极深的历史渊源,所以文章的史料价值很高,其内容常为后来研究者所引用。但是这两篇文章中的记述也存在着一些偏误,与史实有出入,后人对这些偏误未加核实即进行引述,因而出现了以讹传讹的问题。例如上文提

---

① 《益世报》专题小组:《回忆解放前的天津〈益世报〉》,载全国政协文史委编:《文化史料丛刊》(第2辑),文史资料出版社,1981年版,第164页。
② 徐枫等编写:《列强在中国》,黑龙江人民出版社,1982年版,第143页。
③ 《益世报》专题小组:《回忆解放前的天津〈益世报〉》,载全国政协文史委编:《文化史料丛刊》(第2辑),第163页。

到的"罗文"中对雷鸣远卒年的回忆误为1944年,"专文"也重复了这一说法。再有一个重要的偏误,就是关于《益世报》与《益世主日报》的关系,"专文"称是由雷鸣远"纠约在望海楼与他合作较久的公教徒刘浚卿、杜竹宣计议此事。在雷、刘、杜三人的多次研商下,决定了创办日报的计划,并决定将原来的《益世主日报》,改为《益世报》,逐日出版"①。"专文"的关于《益世报》是由《益世主日报》更名而来的这一说法后来亦为很多研究著述所沿用。

但是,《益世报》并不是由《益世主日报》更名而来,而是雷鸣远新创办的报刊。《益世主日报》则是雷鸣远创办的另一份报刊,经历了从《广益录》到《广益报》到《益世主日报》再到《益世周刊》的演变轨迹。

《广益录》创刊号

《广益录》是雷鸣远在天津创办的第一份报刊,它的前身是一份在1911年创办的《教理通告》,由河北盐山县一位名为王耀华的人创办。《教理通告》的内容主要是传播教义,"每月发行三回,作为赠品,不取报资"。王耀华后来因为"事烦不暇及此,意将中止",雷鸣远将该刊接手,"更其名曰《广益录》,取集思广益之义。此后月出四回,照星期报例,每年出五十二次,但经费难筹,不能仍作赠品,酌收印刷纸张之费"②。《广益录》的创刊时间为1912年2月24日,从1912年11月24日第40号的《广益录》开始,封面注明该刊是由"天津望海楼天主堂内广益社,北京前门外李铁拐斜街公记纸局,上海土山湾印书馆,山东青岛天主堂门房四地印行"。《广益

---

① 《益世报》专题小组:《回忆解放前的天津〈益世报〉》,载全国政协文史委编:《文化史料丛刊》(第2辑),文史资料出版社,1981年版,第166—167页。
② 《〈广益录〉改名原起》,《广益录》第一号,1912年2月24日,第3页。

录》以公教进行会北方机关报的旗号,宣称以"灌输新智,昌明道德为鹄的"①,设有"论说""国内新闻""国外新闻""吉光片羽""杂录""白话""答问""来函来稿"等栏目,几乎全为宗教性内容,主要是供教友们阅读。

更名后的第一期《广益报》

《广益录》出刊至 1914 年 12 月 27 日,共出刊 147 号。从 1915 年 1 月 10 日第 148 号起,改名为《广益报》,仍为周刊,报社设在天津老西开天主总堂内。主办者再次重申《广益报》作为纯粹宗教性报刊的主旨:"惟本报既系纯粹的公教机关,其主脑方针,即多筹传教善法,多输演说材料,多通各处公教进行会及一切教务消息,使我教中热心传教者,暨公教进行会内之热心职员等有所资助。"②

《广益报》出刊至 1916 年 1 月,从 2 月 13 日第 202 号开始,改名《益世主日报》,仍系周刊。雷鸣远对这一改名做了说明:"本报初名《广益录》,后更名《广益报》,今又定名为《益世主日报》,屈指计之,盖三易

---

① 方豪:《清代传记丛刊·中国天主教史人物传·清代篇》,明文书局(中国台湾),1986 年版,第 315 页。
② 《本报改观之宣言》,《广益报》第 148 号,1915 年 1 月 10 日,第 1 版。

更名后的第一期《益世主日报》

其名矣。然名虽屡易,至所抱之宗旨,则始终无丝毫变易也。宗旨维何?即发扬公教之精神,增进我教中兄弟之道德,提倡教友广布耶稣之福音而已。"①

《益世主日报》出至1937年7月1日第26卷第19期,由于抗战爆发,天津沦陷,被迫停刊。1938年10月10日,《益世主日报》更名为《益世周报》,在昆明复刊。抗战胜利后,《益世周报》迁至南京出版,1949年终刊。

从以上沿革可以看出,《益世报》与《益世主日报》之间不存在接续关系或兼并关系。在1915年10月10日《益世报》创刊之时,由《广益录》更名后的《广益报》仍然存在,继续出刊。而且由于两刊创办人同为雷鸣远的关系,《广益报》不断地刊文为新面世的《益世报》进行宣传。例如:1915年9月26日出刊的《广益报》第184号刊登了《益世报馆启事》;1915年10月3日出刊的《广益报》第185号上刊登了《敬恳热心教务诸君》;1915年10月10日出刊的《广益报》第186号刊登了《〈益世报〉发刊祝词》。直到《益世报》创刊4个月之后的1916年2月,《广益报》才更名为《益世主日报》。也就是说,《益世报》与《益世主日报》是同时并存的两份报刊。《益世报》是雷鸣远个人创办的报刊,而《益世主日报》则成了北方公教的机关报。雷鸣远对《益世主日报》与《益世报》之间的互补关系特别做了说明:"至于今日更名为《益世主日报》者,则又以《益世报》所载,多属国事要闻,于教中事体,概从缺略。我教友之阅该报者,难免抱有微憾。是以本报专搜集公教之新闻,发挥公教之精神道德,使我教友于主日休息之际,可以人手一编,备悉教中之进步。"②

---

① 雷鸣远:《〈益世主日报〉易名赘言》,《益世主日报》第202号,1916年2月13日,第3页。
② 同上。

"专文"虽然发表于 1981 年,但实际成文时间是 1965 年。后来在 1982 年,"专文"的执笔人俞志厚先生又发表了《天津〈益世报〉概述》一文,对《益世报》由《益世主日报》更名而来的说法进行了修正,称雷鸣远等人在创办《益世报》的时候,"把原来的《益世主日报》仍保留在内"①。

尽管"专文"的写作者已修改了原来的说法,但 20 世纪 80 年代以后出版的许多学术著作还在沿用着《益世报》是由《益世主日报》更名而来的说法。如《天津简史》一书中称:"辛亥革命后,雷鸣远在望海楼教堂内创立了共和法政研究所,并出版了《益世主日报》。……后来雷鸣远决定把该报办成真正的日报。"②又如《近代天津城市史》一书中称:"1913 年,比利时籍天主教神甫雷鸣远在天津创办了《益世报》。其前身为《益世主日报》"③。

3.《益世报》的创刊原因及其历史沿革

《益世报》于 1915 年 10 月 10 日正式创刊。关于《益世报》的创办动因,"专文"称是"因周刊每隔七天出版一次,中间空隙时间较长,不能满足宗教宣传的需要,遂动议改出每日发刊的报纸"④。"罗文"也称《益世主日报》"是专门宣传天主教教义的。后来,雷鸣远认为,一个周刊不能充分发挥宣传宗教的作用,便于 1915 年邀约刘守荣、杜竹萱等创办天津《益世报》"⑤。传播宗教、宣传天主教教义长期以来被视为《益世报》创办的主要动因,甚至被说成"宗教宣传是《益世报》的唯一中心任务"⑥。

但是,从创刊后的《益世报》内容来看,"《益世报》虽为宗教背景,但并非传教性报纸,而是一种内容宏富、颇具自身风格与特点的公共性报

---

① 俞志厚:《天津〈益世报〉概述》,载《天津文史资料选辑》(第 18 辑),天津人民出版社,1982 年版,第 74 页。
② 天津社会科学院历史研究所编著:《天津简史》,天津人民出版社,1987 年版,第 486 页。
③ 罗澍伟主编:《近代天津城市史》,中国社会科学出版社,1993 年版,第 495 页。
④ 《益世报》专题小组:《回忆解放前的天津〈益世报〉》,载全国政协文史委编:《文化史料丛刊》(第 2 辑),文史资料出版社,1981 年版,第 166 页。
⑤ 罗隆基:《天津益世报及其创办人雷鸣远》,载《天津文史资料选辑》(第 42 辑),天津人民出版社,1987 年版,第 136 页。
⑥ 《益世报》专题小组:《回忆解放前的天津〈益世报〉》,载全国政协文史委编:《文化史料丛刊》(第 2 辑),第 178 页。

纸"①。《益世报》的创办有着重要的政治和历史原因,是与当时的中国社会变迁相关的,这亦是有资料可以佐证的:"(民国)四年五月九日,倭迫我政府接受二十一条要求,公(指雷鸣远——引者注)誓雪国耻,二十三日发起救国储金大会,大声疾呼,津民为之动容。旋以发动民众力量,增进民族意识,非藉宣传不为功,乃筹出《益世报》。"②

可见,《益世报》的创办是与中国的政治紧密相连的。《益世报》在《本报发刊词》中强调:"本报以扶植道德为改良社会之唯一宗旨……欲使人人有道德,非先注意于政治、宗教、风俗不可。而欲注意于政治、宗教、风俗,尤非先注意于社会不可。盖必有良社会而后有真道德。此本报发刊之唯一宗旨也。"③因此,《益世报》的创办主要着眼点已经不是宗教,而是希冀在清末民初社会大变革、大转型时期,通过舆论的力量,对中国社会施加影响和改造。

2004年,南开大学出版社、天津古籍出版社、天津教育出版社联合将《益世报》重新影印出版。《益世报》重新影印出版之际,出版者对《益世报》的内容特点做了说明,兹摘录如下:"它全方位而又比较客观地记录了中国近现代的社会历史情况,举凡政坛动向、军事活动、人物往来、对外关系、中央与地方行政、议会咨治、官场百态、团体活动、司法审判、警政事务、经济实业、商业经营、财政税收、金融证券、文化艺术、学校教育、新闻出版、医疗卫生、宗教信仰、交通运输、市政设施、邮政电信、天文气象、水利水情、自然灾害、慈善救济、禁烟禁毒、民风民俗、社会情状、租界纪事等中国近现代社会各方面的情况,都有所涉及与反映,对研究中国近现代史、中外关系史、中华民国史以及政治史、军事史、经济史、文化史、社会史等,提供了大量足资参证的重要历史资料。"④目前学界对《益世报》本身内容特点等方面的研究亦相当深入,有较多的研究论文和专著问世。依据笔者对"中国知网"中"中国期刊全文数据库""中国博士学位论文全文数据库""中国优秀硕士学位论文全文数据库"三库的统计,从《益世报》影印本出版后的2005年至2010年9月,以

---

① 《影印说明》,《益世报》影印本,南开大学出版社等,2004年版。
② 方豪:《雷故司铎鸣远事略》,载耀汉小兄弟会编撰:《抗战老人雷鸣远司铎》,嘉华印刷有限公司,1947年版,第37页。
③ 《本报发刊词》,《益世报》1915年10月3日。
④ 《影印说明》,《益世报》影印本,南开大学出版社等,2004年版。

《益世报》为关键词的研究论文就有 16 篇。

《益世报》创刊时的开办费 3 万元由雷鸣远募集而来,在《益世报》创办初期,"雷以独资关系自任董事长"①,并任命刘守荣、杜竹宣为正副经理。

刘守荣(1880—1934),字浚卿,河北蓟县(今属天津)人。刘守荣受雷鸣远的知遇,"被任命为教会所办的诚正小学与贞淑女小的校长,共和法律传习所所长,公教进行会会长"②。他自《益世报》创刊时担任总经理,直至 1934 年病逝。

杜竹宣(1883—?),山东人,毕业于由美国教会所办的华北协和大学,曾留校任教,后在天津《大公报》任编辑。杜竹宣在天津《益世报》的时间并不长,《益世报》创办两年后,他受雷鸣远派遣来到北京创办了北京《益世报》,从此自创一片天地。"罗文"与"专文"都对天津《益世报》与北京《益世报》的关系进行了阐述,表示这两家报纸业务与人事始终是各自为政、完全独立的,两者之间根本不发生任何横向关系,更谈不上隶属关系。由于两报同名,最初又都是由雷鸣远出资兴办,社会上往往有人把这两个报刊混为一谈,以为是一个系统,这是误会③。

由于《益世报》在 20 世纪 20 年代的直奉战争中支持直系,因此在 1925 年奉系入关后,刘守荣被捕入狱,之后《益世报》有三年左右的时间为奉系接管。1928 年国民革命军北伐成功,奉系败退出关,此时的《益世报》已是奄奄一息。刘守荣重整旗鼓,任命刘豁轩为总编辑。

刘豁轩(?—1976),字明泉,"是刘守荣同村同族的兄弟。1919 年他从蓟县乡下到天津考入南开中学,在南开初中、高中、大学前后学习了近 10 年,得到刘守荣很多帮助"④。刘豁轩接任总编辑后,有许多革新的举措,其中包括 1932 年至 1934 年间,重金延聘罗隆基担任《益世报》社论主撰。罗隆基(1898—1965),江西安福人,清华学校毕业后留学欧美,获美国哥伦比亚大学博士学位。20 世纪 20 年代在上海主编

---

① 《益世报》专题小组:《回忆解放前的天津〈益世报〉》,载全国政协文史委编:《文化史料丛刊》(第 2 辑),文史资料出版社,1981 年版,第 167 页。
② 全国政协天津市委员会文史委编:《天津近代人物录》,1987 年版,第 108 页。
③ 《益世报》专题小组:《回忆解放前的天津〈益世报〉》,载全国政协文史委编:《文化史料丛刊》(第 2 辑),第 167 页;罗隆基:《天津益世报及其创办人雷鸣远》,载《天津文史资料选辑》(第 42 辑),天津人民出版社,1987 年版,第 138 页。
④ 罗隆基:《天津益世报及其创办人雷鸣远》,载《天津文史资料选辑》(第 42 辑),第 139 页。

《新月》杂志。罗隆基到任后,以其流畅的文笔、犀利的文风,发表了一系列针砭时政、发聋振聩的政论文章,抨击政府政策,主张武力抗日,为《益世报》大振声威。1934年刘守荣去世,刘豁轩接任总经理并兼任总编辑。"在《益世报》长达30多年的历史中,后期在刘豁轩的经营下,一度从消沉中重新振作,成为《益世报》声誉较好的时期。"①

《益世报》从创刊到抗战之前的20多年,虽几经磨难,但在报社从业人员的苦心经营下,影响日渐扩大,成为"旧天津四大报之一,遍销于华北及东北各省市(四大报为《大公报》《益世报》《庸报》《商报》)。……由于它的销路较广,言论影响面较宽,在知识分子与工商界方面,留下深刻的印象"②。30年代时"《益世报》日销量可达4至5万份,几乎每天报纸一上街便被抢购一空"③。

1937年抗战全面爆发后,《益世报》进入一个动荡时期。刘豁轩被日军逮捕,1937年8月,《益世报》被迫停刊。1938年12月,《益世报》在昆明复刊,雷鸣远仍然是名义上的董事长,他曾到昆明视察报馆。但由于经济原因,不到两年《益世报》再次停刊。不过,对于抗战时期曾在大后方短期复刊的《益世报》,"专文"认为与原有的天津《益世报》不是一回事:"惟其中一九三七至一九四五年这一阶段,《益世报》虽在抗日后方之昆明、重庆出版,但内部人事与企业关系均与天津《益世报》截然两事。"④

抗战胜利后的1945年10月,《益世报》在天津再次复刊,复刊后的《益世报》由刘豁轩任社长,刘守荣之子刘易之为总经理。直到1949年1月,《益世报》最终停刊。

4.《益世报》在传教士中文报刊中地位之厘定

自1815年《察世俗每月统记传》诞生到1915年《益世报》创刊,传教士中文报刊正好走过了100年的历程。在百年历史中,传教士在中

---

① 徐景星:《重振〈益世报〉的刘豁轩》,载天津政协文史委编:《近代天津十二大报人》,天津人民出版社,2001年版,第151页。
② 《益世报》专题小组:《回忆解放前的天津〈益世报〉》,载全国政协文史委编:《文化史料丛刊》(第2辑),文史资料出版社,1981年版,第163页。
③ 赵敏:《回眸历史 再现〈益世报〉》,《中华读书报》2005年3月30日。
④ 《益世报》专题小组:《回忆解放前的天津〈益世报〉》,载全国政协文史委编:《文化史料丛刊》(第2辑),第163—164页。

国各地创办了大量的中文报刊。传教士中文报刊一般多为期刊，刊期多为月刊，亦有季刊、半月刊和周刊等，《益世报》则是传教士中文报刊中罕见的日报。

在传教士中文报刊中，《益世报》的地位有些特别，因此关于它是否属于传教士中文报刊亦存在着不同意见。笔者的研究意见认为，《益世报》应该属于传教士中文报刊的范围，之所以在传教士中文报刊中显得比较另类，主要表现为：

就一般情况而言，传教士中文报刊由传教士个人或宗教机构创办，并且提供办刊资金、负责编辑编务。虽然许多传教士中文报刊的编辑编务工作聘请了华人，甚至有的传教士中文报刊的整套编辑班子都是华人，比如广学会系统和基督教青年会系统的某些报刊，但是仍然是在由传教士控制的教会或出版机构领导之下，办刊经费一般也是由教会提供或传教士募集。

《益世报》的情况则与一般的传教士中文报刊有很大不同。它由传教士个人创办，但创刊之后，雷鸣远将全部的编辑编务工作包括编辑方针完全交由华人负责，雷鸣远后来又入了中国籍，而且《益世报》资金募集方式和经营方式也逐步采用了市场化的运作机制。

1915年《益世报》创刊后，雷鸣远担任《益世报》的董事长，由于"老西开事件"的影响，他于1918年离开天津，返回欧洲，直到1927年才回到中国。这之后他的精力主要放在赴中国的农村传教，组建和发展宗教团体"耀汉兄弟会"。30年代的抗战时期他又奔赴战区从事救护活动。因此，《益世报》的事务，完全由刘守荣、刘豁轩担纲。总经理刘守荣"总揽了《益世报》的大权，成为一人独掌全局。……因此，《益世报》亦有'刘家报'之称"①。

在雷鸣远加入中国籍之前，《益世报》在某些特定的场合，也宣称自己完全是由中国人主办的报刊。1920年，曾有美商意欲购买《益世报》，从当时《益世报》方面的声明和当时中国政府的内务部、外交部以及警察机构之间公函往来的内容来看，《益世报》被视为完全由中国人主办的报刊。如当时的内务部致外交部公函称："天津《益世报》于民国

---

① 《益世报》专题小组：《回忆解放前的天津〈益世报〉》，载全国政协文史委编：《文化史料丛刊》(第2辑)，文史资料出版社，1981年版，第169页。

四年十月在天津警察厅呈请立案,编辑人为杜竹轩,发行人为刘守荣,并遵章缴有保押费,是警察厅对于京津《益世报》应始终认为中国人承办。"①

从《益世报》的资金来源和经营方式来看,虽然《益世报》开办资金是由雷鸣远募集的,但《益世报》创刊时就在《广益报》上发布了征集股本资金和广告的启事:"恳启者:我公教同志组织之益世日报,已于十月一号出版。开办伊始,胥赖教中同志,群策群力共为辅助,则《益世报》可推广发达,根深蒂固,达其益世之目的。……至于辅助之法,约有三端:(一)入股本以助其经济;(一)广派卖以推广销路;(一)帖广告以传布周知。"②

可见,《益世报》从一开始就是采用市场化的方式运营,这与通常传教士中文报刊主要靠教会提供资金或传教士募集资金有着重大的区别。到了20年代末期,《益世报》的经济出现危机。"这时,刘豁轩向刘守荣建议,把天津《益世报》改成有限公司的企业,发行股票,增加股本。"③1931年,天津《益世报》股份有限公司正式成立,在天主教徒中通过发行股票,募集了8万元资金,"正式设立属于公司的董监事会,由投资人分任董监事"④。雷鸣远仍出任董事长,但是他原先的投资也转变成了股本,"天津《益世报》从此由雷鸣远私人创办的报纸变成了中国若干天主教徒的合伙企业"⑤。《益世报》完成了它的市场化过程。

由于上述情况的存在,因此,在《益世报》是否属于传教士中文报刊问题上,有关报学史的研究著述出现了意见分歧。笔者认为,《益世报》毕竟是由传教士创办的报刊,因此仍然将其纳入传教士中文报刊的研究范畴。

---

① 《内务部致外交部公函》,载中国第二历史档案馆编:《中华民国史档案资料汇编》(第3辑),江苏古籍出版社,1991年版,第419页。
② 《敬恳热心教务诸君》,《广益报》第185号,1915年10月3日,第2页。
③ 罗隆基:《天津益世报及其创办人雷鸣远》,载《天津文史资料选辑》(第42辑),天津人民出版社,1987年版,第145页。
④ 《益世报》专题小组:《回忆解放前的天津〈益世报〉》,载全国政协文史委编:《文化史料丛刊》(第2辑),文史资料出版社,1981年版,第170页。
⑤ 罗隆基:《天津益世报及其创办人雷鸣远》,载《天津文史资料选辑》(第42辑),第146页。

第十五章 关于传教士中文报刊的评价

一、传教士中文报刊评价的历史演变以及本书的基本评价指向

本节中关于传教士中文报刊评价演变轨迹的梳理,并不是来自传教士、教会以及宗教报刊的评价,主要是基于中国新闻史、报刊史研究者的评价,也就是来自世俗社会研究者的评价。

笔者认为,传教士中文报刊评价的演变受到以下一些重要因素的影响:

传教士所具有的宗教属性;

传教士所传播的基督教文化与中国传统文化之间的强烈反差;

传教士在中国开创了近代的书籍报刊出版事业,通过创办报刊,构建了最早的传媒业体制,并通过传播西方近代思想文化和科学技术对中国近代社会发展产生的影响;

中国近代历史上丧权失地所带来的民族屈辱感并因此对西方世界产生的反感与抵触心理;

中国国内政治形势的风云变幻。

由于上述各种因素的际会,关于传教士中文报刊的评价随着历史的发展、政权的更迭、意识形态的变换而不断发生改变,表现出了鲜明的时代特征。总起来说,由于传教士中文报刊在中国大规模兴办的时代背景是鸦片战争和一系列不平等条约,于是它天然地具有一种文化强制进入的意味,因此,中国的研究者是以一种复杂的心态审视着传教士中文报刊,在办刊动机和社会影响之间,寻找着相应的评价落脚点。

梁启超作为中国著名的早期报人，受传教士所传授之西学影响颇深，维新人士通过"设报达聪"①传播思想文化的做法得益于传教士在中国兴办报业的实践，从梁启超最早创办的报刊也起名为《万国公报》这一点上，即可见以《万国公报》为代表的传教士中文报刊在其心目中的地位。但是，梁启超等人也表现出中国知识分子这种矛盾的心态：梁启超虽然称道着《万国公报》的贡献和影响，但他最后给予的评价是：《万国公报》"然教会所立，士夫每不乐观之"②。

真正从学术和社会影响角度给予传教士中文报刊以评价性的阐述，源于20世纪以后新闻史、报学史的研究。其中有些评价的对象性很明确，是以具体报刊的名称或"教会报"称之，但多数评价的对象指向性较为笼统，是以"外报"——包括传教士所办报刊在内的外国人在华创办的所有报刊——而概称之。

戈公振的《中国报学史》是较早对传教士中文报刊做出全面、综合性评价的著作。《中国报学史》第三章"外报创始时期"中，"外报对于中国文化之影响"和"结论"这两节都涉及了评价问题，戈氏对于"外报之影响于中国文化"，从"政治方面""教育方面""科学方面""外交方面""商业方面""宗教方面"六个方面进行了分析。戈氏的分析中，既有"我国人士之守旧思想，渐次为之打破，而以研究新学相激励。至是，中西文化融和之机大启，开千古未有之创局。追本溯源，为双方灌输之先导者，谁欤？则外人所发行之书报是已"③这样的盛赞之语；又有"初外报对于中国，尚知尊重，不敢妄加评议。及经几度战事，窘象毕露，言论乃肆无忌惮。挑衅饰非，淆乱听闻，无恶不作矣"④之类的抨击之词。

《中国报学史》写作于1926年，出版于1927年，其时有一个非常重要的时代背景，这就是发生在1922—1927年的中国非基督教运动。在这场运动中，"反教人士已经认为基督教与帝国主义有联系，开始把基督教及其在华传教事业视为与列强经济、军事侵略相辅而行的一种侵

---

① 杨家骆编：《戊戌变法文献汇编》第2册，鼎文书局（中国台湾），1973年版，第185页。
② 梁启超：《读西学书法》，载黎难秋主编：《中国科学翻译史料》，中国科学技术大学出版社，1996年版，第640页。
③ 戈公振：《中国报学史》，三联书店，1955年版，第112页。
④ 同上书，第109页。

略方式"①。戈氏之书出版时,正值中国非基运动的高潮时期,书中对传教士报刊的评价透射出的正是当时中国知识层对传教士那种复杂的认识心理。对于这种心理,费正清先生是这样分析的:"传教士只是寻求与中国民众进行东西两种文明的直接沟通。……他们浸透到中国人民生活的深处,与所有的外国侵略者一同深深卷入中国的政治舞台。其间,为取得家乡资助机构的继续支持,他们同时又是为西方公众有的放矢地广泛报道中国的外国人。这一活动的双重性留给他们的是历史的矛盾心理:在一部分中国人心里,他们是救世主,或至少是行善积德者,而在其他的中国人心里,他们却是文化帝国主义者。"②

"非基运动"之后到40年代,随着传教士中文报刊的性质大多已蜕变为纯宗教性报刊,远离中国政治,因此,这一时期相关的新闻史研究著述主要不是从政治方面对传教士中文报刊进行评价和研究,而是比较注重于从传教士中文报刊对中国传媒业推动作用的层面上展开评价与分析。例如蒋国珍的《中国新闻发达史》著作中"教会报纸"这一节,对传教士中文报刊的评价是:"中国今日的文化开发,欧美传教师也有多少贡献,尤其是清末科学的输入。至于教我国人以近代报纸的经营法者,也是他们。……都予我国报纸以极大的助力。今教会报纸虽已极少,但他们的功劳,却有不可忘之处呢。"③黄天鹏所著《中国新闻事业》一书"西报之输入"一节中称:"英人李提摩太之进'新政策'主设官报,马礼逊之创《察世俗每月统记传》,以欧洲新闻事业厉行华土。为我国报纸之先河,其功尤显著者也。"④

胡道静1935年出版的《上海新闻事业之史的发展》著作中,在"教会报的影响"的标题下,对传教士报刊给予中国新闻业的发展作用有一番综合性的评价,兹摘录如下:

> 当外人商业势力侵入上海时,基督教的势力也一同挤了进来。

---

① 杨天宏:《基督教与民国知识分子——1922年—1927年中国非基督教运动研究》,人民出版社,2005年版,第287页。
② Suzanne Wilson Barnett and John King Faibank, *Christianity in China*. 转引自周岩厦:《早期新教传教士以教育、知识传播与医务活动促进传教事业述论——以〈中国丛报〉为中心》,中国知网,中国博士学位论文全文数据库,2006年,第215页。
③ 蒋国珍:《中国新闻发达史》,上海书店,1927年版,第18页。
④ 黄天鹏:《中国新闻事业》,现代书店,1932年版,第33页。

在先,当十七世纪初年,旧教人在中国时,因传教的方法由上行下,故重在著书;此际新教来华,则由下行上,故重在办新闻杂志。在《上海新报》出版前四年,上海就有伟烈亚力主编的《六合丛谈》出版;以后此类刊物更持续不断的出现。它们对于上海新闻事业的发展有着以下的各种意义:

(A)中国的智识阶级在那时候是完全没有创辟新闻业的观念的,而西教士中,多有精通中国语文者,由于他们的倡导,中国报纸始能出现。最早的中文报章杂志,不独宗教性质的是西教士所编的,即商业性质亦非西教士助编不行。如《上海新报》所聘的主笔林乐知,就是著名的西教士……

(B)教会报虽注重宗教宣传,但都附载时事新闻。由于信教者的扩张,新闻的功效之观念乃随着宗教宣传品深入于社会各方面。

(C)教会报因对着各方面宣传,所办杂志亦各各不同,有专给妇女读的报,有专给儿童读的报,有专谈科学的杂志。这也是促进戊戌政变后中国各科杂志发达的一个原因。①

1949年中华人民共和国建立后,由于意识形态的变化和冷战的国际政治因素,传教士被驱逐出境,传教士中文报刊也结束了它的历史。在当时历史背景下,关于传教士在华的传教、教育、出版等文化性活动,中国大陆主要是从帝国主义"文化侵略""文化征服"的角度进行评价和分析的,这一评价的基调持续了几十年。20世纪90年代,由中国新闻史学会主持编写、方汉奇先生担任主编、被誉为中国新闻史学成果集大成者的三卷本《中国新闻事业通史》问世。该书专设了"早期外报在中国的影响"一节,可以说是集中反映了20世纪50—90年代中国大陆报史学界对包括传教士中文报刊在内的所有外国人在华创办报刊的评价。书中将传教士的创办报刊活动定性为"文化思想的征服活动",从"政治和中外关系方面""经济方面""科学文化思想方面"三个层面上进行了评价。相对而言,比较积极正面的评价在于"科学文化思想方面",尤其是"自然科学技术方面"。书中认为:"这方面的工作主要是由传教

---

① 胡道静:《上海新闻事业之史的发展》,《民国丛书》(第二编第49册),上海书店,1990年版(据上海通志馆1935年版影印),第3页。

士所办中文报刊担负的","是中国第一次广泛的科学知识的普及工作","他们所宣传的资产阶级文化思想,是比封建文化思想要进步得多的意识形态","但是,就总体而言,他们所办的报纸有关科学文化思想的宣传,是为西方国家在华利益服务的"。"经济方面"的评价较为中性化一些。而比较否定性的评价集中在"政治和中外关系方面",书中的评价是外报在华"窃取各类重要情报","积极的为各国的侵华活动出谋划策","为外国的侵华活动进行舆论上的试探和鼓吹"以及干涉中国内政。"总的说来,都为各自国家在华的殖民主义利益辩护,是各国侵华活动的舆论工具,它们为各国的侵华活动和中国的进一步殖民化,做了大量的舆论上的准备,起了十分恶劣的影响。"①

进入21世纪以后,中国报史学界对于传教士中文报刊的评价发生了较大的变化,其变化的基本点,是从原来批判性的"文化侵略""文化征服"层面,侧重于中性的"文化交流"层面。

关于从文化交流层面上对传教士中文报刊进行研究,笔者认为可以溯源到林语堂1936年所著《中国新闻舆论史》。林语堂更倾向于把这些传教士报人视为学者,说他们"毕生从事于著述而非传道"。林语堂认为:"在中国创办新闻报刊的传教士包括很多杰出的外国汉学家的先驱,这些学者已经深刻地认识到,除了给中国人民带来一种外国的宗教或者宗教信仰之外,他们自己也不得不试图理解中国文明。"②

1994年出版的熊月之《西学东渐与晚清社会》一书,虽然不是报学史的专著,但书中用了大量的篇幅,从西学东渐、文化交流的角度上,对传教士中文报刊和传教士进行了广泛深入的研析。

2002年出版的由方汉奇主编的《中国新闻传播史》一书,设有"在华外报网的形成与外报的历史作用"一节,书中对"外报"的评价为三点:1."外人在华办报是一种殖民主义文化侵略活动";2."外报的出版客观上促进了中西文化交流";3."外报的实践有助于中国民族报业的发展"。笔者认为这一评价较之《中国新闻事业通史》一书有所调整,在强调"文化侵略"的同时也注重了"外报"在"文化交流"层面的属

---

① 以上引文参见方汉奇主编《中国新闻事业通史》第一卷第二章第八节"早期外报在中国的影响",中国人民大学出版社,1992年版,第430—446页。
② 林语堂著,王海、何洪亮主译:《中国新闻舆论史》,中国人民大学出版社,2008年版,第73页。

性,认为"闭关政策被打破,中西文化交流得以恢复,对中国来说也并非坏事。在华外报所作的科学文化知识的介绍客观上促进了中西文化的交流"①。

2002年,被列为"国家九五重点图书出版规划项目"的叶再生的四卷本专著《中国近代现代出版通史》出版。叶著中对西方基督教会在中国开展出版活动的评价比较多地注意到了其积极的方面,称这些活动"捅开了(虽然是借助帝国主义的入侵)当时东西两大文明互相隔绝的封闭状态,促进了两大文明的交流,使基督教文化和西方新兴的科学技术,传输到了中国,尽管基督教会的目的,主要在传教,但客观上,它无异向当时古老而停滞的中国封建社会注入了一股新鲜的血液,对于以后中国近代化教育、现代文化和科学技术的发展,无可否认地有着巨大的作用。特别是传输入了出版自由、天赋人权和开发民智的观念,对于中国人民运用出版和新闻这项武器,进行启蒙民众、反对封建,推动民主革命和出版业的发展,起了明显的促进作用"②。

叶著的评价是针对当时传教士建立出版社、出版书籍、创办报刊等所有出版活动而言。2008年程丽红的《清代报人研究》的评价对象就直接针对传教士报人群体了:"应当说早期来华的传教士,从米怜到郭士立,再到林乐知,都堪称优秀的报人。他们首倡新闻自由,最早将近代化的报刊模式移植中土,开创了报刊引导思想文化界的新时代。固然,传教士所办报刊完全服务于宗教的、政治的功利,因而削弱了近代报刊作为大众传媒的价值与特征,但其突破封建禁限的行为及言论自主的倾向,却显示出迥异于封建报刊的独立的报业品格和追求;尤其是西方资本主义思想与文化的崭新内涵,愈发增加了其近代的品质与内涵。"③

此外,这一时期还出现了以某一份具体的传教士报刊为研究个案,从文化交流层面上进行探讨的学术成果。例如2002年出版的杨代春《〈万国公报〉与晚清中西文化交流》一书;又如2006年周岩厦以传教士英文报刊《中国丛报》为研究对象的博士论文《早期新教传教士以教育、

---

① 以上引文参见方汉奇主编:《中国新闻传播史》第二章第四节"在华外报网的形成与外报的历史作用",中国人民大学出版社,2002年版,第70—77页。
② 叶再生:《中国近代现代出版通史》(第一卷),华文出版社,2002年版,第85页。
③ 程丽红:《清代报人研究》,社会科学文献出版社,2008年版,第124页。

知识传播与医务活动促进传教事业述论——以〈中国丛报〉为中心》。周岩厦在文章中认为:"对17、18世纪来华耶稣会会士与19世纪初期在广州及马六甲的新教传教士而言,他们的文化交流态度是促使东西文化相互的碰撞与融合,而不是一种文化凌驾于另一种文化之上。"①

从"文化侵略""文化征服"到"文化交流",这种研究视角的位移,反映出研究者在注重传教士创办报刊的初衷、动机的同时,更强调、突出了其实际的作用与影响。而与这种研究视角变化相映衬的,是中国改革开放与全球化的时代背景。

本书的基本评价指向是:传教士中文报刊除了"文化交流"层面的意义,同时还具有"文化交融"层面的意义。所谓"文化交融",指的是传教士以中文报刊为文化载体,传递的异域文化信息,已经从展示的层面,发展到融合的层面,进而成为中国近代文化的组成部分。实际上戈公振《中国报学史》中"中西文化融和之机大启,开千古未有之创局"的表述,已经表达了关于"文化交融"的这层含义。

笔者的评价指向中传教士中文报刊的"文化交融"作用,可以从以下两方面理解:

首先,这种交融是部分性的,传教士通过书报所宣传的基督宗教理念,虽然也吸引了众多信徒,直到今天中国的基督教徒人数(新教、天主教和东正教)尽管达数千万之众,但基督教文化作为异域文化,始终游离于中国文化之外,并没有能够如同历史上的佛教那样,彻底地本土化,成为中华传统文化的组成部分。

其次,这种交融是在特殊的时代背景下,在异域文化的强势影响下进行的,使之成为中国近代新文化的建构内容。传教士中文报刊所宣传的有益的民主思想、科学技术知识,早已化解在中国近代思想文化和科技文化体系之中;传教士在中国从事着他们所擅长的兴办教育、创办报刊、建立医院等文化活动,由此形成了中国最初的近代教育事业、近代传媒产业和近代医学机构,而这些,经过一百多年的发展,也已经成为中国文化的组成部分。

---

① 周岩厦:《早期新教传教士以教育、知识传播与医务活动促进传教事业述论——以〈中国丛报〉为中心》,中国知网,中国博士学位论文全文数据库,2006年,第210页。

二、传教士中文报刊发展的特点

1. 从传播西教转向传播西学,最后回到起点——传播西教

传教士肩负着传播福音、拯救异教徒的使命来到中国,所以,传教士创办中文报刊的最初目的是宣传宗教、传播教义。这一宗旨在第一个中文近代报刊《察世俗每月统记传》中有十分鲜明的体现,该刊作为宗教报刊的性质是明显的。《察世俗每月统记传》"以阐发基督教义为根本要务",因此,它以绝大部分篇幅宣传基督教。它所登载的宗教以外的文章,只是米怜所说的"彩色云",其目的是使刊物不要过于枯燥而非重点所在。稍后创刊的《特选撮要每月纪传》与《察世俗每月统记传》一样,也是典型的宗教报刊,以传播教义为最高使命。

19世纪30年代创刊的《东西洋考每月统记传》,其意义不仅在于它是创建于中国境内的第一家中文近代报刊,而且在于它偏离了传教士中文报刊的初衷,改变了《察世俗每月统记传》的办刊宗旨,从宣传西教为主转变为宣传西学为主。

《东西洋考每月统记传》与《察世俗每月统记传》相比,在刊名、版式设计、大量引用儒家语录等方面有许多相似之处,但在办刊方针、内容、栏目设置等方面,却有很大的不同,而最重要的变化是宗教色彩淡化了很多。尽管宗教仍然是必备内容,但已退居次要地位,科学文化知识成了主要内容。它将主要篇幅用于介绍西方以及世界各地的知识与文明:介绍了世界许多国家的历史,连载了麦都思所撰《东西史记和合》;刊出了大量的地理文章,介绍了中国、东南亚、南亚、欧洲等国家和地区的地理知识;介绍了西方最新的科学发明与发现;介绍了西方国家的报业情况。介绍西学的目的是扩大中国人的视野,促使中国人了解"远方之事务",让中国人知道西方有不少东西值得他们学习。由此可见,《东西洋考每月统记传》已经逐步背离了《察世俗每月统记传》"以阐发基督教义为根本要务"的编辑方针,传播西学超过了对西教的宣传。这反映了传教士办刊方针的重大变化。

在此期间与以后,传教士所办中文报刊普遍把主要篇幅用于宣传西学。无论是鸦片战争以前的《天下新闻》《各国消息》,还是鸦片战争

以后的《遐迩贯珍》《中外新报》《六合丛谈》,尽管具体的办刊方针有差异,但总的宗旨是一致的,这就是以传播西学而非传播西教为主旨。《天下新闻》《各国消息》《中外新报》是偏重新闻与各国国情介绍的报刊;《遐迩贯珍》《六合丛谈》尽管刊登一定数量的宗教文章,但以介绍西学与刊登新闻为主。而且,《特选撮要每月纪传》闭刊以后,直到1868年《中国教会新报》创刊以前,传教士没有创办过以刊登宗教为主要内容的中文报刊。

传教士创办中文报刊的最初目的是宣传宗教、传播教义,但后来偏离了这一宗旨,把重点从传教转至宣传西学,这是有着深刻的原因的。

第一,消除中国人的排外心理,改变中国人的西洋观。

19世纪初的清政府和民众,对中国以外的事情几乎一无所知,自以为中国处天下之中心,高人一等,认为外国人都是未开化的蛮夷,不屑来往。再加上外国人贩卖鸦片,这就使中国人对之又多了一层敌视。也就是说,传教士在传教过程中碰到了两大思想障碍:一是中国人的自视甚高,二是中国人对外国人的敌视态度,这对于传教士在中国传教以及急于打开中国市场的西方商人都不利。于是,传教士中文报刊开始担负起改变中国人西洋观的重任,其重点从传教转为向中国人宣扬西方文明的优越性。他们的首要任务是缓解中国人的敌意,宣传"中外雍睦""百姓一家""四海之内皆兄弟也",同时,向中国人介绍西方的科学、技术、文化、文明,使中国人产生兴趣与好感,并证明西方人不是蛮夷,西方有许多东西值得中国人学习,从而消除中国人的高傲与视其他民族为蛮夷的排外观念,改变中国人的西洋观。

第二,中国人对基督教的排斥态度,迫使传教士采取更加灵活的宣传策略。

"中国人本来对宗教比较淡漠,以儒学为主干的传统文化对宗教采取'未知生,焉知死','敬鬼神而远之'的态度,'无事不烧香,急来抱佛脚'是当时民众的普遍心理,这和西方社会中《圣经》是家家必备之书,礼拜是人人必作之事的宗教传统大相径庭。"[①]传教士们发现,在中国,"单纯的传教工作是不会有多大进展的",处在闭关政策下的中国人,对于基督教异常陌生,天然地抱有疑惧态度,甚至存在着普遍的敌对情

---

① 陈玉申:《晚清报业史》,山东画报出版社,2003年版,第14—15页。

绪。美国传教士狄考文在山东旅行传教十余年,深有感触地说:"我们得花相当长的时间招揽听众。有一次我花了很大劲也没有找到一个人听讲","每到一个村庄,我们的耳边就充满了'洋鬼子'的喊声……我估计在近两天至少从上万人嘴中听到这个词"[①]。有的传教士在历经传教的重重困难后甚至认为,直接对中国人传教好比把种子撒在水里一样徒劳。

中国人对基督教的排斥态度,迫使传教士采取更加灵活的宣传策略。马礼逊的观点很具有代表性:"中国目前仍闭关自守,对外国人有无法克服的猜忌,禁止耶稣基督的传教士在中国各地游行布道,宣扬福音,教导中国人放弃偶像,皈依基督教。但是如能出版书籍,中国人都可以看懂,而且可以通行无阻,只要有人谨慎小心地去散发,就可源源不断地输入中国全国各地。"[②]他们要向中国人介绍西方的科学知识,传播西学,利用西学的威力来支持西方基督教的地位。一旦中国人学西方、行西政,必将产生亲西方的态度,这对传播基督教非常有利。而且,传教士认为,中国人的头脑中充满了各种陈旧的观念,从而阻碍他们接受基督教。要驱除这些陈旧观念,最好的办法是传播西学。有一位传教士在1877年的基督教传教士大会上指出:"我们必须记住,中国人的头脑不是空白的,在他们的头脑中存在着各种对于宇宙和上帝的错误观念。这些有害的杂草必须拔除,只有这样,神灵的种子才可能生根、发芽。"[③]正如傅兰雅所主张的,中国人与西方人"只有通过共享科学领域的成果,才能找到一个共同的立场"[④]。

"用西方的文化来开发中国人的思想,这一个问题很是重要。"[⑤]正是基于这种认识,传教士当中的一些人开始改变他们的宣传策略,即通过译书、兴学、办报等传播西学的手段来达到传教的目的。这一宣传策

[①] 陈玉申:《晚清报业史》,山东画报出版社,2003年版,第15页。
[②] 〔英〕马礼逊夫人编、顾长声译:《马礼逊回忆录》,广西师范大学出版社,2004年版,第136页。
[③] 《基督教传教士大会纪录:1877年》,该会1878年上海版。转引自方汉奇主编:《中国新闻事业通史》(第一卷),中国人民大学出版社,1992年版,第343页。
[④] Richard G. Irvin, *John Fryer and Modernization of China*. p. 8. 转引自顾长声:《从马礼逊到司徒雷登——来华新教传教士评传》,上海人民出版社,1985年版,第237页。
[⑤] 莫安仁:《广学会过去的工作与其影响中国文化之势力》,载《广学会五十周纪念短讯》第二期,上海广学会出版,1937年2月,第13页。

略的变化在传教士中文报刊中的表现就是把越来越多的篇幅用于介绍西学。从传播西教到传播西学的转变,折射出近代传教士中文报刊办刊宗旨的演变历程。

但是,1868年《中国教会新报》创刊后,传教士中文报刊出现了新的变化:传教士创办的以宣传基督教为主要内容的宗教性报刊再度出现。也就是说,这之后传教士中文报刊出现了分野:一部分传教士继续办世俗报刊的同时,另一部分传教士创办了宗教报刊。例如,1872年创刊的《中西闻见录》,1876年创刊的《格致汇编》,1880年创刊的《花图新报》(后更名《画图新报》),1897年创刊的《尚贤堂月报》为世俗报刊;1875年创刊的《小孩月报》,1887年创刊的《圣心报》,1891年创刊的《中西教会报》为宗教报刊。这是一种新的现象,既反映了传教士内部在办刊方针上分歧的存在,也影响了传教士中文报刊最后的发展方向与归宿。

传教士中文报刊介绍西学的目的之一,是通过对西学的传播,消除传教的思想障碍。对传教士来说,西学是手段,西教是目的,传教士不是为了传播科学知识来到中国的,他们的最终目的在当年的马礼逊教育协会章程中已经表述得很明白:希望中国人"通过抛弃敌视、迷信和偶像,与基督教世界的民众一起承认和崇拜真神上帝"[1],西学仅仅是为了达到目的而实行的一种手段。但结果呢?传教士发现:在中国,"政府与道德的孔教标准是被认为世界最高尚的标准。所以中国就无需要基督教所宣传的任何思想"[2]。中国人接受了传教士所带来的西方文化,却未接受传教士所传的福音,他们接受了西学而拒绝了西教。

传播西学的主观动机与客观效果的背道而驰,是传教士们没有想到的。传教士看到,中国人感兴趣的仅仅是西方的新知识而非基督教,通过科学传道只是他们的一厢情愿而已。这使一部分传教士对传教士中文报刊的办刊方针产生了怀疑:传教士中文报刊是否应该继续传播西学?

19世纪下半叶世俗报刊与宗教报刊在共存了一段时间之后,形势

---

[1] *Proceeding relation to the formation of the Morrision Education Society*, The Chinese Repository, vol. 5, p. 374(Dec. 1836).
[2] 莫安仁:《广学会过去的工作与其影响中国文化之势力》,载《广学会五十周纪念短讯》第二期,上海广学会出版,1937年2月,第4页。

发生了变化。19世纪末中国的变法运动失败,政治走势趋于保守,1900年后以义和团为代表的反洋教运动兴起,传教士中文报刊的活动受到了冲击。1907年《万国公报》停刊,可以说,这一事件宣告了传教士中文报刊一个时代的结束。长期以来,传教士中文报刊主要宣传西学,或关注时事政治,宣传宗教已变得很不重要。尽管19世纪六七十年代以后,出现世俗报刊与宗教报刊并存的局面,但并不意味着这两类报刊在当时是势均力敌的。事实上,19世纪末以前,世俗报刊占有很大的优势。《万国公报》的停刊则成为一个转折点,以传播教义、传递教会信息、沟通教友感情为主要内容的报刊成了进入20世纪以后传教士中文报刊发展的主流。20世纪以后的传教士中文报刊,多数宣称不卷入政治,也不对中国政治发表评论,它们专心于宣传宗教、传播教义。而另一些直接布道文章不占主要内容的报刊,也以巧妙方式将教义寓于其中,避免谈论政治是当时许多传教士中文报刊奉行的策略。这样,20世纪上半叶的传教士中文报刊回到了原来的起点,即1815年第一份中文报刊《察世俗每月统记传》"以阐发基督教义为根本要务"的起点,经历了从传播西教到传播西学再回到传播西教的演变轨迹。可想而知,以宣传福音为最高宗旨的报刊,在20世纪的中国民众中不可能有多少读者。所以,尽管20世纪上半叶传教士中文报刊仍然存在,而且数量不少,但对中国政治的影响已大不如前,对中国社会现实的影响也很有限,并且日益退出社会政治的中心,成为特定人群的特定信息载体了。

2. 对新闻报道的改进

"新闻"一词在我国古代就出现了,但广泛流行却是在中国近代报刊出现以后。

第一家中文近代报刊《察世俗每月统记传》没有新闻栏目,真正称得上新闻的文章只有一篇,这就是刊登在1815年9月的《月食》,它也是中文近代报刊史上的第一条新闻。此外,与新闻勉强沾边的还有立义馆的《告帖》及几则有关"吗喇呷济困会"的会务报告。立义馆《告帖》告诉大家,一家免费学校即将开课,欢迎孩子前去就读。"吗喇呷济困会"是马六甲伦敦传教会下的一个济困组织,会务报告记录了人们捐款的情况。

1823年在巴达维亚创刊的《特选撮要每月纪传》，基本上不登新闻。

1828年在马六甲创刊的《天下新闻》，是第一家以"新闻"命名的中文报刊，刊登了中国新闻和欧洲新闻，但该刊存世时间很短，也无原件留存。

有重大突破的当推《东西洋考每月统记传》。该刊设有新闻专栏，除少数几期外，每期都刊出一定数量的新闻，有时一期登好几篇，内容主要是报道世界各国消息。它刊登了《新闻纸略论》的文章，第一次向中国读者介绍了西方报刊的情况。它还刊登新闻图片，选录《京报》内容，刊出中外贸易进出口物价表，表明了对商业信息的关注。自《东西洋考每月统记传》设置新闻栏目后，新闻逐渐成为近代报刊的常设栏目，新闻一词经常出现在书刊之中。

1838年在广州创刊的《各国消息》，登载各国国情及商业信息，表明从事对外贸易的中国商人已经产生，出现了重视商业新闻的倾向。

鸦片战争前创办的上述传教士中文报刊，尽管内容各有侧重，所登新闻有多有少，但它们有着共同的特点：

第一，当时的中文近代报刊与中国社会联系不多，国内新闻基本没有，多为国际新闻与航运消息，所谓的国际新闻也非真正意义上的新闻，而是对世界各国的概况介绍。出现这种情况主要有以下几方面原因：

（1）新闻来源的局限。这些报刊的消息来源，主要是随外国轮船带到广州的外文报刊，它们出版于欧美各地和东南亚、印度的一些城市。外国轮船上的船员也是新闻提供者，通过与他们的交谈，报刊编辑了解了不少海外新闻和旅途见闻，这也许可以看作是当时的新闻采访了。真正的新闻采访在当时还不成熟，因为报刊的采访工作受到清政府的严格限制，有一位传教士报刊编辑描述了当时他们面对的困难局面："作为一名在广州的报刊编辑，其境遇是难以想象的。他被从公众社会中隔绝，孤身独处；不能访问本地的居民家庭；没有当地的社会关系；没有进入公共机构和司法机构的途径；在漫长的时间后才收到海外的邮件和新闻早就习以为常；他像敌人或野兽一样被衙役们监视和守卫；他被限制在'十三行'的大墙之内，只有在诸如生病之类极特别的情况下才被允许外出，而遇到的每一位路人都冲着他高叫'番鬼'；若没有那些趋炎附势官员的保护,他的人身与财产缺少最基本的安全感。"①

报刊从业者处在这样的境况之下,新闻来源很难得到保证。在得不到新闻的情况下,报刊编辑只能编写一些旧闻或概况。

此外,《京报》也是新闻来源之一,最早选录《京报》的是《东西洋考每月统记传》,1837年刊登的《奏为鸦片》,是近代中文报刊对《京报》材料的最早选用。但在鸦片战争前通过这条途径获得的新闻很有限。

(2) 传教士认为当时首要的任务是向中国人介绍西学,以破除中国人的盲目自大,只要符合这一要求的,无论是信息还是科技知识、历史、地理,都可写入新闻稿件,置于国际新闻之中。所谓国际新闻,其实就是为宣传西方文明服务的。而且,在当时的中国,旧事确是新闻。当时中国非常闭塞,不仅老百姓愚昧,清朝官员甚至知识分子也不知天下为何物,还以为天下就是中国。"在这种情形下,世界上任何事件,传入中国,都可以变成'新闻'。……凡是读者尚未知道者,包括事物、思想、知识、意见,都是新闻,这是十九世纪中国报刊的另一特色。"②

第二,鸦片战争前的传教士中文报刊,写得好的新闻稿为数很少。那时对于新闻的认识非常模糊,不少报刊将新闻与文学、历史、言论混淆起来,将新闻与神怪故事或奇闻逸事相提并论的就更多了,假新闻也不少。还有文体的运用也相当随意,为了迎合中国读者的阅读习惯,这些报刊有时采用中国古典小说的语言与体例写作新闻,传教士的中国古典文学修养有限,写出来的新闻往往不伦不类。例如,《东西洋考每月统记传》的一则新闻以一首七言诗开头,再以"话说汉人姓王名发法"这句话开始叙述,完全是中国古典小说的体例。该刊另一篇关于"天气"的新闻,前面是中英两国发生自然灾害的报道,后半部分笔锋一转,处理成了说教文章:"天地之大主摄雷电焉,又散瘴气又击恶徒,以示惩儆也。由是观之,上帝全能大操权势,人类岂非宜敬畏之哉!"③

鸦片战争后,传教士中文报刊的发展进入了一个新的阶段。鸦片战争后出版的第一份有影响的中文报刊是1853年创刊的《遐迩贯珍》,

---

① *European Periodicals beyond the Ganges*, The Chinese Repository, vol.5, p.159(Aug. 1836).
② 潘贤模:《近代中国报史初篇》,载中国社会科学院新闻研究所编:《新闻研究资料》(总第七辑),新华出版社,1981年版,第303页。
③ 《东西洋考每月统记传》,丁酉正月号(1837年)。

该刊在中国近代报刊新闻发展史上占有重要地位,这就是重视新闻并对新闻报道作重大改革,无论是新闻的数量、内容还是新闻文体都有了重大改进。

《遐迩贯珍》设有"近日杂报"的新闻专栏,这是该刊的重点栏目,其篇幅至少占全刊三分之一,少则10—20条新闻,多则40余条。新闻栏的内容也有了重大突破,既有国际新闻,也有国内新闻,而且国内新闻开始占据重要地位。国内新闻的覆盖区域非常广泛,包括香港以及广东、上海、宁波、厦门、福州这几个通商口岸的新闻,甚至还扩及全国很多省城和县城。内容包括军事、文化、中外关系、市政建设、时人行踪等许多方面。特别是对太平天国新闻的报道较为详尽、全面,这些报道具有重要的史料价值,在今天仍为研究太平天国的史学家所重视,被作为重要史料经常引用。此外,该刊还登载香港总督告示、殖民当局法令以及火灾、民事诉讼等社会新闻。这一切表明,《遐迩贯珍》一改以往中文报刊主要刊登国际新闻的做法,将国内新闻置于重要地位。它还刊登中国读者的来稿,例如,1855年第八号、第九号刊登了《赌博危害本港自当严禁论》,它们可以看作是中文报刊史上最早的读者之声。

《遐迩贯珍》对新闻文体也进行了改革,那种"与文学不分,与历史不分,与评论混淆"的不伦不类的新闻开始得到纠正,它们致力于报道新近发生的事。有些新闻拿今天的标准看也是合格的新闻,例如:"三月十五日戌初一刻,新总宪公使大臣包玲抵港,同载者公使夫人及少君一,女公子二,巡捕官一员,十六日照成规矢告接印莅任。前公使文越,二日坐驾火轮邮船回国。本港英人中土人,皆具名禀送行,亦有筵宴饯别。"①百余字的新闻,信息量很大,新闻诸要素交代得很清楚,而且所写均为事实,没有空话。当然,《遐迩贯珍》的多数新闻仍有一定的缺陷,时而将新闻与评论混淆,时而穿插说教内容,说明此时新闻文体的发展还处于过渡阶段。

在新闻体裁上,消息、通讯、短讯、评论等各种新闻体裁在《遐迩贯珍》中都已出现,还出现了连续报道的形式。

从版面编排看,《遐迩贯珍》将新闻分类,并刊登读者之声,"反映了该刊已突破了《察世俗每月统记传》、《特选撮要每月纪传》等鸦片战争

---

① 《遐迩贯珍》1854年5月。

前传教士创办的中文月刊的范畴,向近代化报纸的方向发展"①。

总之,《遐迩贯珍》的新闻无论是篇幅、文体,还是内容的贴近生活以及反映社会的广泛性方面,都超过了以往的中文报刊,标志着中文报刊的新闻发展进入了一个新的阶段。

由传教士引领的创建报刊之风在中国大地盛行,19世纪下半叶,新闻栏目已经成为报刊的重要栏目。无论是宗教性报刊还是非宗教性报刊,都将新闻作为自己的重要栏目加以设置。《六合丛谈》《万国公报》等有重大影响的报刊经常刊登新闻自不待说,即使像《尚贤堂月报》/《新学月报》这样的小报刊,新闻也是其重要内容,以达到"旁稽六洲时政,借鉴事务之因革"之目的。而典型的宗教报刊《中西教会报》,也设有新闻栏目,虽然它的内容基本上是以教会新闻如"教会大典""教事日兴""浸礼会述闻""内地会新闻"等为主,但也刊载一些国际国内时政新闻,中国对于现代奥运会最早的报道即来自《中西教会报》。

19世纪下半叶,新闻的采编筛选、编排制作也逐渐趋向规范,《万国公报》在这一时期起到了标杆性的作用,诚如赖光临所总结的:"万国公报确为一有原则之报刊。其新闻选择,具有三项特色:一、注重意义,不迎合读者兴趣。二、注重信实,避免荒诞。三、注重劝惩与教育价值。以上三点,即在今日亦有足多焉。"②

进入20世纪以后,因为传教士中文报刊从西学到西教的收缩,它们所刊登的新闻以教会新闻为主,传递教会信息、沟通教友感情、讨论教务是它们的主要内容,多数报刊与中国社会的联系不多了。但正是传教士中文报刊,将西方新闻理念与新闻实践引入中国,为国人自己创办的报刊中新闻的发展和日益完善打下了基础。

3. 报刊评论的发展

中国古代报纸从未出现过评论,中国的封建政治体制使报刊评论缺少赖以生存的土壤。报刊评论是伴随着传教士中文报刊的创办由传教士带入中国的。

---

① 〔新加坡〕卓南生:《中国近代报业发展史》,中国社会科学出版社,2002年版,第84页。
② 赖光临:《中国近代报人与报业》,台湾商务印书馆(中国台湾),1980年版,第86页。

《察世俗每月统记传》已经出现了评论,但评论的内容多为宗教说教,未见有对政治时事的评说,与现实生活也无多大联系,因此不能视为真正意义上的报刊评论。

《东西洋考每月统记传》辟有言论专栏"论",针对现实问题的评论代替了宗教说教,栏目关注的是现实生活中的问题,例如中外贸易、中国人不应称外国人为蛮夷等。某些评论还对朝政发表意见,例如,《东西洋考每月统记传》1837年刊登的《奏为鸦片》,在刊载中国官员有关鸦片问题的奏折之后,编者在每篇奏折后面都发表了评论,这是中文报刊上最早出现的对时政的评论。因此,《东西洋考每月统记传》可视为最早刊登评论的中文报刊。

鸦片战争后,传教士中文报刊得到迅速发展,报刊评论也进入了一个新的发展时期。《遐迩贯珍》《六合丛谈》《万国公报》都有大量评论。尤其是《万国公报》,经常发表论说、时评文章,对世界大势进行分析,并竭力鼓吹变法。从1889年《万国公报》复刊,至1898年戊戌变法失败,传教士在《万国公报》上发表了多达数百篇有关变法的政论文章,对中国改革思想的形成与改革运动的勃兴起到了一种不容忽视的作用。《万国公报》"一而再、再而三把他富民强国主张,明明白白说了又说,引起当时有志之士的普遍注意"[①]。在传教士中文报刊中,把评论推向最高峰的正是《万国公报》。

此外,还有许多传教士中文报刊发表评论,如《益闻录》经常发表一些敢于大胆针砭时弊的文章。《尚贤堂月报》/《新学月报》存在期间,正是中国变法运动的高潮阶段,它"以兴利除害为宗旨"发表评论文章,积极参与这一运动。甚至一些以登载宗教内容为主的报刊也刊登评论文章,例如《通问报》,它的"论说"栏目,经常登载一些针对时政和公众社会现象的评论,注重反映社会各界对于时政的看法,并以"论事持平,说理博大"为目的。

这样,传教士中文报刊将评论引入中国,给封建专制统治下的中国吹来了一股自由之风,打破了中国报坛沉闷的空气,开创了报刊评论的新气象。而且,它还给封建统治下的中国人造成了很大的思想冲击,首

---

① 张育仁:《自由的历险——中国自由主义新闻思想史》,云南人民出版社,2002年版,第50页。

先受到冲击的是中国知识分子。

中国知识分子是一个特殊的群体。中国古代的士大夫一直有清议传统,臧否人物,议论时弊,敢言直谏,"天听自我民听,天视自我民视",每个儒生都有直言反对坏政府的道义责任,这一传统还不因朝代更替而改变。到了近代,中国积贫积弱,备受列强欺凌,忧国忧民的知识分子到处寻找救国良方,恰逢其时,传教士中文报刊上评论的形式与内容引起了中国知识分子极大的关注,他们通过两种形式熟悉了报刊评论。

第一,直接为传教士中文报刊撰写评论稿件。当时有不少中国人成了传教士中文报刊的评论作者。例如《万国公报》,登有许多中国人撰写的评论稿件。这些中国人通过在传教士报刊上发表评论,熟悉了报刊评论的写作要领,了解了报刊评论的社会作用。

第二,担任传教士中文报刊主编助手或者中文编辑,编辑和撰写评论。鸦片战争后传教士中文报刊几乎都聘用中国文人做助手,传教士口授文章,中国助手记录大意,再润色成文,当时许多评论都是外国主编的思想加上中国助手的文字合作完成的。沈毓桂、蔡尔康、任廷旭、范祎,都是《万国公报》的中文编辑,王韬、钱昕伯、何桂笙、高太痴,也都在外报工作过。

通过上述两种方式,中国人熟悉了报刊评论。他们认为报刊评论是实现救国目的的重要途径,他们要以言论救国,借报刊立言,以报刊作为改革社会的武器。这一变化,我们也可视为中国古代士大夫清谈议政的传统借助近代化报刊,得以传承与发扬。19世纪七八十年代以后,国人自办的近代化报刊问世。这些国人自办报刊,都将评论作为自己的重要内容,它们对许多问题有所议论、有所揭示,积极参与中国政治,表现出了政论报刊的明显倾向。正是传教士的垂范,给中国的知识分子以启示,他们发现了一条指陈时政的极好途径:"西方报馆主笔……能自由剖陈国是,含寓褒贬,对中国士人而言,乃为一极感惊喜之事。有清一代,政略以防弊为主,文字之祸,诽谤之禁,穷古所未有,知识分子言论自由久受抑制,今忽见西士之作为,暗示之下,乃产生一种跃然以动及锋而试心理。故丙申维新志士创报于沪上,亦攘臂呼号,抨击时政矣。"①

---

① 赖光临:《中国近代报人与报业》,台湾商务印书馆(中国台湾),1980年版,第84页。

这样,随着传教士中文报刊在中国的创办成功,西方报刊评论的形式与内容被引入中国。在传教士中文报刊的直接刺激和影响下,国人自办的近代化报刊问世,中国人自己的报刊评论诞生。长期以来,中国人没有言论自由、思想自由,中国专制社会剥夺了人民论政的权利。来华的传教士突破了封建专制对新闻出版的禁锢,冲破了封建社会"言不论政"的樊篱,开创了报刊评论的新气象。

4. 传教士中文报刊中的广告

广告也是近代报刊的重要内容,是近代报刊的标志之一。中国古代报纸"邸报"从来不登广告,广告也是由传教士中文报刊最先引入中国的。

传教士中文报刊不以赢利为目的,许多报刊都是免费赠送的,即使有一些报刊用于销售,也不是为了赢利,而是为了能有办刊经费。即便如此,作为近代报刊重要内容之一的广告,是在传教士报刊中首先出现的。

《察世俗每月统记传》与《特选撮要每月纪传》,以宣传基督教为主要任务,对商业信息基本是不关心的,因而不存在刊登广告的合适土壤。

随着广州对外贸易的发展,19世纪30年代创办的《东西洋考每月统记传》开始关注市场行情,开辟了"各货现时市价"表,介绍"省城洋商与各国远商相交买卖各货现时市价"。它对广州市场价格进行详细调查后,分"出口的货"和"入口的货"两类,在"市价篇"上公布,提供了一百多种进出口货物的详细价格,为中国人尤其是商人提供了大量的贸易信息和价格行情。《东西洋考每月统记传》是第一个发布市价行情的中文报刊,它所刊登的市价行情,可以说是我国中文报刊广告的萌芽。

1838年创办的《各国消息》,则是以各国国情与商业信息为主要内容。所以,关于商业信息与物价行情的介绍,是《各国消息》的重要内容之一。它设有"广东省城洋商与各国远商相交买卖各货现时市价"专栏,分"入口的货"与"出口的货"进行介绍。它对进口货物价格报道比较详尽,并作出价格趋势分析,为商人提供决策参考。它与《东西洋考每月统记传》一样,所刊布的商业信息与物价行情也可视为我国报刊广告的萌芽。

1853年创刊的《遐迩贯珍》,是第一家刊登广告的中文报刊,开中文报刊刊登广告之先河。从1855年起,《遐迩贯珍》以附刊形式增出"布告编",即广告栏,随报发行,页数另起,一般每期4页,也有3页的,用于刊登船期、商情材料与广告。"布告编"开设前一期登载的《遐迩贯珍小记》,对为何刊登广告、如何刊登以及刊登广告的益处均做了说明;"布告编"开设第一期刊登的《论〈遐迩贯珍〉表白事款编》,对广告作用、广告费用以及具体负责人再次作了交代。

《遐迩贯珍》之后,广告经常出现在传教士所办的中文报刊中。《六合丛谈》出版地上海,是重要的外贸集散地,与此相适应,《六合丛谈》非常重视商业,刊登"进口货单""出口货单"等商业信息,详细介绍上海进出口商品以及贸易量。并刊登上海港口商船信息、"银票单""水脚单"。

《中国教会新报》宣布:"可录出外国教会中事,仍可讲究各种学问,即生意买卖,诸色正经事情",创刊后第二期即刊登了洋行告白。

除了广告外,传教士中文报刊还经常发表关于商品、贸易的新闻和评论,介绍商品销售情况与动态,分析中外贸易态势,预测市场发展形势。比起一般的商业信息发布,它们所揭示的问题更为广泛与深刻,已经带有市场导向的性质了。

广告的出现,象征着中国报纸脱离了古代邸报的模式,导入了以广告收入开展近代化报纸经营的概念,而将这种概念引入中国的,正是传教士中文报刊。

中文商业报纸诞生以后,广告便大量地出现于这些报纸的版面上。例如《上海新报》,广告约占版面的三分之一,《申报》广告开始为四分之一,后来增加到二分之一,全报一半篇幅用于刊登广告。

广告是最好的推销员,西方商人非常清楚这一点,但中国商人对于广告开始并不接受,老报人孙玉声描写了当时向华商招揽广告之难:"然当风气未开之时,商界不知登报之益,一若此种银钱,不啻掷之虚牝,相率坚拒不遑。……即报馆送登数日,并不取资,然后倩人登门招揽,陈说登报效验,而若辈其时脑筋陈旧,绝不为动。"① 中国商人对于新生事物有个接受过程,他们是逐渐明白广告的好处的。后来中国人

---

① 孙玉声:《招登广告之难》,刊于《报海前尘录》,1934年1月连载于上海《晨报》。转引自方汉奇主编:《中国新闻事业通史》(第一卷),中国人民大学出版社,1992年版,第437页。

自己创办的报刊,也开始刊登广告。

5. 提出报与刊区分的思想

"报纸"曾被称为"新闻纸",最早使用这一称呼的是《东西洋考每月统记传》,之后这种称呼开始流行。大约在19世纪50年代以后,为了强调与旧式"邸报"的区别,"新报"这一称呼也开始流行起来,甚至许多报刊直接用"新报"命名,如《中外新报》《中国教会新报》。当时,"新报"和"新闻纸"作为近代报刊的称谓差不多并存了半个世纪。

"报纸"一词则出现于19世纪70年代,《申报》在《福州新设华字新闻纸》一文中写道:"福州有一印务局特设立华字新报,系仿万国公报之例,每七日出报纸一章。"①寥寥数语,"新闻纸""新报""报纸"三个词都用上了。维新运动前后,"报纸"一词开始流行,"新闻纸""新报"逐渐退出历史舞台。

无论是"新闻纸""新报"还是"报纸""日报",在当时都是报纸杂志的总称,没有将"报纸"与"杂志"区分开来。在整个19世纪,报纸和杂志的界限是模糊不清的,杂志称作"报",而报纸也采用杂志的书册形式。传教士所办中文报刊中,以杂志命名的很少,1862年英国传教士麦嘉湖在上海创办的《中外杂志》,是我国第一家以杂志命名的报刊。此后有很长一段时间未出现以"杂志"命名的报刊,一般人也未以"杂志"来称呼报刊。直到20世纪初以"杂志"命名的报刊才多起来。至于以"报"命名的报刊就很多了,例如:《中外新报》《小孩月报》《中国教会新报》《万国公报》《圣心报》《中西教会报》《尚贤堂月报》,等等。这些被称为"报"的报刊,有些采用散页形式,属于报纸类型,另一些采用书册形式,即杂志形式。

从内容上看,19世纪时,报与刊很难截然分开,新闻报道、西学知识、评论文章与宗教宣传汇于一册。虽称"报",又像杂志,但又不是纯粹的杂志,含有报的成分。19世纪下半叶,日报开始出现,但并不意味着报纸与杂志的分工,因为月报仍然在报道新闻,做着日报该做的事,"并没有退而为今日的杂志"。当时那些著名的传教士中文报刊,如《遐迩贯珍》《六合丛谈》《中西闻见录》等,它们都是月刊,都在报道新闻。

---

① 《福州新设华字新闻纸》,《申报》1875年3月6日。

所以,即使到了19世纪下半叶,报纸与杂志的区别仍然是非常模糊的。《申报》在《整顿报纸刍言》一文中,就把从《遐迩贯珍》开始至维新运动期间所出的各种报刊,统称为报纸。后来的报学研究者也很难将早期的报与刊区分,也就统称为"报刊"了。戈公振对《中国报学史》命名的解释中写道:"惟报字称谓简而含义广,且习用已久,故本书之所谓报,尝包括杂志及其他定期刊物而言。"①的确,人们对于报纸与杂志的区别长期未能分清。

在传教士所办中文报刊中,虽没有明确区分报与刊,但已出现了将二者加以区分的思想。早在19世纪30年代,发表于《东西洋考每月统记传》的《新闻纸略论》一文写道:"其每月一次出者,亦有非纪新闻之事,乃论博学之文","纪新闻之事"与"论博学之文",就模糊地表达了报纸与杂志之间的区别。花之安则提出:"然其出也有定期,或一日三次,一日二次,或半月每月一卷。或半年每年一卷。或每季每礼拜一卷,其数甚繁。大抵每日出者,则为时势政事杂报居多。每月、每礼拜出者,则为专报,如天文、格致等报居多。盖事有多寡,且有难易,故不得不分报也。"②花之安的论述虽不尽明确,但已有了按出版周期和内容对报、刊加以区分的想法,即将那些新闻性强且刊期短与新闻性不强且刊期长的报刊加以区分的想法。

今天,报纸与杂志的区别已是泾渭分明,甚至报纸又细分为日报、早报、晚报,杂志又分为旬刊、月刊、双月刊、季刊等,而它们的源头正是传教士中文报刊。

三、传教士中文报刊的影响

传教士在中国从事的创办报刊活动,在19世纪乃至整个中国新闻史上,均占有重要的地位。

1. 第一次广泛的西学知识的传播与推广活动

19世纪时的中国,尽管封建制度已经走到了它的尽头,但没有退

---

① 戈公振:《中国报学史》,三联书店,1955年版,第1页。
② 〔德〕花之安:《自西徂东》,上海书店出版社,2002年版,第179—180页。

出历史舞台,清朝政府采取闭关自守政策,严格限制通商,禁止传西教,使中外文化交流中断。

正是传教士的东来,使得隔绝多年的中外文化交流得以恢复,其中,传教士中文报刊发挥了重要作用。尽管传教士传播西学的目的是为传教铺平道路,但正是这种世俗性的非宗教宣传活动,使得西方文化经传教士之手广泛传播于中国,促使中国社会发生了根本性转变。传教士中文报刊因而担负了将西方先进的科学知识用汉语传入中国的重要功能,并在中国掀起了广泛的西学传播活动。

传教士中文报刊对西学的传播包括两个方面:自然科学知识的传播,人文科学和社会科学知识的传播。

自然科学知识的传播。自然科学知识最能显示西方文化的优越,也能满足中国人向西方学习、"师夷长技"的需要。

《察世俗每月统记传》尽管以宣传宗教为主,但为了把刊物办得好看一点,也登载了一些介绍科学知识的文章。《东西洋考每月统记传》《遐迩贯珍》《六合丛谈》等,更是将大量篇幅用于介绍科学知识。《中西闻见录》《格致汇编》,或是以传播科学知识为主要内容的报刊,或是专门介绍科技知识的纯科普性报刊。

这些报刊所介绍的自然科学知识包括几个方面。第一,介绍自然科学基本知识、基本理论。最先介绍的是天文学知识,包括日食、月食、地球运转、闪电、打雷、潮汐、地震、火山等等自然现象。后来,对自然科学的其他领域也进行了广泛介绍,包括西医西药、生理学、数学、化学、物理学、动植物学、生物学等。生物进化论、牛顿力学三定律,就是在这时传入中国的。第二,广泛介绍实用科技知识,因为这些知识深受中国人喜爱,认为会给中国带来实际好处。例如:修公路、治河、探矿、采煤、冶金、造纸、造火柴、造玻璃、制冰器、织布、养蜂、种花、灭虫、储藏粮食、防火、卫生、急救、制啤酒、制汽水、碾米、制糖、种牛痘、戒鸦片,以及造扣子机、弹花机、造针机、凿石机、钻地机、抽水机、磨面机等。第三,大量介绍新科技、新发明,包括蒸汽机、铁路、火车、轮船、电报、电灯、电话、照相机、打字机、印刷机、幻灯机、留声机、千里镜、显微镜等。这些知识的介绍使中国人大开眼界。

人文科学和社会科学知识的传播。传教士中文报刊大量介绍世界各国的历史、地理与现状,尤其是对西欧、美国和亚洲的印度、日本等国,均进行了详细介绍。后来,随着中国自强运动与变法运动兴起,它们进一步介绍了西方的富强之道,以为中国变法之楷模。这些富强之道包括兴学、办报、开矿、筑路、办厂、通商、理财、练兵等各个方面。它们还对西方的政治学说、政治制度以及经济制度、社会制度进行了广泛介绍,向中国人解释了议会制度、总统选举、君主立宪、民主法制、出版自由、男女平等、文化教育、市场经济以及自由、平等、博爱等思想主张。

这是近代中国第一次广泛的西学知识普及活动。在经过百年闭关锁国之后,中西文化交流通道重新打开,先进的西方文化得以传入中国。"现在,回顾19世纪西方传教士的工作,似乎他们最值得称道的部分工作就是把现代科学知识传播到中国来,而这种现代科学知识在中国的传播对于打碎旧秩序具有非常重大的作用。"[1]

2. 对中国人具有深刻的启蒙作用

18世纪、19世纪,西方国家科学技术突飞猛进,中国却停滞不前,被远远抛在后面。并且由于长期与世隔绝,对外部世界一无所知。清朝政府以天朝大国自居,自以为物产丰饶,无所不有,无须与蛮夷通商。中国的知识分子心中只有儒家经典,不知道世界上还有别的学问,毕生为了科举功名而奋斗。等到鸦片战争爆发了,天朝大国上下"对英吉利也只是闻其名而不知其实"[2]。

西学知识的广泛传入,对于长期受封建思想禁锢的中国人,具有极大的冲击作用。尤其中国的知识分子,在他们头脑中引起了激烈的思想震荡,初则惊,继则效,他们的思想观念、思维方式都发生了变化。梁启超在《清代学术概论》中说的一段话表达了当时中国先进知识分子的心声:"鸦片战役以后,志士扼腕切齿,引为大辱奇戚,思所以自湔拔,经世致用观念之复活,炎炎不可抑。又海禁既开,所谓'西学'者逐渐输入,始则工艺,次则政制。学者若生息于漆室之中,不知室外更何所有;忽穴一牖外窥,则粲然者皆昔所未睹也。环顾室中,则皆沈黑积秽;于是对外求索之欲日炽,对内厌弃之情日烈。"[3]在知识分子中掀起了一

---

[1] 林语堂著,王海、何洪亮主译:《中国新闻舆论史》,中国人民大学出版社,2008年版(根据1936年英文版翻译),第68页。
[2] 茅海建:《天朝的崩溃——鸦片战争再研究》,三联书店,1995年版,第117页。
[3] 梁启超:《饮冰室合集》专集之三十四,中华书局,1989年版,第52页。

个学西学、西术的热潮。

近代中国的有识之士把西学知识作为看世界的手段，积极汲取传教士中文报刊中的科学知识，其目的是"师夷长技以制夷"。魏源受《东西洋考》影响很大，他的《海国图志》大量引用了《东西洋考每月统记传》，这份传教士中文报刊成为魏源写作《海国图志》的重要参考文献之一。洋务派官员对传教士中文报刊所介绍的西方科学知识十分重视，江南制造局翻译馆出版的《西国近事汇编》就是从外报上翻译而来，供关心洋务的官绅阅读。中国的维新派与传教士中文报刊的关系更为密切。康有为是《万国公报》的热心读者，经过潜心研读后，他的思想遂"日新大进"，后来他把《万国公报》《西国近事汇编》作为其学生的学习材料。梁启超是从阅读《万国公报》《西国近事汇编》开始接触西学并受到西学影响的，他后来将它们列入《西学书目表》，他说："欲知近今各国情状，则制造局所译《西国近事汇编》，最可读。为其翻译西报，事实颇多也……癸未甲申间，西人教会始创《万国公报》……中译西报颇多，欲觇时事者必读焉。"①

传教士中文报刊所介绍的西学，展示了远比封建思想文化进步的资产阶级思想文化，对于仍然处于封建思想禁锢下的中国人具有深刻的启蒙作用。封建的旧中国长期与世隔绝，政治上的蛮横专制与文化上的腐朽无知相结合，窒息着中国人。传教士中文报刊所宣传的西学，开化了中国人的头脑。尽管传教士介绍西学的目的各种各样，或作为吸引中国人入教的手段，或显示西方文化的优越，或表示对中国人的友好，但不管如何，将先进的西方文化介绍到中国无论如何都是一件好事，对于中国知识分子了解世界、解放思想，对于后来的洋务运动与维新变法运动都有着不可低估的作用。资本主义文化在进入这个沉睡的封建王国后，必然化为一种积极的力量，启发先进的知识分子寻找救国良策，"影响是至为广泛的，从林则徐到康有为，无不接受这种新文化、新知识的洗礼，无不运用从外报上所获得的这些新知识，进行思考，以推进自己的救国事业"②。

---

① 梁启超：《读西学书法》，载黎难秋主编：《中国科学翻译史料》，中国科学技术大学出版社，1996年版，第640页。
② 方汉奇主编：《中国新闻事业通史》（第一卷），中国人民大学出版社，1992年版，第445页。

3. 推动了中国民族报业的产生与发展

传教士中文报刊为中国民族报业的产生与发展提供了有益的经验,成了中国人自办近代化报刊的催化剂。

19世纪的中国依然处在封建专制统治之下,在这种情况下,那种适应封建大帝国需要的古代报纸不可能发展成为适应资本主义要求的近代报刊,正如传教士花之安所说:"中国素称声名文物之邦,而于报馆之设则未有闻,上下隔绝,情意不通,民间疾苦不能知,朝廷政事、官吏设施,其是非得失亦有所莫辨。"①正是传教士中文报刊揭开了中国近代报刊的序幕。

"中国近代报业的产生,源于19世纪中叶西方报业思想与组织体例的传入。"②这"西方报业思想与组织体例",正是由传教士所引入。中国长期以来沿用的是古代邸报的办报经验,而西方国家在16世纪末17世纪初就诞生了近代报纸,19世纪初传教士在创办中文报刊时,西方近代报刊已相当成熟,办报技术也相当完善。传教士在中国成功地创办了大量的中文报刊,西方的新闻采编、编辑业务、管理方法以及发行、广告、印刷等整个流程,随着在中国大规模的办报活动而逐渐传入中国,并为中国人所掌握。传教士还聘用中国文人当助手,无形中为中国培养了第一代新闻工作者。铅印技术和石印技术也是由传教士报刊引入中国的。这些在客观上为中国人自己创办近代报刊打下了基础。尤其是一些传教士倾注心血经营、产生重大社会影响力的诸如《万国公报》之类的报刊,为中国报刊从业者提供了十分成熟便于借鉴的蓝本:"万国公报于此际创刊,阐发报章功能,推重主笔地位,创新报章体例,确立编辑方针,输入西方近代报业观念,知识分子乃获启发,而投注其心力于报章。至是三十年迟滞不进之中国报业,顿开绽生机。"③

报刊对于社会进步的影响力,中国知识分子也是经历了一个逐步体验和认识过程的。作为中国近代报刊先驱者之一的王韬,曾为《遐迩贯珍》中的文章进行润色,当他的友人向其索要《遐迩贯珍》时,他的回

---

① 〔德〕花之安:《自西徂东》,上海书店出版社,2002年版,第179页。
② 赖光临:《中国近代报人与报业》,台湾商务印书馆(中国台湾),1980年版,第703页。
③ 同上书,第92页。

复是:"承索遐迩贯珍,但此糊窗覆瓿之物,亦复何用?徒供喷饭尔。"①
随着外报数量的不断增多,中国的一批知识分子逐渐意识到了报刊对于社会舆论的独特作用,改变了对报刊的看法,并开始投身报界,尝试以报刊作为改革社会的武器,包括用"糊窗覆瓿之物"形容早期报刊的王韬亦成为报刊的积极创办者。"在外力冲击之下,我国朝野亦渐省悟,不再视报纸为洋行的专业,于是,有识之士自己筹资办报。"②19世纪七八十年代,国人自己创办的第一批近代化报刊问世,至"甲午战争前的二十年间,中国人先后自办了约二十家近代化报刊"③。借助维新的变革之风,仅1896—1898年间,国人新创办的报刊就达65种④。到了20世纪,国人自办报刊更如雨后春笋般涌现。这些报刊,差不多全部以近代化的外报为蓝本,"一切均仿泰西报馆章程办理",而与中国自己的邸报之间,却看不出有多少联系。正因为国人创办的近代化报刊差不多全部照搬外报模式,"所以它一开始就能以比较完备形式呈现在读者面前。外国人所办中文报刊,从书本式发展为近代报型,差不多经历了40多年;由内容单调栏目不多的报纸,发展成为由新闻、言论、文艺(副刊的先声)和广告共同组成的较为稳定的近代化报纸,更费了半个多世纪的时间。而所有这些,中国人的报纸在刚一诞生时就全部实现了"⑤。

传教士中文报刊在介绍西方近代化报刊方面起了积极的作用,是促使中国人自办近代化报刊的催化剂。

由于传教士中文报刊所具有的较为特殊的政治与社会属性,因此近年来国内对其所蕴涵的历史意义和研究价值的共识是随着岁月的积淀而逐渐形成的,其研究视角也发生着从"文化侵略""文化征服"到"文化交流"的位移。

笔者认为:近代以来,在中国依然拥有主权的状态下,一群外国人

---

① 王韬:《与孙㦒蓭茂才》,《弢园尺牍》卷二,文海出版社有限公司(中国台湾),1983年版,第20页。
② 潘贤模:《上海开埠初期的重要报刊——近代中国报史初篇第七章》,中国社会科学院新闻研究所编:《新闻研究资料》(总第十六辑),新华出版社,1982年版,第225页。
③ 陈玉申:《晚清报业史》,山东画报出版社,2003年版,第66页。
④ 陈玉申:《晚清报业史》第三章"维新报业的勃兴"相关内容与统计表格。
⑤ 方汉奇主编:《中国新闻事业通史》(第一卷),中国人民大学出版社,1992年版,第532页。

来到这个国家,用这个国家的语言文字,在 100 多年的时间里,陆续创办了数以百计的报刊,这些报刊在随后的岁月里以自己的方式在一定程度上影响了这个国家的发展进程。在这一进程中,传教士中文报刊也逐渐融入中国社会,成为中国近代文化的组成部分。传教士中文报刊的变迁造就了世界历史进程中一种非常奇特甚至可以说是独一无二的文化现象,这一现象无论从社会文化还是从新闻传播的角度来考察,都是极具历史意义的。

参考文献

一、报刊原始资料

《察世俗每月统记传》缩微胶卷,收藏于香港中文大学图书馆、国家图书馆。

《特选撮要每月纪传》缩微胶卷,收藏于香港中文大学图书馆、国家图书馆。

爱汉者等编、黄时鉴整理:《东西洋考每月统记传》,中华书局影印本,1997年。

〔日本〕沈国威、内田庆市、松浦章编著:《遐迩贯珍:附解题·索引》,上海辞书出版社影印本,2005年。

〔日本〕沈国威编著:《六合丛谈:附解题·索引》,上海辞书出版社影印本,2006年。

《中外新报》缩微胶卷,收藏于香港中文大学图书馆。

《教会新报》原件,收藏于国家图书馆、北京大学图书馆、浙江图书馆等。

《教会新报》,华文书局(中国台湾)影印本,1968年。

《万国公报》原件,收藏于国家图书馆、上海图书馆、北京大学图书馆、浙江图书馆等。

《万国公报》,华文书局(中国台湾)影印本,1968年。

《中西闻见录》原件,收藏于国家图书馆、北京大学图书馆等。

《中西闻见录》,南京古旧书店影印本,1992年。

丁韪良编:《中西闻见录选编》,文海出版社(中国台湾),1987年。

《格致汇编》原件,收藏于南京图书馆、浙江图书馆、国家图书馆、北京大学图书馆等。

《格致汇编》,南京古旧书店影印本,1992年。

《闽省会报》原件,收藏于福建师范大学社会历史学院资料室。

《华美教报》原件,收藏于北京大学图书馆。

《教报》原件,收藏于南京图书馆、北京大学图书馆。

《兴华报》原件,收藏于上海市档案馆、北京大学图书馆。

《小孩月报》原件,收藏于上海图书馆、浙江图书馆。

《青年会报》原件,收藏于上海市档案馆。

《青年》原件,收藏于国家图书馆、上海图书馆、上海市档案馆、南京图书馆、浙江图书馆等。

《进步》原件,收藏于国家图书馆、上海图书馆、上海市档案馆、南京图书馆、浙江图书馆等。

《青年进步》原件,收藏于国家图书馆、上海图书馆、上海市档案馆、南京图书馆、浙江图书馆等。

《益闻录》缩微胶卷,收藏于上海图书馆,部分原件收藏于浙江图书馆。

《格致益闻汇报》缩微胶卷,收藏于上海图书馆,部分原件收藏于浙江图书馆。

《汇报》缩微胶卷,收藏于上海图书馆,部分原件收藏于浙江图书馆。

《格致新报》缩微胶卷,收藏于国家图书馆。

《圣心报》原件,收藏于上海图书馆与北京师范大学图书馆。

《圣教杂志》原件,收藏于北京大学图书馆、上海图书馆、南京图书馆、上海市档案馆等。

《中外新闻七日录》,华文书局(中国台湾)影印本,1969年。

《画图新报》原件,收藏于北京大学图书馆。

《新民报》原件,收藏于浙江大学图书馆。

《甬报》原件,收藏于浙江图书馆,缩微胶卷收藏于浙江图书馆与国家图书馆。

《中西教会报》原件,收藏于上海图书馆、上海市档案馆、北京大学图书馆。

《教会公报》原件,收藏于北京大学图书馆。

《尚贤堂月报》原件,收藏于北京大学图书馆、浙江大学图书馆。

《新学月报》原件,收藏于北京大学图书馆、浙江大学图书馆。

《大同报》原件,收藏于国家图书馆、上海图书馆、南京图书馆、南京大学图书馆、浙江大学图书馆等。

《女铎》原件,收藏于上海市档案馆、浙江图书馆等。

《女铎》光盘,桂林贝贝特电子音像出版社出版。

《福幼报》原件,收藏于国家图书馆、北京大学图书馆、上海图书馆。

《明灯》原件,收藏于北京大学图书馆、上海市档案馆。

《道声》原件,收藏于北京大学图书馆。

《女星》原件,收藏于上海市档案馆、北京大学图书馆。

《平民月刊》原件,收藏于国家图书馆、上海市档案馆。

《民星》原件,收藏于国家图书馆、上海市档案馆。

《真光杂志》原件,收藏于上海市档案馆、北京大学图书馆。

《通问报》原件和缩微胶卷,收藏于国家图书馆、上海图书馆、上海市档案馆。

《时兆月报》原件,收藏于北京大学图书馆、国家图书馆、北京师范大学图书馆等。

《益世报》影印本,南开大学出版社、天津古籍出版社、天津教育出版社联合出版,2004年。

《真理与生命》原件,收藏于北京大学图书馆、上海市档案馆。

《文社月刊》原件,收藏于北京大学图书馆、上海市档案馆。

《女青年》原件,收藏于香港中文大学图书馆、北京大学图书馆。

《圣公会报》原件,收藏于北京大学图书馆。

二、史　　料

中华续行委办会编:《中华基督教会年鉴》(第一期),商务印书馆,1914年。

中华续行委办会编:《中华基督教会年鉴》(第二期),商务印书馆,1915年。

中华续行委办会编:《中华基督教会年鉴》(第三期),商务印书馆,1916年。

中华续行委办会编:《中华基督教会年鉴》(第四期),商务印书馆,1917年。

中华续行委办会编:《中华基督教会年鉴》(第六期),中华续行委办会发行,1921年。

中华全国基督教协进会编:《中华基督教会年鉴》(第七期),中华全国基督教协进会发行,1924年。

中华全国基督教协进会编:《中华基督教会年鉴》(第八期),中华全国基督教协进会发行,1925年。

中华全国基督教协进会编:《中华基督教会年鉴》(第十期),中华全国基督教协进会发行,1928年。

中华全国基督教协进会编:《中华基督教会年鉴》(第十一期),中华全国基督教协进会发行,1931年。

中华全国基督教协进会编:《中华基督教会年鉴》(第十二期),上海广学会发行,1934年。

中华全国基督教协进会编:《中华基督教会年鉴》(第十三期),上海广学会发行,1936年。

中华续行委办会调查特委会编、蔡咏春等译:《1901—1920年中国基督教调查资料》,中国社会科学出版社,1987年。

中华基督教青年会全国协会编:《中华基督教青年会五十周年纪念册:1885—1935》,中华基督教青年会全国协会,1935年。

汤因:《中国基督教文献:中文基教杂志索引》,《真理与生命》第十一卷第五期至第十三卷第八期,1938年10月—1941年7月。

汤因:《中文基督教杂志总检讨》,《真光》第三十七卷第四号至第六号,1938年4—6月。

汤因:《中文基教期刊》(手稿),上海市档案馆,档案号:U133－0－33,1949年。

汤因:《现在需要水准高的基教杂志》,《真理与生命》第十卷第八号,1937年1月15日。

王皎我:《十一种关于妇女的定期刊物及其它》,《女青年》第六卷第六号,1927年10月。

曾庭辉:《教会报纸开中国风气之先》,《圣公会报》第二十卷第四号,1927年3月1日。

王敬轩:《对于教会报纸之意见》,《圣公会报》第十六卷第二号,1923年11月。

《此之谓教会报》,《真光杂志》第二十五卷第七号,1926年9月。

刘廷芳:《国内基督教刊物今后的使命》,《真理与生命》第一卷第二号,1926年4月30日。

应元道:《基督教文字事业之经过及其事工之大概》,《文社月刊》第一卷第三册,1925年12月。

应元道:《百余年来在华西教士对于基督教文字事业之贡献》,《文社月刊》第一卷第四册,1926年1月。

应元道:《二十余年来中国基督教著作界及其代表人物》,《文社月刊》第一卷第五册,1926年2月。

陈春生:《二十五年来之中国教会报》,《真光杂志》第二十六卷第六号(二十五周年纪念特刊),1927年6月。

兼士:《中国报纸变迁史略》,《青年进步》第101册,1927年3月。

王治心:《中国基督教文字事业之过去现在与将来》,《文社月刊》第一卷第八号,1926年7月。

《新闻纸杂志登记声(原文如此,似为"申"字之误——本书作者注)请书》(《女铎》《道声》《福幼报》《圣心报》《通问报》《民星》),上海市档案馆,档案号:Q6-12-143-68。

《上海市社会局报纸杂志通讯社申请登记表》(《女铎》《道声》《福幼报》《圣心报》《通问报》《民星》),上海市档案馆,档案号:Q6-12-143-97。

李提摩太:《广学会第六年纪略》,上海市档案馆,档案号:U131-0-72-[2]。

《广学会三十六周纪念册》,上海市档案馆,档案号:U131-0-73。

《广学会五十周年纪念》,上海广学会出版,1937年。

《广学会五十周年纪念短讯》(第1期至第7期),上海广学会出版,1937年1—7月。

《广学会一九二〇年至一九二一年间之报告》,上海广学会出版,1921年。

《在建造中的新中国——民国二十七年份广学会报告书》,上海广学会出版,1938年。

《乘风破浪——民国二十八年份广学会报告书》,上海广学会出版,1939年。

麦都思:《七十年来之香港报业》,华字日报七十一周年之纪念刊,香港,1934年。

上海市档案馆、美国旧金山大学利玛窦中西文化历史研究所合编、马长林、吴小新主编:《中国教会文献目录》,上海古籍出版社,2002年。

林治平:《基督教入华百七十年纪念集》,宇宙光出版社(中国台湾),1977年。

徐宗泽编著:《明清间耶稣会士译著提要——耶稣会创立四百年纪念(1540—1940年)》,中华书局,1989年。

天津市地方志编修委员会办公室、天津市图书馆编:《〈益世报〉天津资料点校汇编》,天津社会科学院出版社,1999年。

贾祯等编:《筹办夷务始末》(咸丰朝),中华书局,1979年。

范约翰:《中文报刊目录》,载宋原放主编、汪家熔辑注《中国出版史料·近代部分》(第一卷),湖北教育出版社、山东教育出版社,2004年。

张静庐辑注:《中国近现代出版史料》,上海书店出版社,2003年。

宋原放主编、汪家熔辑注:《中国出版史料》,湖北教育出版社、山东教育出版社,2004年。

太平天国历史博物馆编:《太平天国资料汇编》,中华书局,1979年、1980年。

太平天国历史博物馆编:《太平天国文书汇编》,中华书局,1979年。

丁守和主编:《辛亥革命时期期刊介绍》,人民出版社,1982年。

中国第二历史档案馆编:《中华民国史档案资料汇编》(第3辑),江苏古籍出版社,1991年。

〔美〕包华德主编、沈自敏译:《中华民国史资料丛稿·译稿·民国名人传记辞典》,中华书局,1985年。

沈云龙主编:《近代中国史料丛刊》,文海出版社(中国台湾),1987年。

郭卫东:《近代外国在华文化机构综录》,上海人民出版社,1993年。

郭廷以编著:《近代中国史事日志(1829—1885)》,中华书局,1987年。

上海图书馆编:《中国近代期刊篇目汇录》,上海人民出版社,1985年。

刘哲民编:《近现代出版新闻法规汇编》,学林出版社,1992年。

徐蜀等编:《中国近代古籍出版发行史料丛刊》,北京图书馆出版社,2003年。

陈翰笙主编:《华工出国史料汇编》,中华书局,1988年。

马金科主编:《早期香港史研究资料选辑》,三联书店(香港)有限公司,1998年。

《谭嗣同全集》,中华书局,1981年。

《汪康年师友书札》(一)(二)(三)(四),上海古籍出版社,1986—1989年。

张焕庭主编:《西方资产阶级教育论著选》,人民教育出版社,1979年。

吴旻、韩琦编校:《欧洲所藏雍正乾隆朝天主教文献汇编》,上海人民出版社,2008年。

杨植峰:《帝国的残影　西洋涉华珍籍收藏》,团结出版社,2009年。

三、著　作

〔英〕马礼逊夫人编、顾长声译:《马礼逊回忆录》,广西师范大学出版社,2004年。

〔英〕苏慧廉著、关志远等译:《李提摩太在中国》,广西师范大学出版社,2007年。

〔美〕丁韪良著、沈弘等译:《花甲忆记》,广西师范大学出版社,2004年。

〔美〕雷孜智著、尹文涓译:《千禧年的感召——美国第一位来华新教传教士裨治文传》,广西师范大学出版社,2008年。

〔美〕卫斐列著、顾钧等译:《卫三畏生平及书信——一位美国来华传教士的心路历程》,广西师范大学出版社,2004年。

〔英〕苏特尔著、梅益盛等译:《李提摩太传》,上海广学会出版,1924年。

〔英〕米怜:《新教在华传教前十年回顾》,大象出版社,2008年。

〔德〕花之安：《自西徂东》，上海书店出版社，2002年。

王韬：《论日报渐行中土》，载《弢园文录外编》，辽宁人民出版社，1994年。

梁启超：《清代学术概论》，东方出版社，1996年。

林治平：《基督教与中国论集》，宇宙光出版社（中国台湾），1993年。

王树槐：《外人与戊戌变法》，上海书店出版社，1998年。

朱维铮：《求索真文明——晚清学术史论》，上海古籍出版社，1996年。

袁伟时：《晚清大变局中的思潮与人物》，海天出版社，1992年。

邹振环：《影响中国近代社会的一百种译作》，中国对外翻译出版公司，1996年。

邹振环：《晚清西方地理学在中国：以1815至1911年西方地理学译著的传播与影响为中心》，上海古籍出版社，2000年。

戈公振：《中国报学史》，三联书店，1955年。

张静庐：《中国的新闻纸》，光华书局，1929年9月。

赵敏恒：《外人在华新闻事业》，中国太平洋国际学会，民国二十一年八月。

蒋国珍：《中国新闻发达史》，上海书店，1927年。

黄天鹏：《中国新闻事业》，现代书店，1932年。

赵君豪：《中国近代之报业》，1938年12月。

章丹枫：《近百年来中国报纸之发展及其趋势》，开明书店，民国三十一年二月。

胡道静：《新闻史上的新时代》，世界书局，1946年。

曾虚白：《中国新闻史》，三民书局（中国台湾），1966年。

林语堂：《中国新闻舆论史》，中国人民大学出版社，2008年（据1936年英文版翻译）。

〔新加坡〕卓南生：《中国近代报业发展史》，中国社会科学出版社，2002年。

叶再生：《中国近代现代出版通史》，华文出版社，2002年。

方汉奇主编：《中国新闻事业通史》，中国人民大学出版社，1992年。

方汉奇：《中国近代报刊史》，山西人民出版社，1981年。

方汉奇主编：《中国新闻传播史》，中国人民大学出版社，2002 年。
熊月之：《西学东渐与晚清社会》，上海人民出版社，1994 年。
陈玉申：《晚清报业史》，山东画报出版社，2003 年。
胡太春：《中国近代新闻思想史》，山西人民出版社，1987 年。
黄瑚：《中国新闻事业发展史》，复旦大学出版社，2003 年。
赖光临：《中国近代报人与报业》，台湾商务印书馆（中国台湾），1980 年。
赖光临：《中国新闻传播史》，三民书局（中国台湾），1983 年。
刘家林：《中国新闻通史》，武汉大学出版社，2005 年。
杨师群：《中国新闻传播史》，北京大学出版社，2007 年。
倪延年：《中国古代报刊发展史》，东南大学出版社，2001 年。
宋原放、李白坚：《中国出版史》，中国书籍出版社，1991 年。
宋应离主编：《中国期刊发展史》，河南大学出版社，2000 年。
王凤超：《中国的报刊》，人民出版社，1988 年。
李焱胜：《中国报刊图史》，湖北人民出版社，2005 年。
蒋建国：《报界旧闻》，南方日报出版社，2007 年。
姚福申：《中国编辑史》，复旦大学出版社，2004 年。
冯志杰：《中国近代科技出版史研究》，中国三峡出版社，2008 年。
唐海江：《清末政论报刊与民众动员——一种政治文化的视角》，清华大学出版社，2007 年。
来新夏等：《中国近代图书事业史》，上海人民出版社，2000 年。
王余光：《中国新图书出版业初探》，武汉大学出版社，1998 年。
曹增友：《传教士与中国科学》，宗教文化出版社，1999 年。
王立新：《美国传教士与晚清中国现代化》，天津人民出版社，1997 年。
顾长声：《传教士与近代中国》，上海人民出版社，2004 年。
顾长声：《从马礼逊到司徒雷登——来华新教传教士评传》，上海书店出版社，2004 年。
李润波、张惠民：《老报纸收藏》，浙江大学出版社，2006 年。
许晚成：《全国报馆刊社调查录》，龙文书店，1936 年。
邓毅、李祖勃：《岭南近代报刊史》，广东人民出版社，1998 年。
雷雨田主编：《近代来粤传教士评传》，百家出版社，2004 年。
陈林：《近代福建基督教图书出版考略》，海洋出版社，2006 年。

潘群主编：《福建新闻史略 1858—1949》，福建人民出版社，2004年。

林金水主编：《福建对外文化交流史》，福建教育出版社，1997年。

胡道静：《上海新闻事业之史的发展》，上海市通志馆，1935年。

秦绍德：《上海近代报刊史论》，复旦大学出版社，1993年。

朱联保：《近现代上海出版业印象记》，学林出版社，1993年。

葛壮：《宗教和近代上海社会的变迁》，上海书店出版社，1999年。

马艺主编：《天津新闻传播史纲要》，新华出版社，2005年。

罗澍伟主编：《近代天津城市史》，中国社会科学出版社，1993年。

钟紫主编：《香港报业春秋》，广东人民出版社，1991年。

李谷城：《香港中文报业发展史》，上海古籍出版社，2005年。

方积根、王光明编著：《港澳新闻事业概观》，新华出版社，1992年。

余绳武、刘存宽主编：《十九世纪的香港》，中华书局，1983年。

刘存宽：《香港史论丛》，麒麟书业有限公司(香港)，1998年。

霍启昌：《香港与近代中国》，商务印书馆(香港)有限公司，1992年。

姚兴富：《耶儒对话与融合：教会新报(1868—1874)研究》，宗教文化出版社，2005年。

杨代春：《〈万国公报〉与晚清中西文化交流》，湖南人民出版社，2002年。

王昭弘：《清末寓华西教士之政论及其影响：以万国公报为主的讨论》，宇宙光出版社(中国台湾)，1993年。

王林：《西学与变法——〈万国公报〉研究》，齐鲁书社，2004年。

梁元生：《林乐知在华事业与〈万国公报〉》，香港中文大学出版社，1978年。

王文兵：《丁韪良与中国》，外语教学与研究出版社，2008年。

杨爱芹：《益世报与中国现代文学》，中国文史出版社，2009年。

〔奥〕雷立柏：《论基督之大与小：1900—1950年华人知识分子眼中的基督教》，社会科学文献出版社，2000年。

〔美〕何凯立著，陈建明、王再兴译：《基督教在华出版事业(1912—1949)》，四川大学出版社，2004年。

姚民权、罗伟虹：《中国基督教简史》，宗教文化出版社，2000年。
唐逸主编：《基督教史》，中国社会科学出版社，1993年。
杨森富：《中国基督教史》，商务印书馆（中国台湾），1968年。
杨真：《基督教史纲》，三联书店，1979年。
王治心：《中国基督教史纲》，上海古籍出版社，2004年。
王治心：《中国宗教思想史大纲》，东方出版社，1996年。
顾卫民：《基督教与近代中国社会》，上海人民出版社，1996年。
朱维铮主编：《基督教与近代文化》，上海人民出版社，1994年。
秦家懿、孔汉思：《中国宗教与基督教》，三联书店（香港）有限公司，1989年。
〔法〕谢和耐著、耿升译：《中国和基督教》，上海古籍出版社，1991年。
〔法〕谢和耐：《中国文化和基督教的冲撞》，辽宁人民出版社，1989年。
董丛林：《龙与上帝——基督教与中国传统文化》，三联书店，1992年。
刘小枫主编：《道与言——华夏文化与基督教文化相遇》，上海三联书店，1996年。
安宇：《冲撞与融合——中国近代文化史论》，学林出版社，2001年。
陈秀萍编著：《沉浮录——中国青运与基督教男女青年会》，同济大学出版社，1989年。
赵晓阳：《基督教青年会在中国：本土和现代的探索》，社会科学文献出版社，2008年。
杨天宏：《基督教与民国知识分子——1922年—1927年中国非基督教运动研究》，人民出版社，2005年。
徐宗泽：《中国天主教传教史概论》，上海圣教杂志社，1938年。
吴义雄：《在宗教与世俗之间——基督教新教传教士在华南沿海的早期活动研究》，广东教育出版社，2000年。
何绵山：《福建宗教文化》，天津社会科学院出版社，2004年。
阮仁泽、高振农主编：《上海宗教史》，上海人民出版社，1992年。
姚民权：《上海基督教史（1843—1949）》，上海市基督教三自爱国运动委员会、上海市基督教教务委员会出版,上海市出版局准印证(93)153号,1994年。

赵春晨、雷雨田、何大进:《基督教与近代岭南文化》,上海人民出版社,2002年。

程丽红:《清代报人研究》,社会科学文献出版社,2008年。

胡光麃:《影响中国现代化的一百洋客》,传记文学出版社(中国台湾),1983年。

耀汉小兄弟会编撰:《抗战老人雷鸣远司铎》,嘉华印刷有限公司,1947年。

方豪:《清代传记丛刊·中国天主教史人物传清代篇》,明文书局(中国台湾),1986年。

方汉奇:《东瀛访报记》,《方汉奇文集》,汕头大学出版社,2003年。

于学蕴、刘琳编著:《天津老教堂》,天津人民出版社,2005年。

天津政协文史委编:《近代天津十二大报人》,天津人民出版社,2001年。

董宝良:《中国近代教育史纲(近代部分)》,人民教育出版社,1990年。

〔美〕马士著、张汇文等译:《中华帝国对外关系史》,三联书店,1957年。

熊月之:《上海的外国人》,上海古籍出版社,2003年。

上海市政协文史资料委员会:《上海文史资料选辑》第70辑《上海人物史料》,1992年。

上海市文史馆、上海市人民政府参事室文史资料工作委员会:《上海地方史资料》(一、二、三),上海社会科学院出版社,1982年、1983年、1984年。

宁波市政协文史资料研究委员会编:《宁波文史资料》(第3辑),1985年。

四、工　具　书

上海图书馆编:《中国近代期刊篇目汇录》(第1—3卷共六册),上海人民出版社,1965年、1979年、1981年、1982年、1983年、1984年。

伍杰主编:《中文期刊大词典》,北京大学出版社,2000年。

全国图书联合目录编辑组编:《1833—1949全国中文期刊联合目录》,书目文献出版社,1981年。

上海图书馆编:《上海图书馆馆藏中文报纸目录1862—1949》,内部发行,1982年。

金以枫编:《1949年以来基督宗教研究索引》,社会科学文献出版社,2007年。

中国第二历史档案馆编:《中华民国史档案资料汇编——文化》,江苏古籍出版社,1991年。

史和等编:《中国近代报刊名录》,福建人民出版社,1991年。

福州百科全书编辑委员会编:《福州百科全书》,中国大百科全书出版社,1994年。

福建省地方志编纂委员会编:《福建省志·新闻志》,方志出版社,2002年。

王植伦主编:《福州新闻志·报纸志》,福建人民出版社,1997年。

徐鹤苹主编:《福州文化志》,海潮摄影艺术出版社,2003年。

宋原放等主编:《上海出版志》,上海社会科学院出版社,2000年。

贾树枚主编:《上海新闻志》,上海社会科学院出版社,2000年。

孙金富主编:《上海宗教志》,上海社会科学院出版社,2001年。

湖北省地方志编纂委员会:《湖北省志·新闻出版(上)》,湖北人民出版社,1993年。

湖北省地方志编纂委员会:《湖北省志·新闻出版(下)》,湖北人民出版社,1995年。

张学知、李德林主编:《武汉市志·新闻志》,武汉大学出版社,1989年。

四川省地方志编纂委员会:《四川省志·报业志》,四川人民出版社,1996年。

上海市年鉴委员会:《上海市年鉴》,上海市通志馆,1936年。

浙江省新闻志编纂委员会编:《浙江省新闻志》,浙江人民出版社,2007年。

中国妇女大百科全书编委会、中国婚姻家庭建设协会编:《中国妇女大百科全书》,北方妇女儿童出版社,1995年。

《简明不列颠百科全书》,中国大百科全书出版社,1986年。

《简明基督教百科全书》,中国大百科全书出版社上海分社,1992年。

中国社会科学院近代史所翻译室:《近代来华外国人名辞典》,中国社会科学出版社,1981年。

五、论　　文

周振鹤:《新闻史上未被发现与利用的一份重要资料——评介范约翰的〈中文报刊目录〉》,《复旦学报(社会科学版)》1992年第1期。

宁树藩:《怎样评价范约翰的〈中文报刊目录〉》,《复旦学报(社会科学版)》1992年第5期。

周振鹤:《再谈范约翰的〈中文报刊目录〉——对宁树藩先生的反批评》,《复旦学报(社会科学版)》1992年第6期。

熊月之:《1842至1860西学在中国的传播》,《历史研究》1994年第4期。

胡国祥:《近代传教士出版研究(1807—1911)》,中国知网,中国博士学位论文全文数据库。

周其厚:《传教士与中国近代出版》,《东岳论丛》2004年第1期。

许玲:《近代早期传教士办报与中国民主思潮的产生》,《理论月刊》2004年第11期。

王宏斌:《西方土地国有思想的早期输入》,《近代史研究》2000年第6期。

潘贤模:《近代中国报史初篇》,载中国社会科学院新闻研究所编:《新闻研究资料》(总第七辑),新华出版社,1981年。

段怀清:《晚清英国新教传教士"适应"中国策略的三种形态及其评价》,《世界宗教研究》2006年第4期。

尹文涓:《耶稣会士与新教传教士对〈京报〉的节译》,《世界宗教研究》2005年第2期。

史革新:《近代来华传教士与儒学的关系》,《北京师范大学学报》1986年第3期。

杨清芝:《晚清基督教在中国的出版事业》,《重庆师范大学学报》

2006年第2期。

陈昌文:《都市化进程中的上海出版业(1843—1949)》,中国知网,中国博士学位论文全文数据库。

王海鹏:《近代基督教会在华妇女事业研究(1840—1920)》,中国知网,中国优秀硕士学位论文全文数据库。

赵晓阳:《哈佛燕京图书馆收藏的中文基督教历史文献》,载章开沅、马敏主编:《基督教与中国文化丛刊》(第6辑),湖北教育出版社,2004年。

边晓利、刘峥、张西平:《中国基督教史研究论文索引(1949—1997)》,载卓新平、许志伟主编:《基督宗教研究》(第一辑),宗教文化出版社,1999年。

荆世杰:《50年来中国天主教研究的回顾与前瞻》,载李良玉主编:《思想、制度与社会转轨——中国当代史新论》,合肥工业大学出版社,2007年。

熊月之:《孙中山与上海》,《历史教学问题》1997年第3期。

邹振环:《近百年间上海基督教文字出版及其影响》,《复旦学报(社会科学版)》2002年第3期。

邹振环:《基督教近代出版百年回眸——以1843—1949年的上海基督教文字出版为中心》,《出版史料》2002年第4期。

杜昕生:《清末民初基督教在湖北的出版活动》,载中国近代现代出版史编纂组编:《中国近代现代出版史学术讨论会文集》,中国书籍出版社,1990年。

谢骏:《香港初期报业研究》,《中国社会科学院研究生院学报》1992年第5期。

萧永宏:《〈香港近事编录〉史事探微——兼及王韬早期的报业活动》,《历史研究》2006年第1期。

胡浩宇:《〈察世俗每月统记传〉刊载的科学知识述评》,《自然辩证法通讯》2006年第5期。

程丽红:《论〈察世俗每月统记传〉的读者观念》,《辽宁大学学报(哲学社会科学版)》2000年第6期。

罗大正:《〈东西洋考每月统记传〉的宗旨及编辑特色》,《学术界》2008年第5期。

罗大正：《〈东西洋考每月统记传〉对近代中国社会的影响》，《齐鲁学刊》2008年第5期。

汪家熔：《国内第一份期刊——〈东西洋考每月统记传〉》，《江苏图书馆学报》2000年第1期。

郑军：《〈东西洋考每月统记传〉与西学东渐》，《广西社会科学》2006年第11期。

张琳：《郭士立的医药传教思想与实践》，《广州大学学报(社会科学版)》2005年第5期。

卫玲、程靓、姚远：《〈遐迩贯珍·布告篇〉传播的广告营销新理念》，《西北大学学报(哲学社会科学版)》2009年第2期。

许清茂：《〈遐迩贯珍·布告篇〉始末析》，《新闻与传播研究》2000年第4期。

岳峰：《架设东西方的桥梁——英国汉学家理雅各研究》，中国知网，中国博士学位论文全文数据库。

詹燕超：《〈遐迩贯珍〉研究》，中国知网，中国优秀硕士学位论文全文数据库。

陈镐汶：《从〈遐迩贯珍〉到〈六合丛谈〉》，载中国社会科学院新闻研究所编：《新闻研究资料》(总第61辑)，中国社会科学出版社，1993年。

邹振环：《麦都思及其早期中文史地著述》，《复旦学报(社会科学版)》2003年第5期。

卓南生：《〈中外新报〉(1854—1861)原件及其日本版之考究》，载程曼丽主编：《北大新闻与传播评论》(第三辑)，北京大学出版社，2007年。

周律之：《宁波最早的一份近代报刊——〈中外新报〉》，载宁波市政协文史资料委员会编：《宁波文史资料·第14辑·宁波新闻出版谈往录》，1993年。

龚缨晏、杨靖：《关于〈中外新报〉的几个问题》，《社会科学战线》2005年第3期。

陈昌文：《墨海书馆起讫时间考》，《史学月刊》2002年第5期。

吴远：《〈万国公报〉新闻传播的策略分析》，中国知网，中国优秀硕士学位论文全文数据库。

张桂兰：《〈万国公报〉与"时务文体"》，中国知网，中国优秀硕士学位论文全文数据库。

陈旸:《〈万国公报〉与晚清教育变革》,中国知网,中国优秀硕士学位论文全文数据库。

周辉湘:《论〈万国公报〉对维新变法的舆论影响》,《安徽史学》2005年第3期。

王海鹏:《〈万国公报〉对近代中外妇女风俗的考察与评论》,《广西社会科学》2005年第4期。

孙邦华:《晚清来华新教传教士对中国科举制度的批判——以〈万国公报〉为舆论中心》,《学术月刊》2004年第6期。

高如民:《〈万国公报〉关注教育的原因》,《史学月刊》2004年第10期。

王林:《〈万国公报〉的变法主张述评》,《学术研究》2004年第4期。

郑师渠:《〈万国公报〉与中日甲午战争》,《近代史研究》2001年第4期。

王炳庆:《广学会的出版事业及对近代文化教育的影响》,《教育评论》2007年第6期。

江文汉:《广学会是怎样一个机构》,载全国政协文史资料研究委员会编:《文史资料选辑》(第四十三辑),中华书局,1964年。

孙邦华:《晚清寓华新教传教士的儒学观——以林乐知在上海创办〈万国公报〉为中心》,《孔子研究》2005年第2期。

卢明玉:《论晚清传教士林乐知著译的本土化取向》,《江西社会科学》2007年第1期。

周辉湘:《林乐知和〈万国公报〉对中国近代教育的影响》,《长沙理工大学学报(社会科学版)》2006年第3期。

李喜所:《林乐知在华的文化活动》,《社会科学研究》2001年第1期。

李海红:《试析李提摩太的基督教思想——以其在〈万国公报〉上的言论为例》,《安徽史学》2006年第6期。

刘雅军:《李提摩太与〈泰西新史揽要〉的译介》,《河北师范大学学报(哲学社会科学版)》2004年第6期。

孙邦华:《李提摩太与广学会》,《江苏社会科学》2000年第4期。

李巍:《季理斐在广学会活动述评》,《世界宗教研究》2003年第

2期。

刘家林:《我国近代最早的中文周报——〈中外新闻七日录〉评介》,载《新闻研究资料》(总第五十辑),中国社会科学出版社,1990年。

蒋建国:《地方新闻与社会话语:1865—1867年的广州——以〈中外新闻七日录〉为中心》,《学术研究》2008年第11期。

田涛:《中国最早的科技杂志——从"中西闻见录"到"格致汇编"》,《藏书家(珍藏版)》,齐鲁书社,2005年。

张剑:《〈中西闻见录〉述略——兼评其对西方科技研究的影响》,《复旦学报(社会科学版)》1995年第4期。

傅德元:《丁韪良研究述评》,《江汉论坛》,2008年第3期。

韩礼刚:《丁韪良生平简介以及对他的重新评价》,《内蒙古师范大学学报(自然科学汉文版)》2005年第3期。

孙邦华:《简论丁韪良》,《史林》1999年第4期。

何大进:《丁韪良与京师同文馆》,《北方论丛》2005年第4期。

王京波:《丁韪良与洋务运动时期西式教育的发展》,《聊城大学学报(社会科学版)》2008年第2期。

段琦:《丁韪良与西学东渐》,《世界宗教研究》2006年第1期。

王文兵:《丁韪良与〈中西闻见录〉》,《汉学研究》第8辑,中华书局,2004年。

杨丽君、赵大良等:《〈格致汇编〉的科技内容及意义》,《辽宁工学院学报》2003年第2期。

蔡文婷、刘树勇:《从〈格致汇编〉走出的晚清科普》,《科普研究》2007年第1期。

朱发建:《清末国人科学观的演化:从"格致"到"科学"的词义考辨》,《湖南师范大学社会科学学报》2003年第4期。

郝秉键:《上海格致书院及其教育创新》,《清史研究》2003年第3期。

王强:《傅兰雅之〈格致汇编〉及其科学传播实践》,《西北大学学报(自然科学版)》2007年第3期。

孙邦华:《论傅兰雅在西学汉译中的杰出贡献——以西学译名的确立与统一问题为中心》,《南京社会科学》2006年第4期。

王铁军:《傅兰雅与〈格致汇编〉》,《哲学译丛》2001年第4期。

葛伯熙：《〈小孩月报〉考证》，载《新闻研究资料》（总第三十一辑），中国新闻出版社，1985年。

胡从经：《关于〈小孩月报〉》，载《晚清儿童文学钩沉》，少年儿童出版社，1982年。

傅宁：《中国近代儿童报刊的历史考察》，《新闻与传播研究》2006年第1期。

吴果中：《中国近代画报的历史考略——以上海为中心》，《新闻与传播研究》2007年第2期。

李颖：《〈闽省会报〉初探》，《福建师范大学学报（哲学社会科学版）》2003年第3期。

高黎平：《围绕〈闽省会报〉中译介的考察》，《宁德师专学报（哲学社会科学版）》2005年第4期。

徐斌：《从〈闽省会报〉的报道看刘铭传台湾建省》，载福建师范大学闽台区域研究中心编：《闽台区域研究论丛》（第六辑），中国环境科学出版社，2008年。

游莲：《美以美会传教士武林吉研究》，中国知网，中国优秀硕士学位论文全文数据库。

赵广军：《"上帝之笺"：信仰视野中的福建基督教文字出版事业之研究(1858—1949)》，中国知网，中国优秀硕士学位论文全文数据库。

赵广军：《晚清民国时期福建省境内宗教期刊初探》，《东南传播》2007年第11期。

张雪峰：《福建近代出版业的兴衰——以政治变迁为视角》，中国知网，中国博士学位论文全文数据库。

张雪峰：《晚清时期传教士在福建的出版活动》，《出版史料》2005年第1期。

陈林：《福州"美以美会年议会录"初探》，载张先清编：《史料与视界——中文文献与中国基督教史研究》，上海人民出版社，2007年。

葛伯熙：《益闻录·格致益闻汇报·汇报》，载《新闻研究资料》（总第三十九辑），中国社会科学出版社，1987年。

葛伯熙：《〈小孩月报〉的姐妹刊〈花图新报〉》，载林帆编著：《新闻写作纵横谈》，浙江人民出版社，1980年。

陈平原：《晚清教会读物的图像叙事》，《学术研究》2003年第

11 期。

王欣荣:《〈甬报〉初步研究》,《杭州大学学报》1984 年第 3 期。

刘光磊、周行芬:《〈甬报〉与〈德商甬报〉》,《新闻大学》2001 年夏。

周律之:《〈甬报〉琐谈》,载宁波市政协文史资料委员会编:《宁波文史资料·第 14 辑·宁波新闻出版谈往录》,1993 年。

穆家珩:《早期的〈圣心报〉——读报札记之一》,《江汉大学学报(社会科学版)》1987 年第 3 期。

李亚娟:《晚清〈中西教会报〉报载小说初探》,《华东师范大学学报(哲学社会科学版)》2009 年第 2 期。

王文兵:《世俗与属灵之间:丁韪良与〈尚贤堂月报〉》,《学术研究》2006 年第 3 期。

黄增章:《广州美华浸会书局与〈真光杂志〉》,《广东史志》2002 年第 21 期。

刘丽霞:《〈女铎月刊〉与中国基督教纯文学》,《船山学刊》2007 年第 1 期。

《益世报》专题小组:《回忆解放前的天津〈益世报〉》,载全国政协文史委编:《文化史料丛刊》(第 2 辑),文史资料出版社,1981 年。

俞志厚:《天津〈益世报〉概述》,载《天津文史资料选辑》(第 18 辑),天津人民出版社,1982 年。

罗隆基:《天津益世报及其创办人雷鸣远》,载《天津文史资料选辑》(第 42 辑),天津人民出版社,1987 年。

罗隆基:《我在天津〈益世报〉时期的风风雨雨》,载孙晓金主编:《名人自述》,改革出版社,1998 年。

侯杰、刘宇聪:《雷鸣远与清末民初天津社会》,载赵建敏主编:《天主教研究论辑》(第 3 辑),宗教文化出版社,2006 年。

马长林、杨红:《宗教、家庭、社会——面向女性基督徒的宣教——以〈女铎〉、〈女星〉、〈女青年报〉、〈妇女〉为中心》,载陶飞亚编:《性别与历史——近代中国妇女与基督教》,上海人民出版社,2006 年。

六、英 文 文 献

Roswell S. Britton, *The Chinese Periodical Press 1800 - 1912.*

Shanghai, 1933.

Chinese Repository 1832. 5—1851. 12. 影印本, 广西师范大学出版社, 2008 年。

Ku Ting Chang, *The Protestant Periodical Press in China*. 载《真理与生命》, 第十卷第五期到第十一卷第四期(1936 年 10 月—1937 年 6 月)。

Dr. Rudolf Lowenthal, *The Catholic Press in China*. Yenching University, 1936. 3.

Christian Literature Society Publications（1887 - 1940）, Shanghai, Dec. 1940.

And the Books — 60th Annual Report of the Christian Literature Society for China. Shanghai: The Christian Literature Society, 1947.

Report of the Christian Literature Council on the Present State and Future Task of Christian Literature in China. Shanghai: Issued by the China Constitution Committee, the Oriental Press.

Reports of the Christian Literature Society for China. Glasgow: Aird & Coghill, Printers, 1893. 3.

Annual Reports of the Christian Literature Society/General Secretary's Office. Shanghai: Printed at the Shanghai Mercury, Limited, 1914 - 1924.

Messengers of Peace — The Forty-Fifth Annual Reports of the Christian Literature Society of China. Shanghai: Christian Literature Society, 1932. 9.

A. J. Garnier, *The Forty-Eighth Annual Reports of the Christian Literature Society of China*. Shanghai, 1936.

Reports of the Christian Literature Society for China. Edinburgh, 1937.

致　　谢

　　本书的研究基础，是查阅传教士中文报刊的原件。由于历史的原因，当年传教士们所创办的中文报刊大多已不易寻觅，因而查阅原始资料是一项艰苦而困难的工作。在这一过程中，我们得到过许多学者和朋友的帮助，他们或为我们提供了一些很难寻觅的原始资料馆藏信息，或为我们直接寄送资料，他们是：

中国社会科学院近代史研究所杨海英研究员
武汉大学新闻与传播学院余建清博士
上海辞书出版社王继红编辑
暨南大学新闻与传播学院蒋建国教授
福建师范大学社会历史学院吴巍巍博士
北京大学新闻与传播学院王辰瑶博士
闽江学院历史系李颖博士
南昌航空大学文法学院胡浩宇博士
浙江传媒学院新闻与传播学院潘祥辉博士
浙江传媒学院国际文化传播学院赵凌博士
香港科技大学徐晓昀硕士
南京图书馆历史文献部于川主任与陈希亮、夏彪先生

　　上海社会科学院历史研究所熊月之先生不辞辛劳地为本书作序。熊先生在序言中对本书的主旨从更为宽广的视角进行了精辟的阐述，这篇序言实际上是一篇学术内涵深厚的论文，我们亦从中受教。

　　复旦大学出版社胡春丽博士为本书的编辑和出版做了大量工作，她的辛勤付出为本书增色。

　　值此本书重印之际，我们向以上各位学者、朋友表示最真诚和衷心的感谢！

图书在版编目(CIP)数据

传教士中文报刊史/赵晓兰,吴潮著. —上海:复旦大学出版社,2021.1
ISBN 978-7-309-14845-9

Ⅰ.①传… Ⅱ.①赵…②吴… Ⅲ.①报刊-新闻事业史-研究-中国-近代②传教士-研究-中国-近代 Ⅳ.①G219.295②B979.2

中国版本图书馆 CIP 数据核字(2020)第 025935 号

传教士中文报刊史
赵晓兰 吴 潮 著
责任编辑/胡春丽
装帧设计/杨雪婷

复旦大学出版社有限公司出版发行
上海市国权路 579 号 邮编:200433
网址:fupnet@fudanpress.com http://www.fudanpress.com
门市零售:86-21-65102580 团体订购:86-21-65104505
外埠邮购:86-21-65642846 出版部电话:86-21-65642845
江阴金马印刷有限公司

开本 890×1240 1/32 印张 14.125 字数 434 千
2021 年 1 月第 1 版第 1 次印刷

ISBN 978-7-309-14845-9/G·2076
定价:98.00 元

如有印装质量问题,请向复旦大学出版社有限公司出版部调换。
版权所有 侵权必究